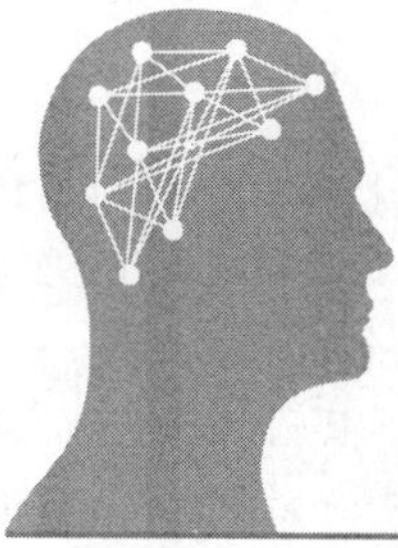

高等学校智能科学与技术/人工智能专业教材

计算机视觉基础

鲁 鹏 朱新山 编著

清華大学出版社
北 京

内 容 简 介

本书围绕计算机视觉的五大核心任务：图像分类、图像分割、目标检测、目标跟踪、三维场景重建，将内容划分为三部分：基础篇、识别篇与重建篇。其中，基础篇（第1～5章）讲述计算机视觉任务的共性知识与算法，涵盖线性滤波器、图像边缘提取、纹理表示、角点特征提取、尺度不变特征；识别篇（第6～9章）关注机器如何理解图像内容，重点介绍图像分类、目标检测、图像分割、目标跟踪四个视觉识别任务的难点、解决思路及对应的识别算法与模型；重建篇（第10～15章）聚焦如何从图像中进行三维场景的结构重建，内容涵盖摄像机几何、摄像机标定、单视图几何、三角化与极几何、双目立体视觉、运动恢复结构等基本概念与算法。

本书适合作为高等院校人工智能、智能科学与技术专业高年级本科生、研究生的教材，也可供对计算机视觉比较熟悉的开发人员、广大科技工作者和研究人员参考。

图书在版编目（CIP）数据

计算机视觉基础/鲁鹏，朱新山编著. -- 北京：清华大学出版社，2025. 2. --（高等学校智能科学与技术）. -- ISBN 978-7-302-68431-2

Ⅰ. TP302.7

中国国家版本馆 CIP 数据核字第 2025DQ2697 号

责任编辑：张　玥
封面设计：刘艳芝
责任校对：李建庄
责任印制：曹婉颖

出版发行：清华大学出版社
网　　址：https://www.tup.com.cn，https://www.wqxuetang.com
地　　址：北京清华大学学研大厦 A 座　　**邮　　编**：100084
社 总 机：010-83470000　　**邮　　购**：010-62786544
投稿与读者服务：010-62776969，c-service@tup.tsinghua.edu.cn
质量反馈：010-62772015，zhiliang@tup.tsinghua.edu.cn
课件下载：https://www.tup.com.cn，010-83470236
印 装 者：北京同文印刷有限责任公司
经　　销：全国新华书店
开　　本：185mm×260mm　　**印　　张**：14.75　　**字　　数**：356 千字
版　　次：2025 年 3 月第 1 版　　**印　　次**：2025 年 3 月第1 次印刷
定　　价：49.80 元

产品编号：095913-01

高等学校智能科学与技术/人工智能专业教材

编审委员会

主　任：

姓名	单位	职务
陆建华	清华大学电子工程系	教授 中国科学院院士

副主任：（按照姓氏拼音排序）

姓名	单位	职务
邓志鸿	北京大学信息学院智能科学系	副主任/教授
黄河燕	北京理工大学人工智能研究院	院长/特聘教授
焦李成	西安电子科技大学人工智能研究院	院长/华山杰出教授
卢先和	清华大学出版社	总编辑/编审
孙茂松	清华大学人工智能研究院	常务副院长/教授
王海峰	百度公司	首席技术官
王巨宏	腾讯公司	副总裁
曾伟胜	华为云与计算 BG 高校科研与人才发展部	部长
周志华	南京大学	教授
庄越挺	浙江大学计算机学院	教授

委　员：（按照姓氏拼音排序）

姓名	单位	职务
曹治国	华中科技大学人工智能与自动化学院学术委员会	主任/教授
陈恩红	中国科学技术大学大数据学院	执行院长/教授
陈雯柏	北京信息科技大学自动化学院	副院长/教授
陈竹敏	山东大学人工智能学院	副院长/教授
程　洪	电子科技大学机器人研究中心	主任/教授
杜　博	武汉大学计算机学院	副院长/教授
杜彦辉	中国人民公安大学信息网络安全学院	教授
方勇纯	南开大学	副校长/教授
韩　韬	上海交通大学电子信息与电气工程学院	副院长/教授
侯　彪	西安电子科技大学人工智能学院	执行院长/教授
侯宏旭	内蒙古大学网络信息中心	主任/教授
胡　斌	北京理工大学	教授
胡清华	天津大学人工智能学院	院长/教授
李　波	北京航空航天大学人工智能学院	常务副院长/教授
李绍滋	厦门大学信息学院	教授
李晓东	中山大学智能工程学院	教授

李轩涯	百度公司	高校合作部总监
李智勇	湖南大学机器人学院	党委书记/教授
梁吉业	山西大学	副校长/教授
刘冀伟	北京科技大学智能科学与技术系	副教授
刘振丙	桂林电子科技大学计算机与信息安全学院	副院长/教授
孙海峰	华为技术有限公司	高校生态合作高级经理
唐　琎	中南大学自动化学院智能科学与技术专业	专业负责人/教授
汪　卫	复旦大学计算机科学技术学院	教授
王国胤	重庆师范大学	校长/教授
王科俊	哈尔滨工程大学智能科学与工程学院	教授
王　瑞	首都师范大学人工智能系	教授
王　挺	国防科技大学计算机学院	教授
王万良	浙江工业大学计算机科学与技术学院	教授
王文庆	西安邮电大学自动化学院	院长/教授
王小捷	北京邮电大学智能科学与技术中心	主任/教授
王玉皞	南昌大学人工智能工业研究院	研究员
文继荣	中国人民大学高瓴人工智能学院	执行院长/教授
文俊浩	重庆大学大数据与软件学院	党委书记/教授
辛景民	西安交通大学人工智能学院	常务副院长/教授
杨金柱	东北大学计算机科学与工程学院	常务副院长/教授
于　剑	北京交通大学人工智能研究院	院长/教授
余正涛	昆明理工大学信息工程与自动化学院	院长/教授
俞祝良	华南理工大学自动化科学与工程学院	副院长/教授
岳　昆	云南大学信息学院	副院长/教授
张博锋	上海第二工业大学计算机与信息工程学院	院长/研究员
张　俊	大连海事大学人工智能学院	副院长/教授
张　磊	河北工业大学人工智能与数据科学学院	教授
张盛兵	西北工业大学图书馆	馆长/教授
张　伟	同济大学电信学院控制科学与工程系	副系主任/副教授
张文生	中国科学院大学人工智能学院	首席教授
	海南大学人工智能与大数据研究院	院长
张彦铎	武汉工程大学	副校长/教授
张永刚	吉林大学计算机科学与技术学院	副院长/教授
章　毅	四川大学计算机学院	学术院长/教授
庄　雷	郑州大学信息工程学院、计算机与人工智能学院	教授

秘书长：

朱　军	清华大学人工智能研究院基础研究中心	主任/教授

秘书处：

陶晓明	清华大学电子工程系	教授
张　玥	清华大学出版社	副编审

出版说明

当今时代，以互联网、云计算、大数据、物联网、新一代器件、超级计算机等，特别是新一代人工智能为代表的信息技术飞速发展，正深刻地影响着我们的工作、学习与生活。

随着人工智能成为引领新一轮科技革命和产业变革的战略性技术，世界主要发达国家纷纷制订了人工智能国家发展计划。2017 年 7 月，国务院正式发布《新一代人工智能发展规划》(以下简称《规划》)，将人工智能技术与产业的发展上升为国家重大发展战略。《规划》要求“牢牢把握人工智能发展的重大历史机遇，带动国家竞争力整体跃升和跨越式发展”，提出要“开展跨学科探索性研究”，并强调“完善人工智能领域学科布局，设立人工智能专业，推动人工智能领域一级学科建设”。

为贯彻落实《规划》，2018 年 4 月，教育部印发了《高等学校人工智能创新行动计划》，强调了“优化高校人工智能领域科技创新体系，完善人工智能领域人才培养体系”的重点任务，提出高校要不断推动人工智能与实体经济(产业)深度融合，鼓励建立人工智能学院/研究院，开展高层次人才培养。早在 2004 年，北京大学就率先设立了智能科学与技术本科专业。为了加快人工智能高层次人才培养，教育部又于 2018 年增设了“人工智能”本科专业。2020 年 2 月，教育部、国家发展改革委、财政部联合印发了《关于“双一流”建设高校促进学科融合，加快人工智能领域研究生培养的若干意见》的通知，提出依托“双一流”建设，深化人工智能内涵，构建基础理论人才与“人工智能＋X”复合型人才并重的培养体系，探索深度融合的学科建设和人才培养新模式，着力提升人工智能领域研究生培养水平，为我国抢占世界科技前沿，实现引领性原创成果的重大突破提供更加充分的人才支撑。至今，全国共有超过 400 所高校获批智能科学与技术或人工智能本科专业，我国正在建立人工智能类本科和研究生层次人才培养体系。

教材建设是人才培养体系工作的重要基础环节。近年来，为了满足智能专业的人才培养和教学需要，国内一些学者或高校教师在总结科研和教学成果的基础上编写了一系列教材，其中有些教材已成为该专业必选的优秀教材，在一定程度上缓解了专业人才培养对教材的需求，如由南京大学周志华教授编写、我社出版的《机器学习》就是其中的佼佼者。同时，我们应该看到，目前市场上的教材还不能完全满足智能专业的教学需要，突出的问题主要表现在内容比较陈旧，不能反映理论前沿、技术热点和产业应用与趋势等；缺乏系统性，基础教材多、专业教材少，理论教材多、技术或实践教材少。

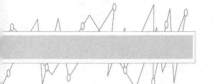

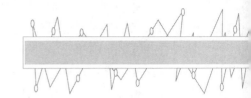

为了满足智能专业人才培养和教学需要，编写反映最新理论与技术且系统化、系列化的教材势在必行。早在 2013 年，北京邮电大学钟义信教授就受邀担任第一届“全国高

等学校智能科学与技术/人工智能专业规划教材编委会”主任，组织和指导教材的编写工作。2019年，第二届编委会成立，清华大学陆建华院士受邀担任编委会主任，全国各省市开设智能科学与技术/人工智能专业的院系负责人担任编委会成员，在第一届编委会的工作基础上继续开展工作。

编委会认真研讨了国内外高等院校智能科学与技术专业的教学体系和课程设置，制定了编委会工作简章、编写规则和注意事项，规划了核心课程和自选课程。经过编委会全体委员及专家的推荐和审定，本套丛书的作者应运而生，他们大多是在本专业领域有深厚造诣的骨干教师，同时从事一线教学工作，有丰富的教学经验和研究功底。

本套教材是我社针对智能科学与技术/人工智能专业策划的第一套规划教材，遵循以下编写原则：

(1) 智能科学技术/人工智能既具有十分深刻的基础科学特性(智能科学)，又具有极其广泛的应用技术特性(智能技术)。因此，本专业教材面向理科或工科，鼓励理工融通。

(2) 处理好本学科与其他学科的共生关系。要考虑智能科学与技术/人工智能与计算机、自动控制、电子信息等相关学科的关系问题，考虑把“互联网＋”与智能科学联系起来，体现新理念和新内容。

(3) 处理好国外和国内的关系。在教材的内容、案例、实验等方面，除了体现国外先进的研究成果，一定要体现我国科研人员在智能领域的创新和成果，优先出版具有自己特色的教材。

(4) 处理好理论学习与技能培养的关系。对理科学生，注重对思维方式的培养；对工科学生，注重对实践能力的培养。各有侧重。鼓励各校根据本校的智能专业特色编写教材。

(5) 根据新时代教学和学习的需要，在纸质教材的基础上融合多种形式的教学辅助材料。鼓励包括纸质教材、微课视频、案例库、试题库等教学资源的多形态、多媒质、多层次的立体化教材建设。

(6) 鉴于智能专业的特点和学科建设需求，鼓励高校教师联合编写，促进优质教材共建共享。鼓励校企合作教材编写，加速产学研深度融合。

本套教材具有以下出版特色：

(1) 体系结构完整，内容具有开放性和先进性，结构合理。

(2) 除满足智能科学与技术/人工智能专业的教学要求外，还能够满足计算机、自动化等相关专业对智能领域课程的教材需求。

(3) 既引进国外优秀教材，也鼓励我国作者编写原创教材，内容丰富，特点突出。

(4) 既有理论类教材，也有实践类教材，注重理论与实践相结合。

(5) 根据学科建设和教学需要，优先出版多媒体、融媒体的新形态教材。

(6) 紧跟科学技术的新发展，及时更新版本。

为了保证出版质量，满足教学需要，我们坚持成熟一本，出版一本的出版原则。在每本书的编写过程中，除作者积累的大量素材，还力求将智能科学与技术/人工智能领域的最新成果和成熟经验反映到教材中，本专业专家学者也反复提出宝贵意见和建议，进行审核定稿，以提高本套丛书的含金量。热切期望广大教师和科研工作者加入我们的队伍，并欢迎广大读者对本系列教材提出宝贵意见，以便我们不断改进策划、组织、编写与出版工作，为我国智能科学与技术/人工智能专业人才的培养做出更多的贡献。

联系人：张玥

联系电话：010-83470175

电子邮件：jsjjc_zhangy@126.com

清华大学出版社

2020 年夏

总　　序

以智慧地球、智能驾驶、智慧城市为代表的人工智能技术与应用迎来了新的发展热潮，世界主要发达国家和我国都制订了人工智能国家发展计划，人工智能现已成为世界科技竞争新的制高点。然而，智能科技/人工智能的发展也面临新的挑战，首先是其理论基础有待进一步夯实，其次是其技术体系有待进一步完善。抓基础、抓教材、抓人才，稳妥推进智能科技的发展，已成为教育界、科技界的广泛共识。我国高校也积极行动、快速响应，陆续开设了智能科学与技术、人工智能、大数据等专业方向。截至 2020 年年底，全国共有超过 400 所高校获批智能科学与技术或人工智能本科专业，面向人工智能的本、硕、博人才培养体系正在形成。

教材乃基础之基础。2013 年 10 月，“全国高等学校智能科学与技术/人工智能专业规划教材”第一届编委会成立。编委会在深入分析我国智能科学与技术专业的教学计划和课程设置的基础上，重点规划了《机器智能》等核心课程教材。南京大学、西安电子科技大学、西安交通大学等高校陆续出版了人工智能专业教育培养体系、本科专业知识体系与课程设置等专著，为相关高校开展全方位、立体化的智能科技人才培养起到了示范作用。

2019 年 10 月，第二届(本届)编委会成立。在第一届编委会教材规划工作的基础上，编委会通过对斯坦福大学、麻省理工学院、加州大学伯克利分校、卡内基 · 梅隆大学、牛津大学、剑桥大学、东京大学等国外高校和国内相关高校人工智能相关的课程和教材的跟踪调研，进一步丰富和完善了本套专业规划教材。同时，本届编委会继续推进专业知识结构和课程体系的研究及教材的出版工作，期望编写出更具创新性和专业性的系列教材。

智能科学技术正处在迅速发展和不断创新的阶段，其综合性和交叉性特征鲜明，因而其人才培养宜分层次、分类型，且要与时俱进。本套教材的规划既注重学科的交叉融合，又兼顾不同学校、不同类型人才培养的需要，既有强化理论基础的，也有强化应用实践的。编委会为此将系列教材分为基础理论、实验实践和创新应用三大类，并按照课程体系将其分为数学与物理基础课程、计算机与电子信息基础课程、专业基础课程、专业实验课程、专业选修课程和“智能＋”课程。该规划得到了相关专业的院校骨干教师的共识和积极响应，不少教师/学者也开始组织编写各具特色的专业课程教材。

编委会希望，本套教材的编写，在取材范围上要符合人才培养定位和课程要求，体现学科交叉融合；在内容上要强调体系性、开放性和前瞻性，并注重理论和实践的结合；在章节安排上要遵循知识体系逻辑及其认知规律；在叙述方式上要能激发读者兴趣，引导读者积极思考；在文字风格上要规范严谨，语言格调要力求亲和、清新、简练。

编委会相信，通过广大教师/学者的共同努力，编写好本套专业规划教材，可以更好地满足智能科学与技术/人工智能专业的教学需要，更高质量地培养智能科技专门人才。

饮水思源。在全国高校智能科学与技术/人工智能专业规划教材陆续出版之际，我们对为此做出贡献的有关单位、学术团体、老师/专家表示崇高的敬意和衷心的感谢。

感谢中国人工智能学会及其教育工作委员会对推动设立我国高校智能科学与技术本科专业所做的积极努力；感谢清华大学、北京大学、南京大学、西安电子科技大学、北京邮电大学、南开大学等高校，以及华为、百度、腾讯等企业为发展智能科学与技术/人工智能专业所做出的实实在在的贡献。

特别感谢清华大学出版社对本系列教材的编辑、出版、发行给予高度重视和大力支持。清华大学出版社主动与中国人工智能学会教育工作委员会开展合作，并组织和支持了该套专业规划教材的策划、编审委员会的组建和日常工作。

编委会真诚希望，本套规划教材的出版不仅对我国高校智能科学与技术/人工智能专业的学科建设和人才培养发挥积极的作用，还将对世界智能科学与技术的研究与教育做出积极的贡献。

由于编委会对智能科学与技术的认识、认知的局限，本套系列教材难免存在错误和不足，恳切希望广大读者对本套教材存在的问题提出意见和建议，帮助我们不断改进，不断完善。

高等学校智能科学与技术/人工智能专业教材编委会主任

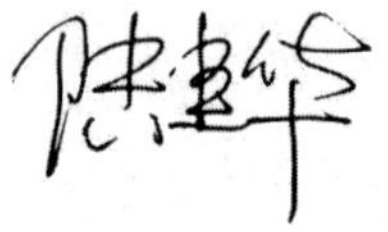

2021年元月

前言

FOREWORD

作为人工智能领域的重要分支，计算机视觉旨在赋予计算机类似人类视觉的感知和理解能力。其技术已在多个领域展示出巨大潜力，并广泛应用于各方面，如图像识别、目标检测、人脸识别以及自动驾驶等。

本书以计算机视觉的基础技术为起点，以五大核心任务为主线，对其基础知识进行了系统梳理与组织，并按照主要任务的顺序组织课程内容，使学习更为便捷。通过学习本教材，读者将提升工程开发能力。

全书共分15章，以计算机视觉任务为主线，内容由浅入深展开，结构清晰，易于理解。第1章介绍线性滤波器，包括卷积的基础理论及其在图像去噪中的典型应用。第2章探讨图像边缘提取技术，涉及图像边缘与图像求导、经典的Canny边缘检测算法以及3种拟合技术。第3章着眼纹理表示，介绍图像纹理的概念、图像纹理的表示和Leung-Malik卷积核组。第4章为角点特征提取，分为局部特征和角点检测两部分，详细讲述了Harris角点检测算法。第5章关注图像的尺度不变特征，介绍尺度不变理论基础，以及SIFT和ORB特征提取方法。第6章介绍图像分类任务的定义与难点，探讨了基于机器学习与词袋模型的图像分类方法。第7章聚焦目标检测技术，以人脸检测和行人检测为例，介绍目标检测技术中的两个经典算法——AdaBoost算法和HOG算法。第8章介绍图像分割任务，包括基于像素聚类的图像分割方法以及基于图的图像分割方法。第9章深入探讨目标跟踪的核心技术和算法，包括基于光流、卡尔曼滤波以及粒子滤波的方法。第10章详细介绍摄像机的数学模型，包括其内部参数和外部参数的概念，它们是理解和应用摄像机几何理论的基础。第11章深入讨论摄像机的参数标定问题，介绍了内、外参数的求解及径向畸变参数的估计方法。第12章介绍单视图几何知识，涵盖射影几何、消影点和消影线等基础概念，并讨论了单视图重构的基本前提和技术。第13章聚焦三维重建的基本方法和极几何，介绍了三角化、极几何、基础矩阵和单应矩阵的基本概念与求解方法，它们是进行精确三维定位和建模的前提。第14章探讨双目立体视觉技术，包括平行视图的极几何关系、平行视图校正以及基于相关性匹配的视差估计方法。最后，第15章研究运动恢复结构问题及其对应的求解算法，完整地呈现了从图像中重建三维场景的过程。

本书具有以下特点：

(1) 遵照教指委智能科学与技术和人工智能专业及相关专业的培养目标和培养方案，合理安排计算机视觉知识体系，结合机器学习和智能机器人的先行课程和后续课程组织相关知识点与内容。

(2) 注重理论和实践结合，融入计算机视觉的任务实例，使学生在掌握理论知识的同时提高处理任务过程中分析问题和解决问题的实践动手能力,增强创新意识,理论知识和实践技能得到全面发展。

(3) 每个知识点都包括基础示例,知识内容层层推进,易于接受和掌握。每章都以计算机视觉任务为主线,将知识点有机地串联在一起,便于学习。

(4) 每章习题中提供一定数量的课外实践题目,采用课内外结合的方式,培养学生编程的兴趣,提高其工程实践能力,满足当前社会对开发人员的需求。

(5) 本书提供配套的教学课件、基础案例的源码。

在本书编写过程中,编者参阅了国内外高校的教学与科研成果,也吸取了国内外高等教材的精髓,对这些作者的贡献表示由衷的感谢。同时得到了彭响、赵钊然、董相涛、刘柏川、乔前、张安然、王利玮、宋世鹏等多位同学的帮助,并得到了清华大学出版社的大力支持,在此表示诚挚的感谢。

由于编者水平有限,书中难免有不妥和疏漏之处,恳请各位专家、同仁和读者不吝赐教和批评指正,并与编者讨论。

编　者

2025 年 1 月

目　录

CONTENTS

CONTENTS

目录

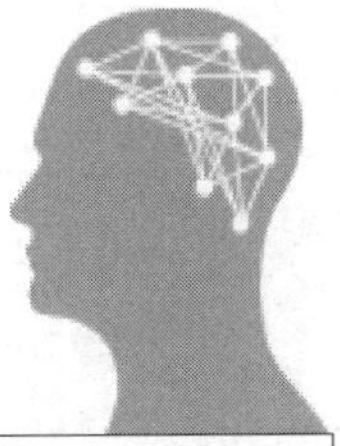

目 录

CONTENTS

CONTENTS

目录

目录

CONTENTS

CONTENTS

目 录

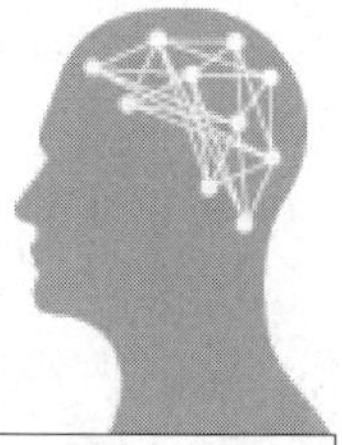

目　录

CONTENTS

第1章　线性滤波器

滤波器之名来自频率域信号处理，原指接收或拒绝信号的某些频率分量。在计算机视觉中，滤波是我们“加工”图像信号的一个基本操作，作用于图像的最小单元——像素。线性滤波器是对图像像素进行线性的处理操作，其滤波过程可通过图像卷积表示。线性滤波器是一种常见的图像处理工具，用于平滑图像、去除噪声、边缘检测等。

1.1　卷　　积

本节首先介绍数字图像的表示方式和线性滤波的概念，引出图像卷积的定义。然后讨论卷积操作的关键特性，以及不同卷积核对图像的影响和实际效果。最后深入研究图像中的噪声，由此引出高斯平滑卷积——一种常用于处理高斯噪声的操作，在图像处理中具有重要应用价值。

1.1.1　数字图像基础

图像是人类视觉系统对外部世界的感知结果。“图”表示物体反射或透射光的分布，而“像”代表这些光在人的视觉系统中形成的印象。图像泛指所有具有视觉效果的画面，可通过光学设备或人工创作获取。根据记录方式，图像分为模拟图像和数字图像。模拟图像记录在对光信号敏感的介质上，而数字图像是以二进制形式保存。在计算机视觉领域，“图像”通常指的是数字图像，以便于计算机处理和分析。

数字图像是以数字形式存储的图像，它将图像分割成一组正方形网格，以实现离散表示。每个网格视为一个像素，其数值称为像素值，用一个数字量表示，从而整个图像可表示为一个离散数值矩阵。像素值可由一个或多个数字量组成，对每个网格的颜色进行一定精度的量化表达。矩阵大小取决于像素个数，像素个数越大，像素分辨率越高，因离散表示导致的图像细节损失越小。像素值的范围可表示对颜色信息的描述能力，其范围越广，可描述的颜色种类越多，图像呈现的色彩越逼真。

假设 f 表示一幅图像，(x,y)表示像素点在空间中的坐标，$f(x,y)$表示点(x,y)的像素值。如果图像 f 的纵坐标（y 轴）有 M 个离散值，横坐标（x 轴）有 N 个离散值，则图像 f 的大小可表示为$M\times N$，其中，M 表示图像的高度，N 表示图像的宽度。

像素是构成图像的最小单元。根据像素值的范围，可将图像分为 3 种类型：二值图、灰度图和彩色图。

如果图像只包含黑、白两种颜色，图像的像素值 $f(x,y)$仅有两个可能的取值。通常使用 0 表示黑色，1 表示白色，因此像素的取值范围可以表示为 $f(x,y)\in\{0,1\}$，这种类型的图像称为二值图。

在二值图的基础上，增加像素的取值范围，使图像在黑色和白色之间包括多个不同程度的灰色。这类图像称为灰度图，将白色和黑色之间按对数关系分成若干等级，通常灰度分为 256 阶，即像素值 $f(x,y)$的取值范围为 256 个离散值，可以表示为 $f(x,y)\in[0,255]$。

对于彩色图像，通常包含多个颜色通道，可采用 RGB、LAB 和 HSV 等颜色模型来表示。RGB 颜色模型几乎包括了人眼所能感知的所有颜色，是一种应用最广泛的颜色模型。在 RGB 模型中，每个像素有 3 个颜色通道，分别是红色(R)、绿色(G)和蓝色(B)。每个通道的颜色强度由一个 256 阶的离散值表示，即 $f_c(x,y)\in[0,255]$，其中下标 c 表示颜色通道，$c\in\{R,G,B\}$。这 3 个通道的颜色叠加呈现出丰富色彩的图像。

数字图像在生成过程中往往会受到噪声的影响。这些噪声可以源自多个因素，包括摄像机传感器的特性、工作环境、电子元器件材料属性、电路结构等。典型的噪声类型包括电阻引起的热噪声、MOS 管的沟道热噪声以及暗电流噪声等。此外，受到传输介质和设备的影响，图像信号在传输过程中可能会受到各种干扰，从而引入噪声。

在通常情况下，相邻像素在图像中具有相近的像素值，而噪声点的像素值通常与其周围的像素值存在明显的差异，导致噪声点在图像中显得突兀。为了减轻这种突兀感，需要减小噪声点与周围像素之间的差异，使它们的值尽量接近。因此，一种简单的去噪方法是计算噪声点与其邻近像素的均值，并以该均值代替原像素值。例如，对于灰度图 f，给定噪声点(x,y)，可以考虑以该点为中心的一个 3×3 区域，将该区域内的 9 个像素值取平均，以获得新的像素值 $f'(x,y)$，公式如下：

$$f'(x,y)=\frac{1}{9}\sum_{s=-1}^{1}\sum_{t=-1}^{1}f(x+s,y+t) \tag{1-1}$$

然后，将新的像素值 $f'(x,y)$代替原始值 $f(x,y)$。这样处理后，噪声点与邻近像素点的差异会减小，从而减少了噪声点的突兀感。通常将这种操作称为均值滤波。式(1-1)中的平均操作，本质上是对区域内的所有像素点进行加权求和。这种方式可以实现图像的平滑处理，削弱噪声的影响。

在上述滤波操作中，如果使用不同的权重和不同大小的邻域窗口，就可以实现不同的图像处理效果。例如，如果将中心点的权重设为 1，周围像素点的权重设为 0，那么处理后的图像将保持原样。此外，无论采用何种权重设置，上述滤波操作的输出都不会因为图像平移而改变，即输出值取决于邻域图像的模式，而非邻域图像的位置。而且，上述滤波操作也是线性的，即两个图像之和的滤波输出等于两个图像各自滤波输出结果的和。因此，上述滤波过程也被称为线性滤波，而均值滤波就是其中的一种常见形式。

1.1.2 卷积的定义

前述的图像去噪过程是一种空间域的线性图像滤波操作，滤波器的大小为 3×3，滤波器的系数都为$\frac{1}{9}$。通过扩展式(1-1)，可以得到大小为$(2a+1)\times(2b+1)$的线性滤波器的一般表述：

$$f'(x,y)=\sum_{s=-a}^{a}\sum_{t=-b}^{b}w(s,t)f(x+s,y+t) \tag{1-2}$$

其中，$w(s,t)$表示滤波器的权重系数。进一步，式(1-2)可等价变换为

$$f'(x,y)=\sum_{s=-a}^{a}\sum_{t=-b}^{b}w'(s,t)f(x-s,y-t) \tag{1-3}$$

其中，$w'(s,t)=w(-s,-t)$。显然，式(1-3)的运算是权重系数 $w'(s,t)$与图像 $f(x,y)$的卷积。这说明，如果滤波器的滤波核旋转 180°后与卷积核相同，那么滤波操作与图像卷积是等价的。因此，线性滤波器的滤波操作可以用图像卷积来表示，即

$$f'(x,y)=f(x,y)*w'(x,y) \tag{1-4}$$

或者简记为 $f'=f*w'$。

根据以上分析，滤波操作总是可以转化为卷积操作，因此，可以说滤波就是卷积的过程。但是，二者的核函数是有区别的，如果把滤波过程视为卷积，其卷积核是滤波核旋转 180°后的结果。如果滤波核自身是对称的，即满足 $w(s,t)=w(-s,-t)$，则滤波核与卷积核一致。在计算机视觉中，由于许多滤波器都是对称的，通常将滤波核和卷积核视为等同，无须特意强调翻转。

具体执行图像卷积操作时，首先将卷积核的中心位置对准一个待处理的像素点，如图 1-1 所示。然后，将卷积核每个位置的权值与其覆盖的像素值相乘，并对这些乘积的结果进行求和，得到一个卷积操作后的新值。随后，将卷积核的中心移动到下一个像素点，继续执行相同的操作，这一移动的幅度称为卷积步长。处理完所有像素点，将所有的卷积结果按顺序组合在一起，就得到了卷积后的图像。

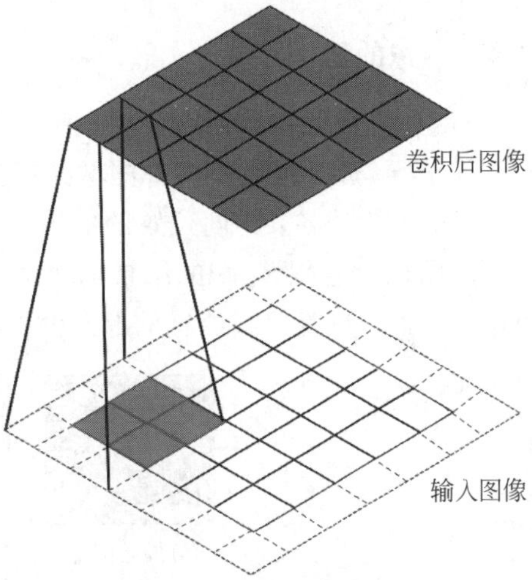

图 1-1　图像卷积示意图

在卷积过程中，需要注意的是，当对图像边界上的像素进行卷积时，卷积核可能会覆盖图像范围之外的部分区域，但这些区域没有相应的像素值，不能进行卷积操作。针对该问题，可采用两种方式处理：第一是不对边界上的像素点进行卷积操作；第二是进行卷积之前，对超出图像范围的像素位置进行填充，然后再进行卷积操作。

第一种方式会导致输出图像的尺寸小于输入图像。假设输入图像的大小为 $m\times n$，卷积核的大小为$(2a+1)\times(2b+1)$，卷积步长为 1，那么经过卷积后的图像大小将变为$(m-2a)\times(n-2b)$。如果多次进行卷积，将导致图像的尺寸严重缩小，损失图像内容信息。

更常用的是采用第二种方式。若卷积核的大小为$(2a+1)\times(2b+1)$，卷积步长为 1，那么需要在原图像的左侧和右侧各增加 b 列像素，在顶部和底部各增加 a 行像素。这些额外的像素通常使用常数进行填充，常见的是使用 0 填充。此外，也可以使用原图像边界上的像素值来填充，这类似“拉伸”图像，或者对图像边界上的像素使用镜像方法获得扩展区域的像素值。

1.1.3 卷积的性质

卷积操作具有两个非常重要的数学性质：叠加性与平移不变性。

① 叠加性：对两个图像求和后的结果进行卷积等于对这两个图像分别卷积后再求和，即

$$w*(f_1+f_2)=w*f_1+w*f_2 \tag{1-5}$$

② 平移不变性：对于一幅图像，无论是先应用卷积再进行平移操作，还是先进行平移再应用卷积操作，得到的结果相同。该性质可以表示为

$$\text{shift}(w*f)=w*\text{shift}(f) \tag{1-6}$$

其中，shift(·)表示图像平移操作。

此外，卷积操作还满足交换律、结合律、分配律和标量分解等性质。

- 交换律：$a*b=b*a$。
- 结合律：$a*(b*c)=(a*b)*c$。
- 分配律：$a*(b+c)=(a*b)+(a*c)$。
- 标量：$ka*b=a*kb=k(a*b)$。

式中，a、b 和 c 分别表示不同的函数，k 代表一个标量。

1.1.4 卷积的用例

在计算机视觉领域，卷积是一种基础而又至关重要的图像处理操作，能够完成图像去噪、图像增强、边缘提取等多种图像处理任务。这里通过几个例子详细讲解卷积的功能。

① 单位脉冲核：中间位置的值为 1，其他位置的值为 0。如图 1-2 所示，使用单位脉冲核对(a)图进行卷积，卷积的结果仍然是原图，即(b)图。这是因为单位脉冲核在周围像素上的权重均为 0，只有核心位置的像素值参与了卷积运算中的加权求和过程。

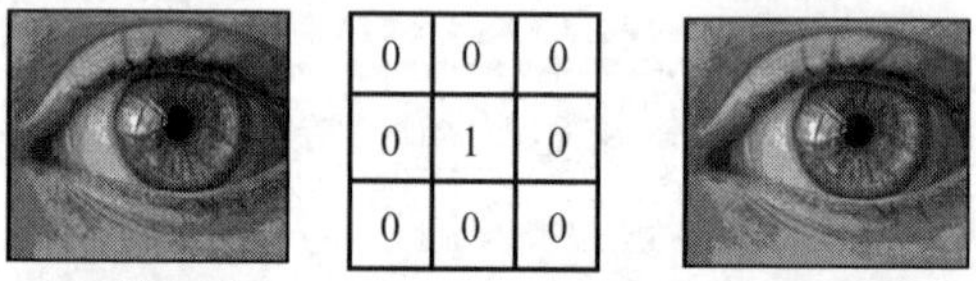

(a) 原始图像　　(b) 滤波后的图像

图 1-2　单位脉冲核卷积示意图

② 平移核：值为 1 的位置不在中心，而是移动到了右边，其余位置上的值都为 0，如图 1-3 所示。这个卷积核的作用是用右边像素点的像素值替换当前像素点的值，最后就产生图像整体向左平移了一个像素的结果。这个例子告诉我们，任何的图像平移操作都可以通过卷积来实现，平移的方向由卷积核权值为 1 所在的位置决定。

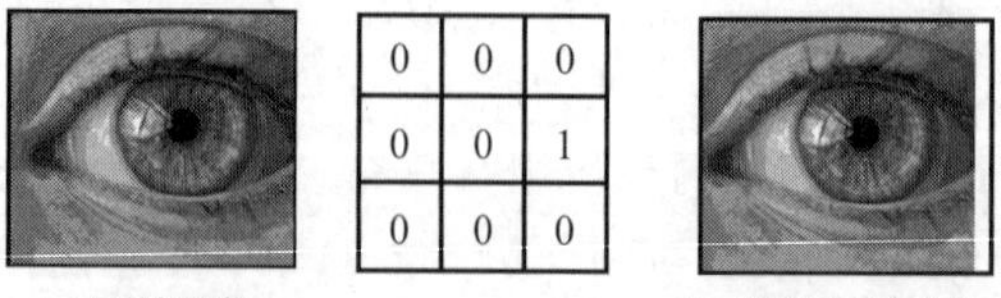

(a) 原始图像　　(b) 滤波后的图像

图 1-3　平移核卷积示意图

③ 平均核：卷积核中所有位置的系数都一样，且总和为 1。这与 1.1.1 节中讨论的均值滤波核相同。例如，如果卷积核的大小为 3×3，那么每个位置的系数都为$\frac{1}{9}$。应用这个卷积核对图像进行卷积操作，会生成一个平滑的图像，在一定程度上实现了图像去噪，如图 1-4 所示。

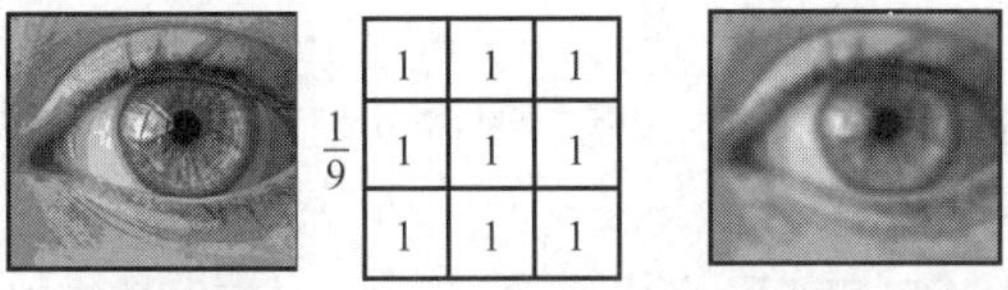

(a) 原始图像　　(b) 滤波后的图像

图 1-4　平均核卷积示意图

④ 锐化核：通过将两个单位脉冲核相加，然后减去一个平均核来定义的卷积核。使用这个卷积核对图像进行卷积可以实现图像锐化的效果。原因分析如下。平均核用于使图像平滑，对于平坦的区域，如人的脸部和皮肤，平滑前后像素值的变化不大，然而，在图像的边缘区域，例如人脸与头发的交界处，图像平滑前后像素值差异较大。因此，从原始图像减去平滑后的图像，可以近似得到一张边缘图。然后，将这个边缘图再叠加到原始图像上，就可以进一步突出原图中的边缘信息，进而产生锐化的视觉效果。这个过程如图 1-5 所示。具体实现时，原图可以表示成原图与单位脉冲核卷积，平滑图可以看作原图与平滑核卷积。由于卷积操作满足分配律和交换律，因此，可以把原图提取出来，先计算单位脉冲核乘以一个系数，再减去平滑卷积核，得到的结果再与原图进行卷积。这就是锐化核的由来。

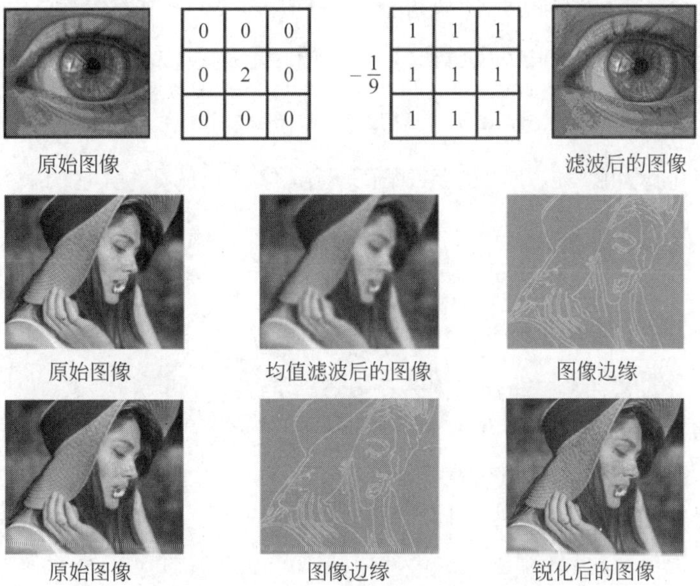

图 1-5　锐化核卷积示意图

1.2 图像去噪

1.2.1 噪声分析

噪声是一种不可预测的随机信号，它会对图像的输入、采集、处理以及输出结果的各个环节产生影响。因此，图像预处理的一个至关重要的任务是噪声的分析和抑制，这很大程度上决定了后续图像处理的效果。不论是模拟图像处理还是数字图像处理，一个出色的图像处理系统无不以减少噪声为首要目标。

噪声有多种分类方式。根据产生的来源，噪声可以分为内部噪声和外部噪声；根据噪声的频谱特征，噪声可以分为低频噪声、中频噪声和高频噪声；根据与信号的关系，噪声可以分为加性噪声和乘性噪声；根据概率密度函数，噪声可以分类为高斯噪声、脉冲噪声(椒盐噪声)、瑞利噪声、伽马噪声、指数分布噪声和均匀分布噪声等。在这些分类方法中，最常用的噪声分类方式通常是根据噪声的概率密度函数，因为可以利用数学模型设计去除图像噪声的方法。本节主要介绍处理椒盐噪声和高斯噪声的方法，它们是图像去噪最常考虑的两种噪声。

椒盐噪声是一种极端噪声，即噪声点的像素值与周围像素点的像素值之间存在明显的差异。在灰度图像中，椒盐噪声表现为明显的亮点和暗点，如图 1-6 所示。

(a) 原始图像 (b) 含有椒盐噪声的图像

图 1-6 椒盐噪声效果示意图

椒盐噪声属于脉冲噪声，是对图像中随机孤立像素点的干扰，它的概率密度函数可表示为

$$p(z)=\begin{cases}P_a, & z=a\\ P_b, & z=b\\ 0, & \text{其他}\end{cases} \tag{1-7}$$

其中，$0\leqslant P_a\leqslant 1$，$0\leqslant P_b\leqslant 1$，$a$ 和 b 是图像中噪声点的灰度值。根据式(1-7)，如果 $b>a$，灰度值为 b 的像素在图像中显示为亮点，即“盐噪声”；而灰度值为 a 的像素在图像中显示为暗点，即“椒噪声”，其他像素点则没有噪声。

与图像信号的强度相比，脉冲干扰通常较大。因此，在一幅图像中，脉冲噪声总是量化为像素值的最大值或最小值(对应色彩是纯白或纯黑)。基于此，通常假设 a、b 分别代表图像的饱和最小值和最大值，在数字图像中，它们等于该图像像素取值范围所允许的最小值和最大值，因此，对于一幅 256 阶的灰度图像，$a=0$，$b=255$。

高斯噪声是指服从高斯分布的一类噪声。带有高斯噪声的图像，每一个像素点的值都有不同程度的偏移。如图 1-7 所示，(a)图为没有噪声的原图，(b)图是存在高斯噪声的图像。(b)图中每一个像素值是由原图中对应位置的像素值加上一个随机噪声产生的，这个噪声的具体值是从零均值的高斯分布中采样得到的。如果分别从原图和高斯噪声图中取出一行像素绘制像素值曲线，则理想图像的像素值变化相对比较平滑，而带有噪声的像素值则呈现出明显的振荡特征。

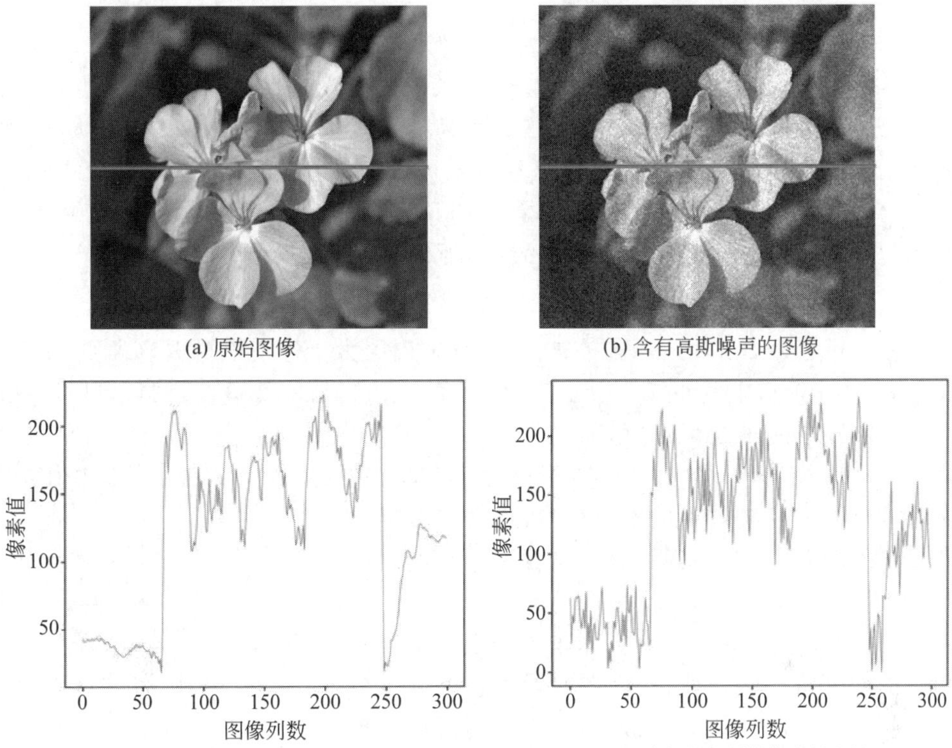

(a) 原始图像　　(b) 含有高斯噪声的图像

(c) 图(a)中横线位置的像素值曲线　　(d) 图(b)中横线位置的像素值曲线

图 1-7　高斯噪声效果示意图

高斯噪声的概率密度函数可表示为

$$p(z)=\frac{1}{\sqrt{2\pi}\sigma}\mathrm{e}^{-\frac{(z-\mu)^2}{2\sigma^2}} \tag{1-8}$$

其中，z 表示随机变量或噪声，μ 表示 z 的均值或期望，σ 表示 z 的标准差。噪声 z 服从高斯分布也可写成 $z\sim\mathcal{N}(\mu,\sigma^2)$。由高斯分布的性质可知，$z$ 在区间$[\mu-\sigma,\mu+\sigma]$取值的概率为 70%，在区间$[\mu-3\sigma,\mu+3\sigma]$取值的概率为 95%。

1.2.2　中值滤波

对于椒盐噪声，使用前文所述的均值滤波(或平均卷积核)进行图像去噪效果并不理想。原因在于像素值极端偏离的噪声点对平均值的计算影响很大，这不仅无法有效减小异常值，还可能对噪声点周围的正常点引入误差，难以获得良好的平滑效果。如图 1-8 所示，椒盐噪声图像经过均值滤波后，变得模糊，但噪声“颗粒”未能去除，反而形成了模糊的“斑点”，去噪效果较差。

3×3　　5×5　　7×7

图 1-8　不同卷积核尺寸的均值滤波效果图

针对这种噪声，一种较为有效的滤波方法是使用中值滤波器。中值滤波器也有一个“卷积核”，但是其并不具备固定的权值。它是对其覆盖的像素值进行排序，然后选取排序后的中间位置的值作为平滑后的结果，通过这种方式可去除具有最大或最小像素值的噪声点。假设 f 为噪声图像，f' 为滤波后的图像，滤波窗口的大小为 $B\times B$，在以 (x,y) 为中心的滤波窗口中包含图像像素的坐标集合表示为 S_{xy}，那么中值滤波操作可以表示为

$$f'(x,y)=\underset{(s,t)\in S_{xy}}{\text{median}}[f(s,t)] \tag{1-9}$$

对于一个尺寸为 $B\times B$ 的中值滤波窗口，其输出值大于等于窗口中包含的 $(B^2-1)/2$ 个像素值，并小于窗口中另外 $(B^2-1)/2$ 个像素值。例如，在一个 3×3 的窗口中，中值为 9 个值中按大小顺序排列的第 5 个值。

图 1-9 展示了对一个 3×3 的图像子块进行中值滤波的具体操作过程。在中值滤波中，窗口的尺寸是决定滤波效果的重要因素，通常很难提前确定最佳的窗口尺寸。在实际应用中，可以逐渐增大窗口的尺寸，以便确定最适合的尺寸。

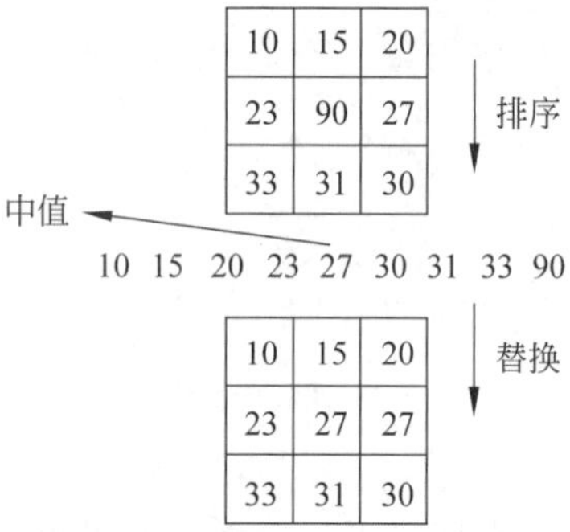

图 1-9　中值滤波过程示意图

中值滤波对椒盐噪声的抑制效果非常出色。由于该操作不牵扯像素值的平均计算，因此它能够在抑制噪声的同时有效地保护图像的边缘，避免去噪后的图像出现模糊效果。如图 1-10 所示，(a)图为含有椒盐噪声的图像，(b)图为经中值滤波去噪后的图像。通过绘制一行像素值曲线，可以明显观察到噪声图的像素值曲线中包含许多脉冲干扰，而经过中值滤波后，脉冲干扰基本被滤除。从视觉效果上看，图像中绝大多数的噪声“颗粒点”都被去除，同时图像去噪后仍然保持了清晰的图像边缘。

1.2.3　高斯卷积核

对于具有高斯噪声的图像，由于其每个像素点上的噪声满足高斯分布，直接使用平均卷积核，理论上可以取得较好的去噪效果。然而实际效果并非如此。如图 1-11 所示，经过平均卷积核卷积后，图像不仅变得更加模糊，还引入了水平和竖直方向的条纹，这种现象被称为“振铃”效应。

“振铃”效应指的是，图像中出现的明暗相间的周期性重复条纹的现象，类似钟被敲击后产生的空气振荡。出现这一现象的直接原因在于图像滤波过程中信息的丢失，尤其是高频信息的丢失。

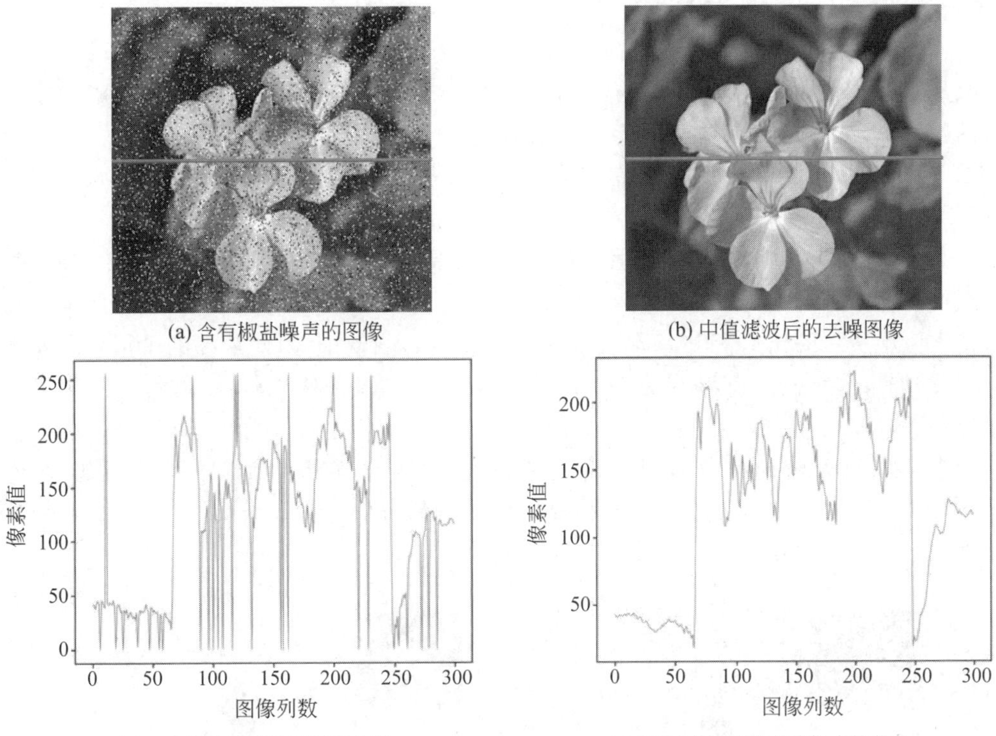

(a) 含有椒盐噪声的图像　　(b) 中值滤波后的去噪图像

(c) 图(a)中横线位置的像素值曲线　　(d) 图(b)中横线位置的像素值曲线

图 1-10　中值滤波效果图

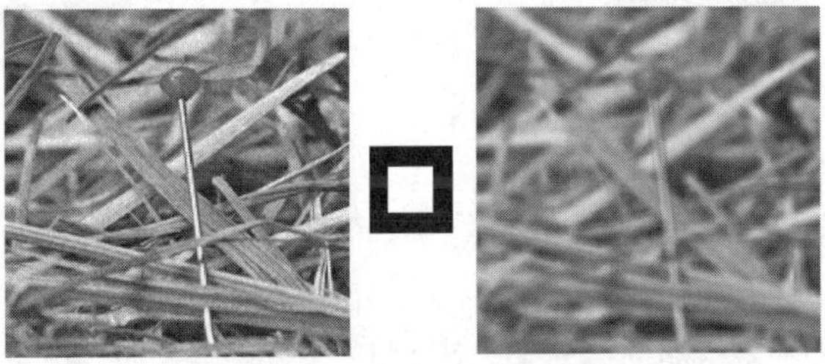

图 1-11　“振铃”效应示意图

为了减小“振铃”效应，应该根据当前像素点与邻近像素点的距离来分配滤波器的权重，而不是将邻近像素的权重都设置成相同的值。这种想法的直观解释是，与当前点距离更近的像素应该被赋予更高的权重，而距离更远的像素应该被赋予较低的权重，通过这种加权求和的滤波操作，可使当前点与近距离的像素更相似。

为实现这一想法，可以根据二维高斯函数生成卷积核，这种卷积核被称为高斯卷积核。使用高斯卷积核进行图像卷积，可以确保靠近中心点的像素在加权求和中拥有更大的权重，而远离中心点的像素则具有较小的权重。零均值的二维高斯函数的数学表达式为

$$g(x,y)=\frac{1}{2\pi\sigma^2}\mathrm{e}^{-\frac{x^2+y^2}{2\sigma^2}} \tag{1-10}$$

其中，σ^2 表示方差。高斯卷积后的图像 $f'(x,y)$ 可表示为

$$f'(x,y)=g(x,y)*f(x,y) \tag{1-11}$$

在实际操作中，设计一个高斯卷积核需要如下 3 步。

① 指定参数：卷积核尺寸 $B_1 \times B_2$ 以及高斯函数的方差 σ^2。

② 将卷积核的位置坐标(x,y)代入高斯函数，得到卷积核当前位置的权重，这里默认卷积核的中心点位于(0,0)。

③ 对权重进行归一化，保证所有权重之和为 1，目的是使保证卷积操作不缩放像素值的范围。

第 1 步中，两个参数的设置会对最终的平滑效果产生影响。这里，通过分析高斯卷积核中心点的权值来理解这两个参数的效果。如果中心点的权值较大，意味着当前像素在卷积后的像素值中所占的比重很大，而周围像素点对它的影响较小，因此最终的平滑效果不太明显。相反，如果这个权值较小，表示周围的像素点对当前点的影响较大，这将导致更显著的平滑效果。

首先，固定卷积核的尺寸，分析方差对卷积核的影响。如图 1-12 所示，方差越大，卷积核中心位置的权值越小，方差越小，卷积核中心位置的权值越大。因此，方差大的卷积核平滑能力强于方差小的卷积核。

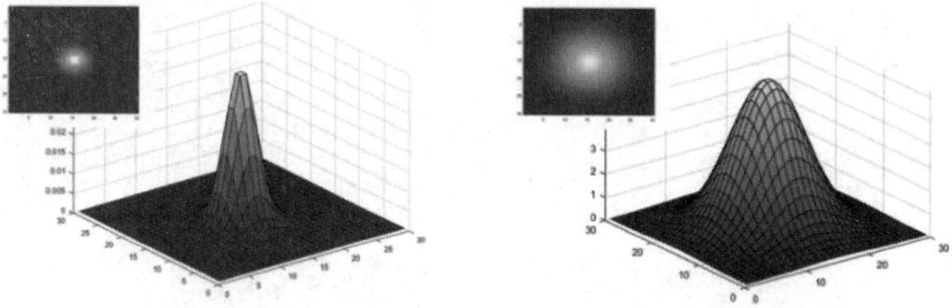

方差为2, 大小为30×30　　　　方差为5, 大小为30×30

(a)　　　　(b)

图 1-12　不同方差的高斯卷积核对比图

接下来，固定方差，讨论卷积核尺寸的影响。由于方差相同，大尺寸和小尺寸的卷积核中心点的权值在未归一化时是相同的。然而，经过归一化操作后，由于大尺寸的卷积核包含更多的权值，其中心点位置的权值在归一化后会相对较小，因此，大尺寸的卷积核具有比小尺寸卷积核更强的平滑效果。图 1-13 显示了不同尺寸的二维高斯卷积核的权重三维示意图。

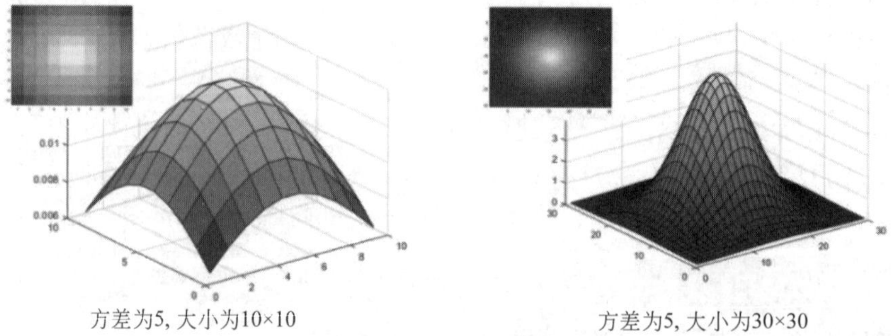

方差为5, 大小为10×10　　　　方差为5, 大小为30×30

(a)　　　　(b)

图 1-13　不同尺寸的高斯卷积核对比图

经过分析可知，当图像中噪声方差较大时，需要较强的图像平滑效果，选择具有较大方差的高斯函数或大尺寸的卷积核；反之，若噪声方差较小，应选择具有较小方差的高斯函数或小尺寸的卷积核。在图 1-14 中，第 1 行展示了叠加了 3 种不同方差的高斯噪声后的 3 幅灰度图像。从图中可以看到，随着噪声方差的增大，图像中的噪声变得更加明显。接下来，分别使用标准差为 1 和 2 的高斯卷积核对第 1 行的 3 幅噪声图像进行平滑处理，将处理后的结果分别显示在第 2 行和第 3 行。

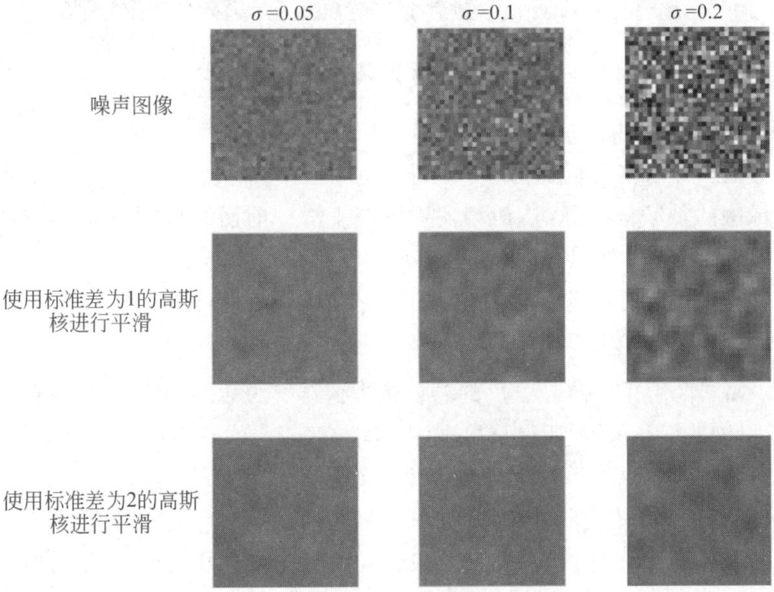

图 1-14　不同方差高斯卷积核的去噪效果对比

从图 1-14 中可以看到，当噪声方差比较小时，采用小方差的高斯卷积核能平滑掉噪声，平滑后的图像看起来接近理想图像；当噪声方差比较大时，必须采用更大方差的卷积核才能去除掉噪声。在图 1-15 中(a)图为包含噪声的图像，(b)、(c)图分别为使用标准差为 1 及标准差为 2 的高斯卷积核进行去噪的结果。可以看到，方差越大，去噪效果越明显，但同时也丢失了图像中很多轮廓信息，使图像变得更加模糊。

(a) 噪声图像　(b) 使用标准差为1的高斯核进行平滑　(c) 使用标准差为2的高斯核进行平滑

图 1-15　不同标准差的高斯卷积核的去噪结果

应用高斯卷积核时，需要根据实际情况选择合适的方差和卷积核大小。由于同时考虑两个参数会较为复杂，通常的做法是将卷积核的半窗宽度设置为标准差的 3 倍，整个窗宽为 6 倍的标准差加 1。例如，将标准差设置成 1，这时高斯卷积核的窗度等于 $2\times3\times1+1=7$。

现在，将高斯卷积核应用到图 1-11 中，将其结果与平均卷积的效果进行对比，如

图 1-16 所示。可以清楚地看到，高斯卷积核在平滑图像的同时有效地抑制了振铃现象的发生。

(a) 高斯噪声图像　(b) 均值滤波结果　(c) 高斯滤波结果

图 1-16　平均卷积与高斯卷积效果对比

下面介绍高斯卷积核的一些性质。

① 高斯卷积核可以实现低通滤波，即可以去除图像中的高频信息，比如噪声或图像中的边缘，让图像中的低频信息通过，最终实现图像平滑。前面测试用例验证了高斯卷积核的平滑效果。

② 用一个大尺寸的高斯卷积核对图像进行卷积，其结果可以通过对输入图像重复进行多次小尺度高斯卷积来获得。

例如，对一幅图像用标准差等于$\sqrt{2}$的卷积核进行卷积的结果，可以通过对输入图像先用标准差为 1 的卷积核进行卷积，对所得结果再用标准差等于 1 的卷积核进行卷积来获得。

③ 一个二维高斯卷积核可以拆分为两个一维高斯卷积核。

该性质可以通过一个例子来说明。如图 1-17 所示，第 1 行的左侧展示了一个二维高斯核，当这个核与右侧的图像进行卷积时，结果为 65。第 2 行展示了二维高斯核可以分解为纵向和横向的两个独立的一维高斯核。第 3 行和第 4 行显示了分解后的这两个一维高斯核先后对图像进行卷积的结果。可以看出，连续使用这两个一维高斯核的卷积与直接使用未分

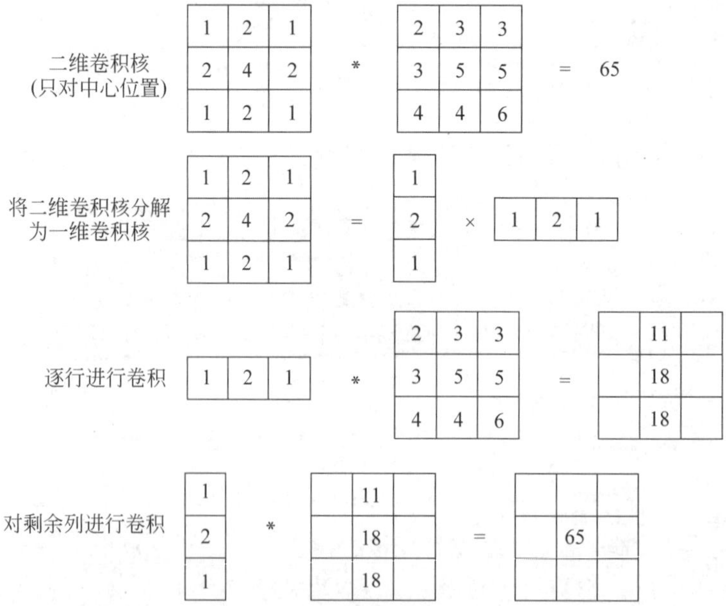

图 1-17　高斯卷积核拆分示意图

解的二维高斯卷积核得到的结果是一致的。所以，一个二维的高斯卷积核对图像进行卷积可以通过其分解的两个一维高斯卷积核对图像进行连续卷积来实现。

这是高斯核的 3 个特性。第 1 个性质表明高斯卷积核能平滑图像，实现图像去噪。后面两个性质能够有效地减小运算量，提升运算速度。为了理解这一点，下面具体分析卷积操作的计算量。

图像卷积是逐像素进行的操作，假设图像的尺寸为 $M\times N$，卷积核的尺寸为 $m\times m$，那么需要计算 $M\times N$ 个位置的卷积。每个位置的卷积操作包含 $m\times m$ 次乘法。在这种情况下，卷积计算的复杂度是 $O(M\times N * m^2)$。然而，如果使用多个小尺寸的卷积核操作来代替一个大尺寸的卷积核，计算复杂度将会降低，比如用 5×5 的模板进行卷积时，复杂度是 $O(25M\times N)$，而用两个 3×3 的模板进行卷积以代替 5×5 的卷积核时，其复杂度降至 $O(9M\times N)$。如果进一步将二维卷积核分解为两个一维卷积核，那么计算复杂度将进一步降低，变成 $O(M\times N\times m)$。因此，高斯卷积核的第 2 和第 3 个性质对于减小计算复杂度和加速运算大有裨益。

小　结

本章首先简要介绍了数字图像的基础知识以及卷积的概念与应用，并通过示例展示了不同卷积核的卷积效果；其次，对图像噪声进行了分析，针对不同噪声类型分别介绍了中值滤波和高斯卷积核这两种基本的图像去噪方法；最后，详细解释了高斯卷积核的性质，特别强调了其可拆分性，这一特性能够有效地降低卷积操作的计算复杂度。

习　题

(1) 程序设计：编程实现以方差和窗口尺寸为输入的高斯卷积核自动生成函数。

(2) 程序设计：根据图 1-6，编程实现参数可调的图像锐化卷积核自动生成函数。

(3) 证明卷积操作满足交换律。

(4) 证明连续两次高斯卷积操作的结果可由一次高斯卷积操作得到。

(5) 证明一个二维高斯卷积核可以拆分为两个一维高斯卷积核。

(6) 程序设计：以卷积核和图像为输入，实现带填充的图像卷积操作。

(7) 综合：利用习题(1)的程序生成一个二维高斯卷积核，然后将其等价地拆分为两个一维高斯卷积核。之后，利用习题(6)的程序验证：一个二维的高斯卷积核对图像进行卷积可以用它分解所得的两个一维高斯卷积核对图像进行连续卷积来实现。

(8) 综合：利用习题(1)的程序生成一个大尺度的二维高斯卷积核。然后利用习题(4)的理论将其等价地拆分为两个二维高斯卷积核。之后，利用习题(6)的程序验证一个二维的高斯卷积核对图像进行卷积，可以用它分解所得的两个小尺度的高斯卷积核对图像进行两次连续卷积来实现。

第 2 章　图像边缘提取

图像边缘是一种图像的低层次语义信息，有助于理解图像中的结构信息，为完成各种计算机视觉和图像处理任务奠定基础。本章首先解释图像边缘的含义与作用；然后阐述图像边缘与图像导数之间的关系，并介绍使用高斯一阶偏导核进行图像边缘检测的方法；接着介绍一个经典的边缘检测算法——Canny 算法；最后介绍几种常用的模型拟合方法。

2.1　图像边缘与图像求导

2.1.1　图像边缘的含义

在图像中，亮度出现显著或急剧变化的点通常称为边缘或边缘点。图像边缘一般携带图像的语义和形状信息，相对于像素表示，边缘表示显然更加紧凑。

观察图 2-1 这幅线条画，很显然，透过画中的线条，能够知道这是一个圆柱体放在一个平板上，平板上的阴影为圆柱体的投影。可见，边缘传递了图像中的大部分语义，所以，通过图像中的边缘去理解图像是可行的。

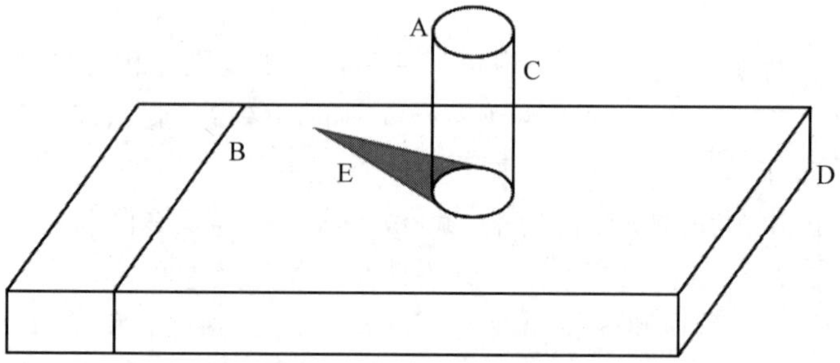

图 2-1　图像边缘示意图

为了更好地理解图像边缘，通常将图像边缘分成以下 5 种类型，对应不同的物理特性，如图 2-1 所示。

① A 类边缘线是空间曲面上的不连续点。这个边缘线为两个曲面或平面的交线，该点物体表面的法线方向不连续，因此在 A 类边缘线的两边，图像的灰度值有明显的不同。

② B 类边缘线是由不同材料或不同颜色造成的。由于不同材料或不同颜色对光的反射系数不同，使得 B 类边缘线的两侧灰度有明显的不同。

③ C 类边缘线是物体与背景的分界线。由于物体与背景在光照条件和材料反射系数方面有很大的差异，因此在 C 类边缘线两侧，图像灰度也有明显的差异。

④ D 类边缘线既是物体与背景的分界线，又是物体表面上法线的不连续处，但 D 类边缘线两侧灰度差异较大的原因往往是前者。

⑤ E 类边缘线是阴影引起的边缘。由于物体表面某一部分被其他物体遮挡，使其得不到光线照射，从而引起边缘点两侧灰度值的较大差异。

需要说明的是，对不同的图像识别任务，通常关注边缘的类型是不相同的，比如识别目标的外形，主要关注深度上的不连续以及表面法向量的不连续产生的边缘。如果要识别目标内部是什么，就要识别目标表面是否有相关的信息，这时关注的是表面上色彩不一致产生的边缘。如果希望知道目标在空间中的位置信息，就需要关注阴影产生的边缘。

2.1.2　边缘位置的特点

从边缘的含义可知，边缘处的灰度值通常呈现不连续性。如图 2-2(a)所示，图像中有两个边缘，均位于两种颜色交界处。现在，取图像水平方向的一行像素，绘制出像素值随坐标变化的曲线，如图 2-2(b)所示。可以明显看出，图像边缘处的灰度值发生了突变。鉴于导数可反映信号变化的速度，对图 2-2(b)中的一维曲线计算每个位置的导数，然后绘制出导数随坐标变化的曲线，如图 2-2(c)所示。在图 2-2(c)中，因为灰度值发生突变的地方导数值较大，故边缘点位于导数的极值点位置。

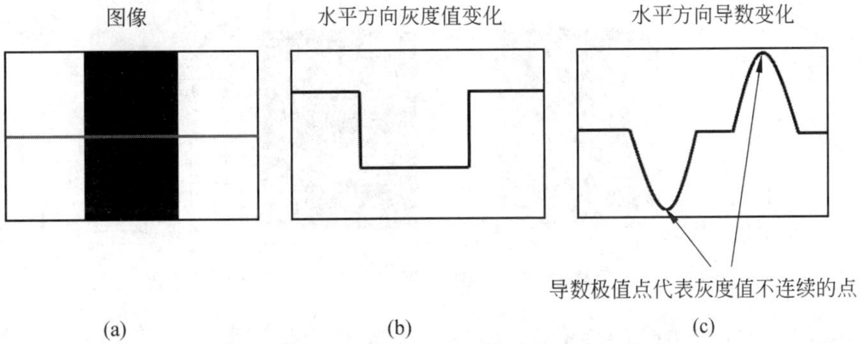

图 2-2　图像中边缘点的灰度值变化特征示意图

通过以上观察，为了定位图像中的边缘，需寻找图像导数的极值点。因此边缘提取的核心任务在于进行图像求导。

2.1.3　图像导数与梯度

根据导数的定义，在任意坐标(x,y)处，图像 $f(x,y)$处沿 x 方向的偏导数可表示为

$$\frac{\partial f(x,y)}{\partial x}=\lim_{\varepsilon\to 0}\frac{f(x+\varepsilon,y)-f(x,y)}{\varepsilon} \tag{2-1}$$

由于需要取极限，根据定义计算图像导数在实际操作中难以应用。为了简化问题，在计算图像偏导数的过程中，省略极限操作，并将 ε 设置为 1，得到图像沿 x 方向的近似求导公式

$$\frac{\partial f(x,y)}{\partial x}\approx f(x+1,y)-f(x,y) \tag{2-2}$$

同理可以得到，在任意坐标(x,y)处，图像沿 y 方向的近似求导公式

$$\frac{\partial f(x,y)}{\partial y}\approx f(x,y+1)-f(x,y) \tag{2-3}$$

根据式(2-2),对图像中的某个像素位置求 x 方向的偏导数,就是用它右边像素的像素值减去它自身的像素值。显然,这个操作可以用一维卷积来实现,其对应的一维卷积核为 $[-1 \quad 1]$。同理,计算图像沿 y 方向的偏导数也可以用卷积实现,其卷积核形式为 $\begin{bmatrix} -1 \\ 1 \end{bmatrix}$。由此,可称这两个卷积核为导数核。

现在使用导数核来计算图像的偏导数。如图 2-3 所示,第 2 行(b)图是第 1 行(a)图 x 方向的导数图像,(c)图是 y 方向的导数图像。竖直边缘在水平方向上的像素值差异明显,而在竖直方向上的像素值变化较小,因此 y 方向的导数较小;同理,水平方向的边缘在竖直方向上的差异较大。因此,x 方向的导数图像主要反映了纵向边缘,而 y 方向的导数图像则主要表现为横向边缘。

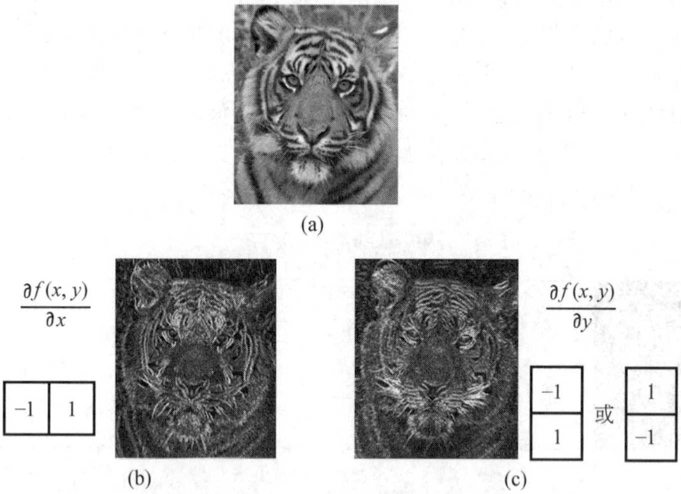

图 2-3　使用导数核计算图像沿 x 方向和 y 方向的偏导数

进一步,将图像在点 (x,y) 处沿 x 方向和 y 方向两个偏导数组合形成一个二维向量,如下所示:

$$\nabla f = \left[\frac{\partial f(x,y)}{\partial x} \quad \frac{\partial f(x,y)}{\partial y}\right] \tag{2-4}$$

称 ∇f 为图像在点 (x,y) 处的梯度。图像中的每个点都有个梯度,梯度既描述了图像 x 方向的边缘信息,也描述了 y 方向的边缘信息,因此可以更全面地表达图像边缘。

图像梯度是矢量,具有方向与强度。图像在点 (x,y) 处的梯度方向表示为角 θ,计算公式如下:

$$\theta = \arctan\left(\frac{\partial f(x,y)}{\partial y} \bigg/ \frac{\partial f(x,y)}{\partial x}\right) \tag{2-5}$$

图像在点 (x,y) 处的梯度强度表示为 $\|\nabla f\|$,计算公式如下:

$$\|\nabla f\| = \sqrt{\left(\frac{\partial f(x,y)}{\partial x}\right)^2 + \left(\frac{\partial f(x,y)}{\partial y}\right)^2} \tag{2-6}$$

图 2-4 依次给出了水平、竖直和倾斜 45°方向的梯度向量,其中箭头所指方向即是梯度方向。通过图 2-4 可以看出,梯度垂直于边缘,并指向边缘两侧中像素值较大的一侧。

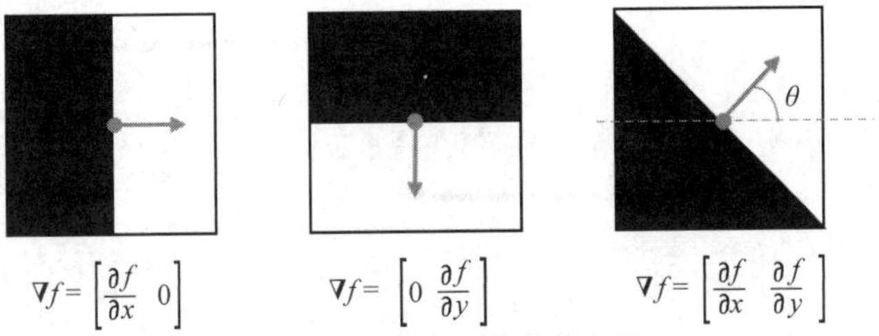

图 2-4　不同方向的梯度向量

在边缘检测中，通常使用梯度的强度来确定当前点是否为边缘点。由于梯度方向与边缘的方向垂直，因此可以通过梯度方向来确定边缘的方向。

2.1.4　高斯一阶偏导核

在实际应用中，图像通常受到噪声的影响，此时，如果直接使用导数核来对有噪声图像进行卷积，噪声的存在会使求导结果十分糟糕。图 2-5 展示了一维信号 $f(x)$ 的求导计算结果，由于 $f(x)$ 中存在噪声，通过其导数无法判断边缘是否存在。

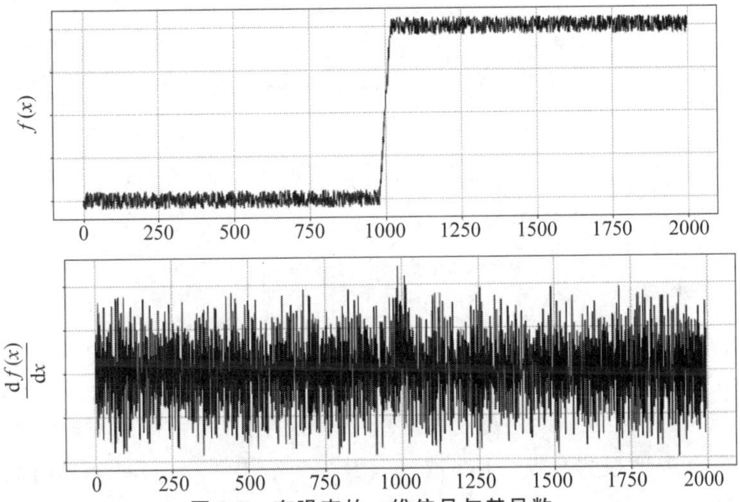

图 2-5　有噪声的一维信号与其导数

为了解决这一问题，可以先利用第 1 章介绍的高斯平滑核 g 与图像 f 进行卷积操作 $f*g$，实现图像去噪处理。然后，再对去噪后的图像求导，分别计算 $\mathrm{d}(f*g)/\mathrm{d}x$ 和 $\mathrm{d}(f*g)/\mathrm{d}y$。以一维信号为例，图 2-6 显示了去噪和求导计算的过程。

从图 2-6 中可以看到，在求导之前增加去噪操作，就能检测到信号中的边缘。但是，在这个过程中，需要进行两次卷积操作，一次用于去除噪声，另一次用于计算导数，计算效率较低。基于卷积操作的性质，卷积操作满足交换律与结合律。因此，可以先使用结合律，将求导核与高斯核进行卷积，然后再与图像进行卷积。这样提取水平或垂直边缘时，只需对图像进行一次操作，从而提升计算效率。

将求导核与平滑核进行卷积后得到的卷积核$\frac{\mathrm{d}g}{\mathrm{d}x}$和$\frac{\mathrm{d}g}{\mathrm{d}y}$称为高斯一阶偏导核。回忆第 1 章高斯函数的表达式如下：

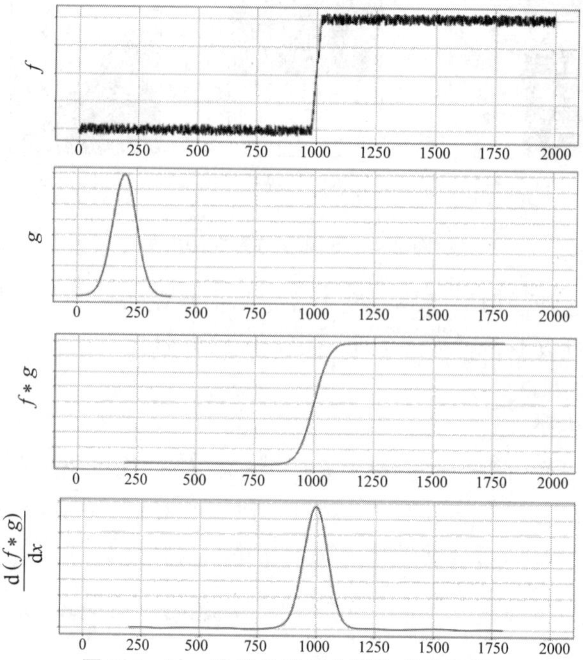

图 2-6　对一维信号进行去噪和求导计算

$$g(x,y)=\frac{1}{2\pi\sigma^2}e^{-\frac{(x^2+y^2)}{2\sigma^2}} \tag{2-7}$$

然后，计算 $g(x,y)$ 的一阶偏导数，可得

$$\frac{\partial g(x,y)}{\partial x}=-\frac{x}{2\pi\sigma^4}e^{-\frac{(x^2+y^2)}{2\sigma^2}} \tag{2-8}$$

$$\frac{\partial g(x,y)}{\partial y}=-\frac{y}{2\pi\sigma^4}e^{-\frac{(x^2+y^2)}{2\sigma^2}} \tag{2-9}$$

根据式(2-8)和式(2-9)，只需要代入坐标 (x,y) 的值，就可得到对应点的高斯一阶偏导核系数。为了更直观地理解高斯一阶偏导核，图 2-7 给出了 x、y 两个方向的高斯一阶偏导核的三维立体图。

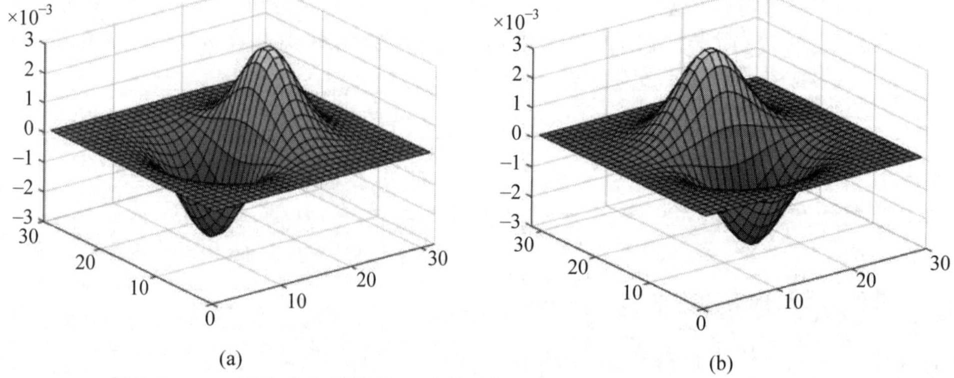

图 2-7　x、y 两个方向的高斯一阶偏导核，(a)图为 x 方向，(b)图为 y 方向

对图 2-6 中的一维信号，使用高斯一阶偏导核进行边缘检测，如图 2-8 所示。显然，该结果与图 2-6 中分两步计算卷积得到的结果一致，并且显著减少了计算量。

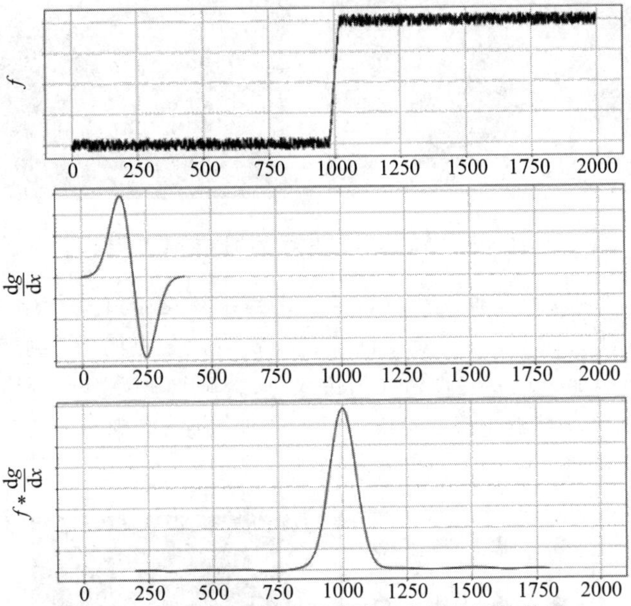

图 2-8　使用高斯一阶偏导核进行边缘检测的效果

观察式(2-8)和式(2-9)，高斯一阶偏导核包含一个重要参数，即方差 σ。调整方差的数值，可以控制边缘提取的细节程度。方差越小，能够保留更多边缘的细节信息；方差越大，则会减少边缘的细节信息。因此，如果需要捕捉图像中的细节，可采用小方差的高斯一阶偏导核；如果只关注图像的主要轮廓信息，可选用较大方差的高斯一阶偏导核。

另外，值得注意的是，高斯卷积核是用来进行图像平滑的，卷积核中的权值都是非负的，并且总和为 1。高斯一阶偏导核是对高斯卷积核求导后得到的，它的作用是提取边缘，卷积核中的权值可以是负值，但总和必须为 0。

2.2　Canny 边缘检测算法

通常情况下，边缘提取得到的结果是一个二值图像，其中非零数值表示图像中存在边缘。然而，仅仅使用高斯一阶偏导核对图像进行卷积还不能达到这个目标。本节将介绍一个经典的边缘检测算法，即 Canny 算法。

Canny 算法可以归结为以下 3 个步骤：计算图像梯度、非最大化抑制和双阈值边缘拼接[1]。下面将详细介绍这 3 个步骤的具体实现方法。

首先，对于待检测图像，使用 x 方向和 y 方向的高斯一阶偏导核计算图像梯度，然后计算图像上每个点的梯度强度和梯度方向。图 2-9 展示了原始图像和它在每个点的梯度强度形成的灰度图像。从图 2-9(b)中可以看到，经过第一步操作获得的边缘通常较宽，需要进一步将这些边缘细化，以获得更准确的边缘。

非最大化抑制(即删除局部梯度非最大化的边缘点)是一种边缘细化算法。该算法将每

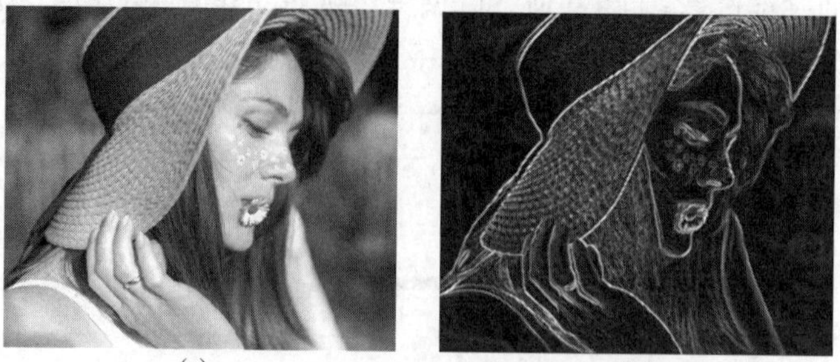

(a) (b)

图 2-9 原始图像与其对应的梯度强度图像

个潜在边缘点的梯度强度与其梯度正反方向上的点的梯度强度进行比较，以决定是否保留当前的边缘点。如图 2-10 所示，需要比较 q 点与 p 点及 r 点的梯度强度，如果点 q 的梯度强度大于点 p 和点 r，那么点 q 将保留作为边缘点，否则将被去除。对每个潜在边缘点都执行该操作，最后得到的就是细化后的边缘。需要说明的是，通常 p、r 的坐标不是整数，需要进行双线性插值，才能得到这两个点的梯度值。

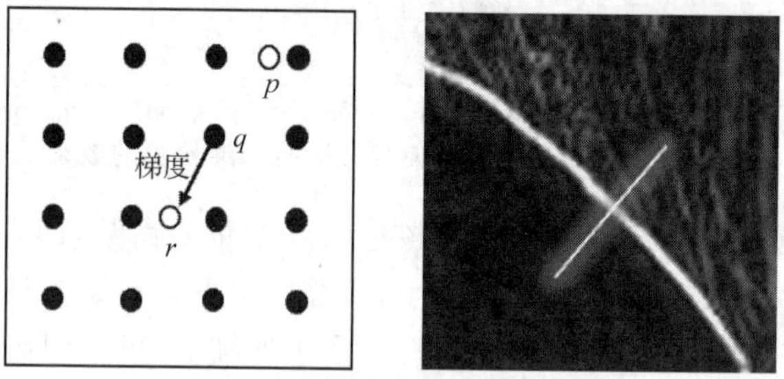

图 2-10 非最大化抑制操作示例

经过非最大化抑制后的图像，边缘已经被细化，有些边缘的梯度强度虽然是局部最大的，但数值仍然可能很小，这些边缘可能由噪声引起。因此，通常会使用一个梯度阈值过滤剩余的边缘，小于该阈值的点被认为是噪声，大于该阈值的点被认为是边缘。

在实际操作中，设置适当的阈值是一个具有挑战性的任务。如果阈值设置得太高，滤除噪声的同时会滤掉许多真实的边缘；如果阈值设置得太低，则会保留大量的噪声。为了应对这个问题，Canny 算法使用一种双阈值的处理方案，如图 2-11 所示。首先，使用一个相对较高的阈值来提取那些梯度较大的边缘，然后使用一个较低的阈值找回更多的边缘，但是，只有与高阈值提取的边缘相连接的低阈值边缘才会被找回。通过这种双阈值的边缘拼接方法，Canny 算法有效地解决了单一阈值的问题。

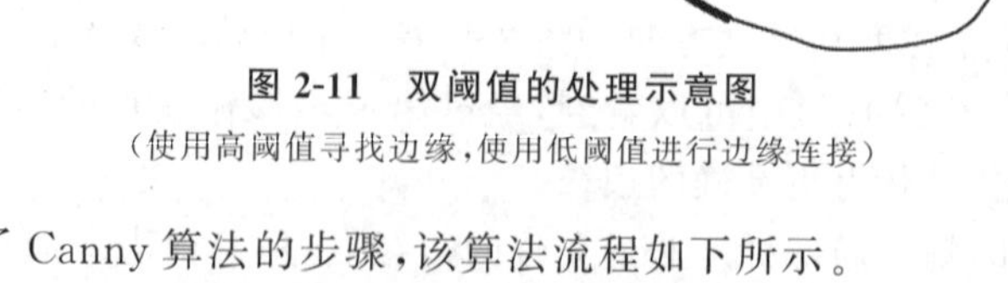

图 2-11 双阈值的处理示意图

（使用高阈值寻找边缘，使用低阈值进行边缘连接）

以上详细介绍了 Canny 算法的步骤，该算法流程如下所示。

Canny 边缘检测算法

输入：待检测图像。
输出：检测到的边缘图像。
使用高斯一阶偏导核对待检测图像进行卷积操作。
计算图像中每个像素点的梯度大小和梯度方向。
进行非最大化抑制，对边缘进行细化。
进行双阈值边缘拼接：
　　设置高阈值和低阈值。
　　使用高阈值寻找边缘，使用低阈值进行边缘拼接。

Canny 算法是经典的边缘检测算法，具有简单高效的特点。图 2-12 显示了 Canny 算法的检测效果示意图。

图 2-12　Canny 边缘检测效果示意图

2.3　拟　　合

尽管边缘可以描述自然物体的轮廓，但人类世界中的线条不计其数。因此，想构成更高层、更精练的特征，匹配这些线条十分重要，这就是拟合任务。拟合在工业零部件识别、建筑物识别等领域被广泛应用。

对于一组给定的特征点或数据，拟合任务需要选择一个带有参数的模型，并使用已知数据对模型参数进行估计。如图 2-13 所示，可供选择的模型不仅限于直线、曲线，还可以是齐次变换、基本矩阵、二维图形或三维物体等。

直线拟合　　曲线拟合　　三维物体拟合

图 2-13　几种常见的拟合模型

拟合问题也面临很多困难，数据中的噪声或异常值、遮挡问题以及类内差异等因素都会增加拟合问题的复杂性。例如，图 2-14 所示的直线拟合问题，特征点并不是完全位于同一条直线上，数据中有一定的噪声，导致直线拟合效果下降。

本节将介绍 3 种常用的拟合方法：最小二乘法、RANSAC 算法以及 Hough 变换，可以有效解决许多实际的模型拟合问题。

2.3.1 最小二乘法

最小二乘法是一种数学优化方法，它通过最小化误差的平方和找到已知数据的最佳匹配参数。下面以二维情况下的直线拟合问题为例解释最小二乘法，便于更好地理解该算法的核心思想。

直线拟合问题可以描述如下：假设在二维平面中有 n 个数据点，如图 2-14 所示，第 i 个数据点的坐标记为(x_i, y_i)，如何在该二维平面内确定一条直线，可以最优地拟合这些数据点？

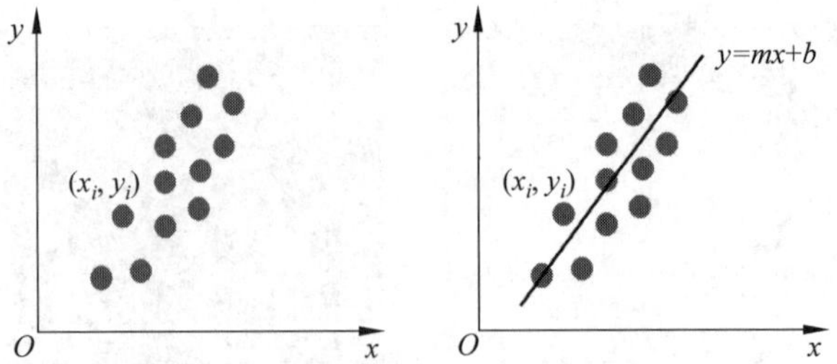

图 2-14 数据点分布与目标直线模型

在二维平面内，直线的数学模型可以表示为 $y=mx+b$，所以，实际只需要确定一对最优的参数 m 和 b。为此，需要评价模型拟合的效果。一种评价拟合效果的简单方法是在所有数据点上计算匹配误差的平方和 E，即

$$E=\sum_{i=1}^{n}(y_i-(mx_i+b))^2 \tag{2-10}$$

最小二乘法的优化目标是使匹配误差的平方和最小，从而确定一对最优的参数(m,b)。下面介绍最优参数的具体求解过程。

首先，将模型的预测值 mx_i+b 用矩阵的形式表示为

$$mx_i+b=(m \quad b)\begin{pmatrix} x_i \\ 1 \end{pmatrix} \tag{2-11}$$

将式(2-11)代入式(2-10)中，并设 $\boldsymbol{H}=(m,b)^{\mathrm{T}}$ 和 $\boldsymbol{X}_i=(x_i \quad 1)^{\mathrm{T}}$，可得

$$E=\|\boldsymbol{Y}-\boldsymbol{X}\boldsymbol{H}\|^2 \tag{2-12}$$

其中，$\boldsymbol{Y}=(y_1,y_2,\cdots,y_n)^{\mathrm{T}}$，$\boldsymbol{X}=(\boldsymbol{X}_1,\boldsymbol{X}_2,\cdots,\boldsymbol{X}_n)^{\mathrm{T}}$，进一步，可得

$$E=\boldsymbol{Y}^{\mathrm{T}}\boldsymbol{Y}-2(\boldsymbol{X}\boldsymbol{H})^{\mathrm{T}}\boldsymbol{Y}+(\boldsymbol{X}\boldsymbol{H})^{\mathrm{T}}(\boldsymbol{X}\boldsymbol{H}) \tag{2-13}$$

为获得优化的模型参数 $\boldsymbol{H}$，使总匹配误差 E 最小，在式(2-13)的两边同时对 $\boldsymbol{H}$ 求导，可得

$$\frac{\partial E}{\partial \boldsymbol{H}}=-2\boldsymbol{X}^{\mathrm{T}}\boldsymbol{Y}+2\boldsymbol{X}^{\mathrm{T}}\boldsymbol{X}\boldsymbol{H} \tag{2-14}$$

使总匹配误差 E 取最小值的参数 $\boldsymbol{H}$ 应满足

$$\frac{\partial E}{\partial \boldsymbol{H}}=0$$

于是,可得方程

$$\boldsymbol{X}^{\mathrm{T}}\boldsymbol{X}\boldsymbol{H}=\boldsymbol{X}^{\mathrm{T}}\boldsymbol{Y} \tag{2-15}$$

当 $\boldsymbol{X}^{\mathrm{T}}\boldsymbol{X}$ 是非奇异矩阵时,可解得

$$\boldsymbol{H}=(\boldsymbol{X}^{\mathrm{T}}\boldsymbol{X})^{-1}\boldsymbol{X}^{\mathrm{T}}\boldsymbol{Y} \tag{2-16}$$

求出向量 $\boldsymbol{H}$ 后,相应的直线模型就确定了。但在实际应用中,该方法的效果通常较差。问题在于拟合误差的计算依赖坐标系。当在某个坐标系下,如果拟合模型是一条接近垂直横轴的直线时,仅将直线纵坐标的残差作为模型拟合效果的评价指标,将导致很大的匹配误差,以致无法很好地拟合垂直的直线。为避免该问题,通常采用样本点到拟合直线的距离和作为评价模型拟合效果的指标,如图 2-15 所示。

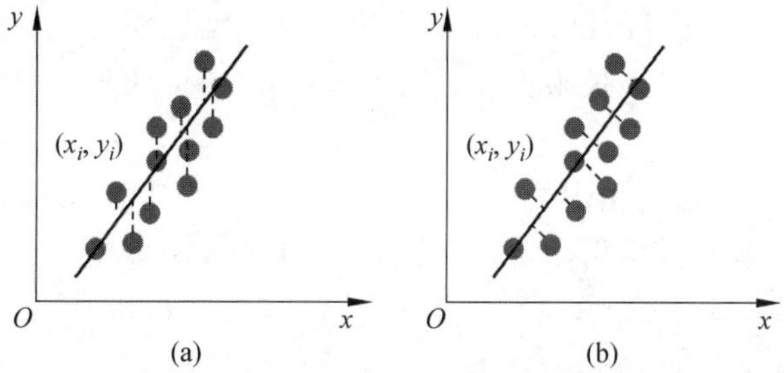

图 2-15 以模型的预测误差为评价指标(a)和以数据点到直线的距离为评价指标(b)

为了便于表示样本点到拟合直线的距离,将直线模型更改为 $ax+by=d$,其中,$\boldsymbol{N}=(a,b)^{\mathrm{T}}$ 表示该直线的单位法向量,即满足 $a^2+b^2=1$,d 是坐标原点到该直线的距离。显然,该模型由参数 a、b 和 d 确定。对该模型,容易验证任意点(x,y)到直线的距离为$|ax+by-d|$。这样,可以用

$$E=\sum_{i=1}^{n}(ax_i+by_i-d)^2 \tag{2-17}$$

测量模型拟合误差。因此,在约束条件 $a^2+b^2=1$ 下,可以通过最小化总匹配误差 E 求解一组最优的拟合参数(a^*,b^*,d^*),即

$$(a^*,b^*,d^*)=\arg\min_{a,b,d}\sum_{i=1}^{n}(ax_i+by_i-d)^2$$

并满足 $\qquad a^2+b^2=1$

下面详细介绍求解过程。

首先,可以直接计算优化目标 E 对参数 d 的导数,得到

$$\frac{\partial E}{\partial d}=\sum_{i=1}^{n}-2(ax_i+by_i-d) \tag{2-18}$$

令该导数等于 0,可以解出最优参数 d^* 为

$$d^*=\frac{a}{n}\sum_{i=1}^{n}x_i+\frac{b}{n}\sum_{i=1}^{n}y_i=a\bar{x}+b\bar{y} \tag{2-19}$$

其中,$\bar{x}$ 和 $\bar{y}$ 分别表示所有数据点的横坐标和纵坐标的平均值。然后,将式(2-19)代入式(2-17)中,可得

$$E=\sum_{i=1}^{n}(a(x_i-\bar{x})+b(y_i-\bar{y}))^2 \tag{2-20}$$

设矩阵 $\boldsymbol{U}=\begin{bmatrix} x_1-\bar{x} & y_1-\bar{y} \\ \vdots & \vdots \\ x_n-\bar{x} & y_n-\bar{y} \end{bmatrix}$，总匹配误差 E 可以描述为矩阵形式，如下

$$\boldsymbol{E}=(\boldsymbol{UN})^{\mathrm{T}}(\boldsymbol{UN}) \tag{2-21}$$

式(2-21)两边同时对参数向量 $\boldsymbol{N}$ 求导，并令导数为 0，得到

$$(\boldsymbol{U}^{\mathrm{T}}\boldsymbol{U})\boldsymbol{N}=0 \tag{2-22}$$

式(2-22)是齐次线性方程，当满足约束条件 $a^2+b^2=1$ 时，可以推出最优参数向量 $\boldsymbol{N}^*=(a^*,b^*)^{\mathrm{T}}$ 为矩阵 $\boldsymbol{U}^{\mathrm{T}}\boldsymbol{U}$ 的最小特征值对应的特征向量(具体参见《计算机视觉：一种现代化方法》)。

求出参数向量 $\boldsymbol{N}$ 后，就可以得到相应的直线拟合模型。相对于使用残差作为匹配误差的情况，改进后的直线拟合模型效果更好。然而，最小二乘方法拟合直线还存在对于异常值不鲁棒的问题。

如图 2-16 所示，如果数据集中的数据没有明显远离待拟合直线，最小二乘法能很好地进行直线拟合，但是一旦有异常值出现，直线模型会出现较大偏差。

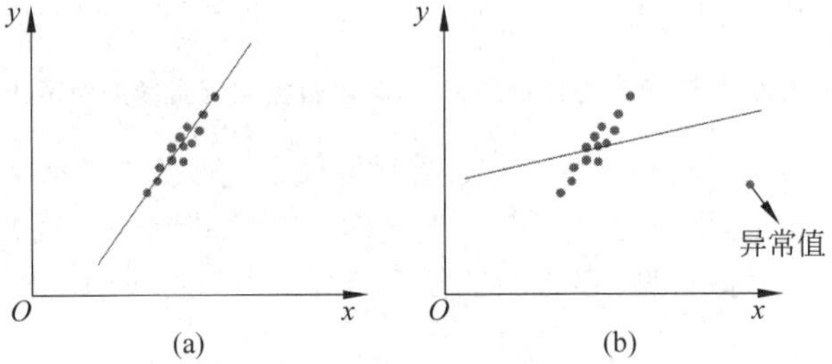

图 2-16　异常值对最小二乘法的影响

对于可以被假设模型描述的数据，称为内点(inliers)，偏离正常范围很远、无法适应数学模型的异常数据，称为外点(outliers)。外点可能是由于错误的测量、错误的假设、错误的计算等产生的。一般地，样本集中既包含内点，也包含外点。外点说明数据集中含有噪声。为了减小外点对模型拟合的影响，增加拟合的鲁棒性，引入鲁棒因子，将目标函数修改为

$$E=\sum_{i=1}^{n}\rho(r_i(x_i,\theta);\sigma) \tag{2-23}$$

其中，$r_i(x_i,\theta)$表示第 i 个数据点的匹配误差，θ 是模型拟合的参数，σ 是鲁棒因子。一般地，鲁棒函数 $\rho(r;\sigma)$采用如下形式：

$$\rho(r;\sigma)=\frac{r^2}{r^2+\sigma^2} \tag{2-24}$$

应用最小二乘法优化含鲁棒函数的目标量 E，如式(2-23)，这就是鲁棒最小二乘法。

图 2-17 画出了 $\sigma^2=0.1$、1、10 时，鲁棒函数 $\rho(r;\sigma)$的曲线形状。可以看出，当数据点的匹配误差 r^2 很大时，该数据可能是异常点，鲁棒函数的输出值接近 1。当数据点的匹配误差 r^2 较小时，鲁棒函数的输出与 r^2 成正比。这意味着，鲁棒函数对于 r^2 越大的数据点，惩罚越大。当 σ^2 比较小时，对于大残差有较大的惩罚，相反，对于大残差的惩罚力度较为温和。

鲁棒因子 σ 是鲁棒函数的一个重要参数。如图 2-18 所示，鲁棒因子设置合理时，外点

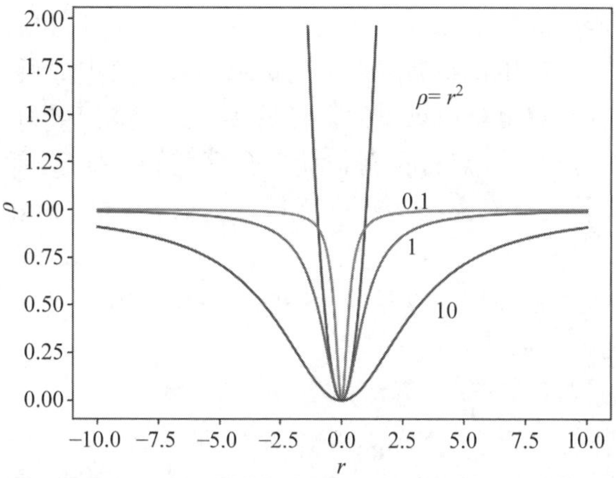

图 2-17　对几种不同的 σ^2，鲁棒函数 $\rho(r;\sigma)$ 的曲线，并与 $\rho=r^2$ 的曲线作比较

的影响可以忽略，模型可以很好地拟合数据点；鲁棒因子设置过小时，拟合的结果对所有数据点都不敏感，导致直线与数据点的关系变得模糊；鲁棒因子设置过大时，拟合模型退化为未加鲁棒因子的状态，外点的影响仍然显著。因此，如果对于数据分布信息有较好的先验估计，可以据此确定合适的鲁棒因子，让鲁棒最小二乘法更有效。

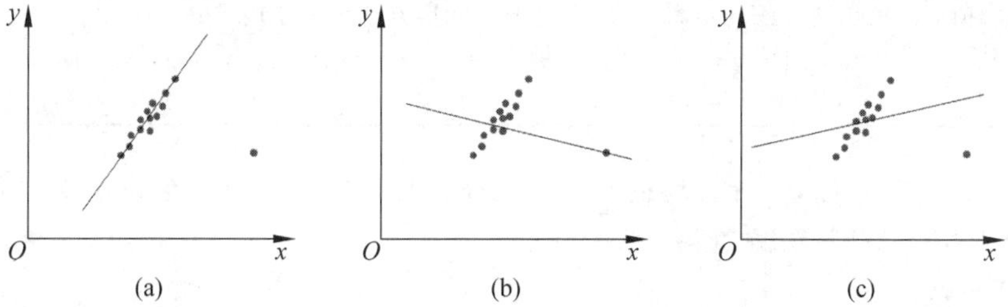

图 2-18　鲁棒最小二乘法拟合结果示例：鲁棒因子设置合适(a)，过小(b)，过大(c)

需要指出的是，尽管鲁棒最小二乘法可以降低外点对模型的影响，但在大量外点存在的情况下，效果仍然不好。

2.3.2 RANSAC 算法

为了应对数据集中存在大量外点的情况，如图 2-19 所示，下面介绍一种新的模型拟合算法，随机采样一致算法(Random Sample Consensus)，简称 RANSAC 算法[2]。

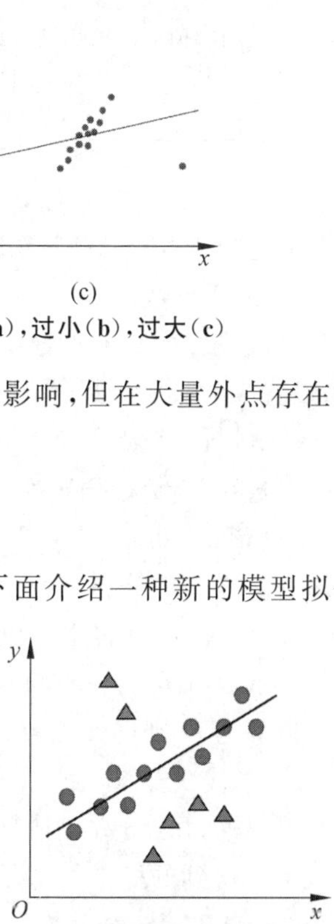

图 2-19　包含大量外点的样本数据分布实例

RANSAC 算法的核心思想是在整个数据集中随机采样一小部分数据点，拟合出一个模型，然后检查其他数据点是否能用该模型描述，通过多次重复此过程，选出一个最好的拟合模型。RANSAC 算法的输入是一组观测数据、一个用于解释观测数据的参数化模型以及一些可信的参数。其主要过程如下。

首先，从观测数据集中随机选择一部分数据，形成数据子集，被选取的数据称为内点。然后，假设一个数学模型可以描述这些选取的内点，即所有的模型参数都能利用假设的内点计算得出。由此，得到一个基于假设内点的拟合模型。接着，用得到的模型去测试观测数据集中的所有其他数据，如果某个点适用于拟合模型，则认为它也是内点。如果有足够多的点被归类为内点，那么这个拟合模型就足够合理。用所有得到的内点去重新估计拟合模型的参数（譬如使用最小二乘法），因为之前只是用部分假设的内点对模型参数进行估计。最后，通过估计内点与模型的错误率来评估模型。

上述过程被重复执行固定的次数，每次产生的模型要么因为内点太少而被舍弃，要么因为比现有的模型更好而被选用。

以直线拟合问题为例，RANSAC 算法如下所示。

RANSAC 算法

输入：观测数据集，采样点数 n，迭代次数 k，判断一个点是否为内点的阈值 t，判断一个拟合模型足够合理所需要的内点数 d。
输出：拟合模型。

```
迭代 k 次。
    从数据集中均匀地随机采样 n 个点。
    对 n 个采样点进行直线拟合。
    对于未选择的每一个点，
    使用阈值 t 比较点到直线的距离，如果距离小于 t，则判定该点是内点；
    如果有大于或等于 d 个内点，则该拟合足够合理。重新用这些内点拟合直线。
使用拟合误差作为准则，确定最好的拟合模型。
```

对于 RANSAC 算法，选择合适的参数对于获得良好的拟合模型至关重要。下面详细介绍如何选择 RANSAC 算法的参数。

① 采样点数 n。

每次采样的数据点数 n 通常初始化为模型拟合需要的最少数据点数。例如，拟合直线时，设置 $n=2$，拟合圆时，设置 $n=3$，以此类推。

② 判断一个点是否为内点的阈值 t。

应选择足够大的阈值 t，目的是将满足 $\delta \leqslant t$ 的数据点以不低于 q 的概率判断为内点。例如，设置 $q=0.95$，如果假设内点到直线的距离 δ 满足均值为零标准差为 σ 的高斯分布（可以认为是噪声的分布），则由 $P(\delta \leqslant t)=0.95$ 可推出 $t^2=3.84\sigma^2$。

③ 判断一个拟合模型足够合理所需要的内点数 d。

参数 d 又称为一致集尺寸，应与数据集中的期望内点占比相匹配。假设整个数据集的外点概率为 e，则选择参数 d 应使 e^d 足够小（比如小于 0.05）。

④ 迭代次数 k。

可以通过以下方式估算迭代次数 k。假设 e 表示所有给定样本点中外点的比例。这样，一次采样得到的样本点都是内点的概率应不超过 $(1-e)^n$，至少有一个点是外点的概率应不低于 $1-(1-e)^n$，全部 k 次采样都会采到外点的概率应不低于 $(1-(1-e)^n)^k$。进一步，如果假设概率 p 表示 k 次采样中至少有一次采样抽取的样本点都是内点的概率，可得

$$1-p \geqslant (1-(1-e)^n)^k \tag{2-25}$$

通过上式，可得

$$k \geqslant \frac{\log(1-p)}{\log(1-(1-e)^n)} \tag{2-26}$$

式(2-26)表明，迭代次数 k 由 p、n 和 e 三个参数确定，其中，n 已选定。为了确保 k 次采样中至少有一次是成功的，应该选择足够大的 p，例如，设置 $p=0.99$。参数 e 是未知的先验信息，可以选择最差的情况是 $e=0.5$。如果发现更多内点，则进行调整。例如，有次拟合尝试发现了 80%的内点，则设置 $e=0.2$。由此，可得一种自适应确定迭代次数 k 的算法，如下所示。

自适应确定迭代次数 k 的算法

输入：$k=\infty$，count=0，count 代表采样计数。
输出：迭代次数 k。

当 count $<k$ 时，
　　进行一次采样和模型拟合，计算内点数。
　　计算外点率 $e=1-\dfrac{\text{内点数}}{\text{数据集的样本数}}$。
　　根据式(2-26)更新 k，即 $k=\dfrac{\log(1-p)}{\log(1-(1-e)^n)}$。
　　count=count+1。
输出迭代次数 k。

表 2-1 展示了当设置 $p=0.99$ 时，随着外点比率 e 与采样点数 n 的变化，迭代次数 k 的变化情况。可以看出，随着 e 的增大，k 将增大；随着 n 的增大，k 也将增大。

表 2-1　迭代次数 k 随外点率 e 与采样点数 n 的变化情况($p=0.99$)

n	e						
	5%	**10%**	**20%**	**25%**	**30%**	**40%**	**50%**
2	2	3	5	6	7	11	17
3	3	4	7	9	11	19	35
4	3	5	9	13	17	34	72
5	4	6	12	17	26	57	146
6	4	7	16	24	37	97	293
7	4	8	20	33	54	163	588
8	5	9	26	44	78	272	1177

图 2-20 展示了当 $p=0.99$，$n=2$ 时，迭代次数 k 随外点比率 e 的变化情况。从图 2-20 中可以看出，采样次数 k 随着 e 的增大而增大，当 $e<0.8$ 时，增速比较缓慢，一旦 $e>0.8$，则增速明显增加。

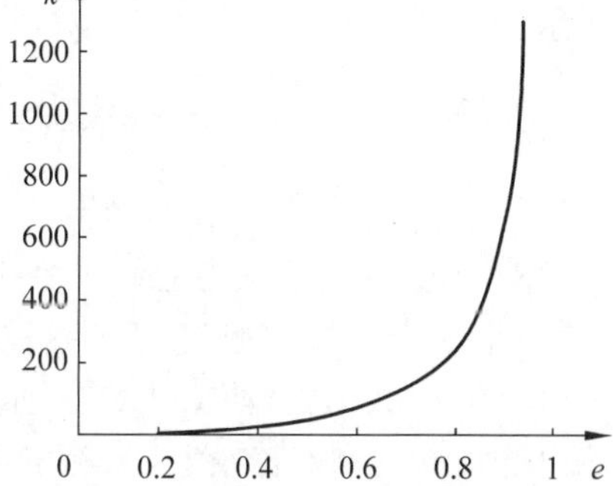

图 2-20　迭代次数 k 随外点比率 e 的变化情况($p=0.99$，$n=2$)

最后总结一下 RANSAC 算法的优缺点。对于处理具有外点的模型拟合问题，RANSAC 算法是一种既简单又一般的框架，在实际应用中，可以获得较好的性能，也适合处理许多不同的问题。但 RANSAC 算法有许多参数需要调整，当内点占比小时，表现较差，且需要很多次迭代，甚至算法完全失效。此外，基于模型拟合所需最少数据点数 n，RANSAC 算法总是不能获得一个好的初始化模型。

2.3.3 Hough 变换

如果在一幅图像中检测到一些边缘点，它们组成多条直线，采用最小二乘法进行直线拟合会遇到两个问题。第一，如何确定哪些点属于同一条直线；第二，如何确定有多少条直线。1962 年，Paul Hough 提出了著名的 Hough 变换[3]，这是一种能够解决这两个问题的直线拟合方法，而且，该方法也能用于拟合任何参数方程已知的几何结构。

下面详细解释 Hough 变换的直线拟合方法。对于 xy-坐标平面内的任意样本点 (x_i, y_i)，通过该点可以绘制无数条直线，如图 2-21 所示。根据解析几何知识，通过引用两个参量：直线的斜率 a 和截距 b，可以将通过点 (x_i, y_i) 的直线表示为

$$y_i = ax_i + b \tag{2-27}$$

显然，不同的直线对应不同的参数 a 和 b。如果给定点 (x_i, y_i)，并将 a 和 b 视为变量，式(2-27)可以变换为

$$b = -x_i a + y_i \tag{2-28}$$

式(2-28)描述了参数 (x_i, y_i) 在 ab-坐标平面内确定的一条直线，这条直线的特点是其上的每个点 (a, b) 对应着一条通过点 (x_i, y_i) 的直线，如图 2-22 所示。

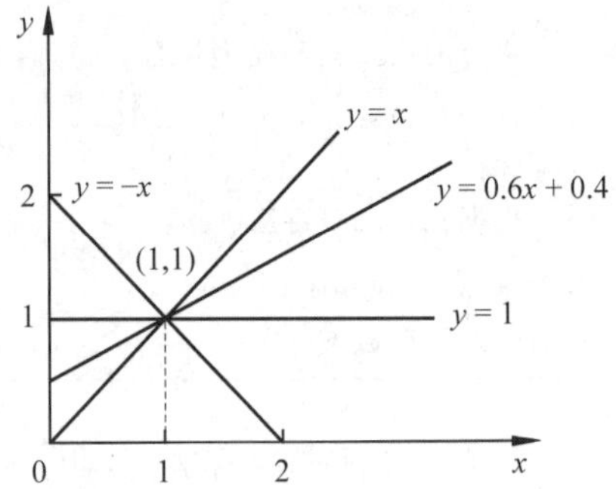

图 2-21　在 xy-坐标平面内多条直线通过一个点

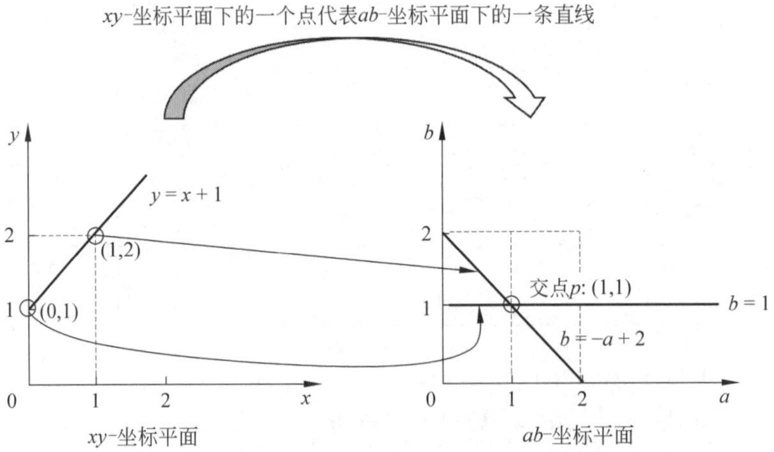

图 2-22　xy-坐标平面内的点与 ab-坐标平面（也称 Hough 平面）内直线之间的转换

如果在 xy-坐标平面内检测到许多图像的边缘点，都可以依据 xy-坐标平面与 ab-坐标平面的 Hough 变换原理将它们转换到 ab-坐标平面内，得到对应的直线。如果在 ab-坐标平面内有 $m \geqslant 2$ 条直线的相交，说明这些直线交点处的坐标 (a, b) 对应的直线穿过了 xy-坐标平面内的 m 个数据点，如图 2-22 所示。由此，通过 ab-坐标平面内的交点可以确定 xy-坐标平面内哪些点在一条直线上，并确定这条直线。m 值还可以反映检测到的直线质量，m 越大，说明直线穿过了 xy-坐标平面内越多的数据点，则检测到的直线质量越好。

根据上面的分析，为了在 xy-坐标平面内检测到“质量好”的直线和确定直线的个数，可以将 ab-坐标平面分割成小格，如图 2-22 所示。然后，在每个小格中统计直线交点数 m 的值，也称为小格的投票数。在 ab-坐标平面内得票最高的格子所在的坐标位置(a,b)是 xy-坐标平面内最佳直线的参数。这种通过划分单元格并计算投票数的算法称为累加器单元算法，其具体流程如下所示。

累加器单元算法

输入：xy-坐标平面内的数据点。
输出：直线的个数和每条直线的参数。
1：将 xy-坐标平面内给定的所有数据点映射为 ab-坐标平面内的直线。
2：在 ab-坐标平面内计算每两条直线的交点，并记录这些交点所在的坐标位置(a_i,b_i)，$i=1,2,\cdots,k$，k 表示交点的个数。
3：分别计算 a_i 和 b_i 的最小值和最大值，表示为 $a_{\min}$、$a_{\max}$、$b_{\min}$ 和 $b_{\max}$。
4：将 $a_{\min}$、$a_{\max}$、$b_{\min}$ 和 $b_{\max}$ 所确定的矩形区域划分成小格，并在每个小格中统计交点的个数，记为 m_i，$i=1,2,\cdots,n$，n 表示格子的数目。
5：设置足够大的阈值 m_T，当 $m_i \geqslant m_T$ 时，可认为第 i 个的坐标位置对应 xy-坐标平面内的一条直线。
6：输出直线的个数和每条直线的参数。

上述方法的不足是，无法处理斜率 a 无穷大的情况，另外，斜率和截距的取值范围都没有边界。

为了解决上述问题，将通过点(x_i,y_i)的直线表示为极坐标方程

$$\rho = x_i \cos\theta + y_i \sin\theta \tag{2-29}$$

其中，ρ 表示坐标原点到直线的距离，θ 表示从坐标原点引直线的垂线，该垂线与横轴的夹角如图 2-23 所示。

式(2-29)表明，如果将 ρ 和 θ 视为变量，通过点(x_i,y_i)的所有直线的参数 ρ 和 θ 会形成一条正弦函数曲线。多个这种正弦函数曲线的交点，可认为与 xy-坐标平面内的一条直线对应，如图 2-24 所示。

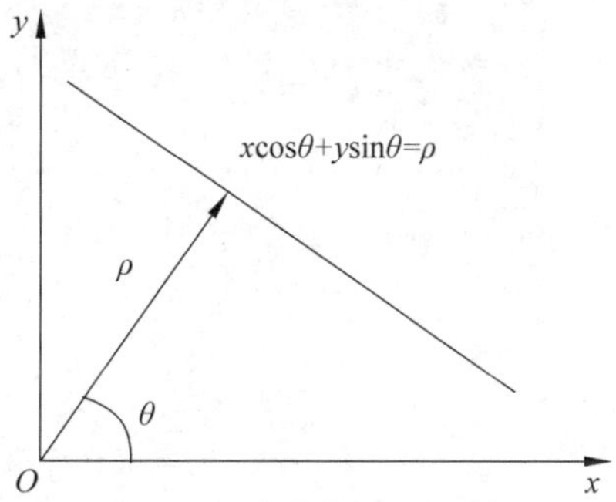

图 2-23　直线的极坐标表示

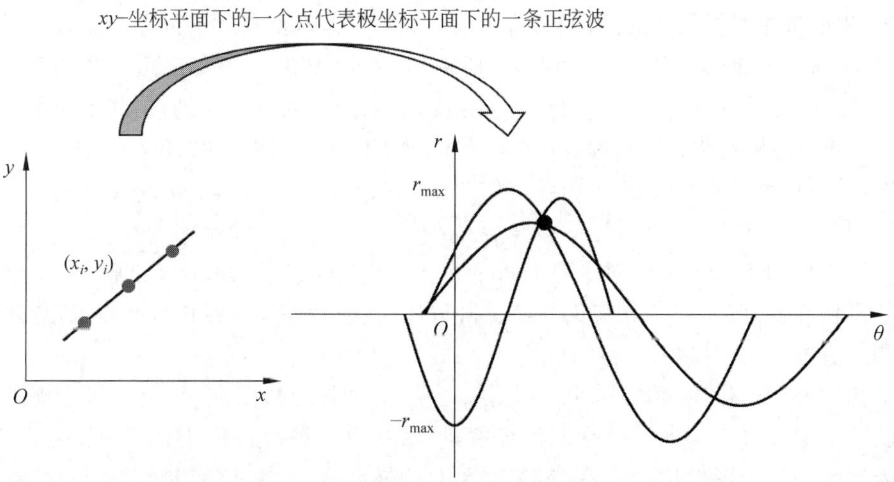

图 2-24　xy-坐标平面内的点与极坐标平面内正弦波之间的转换

根据以上分析，在极坐标平面内，同样可以利用与累加器单元类似的算法实现直线检测，具体算法如下所示。

极坐标平面内的累加器单元算法

输入：xy-坐标平面内的数据点。
输出：直线的个数以及直线的极坐标参数。
在 xy-坐标平面内计算所有数据点到原点的距离，其最大值记为 $\rho_{\max}$。
将 $\theta\in[0,180°]$，$\rho\in[0,\rho_{\max}]$所确定的矩形区域按一定的步长划分成小格，并将每个小格的累加器 $H(\rho,\theta)$初始化为零。
对于每个数据点(x_i,y_i)，进行以下循环操作：
　在$[0,180°]$的范围内遍历所有的 θ，进行以下循环操作：
　　计算 $\rho=x_i\cos\theta+y_i\sin\theta$。
　　$H(\rho,\theta)=H(\rho,\theta)+1$。
　结束内循环。
结束外循环。
找到 $H(\rho,\theta)$的局部极值点，每个极值点对应一条直线。
输出直线个数以及每条直线的参数。

图 2-25 展示了极坐标平面内累加器单元算法的结果。可见，该算法可以有效地拟合图像中的多条直线，而且可以拟合接近垂直的直线。

图 2-25　利用极坐标平面内的累加器单元算法进行直线拟合的效果

然而，在实际应用中，Hough 变换也面临一些棘手的问题。

首先，需要考虑网格尺寸的选择问题，这是一个非常具有挑战性的问题。太大的网格尺寸会导致对 Hough 平面的划分粗糙，因此，在所得的投票器阵列中容易确定一个局部的极大值点，但是，该点可能对应着许多不同的直线。相反，如果网格划分得太细，一些不完全共线的点可能会为不同的网格投票，于是，没有一个网格得票明显高。这将导致直线的漏检问题。

其次，数据中无可避免地含有噪声。如图 2-26(a)所示，由于噪声的存在，数据点并不会整齐地排列在一条线上，导致对应的投票器阵列图上会生成多个局部极值点，因此，局部峰值点会变得模糊和难以定位。对于更严重的情况，如图 2-26(b)所示，数据点是根据均匀分布进行随机抽样得到的，在其相应的投票器阵列图上会生成一些杂散的峰值，这导致无法有效地检测到直线。

为了应对噪声的影响，可以采取一些策略去除不显著的数据点。例如，只考虑那些具有显著梯度特征的边缘点。通过结合图像梯度，可以获得一种改进的 Hough 变换算法。基本原理是当检测到一个图像边缘点后，就确定了它的梯度方向，也就意味着要检测的线已经独

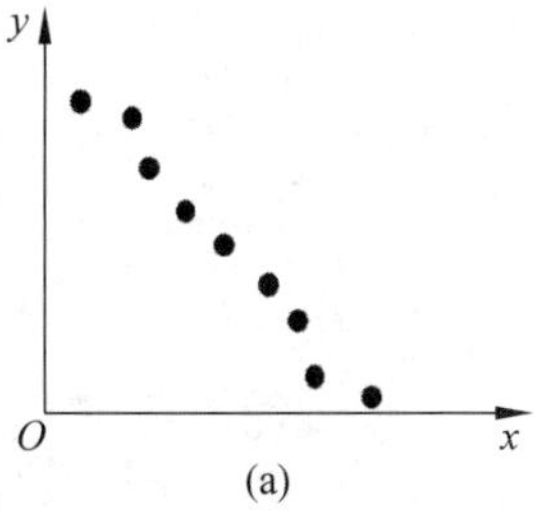

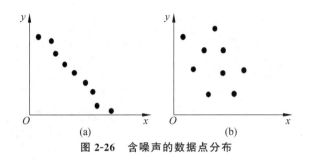

图 2-26　含噪声的数据点分布

一无二地确定了，因为对于直线检测而言，直线上点的梯度方向与描述直线所用的夹角 θ 是一致的。该算法如下所示。

改进的 Hough 变换算法

输入：xy-坐标平面内的数据点。
输出：直线的个数以及直线的极坐标参数。

```
在 xy-坐标平面内计算所有数据点到原点的距离，其最大值记为 ρmax。
将 θ∈[0,180°]，ρ∈[0,ρmax]所确定的矩形区域按一定的步长划分成小格，并将每个小格的累加器
H(ρ,θ)初始化为零。
对于每个数据点(xi,yi)，进行以下循环操作：
    计算数据点的梯度方向 θ。
    计算 ρ=xi cosθ+yi sinθ。
    H(ρ,θ)=H(ρ,θ)+1。
结束循环。
找到 H(ρ,θ)的局部极值点，每个极值点对应一条直线。
输出直线个数以及每条直线的参数。
```

除了直线，Hough 变换算法还可以对圆形进行拟合。这里需要考虑两个问题：①需要建立多少维的参数空间；②给定一个边缘点及其梯度方向，如何在离散化的参数空间中进行投票。下面分别说明。

如图 2-27 所示，在笛卡儿坐标系中，以 (x_o, y_o) 为圆心、半径为 r 的圆的方程为

$$(x - x_0)^2 + (y - y_0)^2 = r^2 \tag{2-30}$$

引入夹角 θ，式(2-30)可以变形为

$$x_0 = x - r\cos\theta \tag{2-31}$$

$$y_0 = y - r\sin\theta \tag{2-32}$$

这样，对于数据点 (x, y)，可以将通过该点的所有圆统一定义为式(2-31)和式(2-32)，这也意味着每一组 (x_0, y_0, r) 代表一个通过点 (x, y) 的圆。

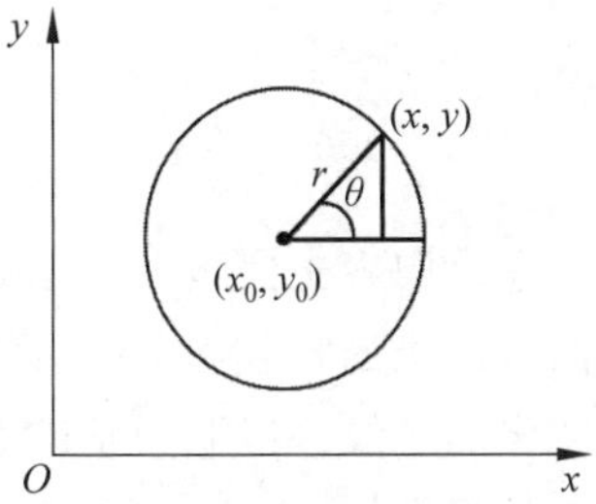

图 2-27　笛卡儿坐标系下圆的表示

在以 x_0、y_0、r 为轴的三维直角坐标系中，可以绘出所有通过点 (x, y) 的圆的参数曲线。当 $r = 0$ 时，这条参数曲线为点 $(x, y, 0)$；对于某个 $r > 0$，满足式(2-31)和式(2-32)的所有点形成一个以点 (x, y) 为圆心、半径为 r 的圆。因此，圆的参数形成一个倒立的圆锥面，给定半径 r 时，则可以确定该圆锥的底面半径及高都等于 r，如图 2-28 所示。

如果 xy-坐标平面的两个不同点进行上述操作后得到的曲线在 x_0y_0r-坐标平面相交，

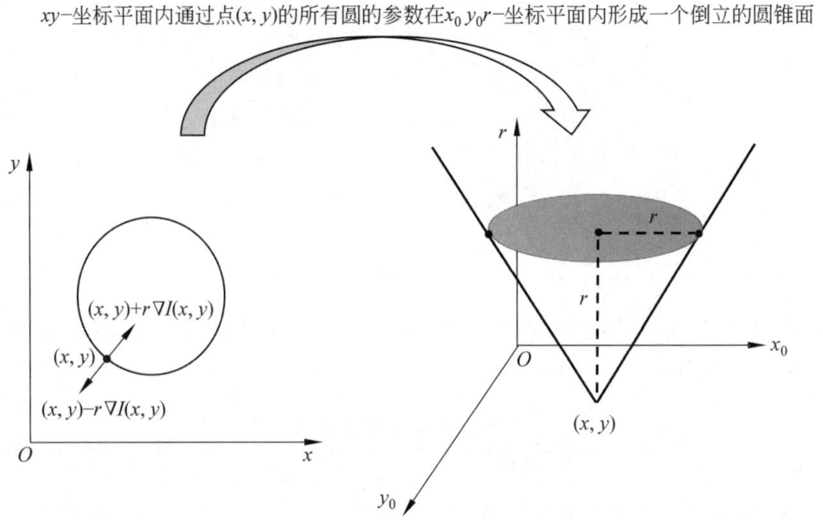

图 2-28 xy-坐标平面下通过点(x,y)的圆与 x_0y_0r-坐标平面内的倒立圆锥面之间的变换

说明它们有一组公共的 x_0、y_0、r，这意味着它们在同一个圆上。如果更多的曲线交于一个点，也就意味着这个交点表示的圆由更多的点组成。可以设置一个阈值 t，当存在 t 条以上的曲线交于一点时，则认为检测到了一个圆。

用 Hough 变换算法进行圆形检测时，需要对所有数据点进行上述变换操作，计算量很大。考虑到检测图像边缘点时可以得到边缘点位置的图像梯度$\nabla I(x,y)$，如果该边缘点位于一个圆上，则圆心指向该点的径向方向应与图像梯度一致，如图 2-28 所示。如果在同一个梯度方向上有两个点位于同一个圆上，则这两个点必位于圆的直径的两端，圆的直径方向与这两个点的梯度方向一致。图 2-28 显示了在 Hough 变换参数空间中这两个点的位置。显然，随着半径 r 的变化，这样的点会形成两条相交的直线。因此，在离散化的参数空间中投票时，只需要在图像梯度方向上计算式(2-31)和式(2-32)，从而大大节省计算量。

小　　结

本章内容主要包含图像边缘检测和特征点拟合两个部分。在图像边缘检测方面，探讨了图像边缘的特性和分类，详细介绍了图像求导的方法，以及如何应用高斯一阶偏导核来检测图像的边缘。以此为基础，介绍了经典的 Canny 边缘检测算法。在特征点拟合方面，介绍了 3 种拟合算法：最小二乘法、RANSAC 算法和 Hough 变换。这些算法分别适用于不同的应用场景，可以在实际应用中做出选择。

习　　题

(1) 选定方差和两种不同的卷积核尺寸生成 x 方向和 y 方向的高斯一阶偏导核。

(2) 获取 Canny 边缘检测器的一个实现，找一组图像进行测试，并总结滤波核的尺寸与对比阈值对边缘检测的影响，分析在哪类图像中 Canny 边缘检测器更容易获得目标的边缘。

(3) 证明：引用两个参量：①坐标原点到直线的距离 ρ；②从坐标原点引直线的垂线，该垂线与横轴的夹角记为 θ。证明通过点(x_i, y_i)的直线可表示为：

$$\rho = x_i \cos\theta + y_i \sin\theta$$

(4) 程序设计：利用 Hough 变换实现图像上的直线检测。

(5) 程序设计：结合习题(1)和(2)，设计一个完整的程序，完成从图像中检测边缘和检测直线的全过程，并在具体实践中总结 Hough 变换检测直线的效果。

(6) 程序设计：利用习题(5)的程序检测图像中包含的直线个数，并对每条直线应用最小二乘拟合方法进行直线拟合。

(7) 程序设计：利用习题(5)的程序检测图像中包含的直线个数，并对每条直线应用 RANSAC 算法进行直线拟合。

第3章 纹理表示

图像中往往包含着丰富的纹理信息，深入挖掘图像的纹理信息在图像处理中至关重要。本章首先介绍图像纹理的概念及在图像处理中的作用；接着从图像纹理的特性入手，详细阐述图像纹理的表示方法，为各种计算机视觉和图像处理任务奠定基础；最后详细描述经典的Leung-Malik卷积核组的构建方法，使读者深入了解纹理基元的提取原理，在此基础上更好地应用图像纹理特征。

3.1 图像纹理的概念

3.1.1 理解图像纹理

当人类感知目标时，纹理是一种重要的外观提示。例如，根据纹理能够轻易区分金钱豹和斑马，因为这两种动物身上的斑纹显著不同。纹理普遍存在、容易辨识，但却难以明确定义。"纹理"一词最早见于《梦溪笔谈·异事》中："予尝於寿春渔人处得一饼，言得於淮水中，凡重七两馀，面有二十馀印，背有五指及掌痕，纹理分明。"其中，"纹"指的是物体表面的条纹、斑纹、花纹，"理"有纹路、层次、次序、规则、规律等含义。

由字面意思可知，纹理与观察物体时的尺度有关。从大的尺度观察物体时，纹理可以是物体的一些组成单元，或者说细节。例如，一棵大树的树冠是纹理，它由许多树叶组成。因此，由很小的物体组成的图像被认为是纹理。然而，当注意力集中在单独的一片树叶上时，树叶上的脉络也是纹理，只是在大的观察尺度下，树叶上的纹理太小而不可见。因此，物体表面上看起来由很多小物体组成的有规律的形状也是纹理。例如，老虎或斑马身上的条纹、树皮或树叶上的脉络。从"理"的层面上看，纹理可以是一些有规则的模式，也可以是一些没有规则的模式，或者随机模式。以上从纹理的两个属性——尺度与随机性——解释了图像纹理的含义。

由此，构成大尺度物体或场景的众多小尺度物体形成的图像，可视为纹理，比如草地、树叶、鹅卵石、头发等。另外，物体表面看起来由很多小物体组成的有规律的形状也是纹理，例如猎豹身上的斑点、老虎或斑马身上的条纹、木材表面的纹理图案等，如图3-1所示。

在计算机图形学中，纹理不仅包括通常意义的物体表面的纹理，即物体表面呈现的凹凸不平的沟纹，也包括物体光滑表面上的彩色图案。在图像中，纹理是指图像灰度或色彩在空间上的变化或重复，是图像中物体表面的一种基本属性。不同种类的物体具有不同的纹理特征，这些特征对于物体的分类和识别具有重要作用。一般来说，组成纹理的基本元素称为纹理基元或纹元，而纹理则是这些元素或基元按照一定规则排列而形成的重复图案。

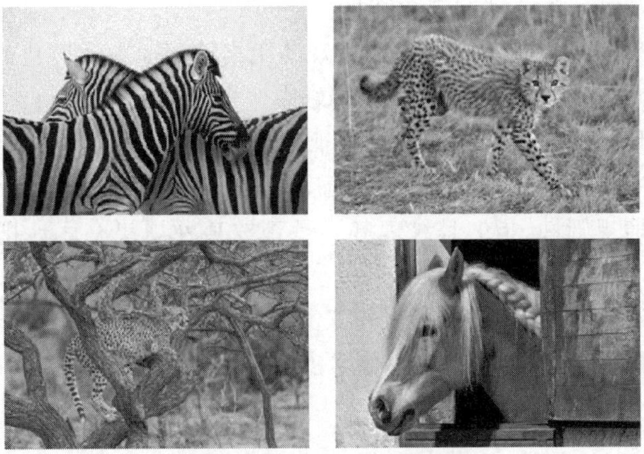

图 3-1　一些图像纹理图案

根据从纹理图像内部能否分辨出纹理基元，可以将纹理图像分为以下 3 类。

① 结构性纹理(structural texture)：结构性纹理的纹理基元具有规则的形状和排列顺序，如规则排列的棋盘格、墙砖等，如图 3-2 所示。

图 3-2　结构性纹理图

② 随机性纹理(stochastic texture)：随机性纹理没有明显的纹理基元和规则的结构分布，如沙滩、草地等，如图 3-3 所示。

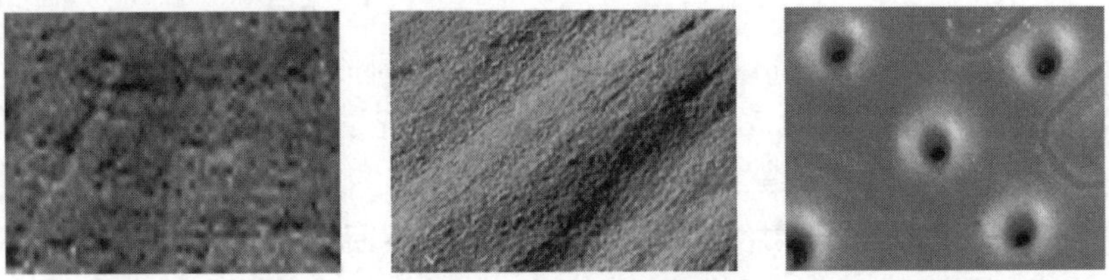

图 3-3　随机性纹理图

③ 混合性纹理，或称自然纹理(natural texture)：混合性纹理在自然界中最普遍，它具有人眼能够分辨的纹理基元，不同的纹理基元之间有一定的差异，且排列也不是很规则，如图 3-4 所示。

图 3-4　混合性纹理图

可以从以下几方面分析纹理的视觉特性。

① 尺度性：纹理的尺度性是指纹理因为观测距离不同而有所变化的特性。正如前面所说，树叶是大树的纹理，树叶的脉络是树叶的纹理。

② 粗糙度：纹理基元是具有局部灰度特征的相邻像素的集合，可以用其平均灰度、最大最小灰度值、尺寸和形状等表示。纹理的粗糙度是按纹理基元的尺寸大小来划分的。

③ 规则性：所谓规则性，指的是纹理基元是否按某种规律有序地排列。纹理基元空间排列可以有规则，也可以是随机的。

④ 区域性：纹理是一个区域特征，其定义必须包括空间邻域的灰度分布，领域的大小取决于纹理的类型和纹理的基元大小，单个像素点的纹理没有任何意义。

3.1.2 图像纹理的作用

图像纹理是一种非常有用的图像特征。通过分析图像纹理，可以获得目标物体的材质信息，例如，物体是由石头还是木头制成的。通过观察图像纹理是否发生变形，可以推断物体的外观信息，例如，物体表面是平坦的、有棱角的还是弯曲的。此外，纹理的独特性质可以识别或区分图像中的目标，例如，老虎身上的纹理与斑马身上的纹理是不同的。通过对纹理的分析，可以更深入地理解和识别图像中的物体和场景。

在计算机视觉中，纹理信息处理是一个重要的研究方向，涉及纹理分割、纹理合成和纹理恢复形状三个基本任务。首先纹理分割是根据相同纹理的一致性或不同纹理之间的差异，将纹理图像划分为若干有意义的区域。其次，纹理合成任务是根据小型示例图像构建出大型纹理区域，通常是通过构建示例图的概率模型，然后利用概率模型来生成纹理图像。最后，纹理恢复形状的任务是基于图像纹理的结构信息来计算物体表面的方向和形状，从而实现对物体结构的恢复。

除了学术研究，纹理分析在工业、医学、遥感以及多媒体等多个领域中有着重要的应用价值。

在工业领域，纹理分析被广泛用于自动检测物体表面的缺陷，不但节省了人力资源，而且缩短了检测时间，提高了检测效率。例如，以纹理分析技术为核心开发缺陷自动检测系统，实现丝织品、绘画、木制家具等物品表面的瑕疵检测，进而评估产品的质量。

在医学领域，随着 B 超、X 射线断层摄影技术等的不断推广应用，纹理分析具有广阔的应用场景。病变的细胞在 CT 图像中表现出与正常细胞不同的视觉特征。通过分析细胞核和器官表面的纹理特征，能够有效地检测和识别患有病变的器官和细胞。例如，通过纹理分析，对脑组织进行分类和分割，区分正常细胞组织和肿瘤组织；结合颜色信息和纹理信息来检测血液样本中白细胞的异常变化等。

在遥感领域，纹理分析已发展成一种成熟的遥感图像处理技术。不同地、物表面呈现出不同形态的纹理，例如，细腻结构的区域通常对应着草地、平原、湿地流域以及细小颗粒状的沉积岩，而粗糙的纹理结构区域一般对应着火成岩等。因此，通过纹理分析，可以对遥感图像进行分割和识别，从而有效地区分各种地形。

最后，在多媒体领域，对于基于内容的图像检索，纹理特征一直发挥着重要作用。通过比较图像中不同纹理区域的相似度，可以有效地寻找与待检索图像在视觉上相近的图像。

例如，使用 Gabor 变换作为纹理分析的工具，在基于内容的图像检索任务中取得了显著的成果。这种方法在实际应用中表现出色，显著地推动了图像检索领域的发展。

3.2　图像纹理的表示

3.2.1　纹理的表示方法

在图像处理中，用于描述区域纹理的方法主要有 3 种：统计方法、结构方法和频谱方法。统计方法用于生成平滑、粗糙、粒状等纹理特征。通常，这些特征是通过对纹理图像的灰度共生矩阵和差分矩阵进行统计分析得到的。这种方法简单且计算速度快，但提取的信息相对有限。结构方法关注纹理基元的类型、数量以及基元之间的空间组织结构和排列规则。这种方法适用于描述规则性较强的纹理，因此，其应用范围相对有限，通常只作为辅助分析的手段。频谱方法是一种变换域的信号处理方法，它将原始图像从空间域转换到变换域，然后通过提取变换域上的一些参数来描述纹理特征。常见的方法包括傅里叶变换和 Gabor 变换等。这种方法可以捕捉到图像的频域信息，对于一些特定类型的纹理具有良好的描述能力。

本节重点介绍一种基于卷积核组的纹理表示方法。前两章介绍了不同的卷积核对图像进行卷积操作会产生不同的效果，同一区域经过不同卷积核的卷积后会得到不同的响应。例如，x 方向的偏导卷积核，当图像的灰度值在 x 方向上变化较大时，卷积的结果数值也会较大。基于这一思想，针对形态各异的纹理，可以采用多个不同的简单卷积核，如点、边、块等模式，分别对图像进行卷积操作，获得图像对于这些简单卷积的响应结果。这些响应结果包含了图像中纹理的结构和位置信息。随后，对这些响应结果数据进行统计分析，以获得更精练的有关纹理的表示。在这个过程中，需要一个含有多个简单卷积核的集合，称为卷积核组。通过卷积核组提取图像纹理的特征，整个过程包括以下 3 个步骤。

① 构建一个合理的卷积核组。

② 利用卷积核组对图像进行卷积操作，获得对应的特征响应图组。

③ 对特征响应图组进行统计分析，获得图像纹理的描述。

3.2.2　构建卷积核组

构建卷积核通常考虑 3 个关键因素：卷积核的类型、尺度和方向。卷积核的类型选择体现了对图像中哪些基元结构感兴趣，也就是纹理的模式属性；卷积核的尺度体现关注的基元结构在图像中的大小，也就是纹理的尺度属性；卷积核的方向反映了所关注的基元结构在图像中的角度。

构建卷积核组时，通常使用 3 种基本类型的卷积核(边缘、条纹和点状)。这 3 种最简单的卷积核基本可以覆盖绝大多数纹理的形态。对于卷积核的角度，研究表明，超过 6 个角度后，对性能的提升影响不大，因此通常为卷积核选择 6 个角度。至于卷积核的尺度，一般建议选择范围为 3～6 个像素。

图 3-5 给出了一个卷积核组，包含 7 个不同的卷积核，用于描述 7 种不同的局部结构。这些卷积核具有相同的尺寸，中等灰度值表示卷积核的权重为 0，浅灰色表示正的权重，深灰色表示负的权重。前 6 个卷积核用于描述边缘信息，它们的差异体现在边缘的方向上，分别

对 6 个特定方向的边缘结构有显著的响应。以第 1 个卷积核为例,它是一个高斯一阶导数卷积核,用于捕捉图像中垂直方向的信号变化。如果图像中存在水平方向的纹理,那么利用该卷积核在图像中的水平纹理区域进行卷积操作时将产生较大的响应值。最后一个卷积核是基于高斯卷积核构建的,用于描述斑点信息。在图像中的斑点区域,其响应值将较高。

图 3-5　包含 7 个卷积核的卷积核组

卷积核组中的每个卷积核都刻画了一种类型的纹理基元,对图像进行卷积操作后,将产生对应的特征响应图。该图反映了当前卷积核所描述的纹理基元在图像中的位置和强度。使用包含 7 个卷积核的卷积核组,可以获得 7 个相应的特征响应图。

3.2.3　纹理统计分析

利用卷积核组对图像卷积后获得的特征响应图仅表示了图像中的纹理基元,纹理表示还需要考虑纹理基元的组成模式。一种最简单的方法是将每个卷积核生成的响应图展开为向量,然后将所有这些向量连接在一起,形成最终的纹理表示。在这个纹理表示的向量中,每个维度的数值反映了图像中某个位置是否存在某种纹理基元。

然而,对于许多计算机视觉处理任务,比如图像分类,基元出现的确切位置并不重要。重要的是图像是否包含某个纹理基元以及这个基元在图像中的频率。因此,可以利用特征响应图的某种统计信息来表示纹理基元的组成模式,例如,可以用每个响应图的均值代替整个响应图。均值能够在整体上反映图像是否包含这个基元结构以及其在图像中出现的频率高低。将所有响应图的均值连接起来形成一个向量,向量的维度等于卷积核组中卷积核的数量。这样就可以将多个卷积核对应的响应图表示为一个特征向量。

下面以 3.2.2 节中的卷积核组为例解释纹理表示的计算过程。首先,使用图 3-5 中的 7 个卷积核构建一个卷积核组。然后,利用这些卷积核对图 3-6 中第一列的 3 幅纹理图像进行卷积。每幅图像获得 7 个特征响应图。接着,计算每个响应图的均值,这样对应每幅图像得到 7 个均值,如图 3-6 第二、第三、第四行所示,其中,每个小方块的明暗程度表示均值的大小。小方块的颜色越亮,响应图的均值越大,反之则越小。最后,将每幅图像对应的 7 个均值连接在一起,形成了一个描述图像纹理信息的特征向量。

通过纹理表示可以分析图像的纹理特征。如图 3-6 所示,在第 1 幅图像的 7 个平均响应值中,最高响应平均值来自于第 4 个卷积核。这说明图像中应该存在垂直边缘,且出现的频率高。对于第 2 幅图像,响应平均值最高的是第 5 个卷积核。这说明图像中包含大量 45° 方向的边缘。至于第 3 幅图像,响应平均值最高的是第 7 个卷积核,这说明图像中存在大量斑点区域。这些分析结果与原始图像的纹理情况高度相符,这种纹理表示方法能够有效地区分这三种不同的纹理信息。

在纹理表示的基础上,可以实现更高级的计算机视觉任务。以最简单的图像分类为例,对含有 A 类目标的 L 张图像,得到对应的纹理表示向量,记为 $\boldsymbol{a}_1,\boldsymbol{a}_2,\cdots,\boldsymbol{a}_L$,对含有 B 类目标的 L 张图像,得到对应的纹理表示向量,记为 $\boldsymbol{b}_1,\boldsymbol{b}_2,\cdots,\boldsymbol{b}_L$。计算距离 $\|\boldsymbol{a}_i-\boldsymbol{a}_j\|^2$、$\|\boldsymbol{b}_i-\boldsymbol{b}_j\|^2$

和 $\|\boldsymbol{a}_i-\boldsymbol{b}_j\|^2$。根据距离可以区分图像是否包含同一类目标，从而实现图像分类。

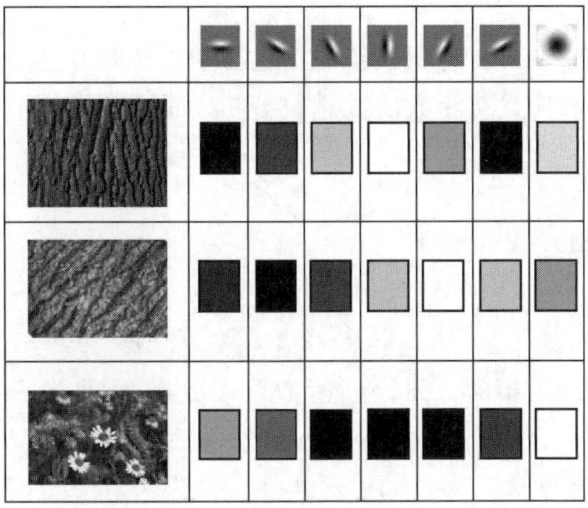

图 3-6　利用 7 个卷积核对 3 幅纹理图像(第 1 列)进行卷积，并以亮度表示每个响应图的平均值(第 2～8 列)

3.3　Leung-Malik 卷积核组

卷积核组的构建是图像纹理表示的核心工作，决定着纹理特征的提取效果。本节将介绍一种更全面、更通用的卷积核组——Leung-Malik 卷积核组[4-5]，并详细探讨其构建方法。

3.3.1　Leung-Malik 卷积核组的组成

Leung-Malik 卷积核组(或称滤波器组)如图 3-7 所示，由 48 个卷积核构成，能够提取 3 种类型的结构：边缘(edge)、条状(bar)和点状(spot)结构。边缘和条状结构的检测考虑了 6 个方向和 3 个尺度，共计 36 个卷积核，其余 12 个卷积核用于检测点状结构。

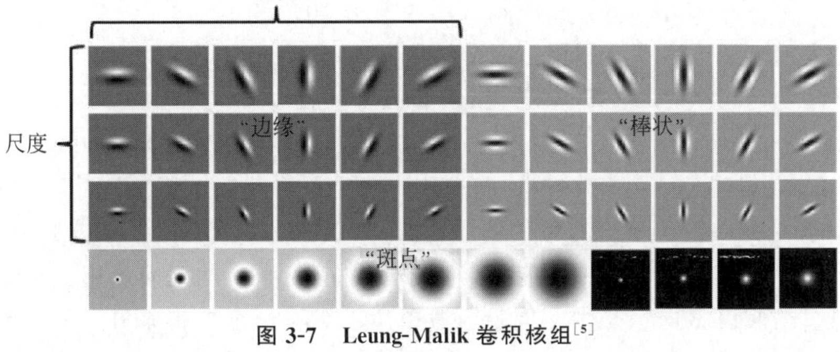

图 3-7　Leung-Malik 卷积核组[5]

输入一幅图像时，可以获得 48 个特征响应图。然后，计算每个特征响应图的均值，可以得到一个 48 维的向量表达图像的纹理特征。这个纹理特征向量可用于处理图像分类、识别、聚类等问题。

3.3.2 Leung-Malik 卷积核组的构建

下面详细阐述 Leung-Malik 卷积核组的构建方法。由于该卷积核组中的所有卷积核都与高斯函数相关,因此,先从高斯函数出发进行分析。前面已经给出高斯函数的表达式,即

$$g(x,y)=\frac{1}{2\pi\sigma^2}e^{-\frac{(x^2+y^2)}{2\sigma^2}} \tag{3-1}$$

进一步,式(3-1)可分解为

$$g(x,y)=\frac{1}{\sqrt{2\pi}\sigma}e^{-\frac{x^2}{2\sigma^2}}\times\frac{1}{\sqrt{2\pi}\sigma}e^{-\frac{y^2}{2\sigma^2}} \tag{3-2}$$

式(3-2)表明,式(3-1)给出的二维高斯函数可以分解为两个一维高斯函数相乘的形式。如果认为 x 与 y 是两个符合高斯分布的随机变量,那么式(3-1)给出的是这两个独立同分布的随机变量的联合概率密度。进一步,用 x_1 与 x_2 表达这两个随机变量,再假设它们的方差是不同的,式(3-2)可以变形为

$$g(x_1,x_2)=\frac{1}{\sqrt{2\pi}\sigma_1}e^{-\frac{x_1^2}{2\sigma_1^2}}\times\frac{1}{\sqrt{2\pi}\sigma_2}e^{-\frac{x_2^2}{2\sigma_2^2}} \tag{3-3}$$

如果有 d 个独立的满足高斯分布的随机变量,每个分布的均值和方差都是不同的,用 μ_i 与 σ_i^2 表示($i=1,2,\cdots,d$),则式(3-3)可以扩展为

$$g(x_1,x_2,\cdots,x_d)=\prod_{i=1}^{d}\frac{1}{\sqrt{2\pi}\sigma_i}e^{-\frac{(x_i-\mu_i)^2}{2\sigma_i^2}} \tag{3-4}$$

设 $\boldsymbol{x}=(x_1,x_2,\cdots,x_d)^{\mathrm{T}}$,$\boldsymbol{\mu}_x=(\mu_1,\mu_2,\cdots,\mu_d)^{\mathrm{T}}$,则式(3-4)可以转化为矩阵的表述形式

$$g(\boldsymbol{x})=\frac{1}{(\sqrt{2\pi})^d\sqrt{\det(\boldsymbol{\Sigma}_X)}}e^{-\frac{1}{2}(\boldsymbol{x}-\boldsymbol{\mu}_x)^{\mathrm{T}}\boldsymbol{\Sigma}_X^{-1}(\boldsymbol{x}-\boldsymbol{\mu}_x)} \tag{3-5}$$

其中,对角阵 $\boldsymbol{\Sigma}_X=\mathrm{diag}(\sigma_1^2,\sigma_2^2,\cdots,\sigma_d^2)$,det(·)表示求行列式运算。由于假设了 $\boldsymbol{x}$ 的每一个分量是独立的,并根据方差的定义,可得

$$E\{(x_i-\mu_i)(x_j-\mu_j)\}=\begin{cases}\sigma_i^2, & i=j\\ 0, & i\neq j\end{cases} \tag{3-6}$$

其中,$E\{\cdot\}$表示求期望运算。利用上面的结果,可以得到:

$$\boldsymbol{\Sigma}_X=E\{(\boldsymbol{x}-\boldsymbol{\mu}_x)(\boldsymbol{x}-\boldsymbol{\mu}_x)^{\mathrm{T}}\} \tag{3-7}$$

式(3-5)给出的高斯函数实际上描述了坐标轴的方向(在 d 维空间中的方向)与$(\boldsymbol{x}-\boldsymbol{\mu}_x)^{\mathrm{T}}\boldsymbol{\Sigma}_X^{-1}(\boldsymbol{x}-\boldsymbol{\mu}_x)$描述的 d 维椭圆的轴向一致的情况。前者是 d 维空间中一组相互正交的单位向量,后者是另一组互正交的单位向量,如果二者的方向不完全一致,那么必然存在一个单位正交阵 $\boldsymbol{U}$,可实现二者的方向变换。由于单位正交阵 $\boldsymbol{U}$ 的列向量相互正交,因此满足 $\boldsymbol{U}^{\mathrm{T}}=\boldsymbol{U}^{-1}$。这样,假设 $\boldsymbol{x}$ 向量是由 $\boldsymbol{y}$ 向量通过单位正交阵 $\boldsymbol{U}$ 变换得来,即

$$\boldsymbol{x}-\boldsymbol{\mu}_x=\boldsymbol{U}^{\mathrm{T}}(\boldsymbol{y}-\boldsymbol{\mu}_y) \tag{3-8}$$

变换后满足坐标轴与椭圆轴重合的情况,如果表达二者不重合的情况,可将式(3-8)代入式(3-5)中,得到

$$g(\boldsymbol{y})=\frac{1}{(\sqrt{2\pi})^d\sqrt{\det(\boldsymbol{\Sigma}_X)}}e^{-\frac{1}{2}(\boldsymbol{y}-\boldsymbol{\mu}_y)^{\mathrm{T}}\boldsymbol{U}\boldsymbol{\Sigma}_X^{-1}\boldsymbol{U}^{\mathrm{T}}(\boldsymbol{y}-\boldsymbol{\mu}_y)} \tag{3-9}$$

现在的问题是如何用 $\boldsymbol{y}$ 表示式(3-9)中的参数 $\boldsymbol{\Sigma}_X$。联合式(3-7)和式(3-8),可得

$$\boldsymbol{\Sigma}_X = E\{\boldsymbol{U}^{\mathrm{T}}(\boldsymbol{y}-\boldsymbol{\mu}_y)(\boldsymbol{U}^{\mathrm{T}}(\boldsymbol{y}-\boldsymbol{\mu}_y))^{\mathrm{T}}\} = \boldsymbol{U}^{\mathrm{T}}E\{(\boldsymbol{y}-\boldsymbol{\mu}_y)(\boldsymbol{y}-\boldsymbol{\mu}_y)^{\mathrm{T}}\}\boldsymbol{U} = \boldsymbol{U}^{\mathrm{T}}\boldsymbol{\Sigma}_Y\boldsymbol{U} \tag{3-10}$$

进一步,可推出

$$\boldsymbol{\Sigma}_Y = \boldsymbol{U}^{\mathrm{T}}\boldsymbol{\Sigma}_X\boldsymbol{U} \tag{3-11}$$

$$\boldsymbol{\Sigma}_Y^{-1} = (\boldsymbol{U}^{\mathrm{T}}\boldsymbol{\Sigma}_X\boldsymbol{U})^{-1} = \boldsymbol{U}^{\mathrm{T}}\boldsymbol{\Sigma}_X^{-1}\boldsymbol{U} \tag{3-12}$$

$$\det(\boldsymbol{\Sigma}_X) = \det(\boldsymbol{U}\boldsymbol{\Sigma}_Y\boldsymbol{U}^{\mathrm{T}}) = \det(\boldsymbol{U}\boldsymbol{U}^{\mathrm{T}})\det(\boldsymbol{\Sigma}_Y) = \det(\boldsymbol{\Sigma}_Y) \tag{3-13}$$

根据式(3-12)和式(3-13),式(3-9)可转化为

$$g(\boldsymbol{y}) = \frac{1}{(\sqrt{2\pi})^d\sqrt{\det(\boldsymbol{\Sigma}_Y)}}\mathrm{e}^{-\frac{1}{2}(\boldsymbol{y}-\boldsymbol{\mu}_y)^{\mathrm{T}}\boldsymbol{\Sigma}_Y^{-1}(\boldsymbol{y}-\boldsymbol{\mu}_y)} \tag{3-14}$$

这便是 d 维空间的高斯函数,本节后续内容中将会用到。

由于需要生成卷积核用于图像处理,而图像是二维的,因此仍然考虑 $d=2$ 的情况。此时,考虑高斯函数的中心点取 $(0,0)^{\mathrm{T}}$,式(3-9)转化为

$$g(\boldsymbol{y}) = \frac{1}{2\pi\sigma_1\sigma_2}\mathrm{e}^{-\frac{1}{2}(\widetilde{\boldsymbol{\Sigma}}_X^{-1}\boldsymbol{U}^{\mathrm{T}}\boldsymbol{y})^{\mathrm{T}}(\widetilde{\boldsymbol{\Sigma}}_X^{-1}\boldsymbol{U}^{\mathrm{T}}\boldsymbol{y})} \tag{3-15}$$

其中,$\widetilde{\boldsymbol{\Sigma}}_X = \mathrm{diag}(\sigma_1,\sigma_2)$。

式(3-15)表明,如果 $\boldsymbol{y}$ 向量表达坐标,$\boldsymbol{U}^{\mathrm{T}}$ 实现了对坐标的旋转变换,目的是改变椭圆的轴向,$\widetilde{\boldsymbol{\Sigma}}_X^{-1}$ 实现了尺度变换。由此,将矩阵 $\boldsymbol{U}$ 设计为旋转矩阵,即

$$\boldsymbol{U} = \begin{bmatrix}\cos\theta & -\sin\theta\\ \sin\theta & \cos\theta\end{bmatrix} \tag{3-16}$$

其中,θ 为旋转角度。

回顾前面介绍的边缘提取技术,为了检测边缘,需要设计高斯一阶偏导核。为此,对式(3-3)中的 $g(x_1,x_2)$ 求一阶偏导数,可得

$$\frac{\mathrm{d}g(x_1,x_2)}{\mathrm{d}x_1} = g(x_1,x_2)\left(-\frac{x_1}{\sigma_1^2}\right) \tag{3-17}$$

$$\frac{\mathrm{d}g(x_1,x_2)}{\mathrm{d}x_2} = g(x_1,x_2)\left(-\frac{x_2}{\sigma_2^2}\right) \tag{3-18}$$

Leung-Malik 卷积核组中提取边缘的 18 个卷积核利用了式(3-17)和式(3-18),选择 3 种尺度和 6 个方向,其中,表达尺度的 σ_1 取值分别是 $\sqrt{2}$、2 和 $2\sqrt{2}$,σ_2 是 σ_1 的 3 倍。方向角 θ 选择 $0\sim\pi$ 的 6 个角度构成旋转矩阵 $\boldsymbol{U}$,利用 $\boldsymbol{U}$ 将坐标 (y_1,y_2) 变换为 (x_1,x_2)。然后将变换后的坐标代入式(3-17)和式(3-18)进行卷积核系数的计算,坐标 (y_1,y_2) 是卷积核系数所在的位置。这样,只要代入坐标 (y_1,y_2) 的值,即可得对应点的高斯一阶偏导核系数。

Leung-Malik 卷积核组利用高斯二阶偏导核提取 bar 结构。将式(3-18)的右侧表达式对 x_2 求导,可得

$$\frac{\mathrm{d}^2 g(x_1,x_2)}{\mathrm{d}x_2^2} = g(x_1,x_2)\left(\frac{x_2^2-\sigma_2^2}{\sigma_2^4}\right) \tag{3-19}$$

采用类似边缘检测的卷积核参数设置方案,通过式(3-19)可得用于提取 bar 结构的 18 个卷积核。

Leung-Malik 卷积核组利用 4 个高斯卷积核和 8 个高斯拉普拉斯(Laplacian of Gaussian,

LoG)卷积核提取点状结构。高斯卷积核系数利用式(3-2)得到,其中,尺度 σ_1 分别取$\sqrt{2}$、2、$2\sqrt{2}$和 4,并设 $\sigma_1=\sigma_2$。

LoG 卷积核是高斯平滑核与拉普拉斯算子的合成。拉普拉斯算子是一种优秀的边缘提取算子,它计算图像 $f(x_1,x_2)$的二阶偏导数,并求和,可以表示为

$$\nabla^2 f=\frac{\partial^2 f(x_1,x_2)}{\partial x_1^2}+\frac{\partial^2 f(x_1,x_2)}{\partial x_2^2} \tag{3-20}$$

考虑噪声的影响,为了检测边缘,需要对图像先进行高斯平滑。回顾第 2 章,这一过程等价于先对高斯平滑核应用拉普拉斯算子,再对图像卷积。为此,将式(3-17)中的高斯一阶偏导核再对 x_1 求导,可得

$$\frac{\mathrm{d}^2 g(x_1,x_2)}{\mathrm{d}x_1^2}=g(x_1,x_2)\left(\frac{x_1^2-\sigma_1^2}{\sigma_1^4}\right) \tag{3-21}$$

按式(3-20),计算式(3-19)和式(3-21)之和,并设 $\sigma_1=\sigma_2=\sigma$,得到 LoG 核函数,即

$$\nabla^2 g=g(x_1,x_2)\,\frac{x_1^2+x_2^2-2\sigma^2}{\sigma^4} \tag{3-22}$$

利用式(3-22),给定尺度 σ 时,代入坐标(x_1,x_2)即可得到对应位置的卷积核系数。Leung-Malik 卷积核组为 LoG 核函数选择 8 个不同的尺度,前 4 个尺度值分别为$\sqrt{2}$、2、$2\sqrt{2}$和 4,后 4 个尺度是前 4 个尺度值的 2 倍。

小　结

本章探讨了纹理的概念、各类纹理类型以及它们的特征。之后详细阐述了基于卷积核组的纹理提取和表示方法,描述了图像纹理表示的实现过程。最后介绍了经典的 Leung-Malik 卷积核组的构成,并详细推导了其组建原理。

习　题

(1) 定义一个 3×3 的滤波器,使其能够在 45°时检测亮度值,并在图像亮度从右下到左上方增加时给出正响应。

(2) 定义一个 3×3 的滤波器,使其能够对垂直方向上的二阶导数做出响应,但对垂直方向上的梯度和绝对亮度保持不变,同时对水平方向上的所有变化保持不变。

(3) 程序设计:获取 Leung-Malik 卷积核组的一个实现,在此基础上实现基于 Leung-Malik 卷积核组的图像纹理表达。

(4) 程序设计:获得 3 个以上类别的图像,例如树、楼和肖像,每个类别的图像不少于 10 幅,构建图像数据集。在习题(3)设计的程序基础上实现图像分类,并在构建的数据集上进行测试。

(5) 根据习题(4)的测试结果,说明哪种纹理的可区分性更好及其原因。

第 4 章　角点特征提取

在前几章内容的基础上，本章将更深入地探讨如何从局部图像区域中提取通用信息，即局部特征。在计算机视觉领域，局部特征提取是一项至关重要的技术，因为它是图像内容的局部表现形式，反映了图像的局部特性，是解决许多计算机视觉问题的基础。本章详细介绍我们需要关注的一种局部特征——角点，以及如何有效地提取角点特征。

4.1 局部特征

为应对计算机视觉的应用需求，局部特征必须具备一些典型性质。下面先给出局部特征的一个具体应用场景，并以此说明局部特征的概念和性质，以便深入理解角点特征。

4.1.1 图像拼接问题

人们有时期待得到一幅完整的全景图像，但由于摄像头的视角受限，难以直接拍摄到整个场景。一种解决方法是更换摄像机镜头为广角镜头，但广角镜头价格昂贵，操作复杂，并且引发图像边缘变形等问题。另一种经济且广泛应用的方法是利用图像拼接技术，让摄像机缓慢旋转，连续拍摄多幅图像，然后将这些图像拼接在一起，形成一幅超大尺寸的全景图。图像拼接是将空间上相邻且具有重叠区域的图像合并成全景图的过程。

例如，在自动驾驶领域，车辆可能配备多个摄像头，通过图像拼接技术将这些摄像头的画面组合在一起，综合各个摄像头的局部视野，可以获得更加全面的道路状态信息。这使得车辆能够获取更广阔的视野，有助于提高驾驶决策的准确性。

图像拼接技术具有低成本、广泛适用的优势。图像拼接任务的解决思路如下。

① 图像预处理：主要是进行数字图像处理的基本操作、建立图像的匹配模板以及进行图像变换。

② 图像配准：采用一定的匹配策略，找出待拼接图像中的模板或特征点在参考图像中对应的位置，进而得到两幅图像之间的变换关系。

③ 建立变换模型：根据模板或图像特征之间的对应关系，计算获得数学模型中的各参数值，从而建立两幅图像的数学变换模型。

④ 统一坐标变换：根据建立的数学转换模型，将待拼接图像转换到参考图像的坐标系中，完成坐标变换。

⑤ 融合重构：将待拼接图像的重合部分进行融合，得到拼接重构的平滑无缝全景图像。

在图像拼接技术中，图像配准是至关重要的步骤。配准主要有两种方法：基于亮度差异的方法和基于特征的方法。

基于亮度差异的方法直接比较两幅待拼接图像中每个像素的亮度值差异，显然重叠区域像素的亮度值之和最小。据此估计两幅图像之间的变换模型参数，以便执行图像拼接。然而，这种方法因为需要比较每个像素，通常计算复杂度较高，并且对光照变化非常敏感，故而在实际应用中往往受到限制。

相比而言，基于特征的方法是更为常用的一种图像配准方法。它通过匹配从图像中提取的稀疏局部特征来计算图像之间的变换参数。这些提取到的特征通常比较稳定，对于光照、平面运动和噪声具有较强的不变性，因此更加可靠，并拥有更低的计算复杂度。

以图 4-1 中的两幅图为例，将这两幅有部分重叠的图像拼接在一起。

图 4-1　用于图像拼接的两幅原始图像

首先，需要确定两幅图像中的重叠区域。通过提取这两幅图像的局部特征点，并通过局部特征的匹配，可以找到多组匹配的特征点对，具体可参考图 4-2。

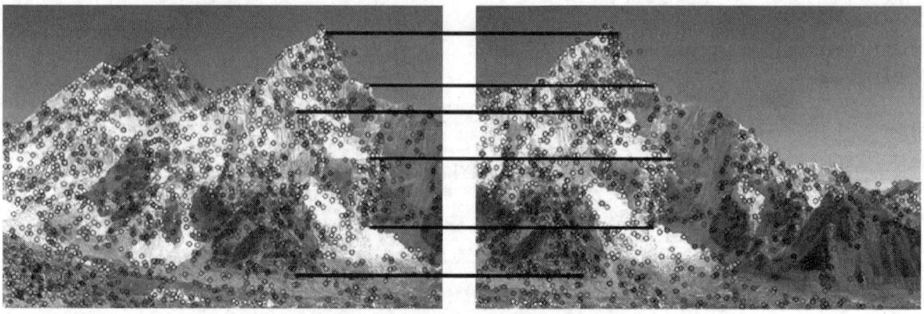

图 4-2　局部特征匹配示意图

匹配成功的特征点包含可用于确定两幅图像重叠区域的位置关系。然后使用第 2 章中的 RANSAC 方法来计算两幅图像重叠部分的旋转和平移关系，使得已匹配的特征点尽可能地重合。最后，对第二幅图像按照得到的旋转和平移操作参数进行坐标变换，并将拼接图像的重合部分进行融合重构，得到平滑无缝全景图像，如图 4-3 所示。

4.1.2　局部特征概念

显然，对图像拼接问题，局部特征的提取和匹配是决定拼接效果优劣的关键因素。为此，局部特征提取应针对一些比较稳定的点，它们不易被干扰，具备出色的可区分性，称为特征点。利用特征点邻域的局部图像信息对这些特征点进行描述，得到特征点的区域描述子，称为局部特征。这具有双重优势：一方面，适当选取特征点的邻域图像信息描述图像特征

图 4-3　图像拼接结果示意图

点可以大幅减少计算工作量；另一方面，即使物体受到噪声干扰或部分遮挡，关键信息仍然可以从未受影响的特征点上进行还原。

然而，并非所有点都具备特征点的潜质，也不是所有点的局部信息都对视觉任务有所裨益。仍然以 4.1.1 节中的两幅待拼接图像拼接示例为例。首先，特征点是在两幅图像上分别独立检测的，由于两幅图像本身存在差异，检测出的特征点在数量上或对应的局部图像内容上可能不一致。为了正确匹配这两张图像，必须采用一个检测器，能高重复率地检测出特征点。

其次，即使成功检测到了特征点，匹配这些特征点时，仅仅简单地依靠坐标找到对应点仍然是行不通的。这是因为特征点在图像上的坐标会随着拍摄角度的不同而发生变化。此外，还可能出现一个点可匹配多个点的情况。因此，特征点对应的区域描述子必须具备可靠性和明显的可区分性。

再次，图像拼接任务要求特征点对应的区域描述子必须具备几何不变性。几何变换包括平移、缩放、旋转操作，以及仿射和投影变换，这些几何变换通常由拍摄角度的变化引起的。经历几何变换之前和之后，局部特征提取算法提取的内容应尽可能保持一致，也就是特征点必须具备可重复性。

最后，特征点对应的区域描述子还应对光照变化具有较高的不敏感性。光照变化改变了图像的颜色，但并不会改变图像的实际内容。因此，可采用像素值的线性模型对光照效果进行建模，即

$$f'(x,y)=af(x,y)+b \tag{4-1}$$

其中，$f(x,y)$表示图像(x,y)处的像素值，a 表示缩放因子，b 是偏移量。相同图像目标在光照变化前后，其局部特征应尽可能保持一致。此外，区域描述子在面对噪声、模糊、量化、压缩等图像处理过程时也应该具有一定的不敏感性，因为当这些操作的强度不是很大时，图像内容的变化通常是有限的。

综上所述，为了很好地完成图像匹配任务，我们对局部特征提出如下 5 项要求。

① 可重复性与精度。区域提取内容具有几何不变性，对光照变换、加噪声、模糊、量化等操作具有鲁棒性。

② 局部性。从局部就可以提取特征，因此可以应对遮挡和杂波等局部干扰问题。

③ 数量。提取的区域数量不能太少，因为需要足够多的区域才能完整地覆盖整个目标对象。

④ 可区分性。提取的图像区域内必须包含感兴趣的图像结构，使其特征具有显著的可

区分性才能确保图像匹配步骤的正确性。

⑤ 效率。希望提取算法不要太复杂,可以达到实时提取的性能。

满足上述局部特征要求的特征点检测器很多,比如 Harris、Laplacion 和 Difference-of-Gaussian(DoG)。这些检测器广泛应用于各种计算机视觉任务,如三维重建、运动跟踪、目标检测等。

4.2 角点检测

4.2.1 角点特性分析

局部特征提取的关键步骤之一是特征点的定位,这构成了整个局部特征提取的基础。从可重复性和可区分性的角度来看,角点是特征点的理想选择。这是因为角点是两条边缘相交的位置,即存在两条不同方向的边缘,这通常会导致角点附近区域内梯度在两个或多个方向上的显著变化,从而使得角点更容易被检测到。

如图 4-4 所示,当小窗口覆盖的图像区域是平坦区域时,无论沿哪个方向移动窗口,窗口内的强度都不会发生变化。如果覆盖区域是边缘区域,沿着边缘方向移动窗口时,像素强度同样不会发生变化,窗口内的内容也会保持不变。而对于角点,以直角为例,无论窗口沿哪个方向移动,窗口内的像素强度都会产生明显的变化。这样可以相对简单地区分角点和其他点。

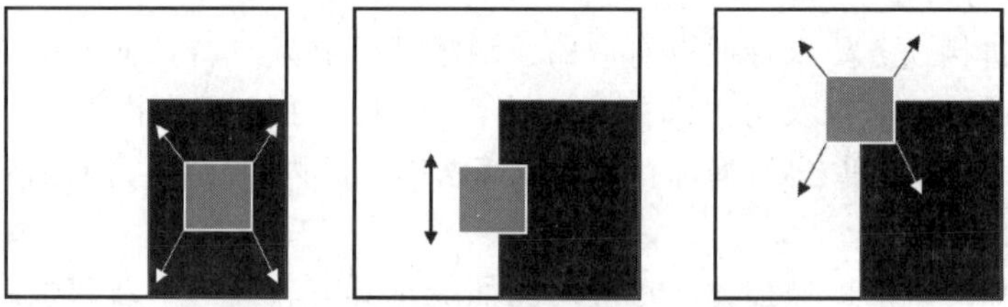

图 4-4 不同区域的图像强度变化差异

关于角点,目前还没有严格的数学定义,通常将以下几种点视为角点的候选:第一,具有两条以上交汇边缘的点;第二,在图像上呈现出明显亮度变化的点,而且这种变化在多个方向上都很显著;第三,出现在边缘曲线上且曲率达到极大值的点。如图 4-5 所示,图中展示了几种边缘交汇点,它们都可以被视为角点。此外,图像中物体的边角和锥状顶点也可以被视为角点。角点作为局部特征点,不仅有助于简化图像信息数据,还在一定程度上保留了图像中重要的结构特征信息,因此有助于更轻松地处理图像数据。

4.2.2 Harris 角点检测器

根据前面对角点的描述,角点的提取过程有两个设计要点。

① 可以通过一个小窗口检测到角点,保证角点具有局部性。

② 当小窗口覆盖角点时,沿任何方向移动这个窗口,都会引起窗口内像素强度的剧烈变化。

针对这两点,可以设计多种角点检测算法,其中包括 Kitchen-Rosenfeld 角点检测算法、

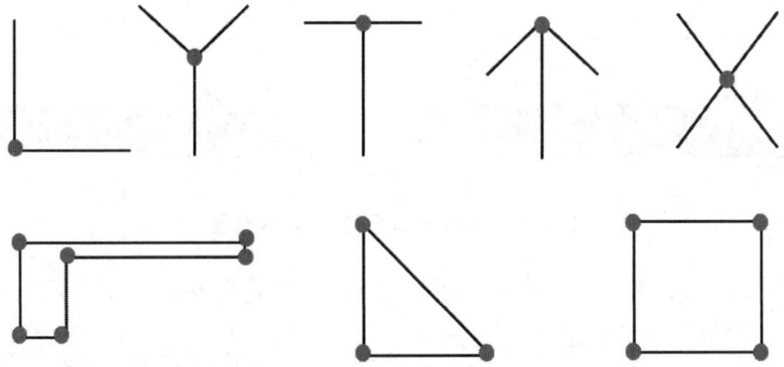

图 4-5　各种角点示意图

Harris 角点检测算法、KLT 角点检测算法等。下面详细介绍经典的 Harris 角点检测算法。

Harris 角点检测算法的核心思想是通过观察图像中像素值在不同方向上的变化来识别图像中的角点[6]。如图 4-6 所示，左侧的图像是一幅灰度图，实线框表示检测窗口。假设 $f(x,y)$表示目标图像在像素坐标(x,y)处的灰度值，$w(x,y)$表示检测窗口在像素坐标(x,y)处的权重。当检测窗口沿水平和垂直方向分别移动 u 和 v 个像素时，检测窗口内的像素强度通常会发生改变，变化量记为 $E(u,v)$，可以使用图像局部像素值的加权均方差来表示 $E(u,v)$，即

$$E(u,v)=\sum_{x,y}w(x,y)[f(x+u,y+v)-f(x,y)]^2 \tag{4-2}$$

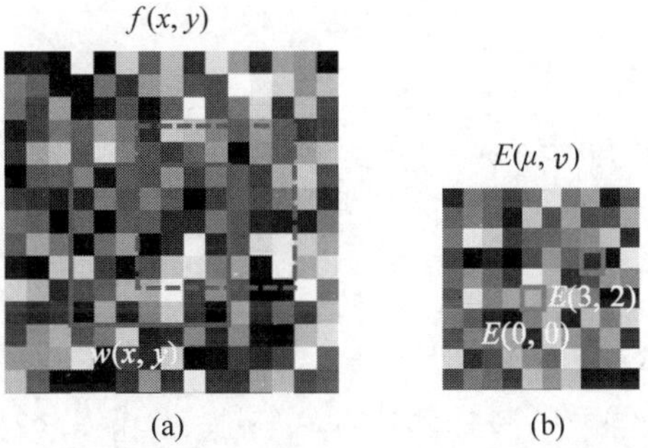

图 4-6　图像及窗口内像素强度变化的可视化表示

目前，常用的检测窗口有两种，如图 4-7 所示。一种是将窗口内每个图像像素的权值赋为 1，位于窗口之外的图像像素的权值设为 0。这意味着在窗口覆盖区域内，每个图像像素都被视为具有相同的重要性。另一种是采用高斯模板，它分配更高的权重给靠近中心区域位置的像素。这表明中心区域附近的像素被认为具有更高的重要性。实际使用中更倾向于选择后者。

通过列举所有可能的偏移量并计算相应的 $E(u,v)$，可以将所有这些窗口位移情况下的灰度变化量可视化，从而获得图 4-6(b)中的灰度图。显然，图像 $E(u,v)$的中心点值为 0，即 $E(0,0)-0$，这表示检测窗口没有偏移时，图像像素强度不会发生改变。对于(a)图中虚线窗口的位置，它是通过将实线窗口向右移动 3 格，再向上移动 2 格得到的，(b)图中$E(3,2)$值就是虚线窗口位置的图像强度与实线窗口位置的图像强度的加权均方差值。

与窗口平移多个像素时的图像强度变化比较，$E(u,v)$在微小偏移下的值，即加权后的

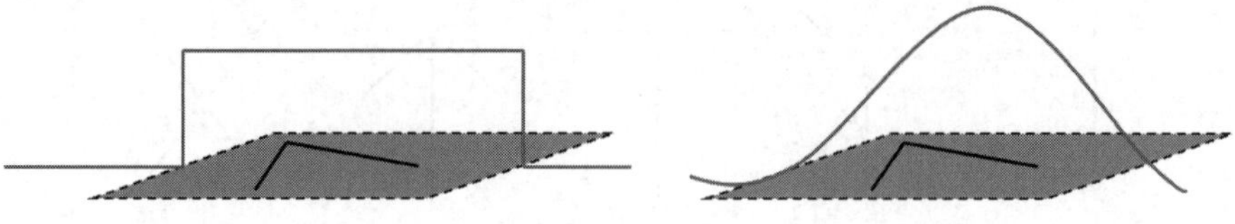

图 4-7　检测窗口两种权重示意图

梯度，如式(4-2)，更能够反映当前区域的结构特性。为了观察这个值，首先对 $E(u,v)$ 在原点附近进行泰勒二次展开，得到以下表达式：

$$E(u,v) \approx E(0,0) + [u\ v]\begin{bmatrix} E_u(0,0) \\ E_v(0,0) \end{bmatrix} + \frac{1}{2}[u\ v]\begin{bmatrix} E_{uu}(0,0) & E_{uv}(0,0) \\ E_{uv}(0,0) & E_{vv}(0,0) \end{bmatrix}\begin{bmatrix} u \\ v \end{bmatrix} \tag{4-3}$$

其中

$$E_u(u,v) = \sum_{x,y} 2w(x,y)\Delta f(u,v) f_x(x+u,y+v) \tag{4-4}$$

$$E_v(u,v) = \sum_{x,y} 2w(x,y)\Delta f(u,v) f_y(x+u,y+v) \tag{4-5}$$

$$E_{uu}(u,v) = \sum_{x,y} 2w(x,y) f_x^2(x+u,y+v) + \sum_{x,y} 2w(x,y)\Delta f(u,v) f_{xx}(x+u,y+v) \tag{4-6}$$

$$E_{vv}(u,v) = \sum_{x,y} 2w(x,y) f_y^2(x+u,y+v) + \sum_{x,y} 2w(x,y)\Delta f(u,v) f_{yy}(x+u,y+v) \tag{4-7}$$

$$E_{uv}(u,v) = 2w(x,y)\left[\sum_{x,y} f_x(x+u,y+v) f_y(x+u,y+v) + \sum_{x,y} \Delta f(u,v) f_{xy}(x+u,y+v)\right] \tag{4-8}$$

并且

$$\Delta f(u,v) = f(x+u,y+v) - f(x,y) \tag{4-9}$$

由式(4-9)可得 $\Delta f(0,0)=0$，将该式代入式(4-4)～式(4-8)中，得到

$$E_u(0,0) = 0 \tag{4-10}$$

$$E_v(0,0) = 0 \tag{4-11}$$

$$E_{uu}(0,0) = \sum_{x,y} 2w(x,y) f_x^2(x,y) \tag{4-12}$$

$$E_{vv}(0,0) = \sum_{x,y} 2w(x,y) f_y^2(x,y) \tag{4-13}$$

$$E_{uv}(0,0) = \sum_{x,y} 2w(x,y) f_x(x,y) f_y(x,y) \tag{4-14}$$

将上述结果代入式(4-3)，并考虑 $E(0,0)=0$，式(4-3)可化为

$$E(u,v) \approx [u\ v]\widetilde{\boldsymbol{M}}\begin{bmatrix} u \\ v \end{bmatrix} \tag{4-15}$$

其中

$$\widetilde{\boldsymbol{M}} = \sum_{x,y} w(x,y)\boldsymbol{M}(x,y) \tag{4-16}$$

$$\boldsymbol{M}(x,y)=\begin{bmatrix} f_x^2(x,y) & f_x(x,y)f_y(x,y) \\ f_x(x,y)f_y(x,y) & f_y^2(x,y) \end{bmatrix} \tag{4-17}$$

由式(4-16)和式(4-17)可见，$\widetilde{\boldsymbol{M}}$ 是一个根据图像梯度计算的 2×2 的矩阵。在这个矩阵中，坐标(x,y)在检测窗口内取值，$w(x,y)$表示检测窗口在位置(x,y)的权重，$\boldsymbol{M}(x,y)$由图像 $f(x,y)$在坐标(x,y)处的一阶偏导数构成。若采用的窗口模板简单地将窗口内各个位置的权重设置为 1，那么矩阵 $\widetilde{\boldsymbol{M}}$ 还可以进一步简化为 $\sum\limits_{x,y}\nabla f(x,y)\nabla f(x,y)^{\mathrm{T}}$ 的形式，其中$\nabla f(x,y)=[f_x(x,y)\quad f_y(x,y)]^{\mathrm{T}}$。需要指出的是，由于权重 $w(x,y)$是事先给定的，且与图像无关，因此根据式(4-16)，可以认为 $\boldsymbol{M}(x,y)$反映了角点的信息。

为了理解如何利用强度变化式(4-15)来检测角点，首先考虑一种特殊情况，$\widetilde{\boldsymbol{M}}$ 为对角矩阵，非对角线元素的值为 0，即

$$\widetilde{\boldsymbol{M}}=\begin{bmatrix} \sum\limits_{x,y}w(x,y)f_x^2(x,y) & \sum\limits_{x,y}w(x,y)f_x(x,y)f_y(x,y) \\ \sum\limits_{x,y}w(x,y)f_x(x,y)f_y(x,y) & \sum\limits_{x,y}w(x,y)f_y^2(x,y) \end{bmatrix}=\begin{bmatrix} \lambda_1 & 0 \\ 0 & \lambda_2 \end{bmatrix} \tag{4-18}$$

这说明当前点处的图像梯度方向与 x 轴或 y 轴对齐。如果 λ_1 和 λ_2 的值都很大，那么该点很可能是角点，这种角点也被称为轴对齐的角点。

进一步，考虑更一般的情况，即 $\widetilde{\boldsymbol{M}}$ 矩阵不是对角阵。由于 $\widetilde{\boldsymbol{M}}$ 矩阵是对称矩阵，因此可以通过构造一个单位正交矩阵 $\boldsymbol{R}$ 来对 $\widetilde{\boldsymbol{M}}$ 矩阵进行正交分解，具体如下：

$$\widetilde{\boldsymbol{M}}=\boldsymbol{R}^{-1}\begin{bmatrix} \lambda_1 & 0 \\ 0 & \lambda_2 \end{bmatrix}\boldsymbol{R} \tag{4-19}$$

其中，λ_1 和 λ_2 是 $\widetilde{\boldsymbol{M}}$ 的特征值。因此，根据式(4-15)，$E(u,v)$的表达式可以可视化为一个椭圆方程，如图 4-8 所示。这个椭圆的轴长由特征值 λ_1 和 λ_2 决定，而轴的方向由正交矩阵 $\boldsymbol{R}$ 确定。由于 $\boldsymbol{R}$ 不是单位矩阵，因此椭圆的轴方向与坐标轴的方向不一致。

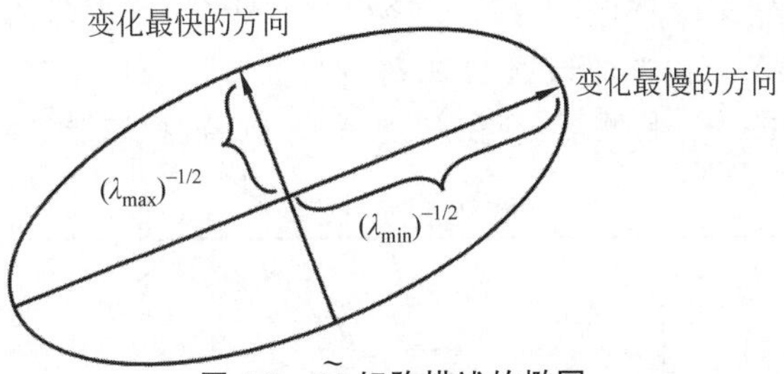

图 4-8　$\widetilde{\boldsymbol{M}}$ 矩阵描述的椭圆

4.2.1 节中讨论了平面、边缘和角点的不同之处，它们在各个方向上的梯度变化大小具有一定的规律，据此可以将它们区分开来。如果将这些规律应用到式(4-15)～式(4-19)中，可以得到比较特征值 λ_1 和 λ_2 来有效区分这三种图像结构的规律。

图 4-9 清晰地展示了如何使用特征值 λ_1 和 λ_2 来区分平面、边缘和角点。图中横轴和纵轴分别为 λ_1 和 λ_2。当 λ_1 和 λ_2 的值都很小时，导致 $E(u,v)$在各个方向上几乎不变，表明

当前区域是一个平坦区域。若 λ_1 和 λ_2 的值相差较大，则当前区域很可能包含边缘。只有当 λ_1 和 λ_2 的值都很大且接近相等，使得 $E(u,v)$ 在各个方向上都有显著变化时，才表明当前区域检测到了角点。

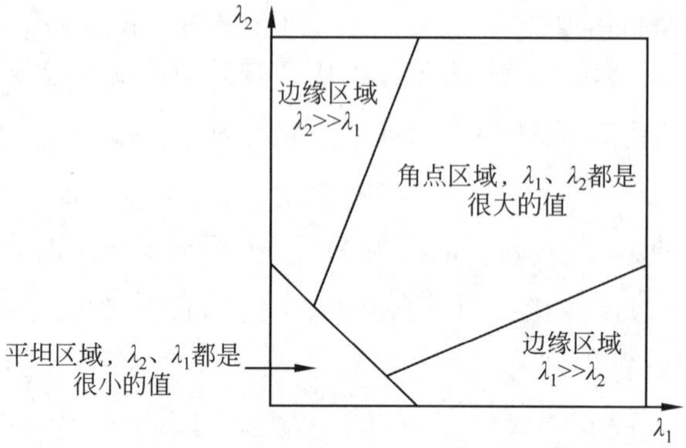

图 4-9　根据 λ_1 和 λ_2 的值来判别平面、边缘与角点

为了更准确地描述该比对方法，定义角点响应量 θ，表示为

$$\theta = \det(\widetilde{\boldsymbol{M}}) - \alpha \operatorname{trace}(\widetilde{\boldsymbol{M}})^2 \tag{4-20}$$

其中，角点响应阈值 α 是一个预先给定的较小的正数，取值范围一般为 0.04～0.06，trace(・)表示矩阵的求迹运算。根据式(4-19)，以及行列式与迹运算的定义，式(4-20)可以化为

$$\theta = \lambda_1\lambda_2 - \alpha(\lambda_1 + \lambda_2)^2 \tag{4-21}$$

进一步，响应量 θ 可写为

$$\theta = (\lambda_1 + \lambda_2)^2 \left(\frac{\dfrac{\lambda_1}{\lambda_2}}{\left(\dfrac{\lambda_1}{\lambda_2} + 1\right)^2} - \alpha \right) \tag{4-22}$$

当 $\lambda_2 \geqslant \lambda_1$ 时，$\lambda_1/\lambda_2 \to 0$，结果 $\theta < 0$。类似地，当 $\lambda_2 \leqslant \lambda_1$ 时，$\lambda_2/\lambda_1 \to 0$，结果 $\theta < 0$。这两种情况都说明 λ_1 和 λ_2 的值相差很大，检测到的是图像边缘。反之，当 $\theta > 0$ 时，说明 λ_1 和 λ_2 的值都很大，且近似相等，检测到的是图像角点。此外，如果应用角点响应量 θ 的定义式(4-20)进行角点判断，可以避免计算 $\widetilde{\boldsymbol{M}}$ 矩阵的特征值。

以上详细推导了 Harris 检测器，现在总结一下 Harris 检测器的检测流程，如下所示。

Harris 角点检测算法

输入：待检测图像
输出：图像中的角点
1：设置检测窗口尺寸和角点响应阈值 α。
2：计算图像 $f(x,y)$ 的一阶偏导数 $f_x(x,y)$ 和 $f_y(x,y)$。
3：计算导数的平方项 $f_x^2(x,y)$、$f_y^2(x,y)$ 与 $f_x(x,y)f_y(x,y)$。
4：根据高斯函数生成检测窗口权重 $w(x,y)$。
5：利用卷积核 $w(x,y)$ 分别对 $f_x^2(x,y)$、$f_y^2(x,y)$ 与 $f_x(x,y)f_y(x,y)$ 卷积，得到 $\widetilde{\boldsymbol{M}}$ 矩阵。
6：根据式(4-20)计算角点响应量 θ。
7：对响应量 θ 进行非最大化抑制后，可以检测到图像上的角点。

4.2.3　Harris 角点检测效果

下面通过几个例子展示 Harris 检测器的效果。图 4-10 显示了在不同的拍摄角度和光照下对同一个玩具拍摄的两张照片，用于测试 Harris 角点是否符合局部特征的一般要求。Harris 角点检测的结果如图 4-11 所示。首先，根据 4.2.2 节中的公式计算角点响应量 θ 设置阈值，过滤掉角点响应量较小的点。经过过滤，背景上的点基本被去除，特征点主要集中在物体上，但也可能出现很多点聚集在一起的情况。最后，进行非最大值抑制，以找出角点聚集区域中响应值最大的点。

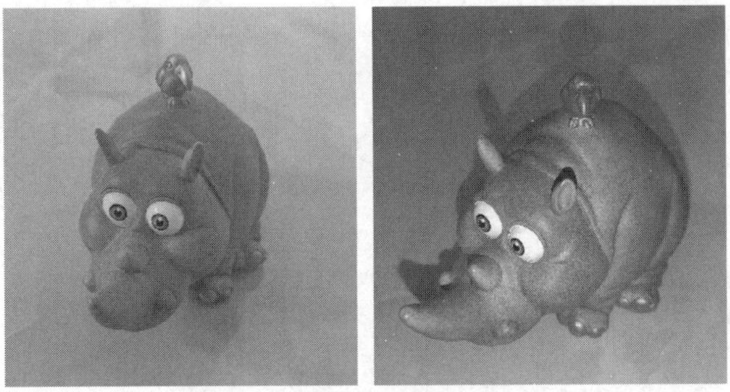

图 4-10　Harris 角点测试用例

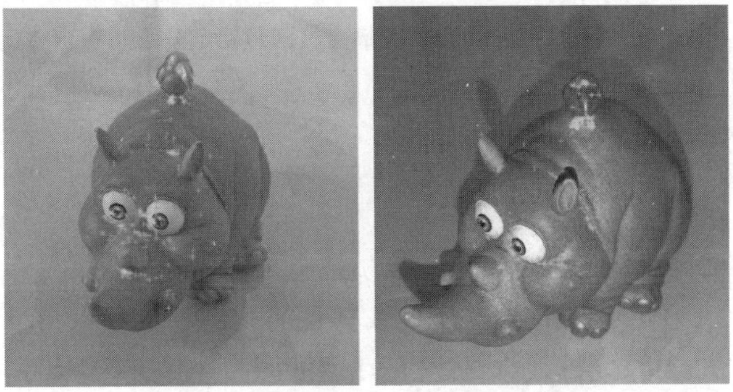

图 4-11　Harris 角点检测结果可视化

从该结果可以看出，Harris 角点检测器能够有效地检测出大部分角点，尤其是在图中展示的具有复杂结构的玩具头部区域，这些区域具有明显的灰度变化和明暗交替。尽管这两张图片不同，但可以看到它们在相同区域基本都能检测出相同的角点。这表明 Harris 检测器获得的角点具有以下特性：局部性，受局部区域灰度变化的影响；角点数量足够多，能够覆盖大部分目标对象；角点定位精确，在不同光照条件和拍摄角度下，角点检测都具有可重复性。

Harris 角点检测在不同拍摄角度下的可重复性，主要取决于角点响应量 θ 的两个重要性质：平移不变性和旋转不变性。

① 平移不变性：平移变换不改变图像像素的相对位置和像素值，式(4-2)的计算不受影响，也就不影响 $E(u,v)$ 的值。角点响应量 θ 由矩阵 $\widetilde{\boldsymbol{M}}$ 确定，矩阵 $\widetilde{\boldsymbol{M}}$ 由 $E(u,v)$ 推导得出，

如式(4-15)～式(4-17)所示，因此 θ 对平移变换具有不变性。

② 旋转不变性：无论角点区域如何旋转，不影响高斯平滑卷积核 $w(x,y)$ 与图像的卷积结果，由矩阵 $\widetilde{\boldsymbol{M}}$ 确定的椭圆形状也不会发生改变，只是轴向发生改变，而特征值始终保持不变。再根据式(4-21)可知角点响应量 θ 不随图像旋转而发生改变。

然而，Harris 检测器对于尺度缩放并不具备不变性。如图 4-12 所示，(a)图展示了一段曲线，Harris 检测器可以成功检测到该区域包含一个角点。但将(a)图放大到(b)图的尺度后，由于(b)图的尺寸较大，导致曲线上每个局部的弧度变化非常小，因此(b)图上的所有点都被认为是边缘，而不是角点。这表明 Harris 检测器在尺度变化方面存在一定的局限性。

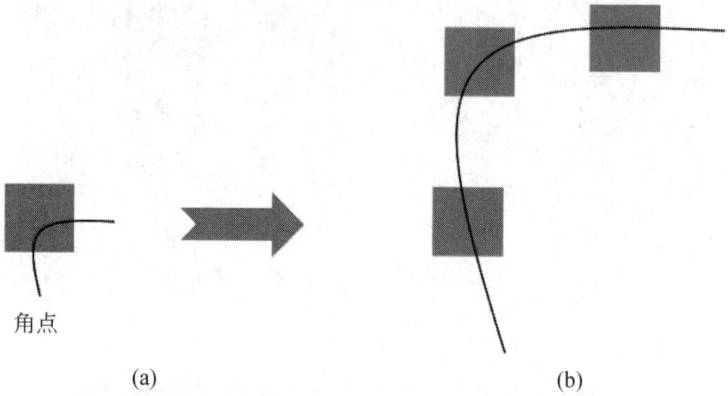

图 4-12 尺度对关键点检测影响示意图

小结

本章通过介绍图像拼接任务引出了计算机视觉中的一个重要概念——局部特征，并详细阐述了解决这类视觉任务时局部特征应该具备的关键特性。以角点检测为例，介绍了 Harris 角点检测算法，通过分析其检测过程和结果指出了 Harris 角点具备平移和旋转不变性，但在尺度不变性方面存在局限性。

习题

(1) 一个 2×2 的矩阵 $\boldsymbol{H}$，特征值为 μ_1 和 μ_2，证明以下结论：①$\mathrm{trace}(\boldsymbol{H})=\mu_1+\mu_2$；②$\det(\boldsymbol{H})=\mu_1\mu_2$。

(2) 程序设计：实现一个 Harris 角点检测器，并在一幅给定图像上测试角点检测效果。

(3) 对一幅给定图像进行旋转、缩放和平移操作，生成一组图像。然后，利用程序(2)实现的 Harris 角点检测器在获得的图像上测试。根据测试结果，说明旋转、缩放和平移操作对 Harris 角点检测的影响。

(4) 程序设计：结合第 3 章和第 4 章的内容，实现一个基于纹理相似性的角点匹配方案。

(5) 从各个角度和距离拍摄某个建筑物的一组照片，利用习题(4)的程序在第一幅图像与其余各幅图像之间进行角点匹配，并进行图像拼接，展示拼接效果。

(6) 在习题(5)的基础上，利用最小二乘算法计算第一幅图像与其他各幅图像之间的最佳仿射变换参数。

第 5 章　尺度不变特征

Harris 角点不具有尺度不变性，但在许多情况下，需要在尺寸不同但内容相似的图像上进行特征点的检测与匹配。因此，本章首先讲述尺度不变的关键点检测理论与技术，即 Harris-Laplace 检测器，以此为基础，进一步介绍经典的尺度不变特征转换(Scale Invariant Feature Transform，SIFT)和结合定向 FAST 角点检测与旋转 BRIEF 描述子的特征(Oriented FAST and Rotated BRIEF，ORB)特征。

5.1　尺度不变理论基础

5.1.1　尺度不变思路

Harris 检测器使用固定大小的窗口来检测特征点。如果 Harris 检测器能够根据图像的尺度适当调整窗口大小，以确保窗口内的图像内容保持一致，就可以检测出相同的特征点。

如图 5-1 所示，(a)(b)两图中的两条曲线具有相同的形状和不同的尺度。(b)图曲线上的圆形窗口能够捕获整个角部分，而同样大小的窗口在(a)图曲线上只能获得一段弧线，因此只有选择一个更大的圆形窗口才能获取相同的图像信息。那么，如何独立地为每幅图像找到正确缩放的窗口，以便在不同尺度下的同一位置获得相同的图像内容呢？下面以图 5-2 为例说明。

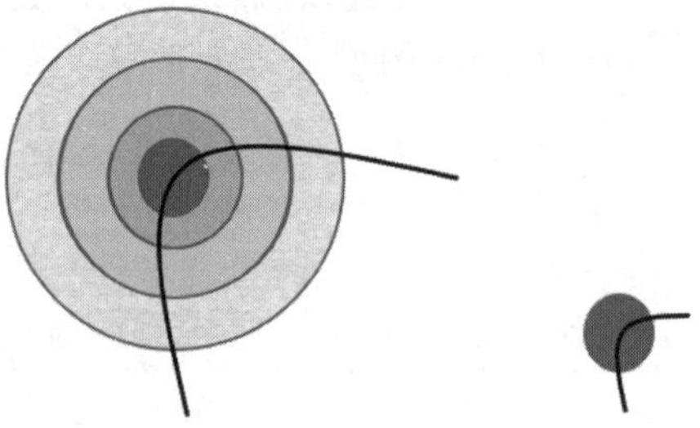

图 5-1　检测特征点时尺度变化对窗口选择的影响示意图

图 5-2 中(a)图与(b)图为不同尺度下的同一幅图像，分别记为 F_1 与 F_2。二者的关系可利用尺度变换函数 $T_s(\cdot)$表示为

$$F_2 = T_s(F_1, \gamma) \tag{5-1}$$

或

图 5-2　不同尺度下的同一幅图像

$$F_1 = T_s(F_2, 1/\gamma) \tag{5-2}$$

其中，$\gamma>0$ 表示图像 F_2 相对于图像 F_1 的缩放倍数。在图像 F_1 上确定一个关键点 P，以 P 为圆心，选择半径为 r_1 的圆形区域 R_1。同样地，在图像 F_2 上选取同一关键点，以 P 为圆心，选择半径为 r_2 的圆形区域 R_2。需注意，关键点 P 在图像 F_1 和图像 F_2 中的坐标位置不同。我们的目标是，当给定区域 R_1 时，确定区域 R_2，使得区域 R_2 包含的图像内容与区域 R_1 一致。

显然，如果两个圆形区域半径满足 $r_2=\gamma r_1$，那么区域尺寸（对于圆形区域可用其半径表达）与图像尺度是协变的。在这种情况下，R_1 和 R_2 两个区域包含的图像内容必然一致，因此称 R_1 和 R_2 为对应区域。然而，在确定对应区域时，图像间的尺度关系是未知的。选择区域 R_2 时，只依据图像 F_2，而无法获取尺度比例 γ、半径 r_1 和图像 F_1 的信息。因此，确定 R_1 和 R_2，只能根据它们所包含的内容来进行，也就是说，R_1 和 R_2 是相互独立确定的。为了应对这个问题，一种简单的想法是构造一个函数 $C(\cdot)$，将图像内容映射为一个响应量，该响应量随着区域尺寸的变化而变化。通过分析响应量变化曲线来确定区域尺寸。对于区域 R_1，响应量 c_1 表示为

$$c_1 = C(F_1, P, r_1) \tag{5-3}$$

类似地，对于区域 R_2，响应量 c_2 表示为

$$c_2 = C(F_2, P, r_2) \tag{5-4}$$

然后，若已知 c_1，比较 c_1 与 c_2，当 $c_2=c_1$ 时，说明 R_2 和 R_1 是对应区域。

现在的问题是如何构造函数 $C(\cdot)$，为此，我们来讨论函数 $C(\cdot)$ 应满足的属性。根据上面的方案描述，在不同尺度上具有相同图像内容的情况下，函数 $C(\cdot)$ 的输出不受影响。由此，函数 $C(\cdot)$ 必须具有尺度不变性，也就是给定的 F_1、P 和 r_1，对于任意的 $\gamma>0$，$C(T_s(F_1,\gamma),P,\gamma r_1)=C(F_1,P,r_1)$。这意味着，如果将图像 F_1 缩放 γ 倍得到 F_2，那么 c_2 随着 r_2 的变化曲线应该是 c_1 随着 r_1 的变化曲线在横坐标方向上按比例压缩（或拉伸）的结果，压缩比例也为 γ。图 5-3 展示了 $\gamma=1/2$ 时所期望的两种内容响应曲线的情况。因此，内容响应量随着区域尺寸的变化曲线应该与图像尺度是协变的[7]。

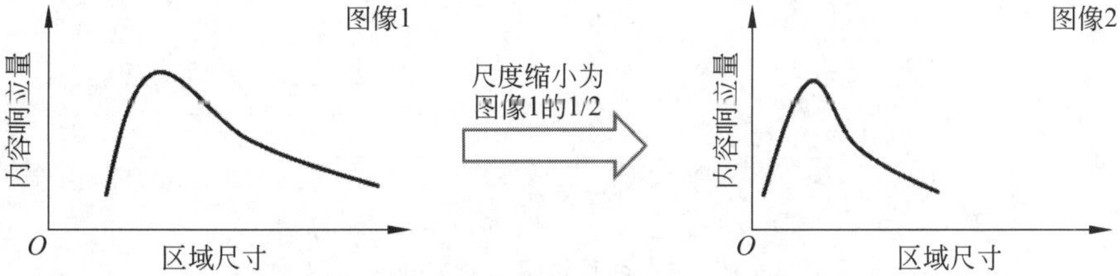

图 5-3　与图像尺度协变的内容响应曲线示例

为确定 r_2，需以 c_1 作为参考值，即满足方程 $C(F_2,P,r_2)=c_1$。选择 c_1，应使未知数 r_2 必须有唯一解。其次，c_1 应具有可区分性。综合这两个因素，c_1 的最佳选择 c_1^* 就是曲线 $c_1 \sim r_1$ 的极值点，即

$$c_1^* = \max_{r_1} C(F_1,P,r_1) \tag{5-5}$$

因此，这也要求函数 $C(\cdot)$ 随着区域尺寸的变化只有一个明显的(尖锐的)峰值，而如果峰值不明显或存在多个相似峰值，响应函数 $C(\cdot)$ 就不符合要求。如图 5-4 所示，其中(c)图响应曲线只有一个极大值点，是比较符合要求的情况。

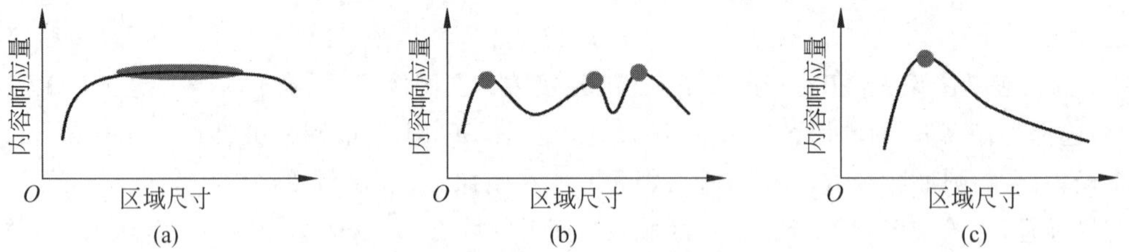

图 5-4　多种尺度不变区域的响应函数示例

5.1.2　高斯拉普拉斯算子

为了更进一步说明如何设计响应函数，考虑一个重要的计算机视觉任务：斑点(Blob)检测。Blob 是指近似圆形的区域，其内部像素值相对均匀，但与周围像素有明显的颜色和灰度差异。在图像中，斑点广泛存在，例如，一棵树可以看作是一个斑点，一片草地也是，甚至一栋房子都可以被视为一个斑点。因此，斑点检测是许多图像处理和识别任务的重要预处理步骤，而一些斑点检测方法也可以应用于尺度不变特征检测中。

由于斑点区域边界的像素值会出现明显变化，因此这些边界也可以看作一种边缘。回顾第 2 章介绍的边缘检测方法，可以使用高斯一阶偏导核来检测边缘。图 5-5(a)展示了使用这种方法进行一维信号边缘检测的示例。在边缘区域，信号与高斯一阶偏导核进行卷积后形成一个波峰，边缘位置对应波峰的峰值点。继续求导后，波峰将变成一种类似“涟漪”的

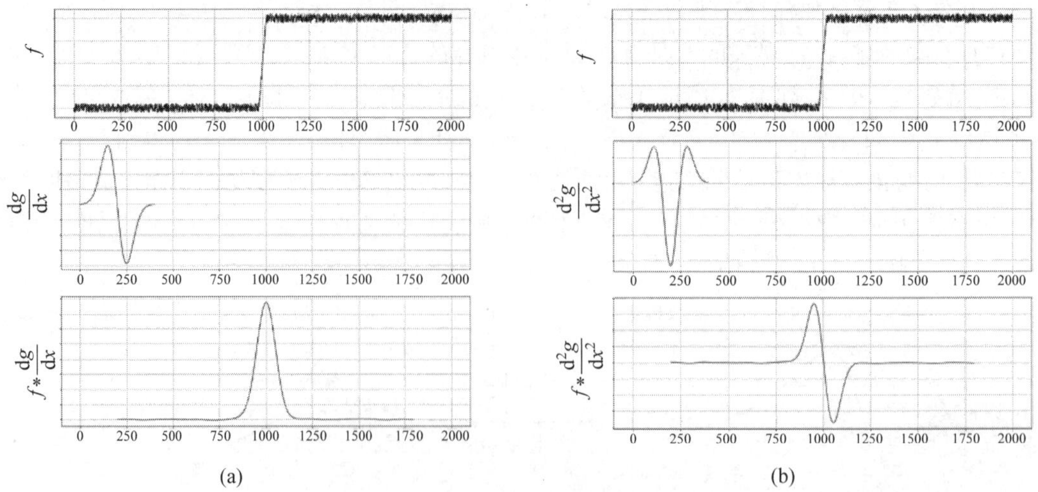

图 5-5　两种边缘检测方法

形状，此时，边缘点可以通过寻找极大值和极小值之间的过零点来确定。这个结果可以直接通过图像与高斯二阶偏导核（LoG 卷积核）进行卷积来获得，如图 5-5(b)所示。

一维理想斑点可以用图 5-6 第 1 行所示的方波信号来表示，它有两个边缘。只要确定了边缘的位置和它们之间的距离，就可以确定斑点的位置和尺寸。因此，可以使用 LoG 卷积核来检测斑点，该卷积核的设置涉及两个参数：标准差和窗口大小。通常情况下，可以将窗口的一半宽度设置为标准差的 3 倍，因此通常只需提供标准差 σ 即可。图 5-6 第 2 行展示了对第 1 行中每个斑点信号应用尺度 $\sigma=1$ 的 LoG 卷积核进行卷积后的结果。可以观察到，当斑点的尺寸较大时，卷积后的信号具有两个近似对称的"涟漪"；随着斑点尺寸的减小，这两个"涟漪"逐渐靠近并最终融合在一起；最终，当斑点尺寸与 LoG 函数曲线上两个波峰之间的跨度趋近一致时，卷积后的信号将在斑点的中心位置形成一个极值点。换句话说，如果 LoG 卷积后的信号幅度在斑点的中心位置达到最小值或最大值，那么 LoG 卷积核的尺度 σ 与斑点的尺寸"匹配"，因此可以根据该 LoG 卷积核的 σ 估计出斑点的尺寸。由此就可以得出确定斑点空间尺寸的一种方法：使用不同尺度的 LoG 卷积核对斑点进行卷积，找到一个尺度 σ，使得卷积后的响应信号幅度在斑点的中心位置达到最小值或最大值。

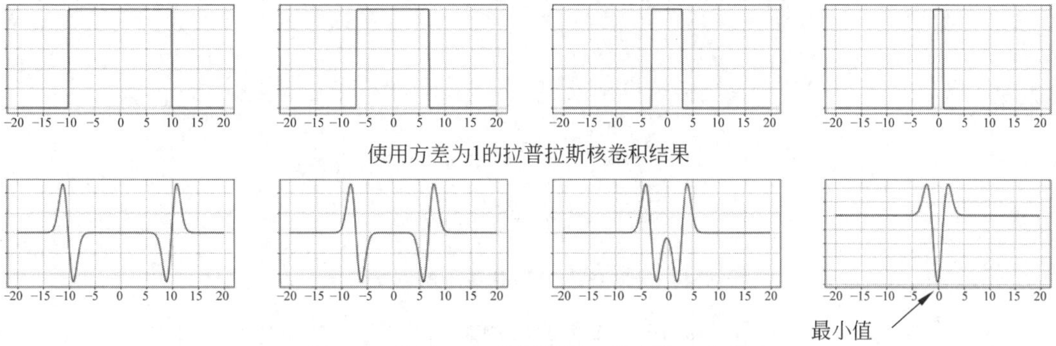

图 5-6　使用 LoG 算子检测一维斑点示意图

然而，直接应用这种思路仍然存在问题。如图 5-7 所示，对图中尺寸为 16 的一维斑点采用不同 σ 的 LoG 卷积核进行卷积时，随着 σ 的增大，输出信号的幅值出现了衰减，当 $\sigma=8$ 时，信号几乎变成了一条直线，没有出现预期的极值点。

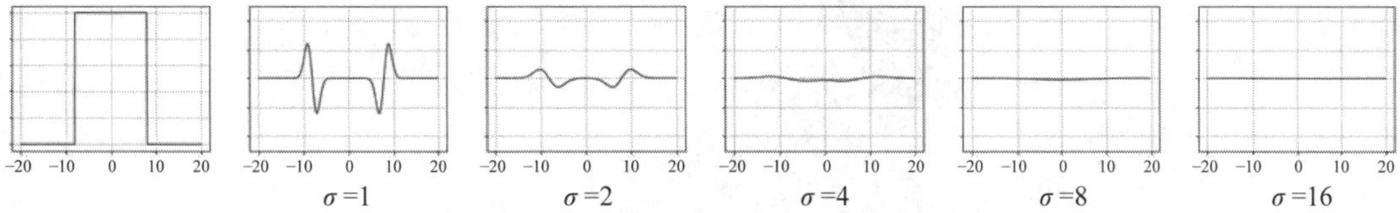

图 5-7　LoG 算子检测斑点存在的问题

为什么会产生这样的现象呢？回顾第 3 章给出的 LoG 卷积核函数，重写如下：

$$\nabla^2 g = g(x_1, x_2, \sigma)\frac{x_1^2 + x_2^2 - 2\sigma^2}{\sigma^4} \tag{5-6}$$

其中，$g(x_1, x_2, \sigma)$是二元高斯函数，可表示为

$$g(x_1,x_2,\sigma)=\frac{1}{2\pi\sigma^2}e^{-\frac{x_1^2+x_2^2}{2\sigma^2}} \tag{5-7}$$

利用式(5-6)对图像信号 $f_1(x_1,x_2)$进行卷积，可得信号 $f_2(x_1,x_2)$为

$$f_2(x_1,x_2)=\int_{-\infty}^{\infty}\int_{-\infty}^{\infty}g(\tau_1,\tau_2,\sigma)\frac{\tau_1^2+\tau_2^2-2\sigma^2}{\sigma^4}f_1(x_1-\tau_1,x_2-\tau_2)\mathrm{d}\tau_1\mathrm{d}\tau_2 \tag{5-8}$$

假设 $f_{1,\sigma}(x_1,x_2)=f_1(\sigma x_1,\sigma x_2)$，式(5-8)可化简为

$$f_2(\sigma x_1,\sigma x_2)=\frac{1}{\sigma^2}(g(x_1,x_2,1)(x_1^2+x_2^2-2))*f_{1,\sigma}(x_1,x_2) \tag{5-9}$$

式(5-9)表明，随着卷积核尺度 σ 的增大，信号 $f_2(x_1,x_2)$的幅值会衰减，衰减因子为 $1/\sigma^2$。

为了解决不同 σ 的 LoG 卷积核可能引起的信号衰减问题，可以将式(5-6)的 LoG 卷积核函数乘以 σ^2，以消去式(5-9)中的衰减因子，该操作也称为尺度规范化，于是 LoG 卷积核函数变为

$$\nabla_{\text{norm}}^2 g=\sigma^2\nabla^2 g=g(x_1,x_2,\sigma)\frac{x_1^2+x_2^2-2\sigma^2}{\sigma^2} \tag{5-10}$$

对 LoG 卷积核进行尺度规范化后，对图 5-7 中的一维斑点使用不同的 σ 值进行测试，结果如图 5-8 所示。响应信号的幅值不再出现衰减，并且在 $\sigma=8$ 时出现了一个明显的极大值。

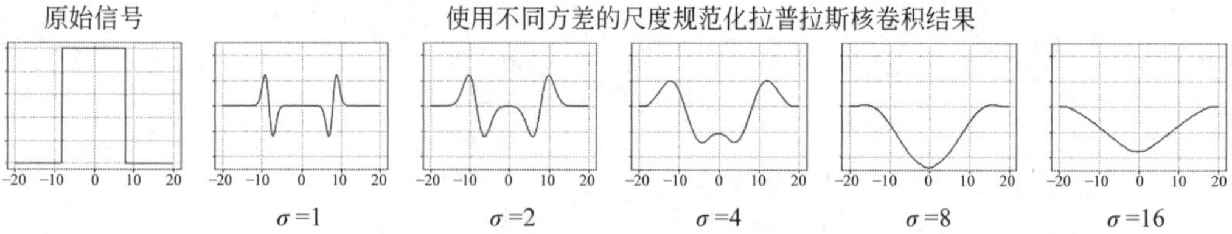

图 5-8 尺度规范化 LoG 算子的测试结果

对于二维图像中的斑点，与前述一维斑点检测思路相似，使用尺度规范化后的二维 LoG 卷积核进行检测。图 5-9 展示了二维 LoG 卷积核的可视化图像。

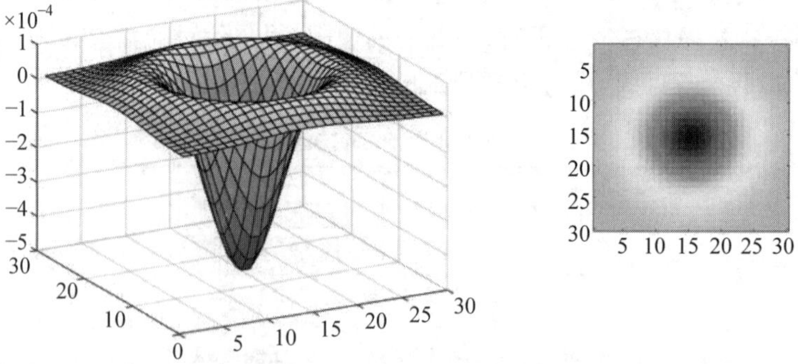

图 5-9 二维 LoG 卷积核的三维可视化图及其在水平面的投影效果

以图 5-10 中的(a)图为例，这是一个理想的二维斑点图像，记为 $f_1(x_1,x_2)$。以图像中心为原点，斑点的半径为 r，斑点内的像素值为 0，斑点外的像素值为 255，即

$$f_1(x_1,x_2)=\begin{cases}0, & x_1^2+x_2^2\leqslant r^2\\ 255, & x_1^2+x_2^2>r^2\end{cases} \tag{5-11}$$

使用尺度规范化后的 LoG 卷积核对该斑点图像进行卷积，由式(5-10)可知，当 $x_1^2+x_2^2\leqslant 2\sigma^2$ 时，LoG 函数 $\nabla^2_{\text{norm}}g\leqslant 0$，否则 $\nabla^2_{\text{norm}}g>0$。因此，只有当 σ 满足 $2\sigma^2=r^2$ 时，原点处卷积的响应值才会达到极大值，此时卷积核的尺度称为特征尺度，记为 σ^*，满足

$$\sigma^*=\frac{r}{\sqrt{2}} \tag{5-12}$$

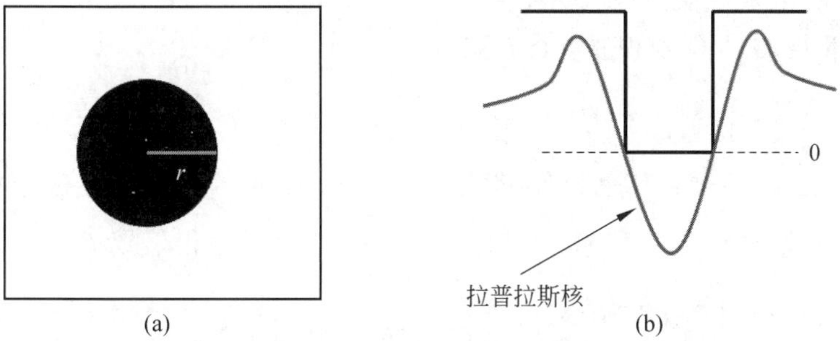

图 5-10　使用规范化后的 LoG 卷积核对该斑点图像进行卷积所得响应取极大值时的情况示意图

使用 LoG 卷积核检测斑点时，需要引入一个被视为尺度的参数 σ，通过连续变化尺度参数 σ 可获得一个多尺度的图像序列，构成所谓的图像尺度空间，然后在尺度空间上搜索特征尺度。因此，也称其为尺度空间的斑点检测器，搜索过程主要有以下两个步骤。

① 利用尺度规范化后的 LoG 卷积核函数产生卷积模板，在不同尺度上对图像进行卷积。

② 在尺度空间中找到 LoG 响应的极值，其所对应的空间尺度为特征尺度。

对图 5-11 中的葵花图案，通过图像的 LoG 卷积结果探测出在葵花中心位置的暗色斑点。接着，在该位置上应用不同尺度的 LoG 卷积核，以搜索特征尺度，确定斑点的半径。在特征尺度下，且 LoG 卷积核的中心与斑点的中心重合时，LoG 卷积的响应值最高。基于这一特性，即使随后图像尺寸发生变化，也能独立确定斑点的位置和半径，保持检测区域的内容一致，实现尺度不变的斑点区域检测。

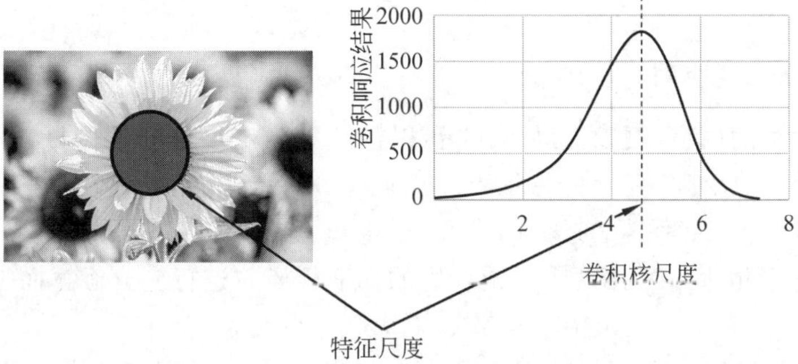

图 5-11　二维斑点检测示意图

5.1.3 Harris-Laplace 检测器

根据 5.1.3 节的介绍，可以使用 LoG 卷积核提取具有尺度不变性的区域，而不仅仅局限于斑点的检测。只要某个尺度的 LoG 卷积核在图像的某个位置产生极大值，那么以这个点为圆心、半径为$\sqrt{2}\sigma$ 的区域就被视为一个尺度不变区域。无论图像尺寸如何变化，LoG 卷积核都能够检测到相同的点和包含相同图像内容的区域。

LoG 卷积可以作为 5.1.1 节中所需的内容响应函数，因其满足前面提出的内容响应函数属性。首先，LoG 卷积核满足内容响应函数的要求，具有尺度不变性。对图像 $f_1(x_1,x_2)$，使用尺度规范化后的 LoG 卷积核进行卷积得到 $f_2(x_1,x_2)$：

$$f_2(x_1,x_2)=\int_{-\infty}^{\infty}\int_{-\infty}^{\infty} g(\tau_1,\tau_2,\sigma)\ \frac{\tau_1^2+\tau_2^2-2\sigma^2}{\sigma^2} f_1(x_1-\tau_1,x_2-\tau_2)\mathrm{d}\tau_1\mathrm{d}\tau_2 \quad (5\text{-}13)$$

假设对信号 $f_1(x_1,x_2)$进行尺度拉伸，得到 $f_{1,1/\gamma}(x_1,x_2)=f_1(x_1/\gamma,x_2/\gamma)$，利用尺度为 σ/r LoG 卷积核对信号 $f_{1,1/\gamma}(x_1,x_2)$进行卷积，再经变换后可得信号 $\widetilde{f}_2(x_1,x_2)$，即

$$\widetilde{f}_2(x_1,x_2)=\int_{-\infty}^{\infty}\int_{-\infty}^{\infty} g(\tau_1,\tau_2,\gamma\sigma)\ \frac{\tau_1^2+\tau_2^2-2\gamma^2\sigma^2}{\gamma^2\sigma^2} f_{1,1/\gamma}(x_1-\tau_1,x_2-\tau_2)\mathrm{d}\tau_1\mathrm{d}\tau_2 \quad (5\text{-}14)$$

对比式(5-13)与式(5-14)，可以得到

$$\widetilde{f}_2(x_1,x_2)=f_2\left(\frac{x_1}{\gamma},\frac{x_2}{\gamma}\right) \quad (5\text{-}15)$$

因此，LoG 卷积响应量的变化与图像尺度的变化是协变的。其次，当 LoG 的尺度与信号 $f_1(x_1,x_2)$的尺度匹配时，LoG 的响应会且仅会产生一个明显的极值。

将第 4 章介绍的 Harris 检测器与 LoG 卷积核结合，便能得到具有尺度不变性的特征点检测器——Harris-Laplace 检测器。该检测器先采用各种尺度的规范化 LoG 卷积核对输入图像进行卷积，在尺度空间生成一组响应图像。然后在每个响应图像上使用 Harris 角点检测器检测角点在空间的位置(指像素点坐标)。最后，搜索尺度空间找到 Harris 角点检测器的响应极值点，进而确定其是否为所选特征点。此时，检测到的角点区域是尺度不变的区域。通过这种方式，筛选的角点便具有了尺度不变性。

5.2 SIFT

5.2.1 高斯差分尺度空间

根据前面学习的内容，可以借助 LoG 卷积核函数确定尺度不变区域，并与特征点检测器结合，以获取具有尺度不变性的特征点。然而，LoG 卷积核的计算成本较高，在 SIFT 算法中，通常更多地使用一种与之近似的卷积核，即差分高斯(Difference of Gaussians，DoG)卷积核。DoG 核函数通过采用两个不同尺度的高斯核函数进行差分运算而得，定义如下

$$\mathrm{DoG}(\sigma)=G(x,y,k\sigma)-G(x,y,\sigma) \quad (5\text{-}16)$$

其中，k 表示相邻尺度高斯核之间的比例因子。通过将 DoG 卷积核直接应用于原始图像，等同于使用尺度相差 k 倍的 2 个高斯核分别对原始图像进行卷积，然后计算它们之间的差值。

1994 年，Lindeberg 证明了 DoG 核函数近似等于 LoG 核函数，这种近似关系可以通过热扩散方程推导得到[8]。图 5-12 展示了一维 LoG 与 DoG 核函数的曲线图，它们的函数曲线非常相似，因此它们都可用于实现具有尺度不变性的特征点检测。

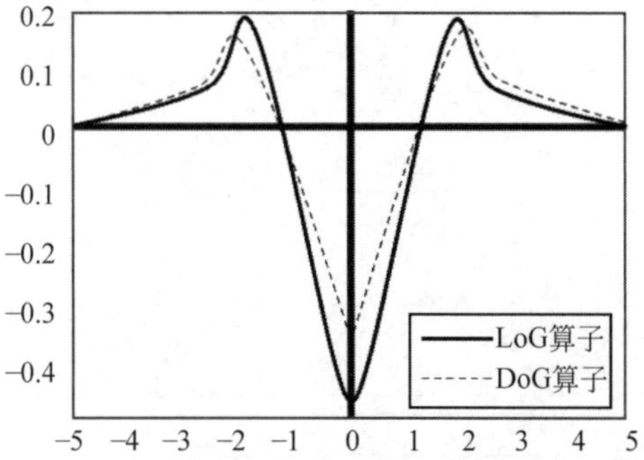

图 5-12　一维 LoG 与 DoG 算子的函数曲线图

在 SIFT 算法中，首要任务是构建高斯差分金字塔，在尺度空间中对图像进行多尺度表示。在此过程中，图像经过一系列不同尺度的高斯平滑操作，产生了一组平滑图像，可用于分析和处理不同尺度下的图像结构。在图像尺度空间中，随着高斯卷积核尺度的逐渐增大，图像的平滑效果逐渐加强，同时细节信息逐渐减少，可以模拟人眼从近到远观察目标时目标在视网膜上的呈现过程。因此，尺度空间有助于更好地捕捉图像的本质特征。

其次，在图像尺度空间中进行特征提取具备灰度和对比度不变性。在拍摄目标时，光照条件的变化导致输出图像的亮度水平和对比度发生变化，但图像的内容是一致的。因此，提取的图像特征应确保不受图像灰度水平和对比度变化的影响，也就是要具备灰度不变性和对比度不变性，这对下游图像处理任务非常重要。

最后，在视觉感知中，当观察者和物体之间的相对位置发生变化时，视网膜感知到的图像的位置、大小、角度和形状也会发生变化。因此，在尺度空间中提取的图像特征需要具备不受图像的位置、大小、角度和仿射变换影响的性质，也就是要具备几何不变性。

尺度空间一般用高斯金字塔的形式表示，如图 5-13 所示，图像尺度空间一般用高斯金字塔的形式表示。高斯金字塔是通过将图像与多个不同采样因子和尺度因子的高斯核函数进行卷积而构建的，可表示为

$$L(x,y,\sigma,p)=p*G(x,y,\sigma)*I(x,y) \tag{5-17}$$

其中，$I(x,y)$表示原始图像，p 表示采样因子，$G(x,y,\sigma)$是高斯核函数，σ 是尺度空间因子，即标准差，它决定了图像的模糊程度。在较大尺度下(σ 值较大)，高斯金字塔中的相应图像呈现出图像的概貌信息，而在较小尺度下(σ 值较小)，则呈现出图像的细节信息。在构建尺度空间时，高斯金字塔被划分为多个图像组(Octave)，每个组内包含多个图像层(Interval)。在同一组内，每一层的图像都是原始图像经过与尺度按 k 倍增加的高斯卷积核的卷积运算得到的结果。假设高斯金字塔总共有 O 个组，每个组内包含 S 层图像，那么每一组中的尺度因子 k 应为 $2^{\frac{1}{S-3}}$，而不是 $2^{\frac{1}{S}}$。这是因为，在每组高斯金字塔图像中，对第一幅和最后一幅图像无法实行极值检测(用于找到尺度不变的关键点)，此外，极值检测之前需要计算相邻高斯金字塔图像之差，因此，实际可实行极值检测的图像只有 $S-3$ 幅)，第 O_{i+1} 组的第 1 幅图

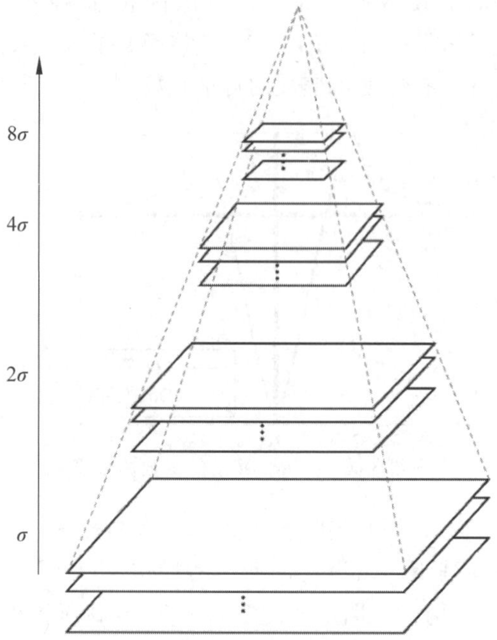

图 5-13　高斯金字塔示意图

像则由第 O_i 组的第 $S-3$ 幅图像(即倒数第 3 幅图像)进行二倍下采样得到,这样可保证尺度连续。

通过对高斯金字塔中相邻尺度的图像进行相减,获得相应尺度的 DoG 卷积结果,从而得到高斯差分金字塔,如图 5-14 所示。

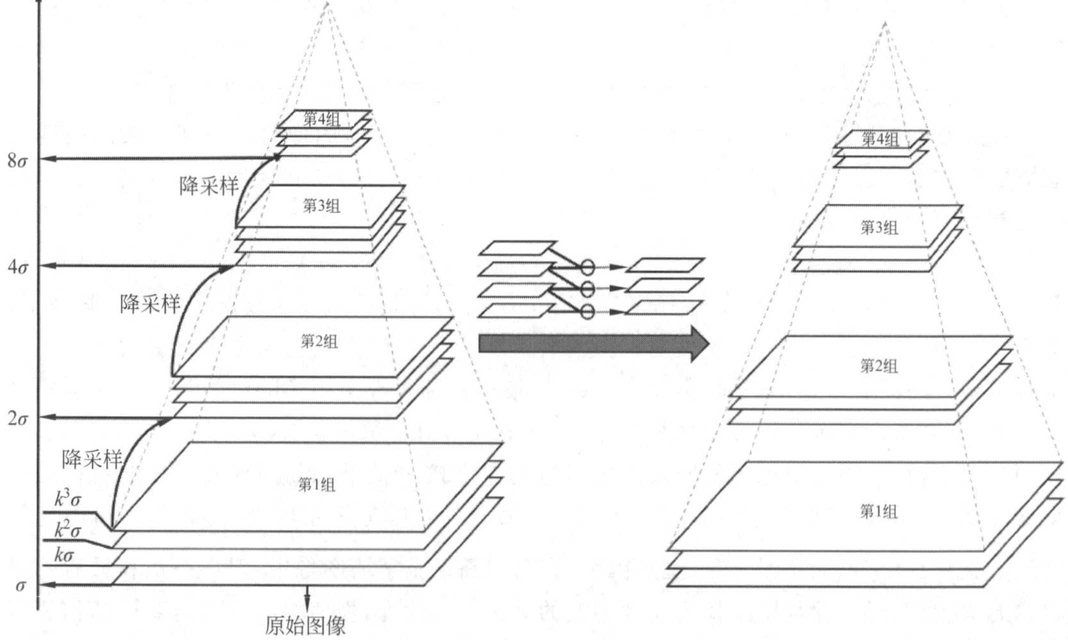

图 5-14　高斯差分金字塔构建示意图

5.2.2　SIFT 特征点检测

为了获得尺度不变的特征点，需要在 5.2.1 节构建的高斯差分金字塔中检测极值点。具体地，对于高斯差分金字塔的某一图像层，将其每个像素点与同一层的相邻 8 个像素点以及它上一层和下一层的 9 个相邻像素点(总共 26 个相邻像素点)进行比较。如图 5-15 所示，如果标有叉号的像素点的 DoG 值在所有相邻 26 个像素点中都是最大或最小的，那么该点将被视为一个局部极值点，并记录下它的位置和对应的尺度。需要注意的是，这些检测到的极值点是在离散空间中的极值点，在连续空间中可能并不是真正的极值点，如图 5-16 所示。此外，由于 DoG 值对噪声和边缘比较敏感，因此需要对检测到的极值点进行进一步的筛选和验证。Lowe 的论文中提到，可以通过拟合三元二次函数来精确获取关键点的位置和所在尺度，具体细节可以参考相关文献[9]。

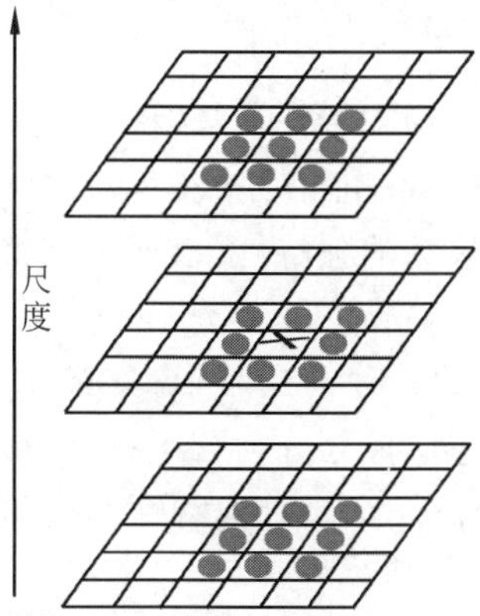

图 5-15　DoG 空间局部极值检测示意图

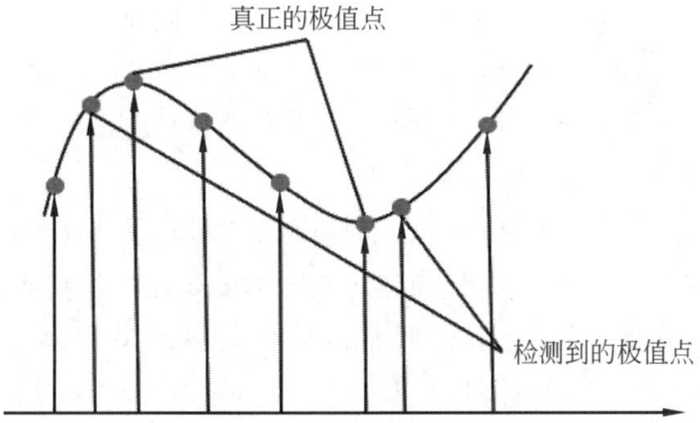

图 5-16　离散空间极值点与连续空间极值点

经过上述步骤获得的尺度空间中的局部极值点作为关键点。随后，通过使用图像的局部特性为每个关键点分配一个稳定的方向，称为主方向。在具体计算中，根据关键点(x^*,y^*)的尺度σ^*找到最接近尺度σ^*的高斯金字塔图像$L^*(x,y)$。在图像$L^*(x,y)$上，以关键点(x^*,y^*)为中心，取一个正方形窗口(其边长通常取$3\times1.5\sigma^*$个像素，当然需要四舍五入)。接下来，在窗口内的每个像素点计算梯度方向，这可以通过第 2 章中的图像梯度计算方法来实现。然后，建立这些局部梯度方向的统计直方图，横轴是梯度方向，范围是 0～360°，每 10°为一格，总共 36 个方向，如图 5-17 所示。纵轴是加权的梯度，对属于某个梯度方向的所有局部梯度模值进行高斯加权处理，这意味着距离中心关键点更近的像素的梯度方向对直方图的贡献更大。高斯加权的圆形窗的尺度通常设置为特征点尺度σ^*的 1.5 倍。

关键点的主方向θ_m^*被确定为梯度直方图的峰值所在的方向，这样可以确保主方向的稳定性。如果存在其他局部梯度峰值，其峰值高度大于最高峰值的 80%，那么这些方向被认为是该特征点的辅方向。一个特征点可能具有多个方向，包括一个主方向和多个辅方向。为了更精确地定位峰值位置，通常会使用抛物线插值来拟合梯度方向直方图中的多个峰值。

后续生成的局部特征表达都是相对于主方向的，因此即使目标在另一个图像中发生旋转，局部特征表达也能够保持不变，这使得提取的关键点具有旋转不变性。

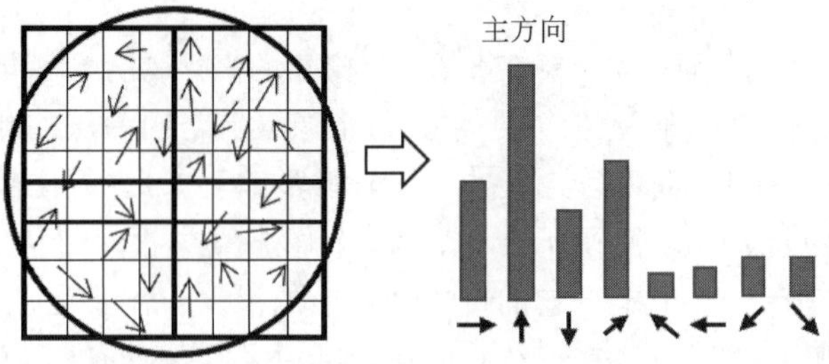

图 5-17　图像梯度与统计直方图（为简化，只画出了 8 个方向）

至此，检测到的图像的关键点(x^*,y^*)既具有尺度σ^*，也具有方向θ_m^*，可以标记为$(x^*,y^*,\sigma^*,\theta_m^*)$，由此，关键点也具备了平移、缩放和旋转不变性。

5.2.3　SIFT 特征描述子

确定关键点后，下一步就是创建一个向量来表示关键点的局部特征信息，称为特征描述子。通常，利用关键点及关键点周围对其有贡献的像素点构建特征描述子，获得对多种图像处理过程的不变特性，比如光照变化、视角变化等，并且具有较高的独特性，以便提高特征点正确匹配的概率。

SIFT 描述子是关键点邻域高斯模糊图像梯度统计结果的一种向量表示，具有唯一性，因此称为特征向量。其构建思路是，将关键点邻域的高斯模糊图像划分为若干块，然后计算每个块内的梯度方向直方图，最后将获得的多个直方图组合成一个具有独特性的向量。该向量是关键点邻域图像信息的一种抽象表达。

SIFT 描述子的生成流程主要有 3 步，后面分别具体说明。

① 确定计算描述子所需的图像区域。

② 建立各个子区域的梯度统计直方图。

③ 特征向量生成与后处理。

首先进行关键点领域图像的提取。对于关键点$(x^*,y^*,\sigma^*,\theta_m^*)$，根据尺度参数$\sigma^*$，在与之对应的高斯差分图像$L^*(x,y)$上取关键点的邻域图像$Z^*$。由于需要将邻域图像$Z^*$划分为$d\times d$个子区域，每个子区域的面积为$3\sigma^*\times3\sigma^*$，所以$Z^*$的边长至少应设置为$3\sigma^*d$。在实际计算时，因采用双线性插值，所需关键点的邻域范围边长因此设置为$3\sigma^*(d+1)$。考虑到后续还将进行旋转操作（将坐标轴旋转与关键点的主方向一致），实际计算所需的邻域图像的边长应设置为$3\sigma^*(d+1)\times\sqrt{2}$。

接下来，针对每个子区域建立梯度统计直方图。计算直方图之前，首先以关键点为中心，逆时针旋转邻域图像Z^*的横坐标轴，将其旋转到与关键点的主方向一致，如图 5-18 所示。这种处理确保了特征的计算是相对于主方向进行的，从而获得了旋转不变性。接着，在新的坐标系下，以关键点为中心，选择边长为$3\sigma^*d$的正方形区域，并将该区域划分为$d\times d$个子区域，然后统计每个子区域内的梯度直方图。每个直方图包含B个柱，对应B个梯度方向，其中，横轴表示梯度方向，纵轴表示对应梯度方向上所有梯度幅值的加权和。需要注意的是，像素点(x,y)的梯度可能会对多个相邻子区域的直方图都有一定贡献，因此可根据像素点与子区域中心点的距离来对梯度进行加权。在 SIFT 算法中，通常选取 $d=4$ 和 $B=8$，即将关键点邻域分成 4×4 个子区域，每个子区域统计 8 个方向上的加权梯度幅值，这样可生成一个 $4\times4\times8=128$ 维的特征向量。如图 5-19 所示，每个子区域内绘制了梯度方向的累计值，箭头的方向表示梯度方向，箭头的长度表示累计梯度的大小。将这种统计结果称为“种子点”，每个子区域生成一个种子点，总共生成 16 个种子点。

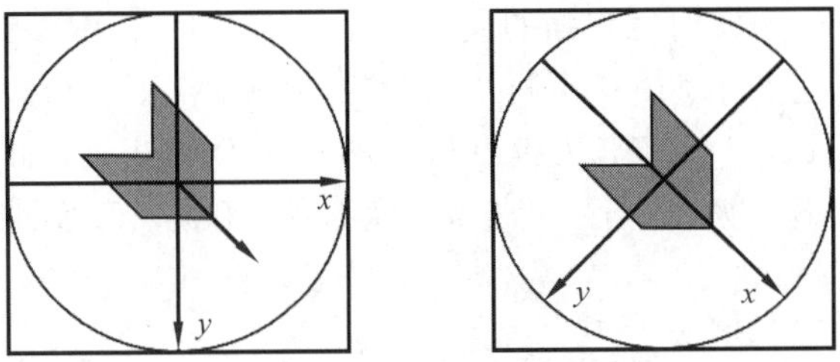

图 5-18　坐标轴旋转

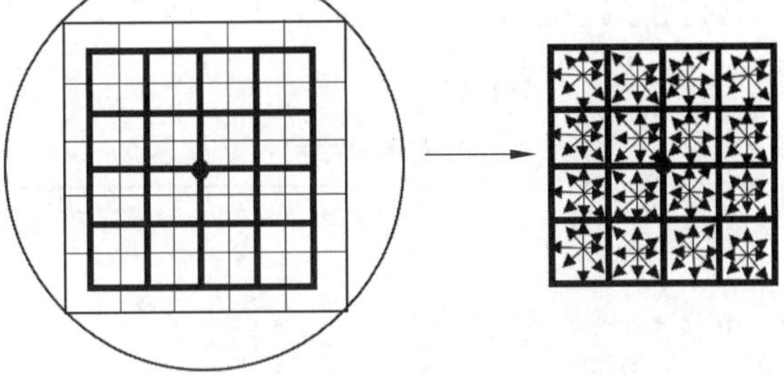

图 5-19　子区域直方图统计示意图

最后，生成特征向量，并进行后处理。将 16 个种子点统计得到的梯度累计值拼接成一个 128 维的特征向量，记为 $\boldsymbol{h}$。为了应对图像中光照的变化，需要进一步处理特征向量。在光照线性变化的情况下，图像亮度变化相当于对每个像素点加上一个常数，此时特征向量应保持不变；而如果光照变化的效果是导致每个图像像素的亮度都以相同比例缩放，图像梯度的幅值也按比例缩放。因此，为了减小上述两种光照影响，需要对特征向量 $\boldsymbol{h}$ 进行归一化处理，得到归一化特征向量 $\boldsymbol{h}_n$。

另外，由于相机饱和度或者沿着三维曲面的不同方向物体亮度变化存在差异，可能会导致非线性的光照变化，这些变化可能会导致某些方向上的梯度值发生较大变化，但对梯度方向的影响很小。因此，为减少大梯度的影响，可以设置一个阈值 $h_{\max}$ 来截断归一化特征向量 $\boldsymbol{h}_n$ 中较大的分量，通常 $h_{\max}$ 设置为 0.2。将特征向量 $\boldsymbol{h}_n$ 经阈值截断操作后得到的特征向量记为 $\boldsymbol{h}_c$。阈值截断操作意味着对于特征匹配梯度幅值的重要性会下降，而梯度方向的分布会得到更大的重视。

接下来，为提高特征的鉴别性，重新对向量 $\boldsymbol{h}_c$ 进行归一化操作，得到最终的特征向量 $\tilde{\boldsymbol{h}}$，以此作为 SIFT 特征描述子。

5.3 ORB 特征

通过学习 SIFT，我们知道 SIFT 具有尺度不变、旋转不变和光变不敏感等优点。但是 SIFT 需要建立尺度空间，利用基于局部图像的梯度直方图来计算描述子，算法的计算和数据存储复杂度较高，不适于实时性较强的应用。相较于 SIFT，ORB 是一种快速稳定的特征点检测和提取方法[1]，速度比 SIFT 快两个数量级，在 CPU 下就可以获得实时性能。ORB 特征提取过程分为 Oriented FAST 关键点检测和组建 BRIEF（Binary Robust Independent Elementary Features）描述子两个步骤，可获得尺度不变性和旋转不变性，而且提高了 BRIEF 描述子的抗噪能力。

5.3.1 Oriented FAST

FAST 角点的基本思想是，如果一个像素与它邻域的像素差别较大（过亮或过暗），那它更可能是角点。相比于其他角点检测算法，FAST 只需比较像素亮度的大小，十分快捷。它的检测流程如下所示。

FAST 角点检测

输入：待检测图像。
输出：检测到的角点。
1：在图像中选取像素 p，其像素值为 I_p。
2：确定一个阈值 T（比如 I_p 的 20%）。
3：在以 p 为圆心半径为 3 的圆上取 16 个像素点（如图 5-20(b)所示）。
4：在 16 个像素点中，如果连续有 N 个像素点的亮度大于 I_p+T 或小于 I_p-T，则认为像素点 p 是角点（N 通常取 12，得到 FAST-12 特征提取器，其他常用的 N 的取值为 9 和 11，分别对应特征提取器 FAST-9 和 FAST-11）；反之，则认为像素点 p 不是角点。
5：循环以上 4 步，直至图像所有的像素遍历完毕。

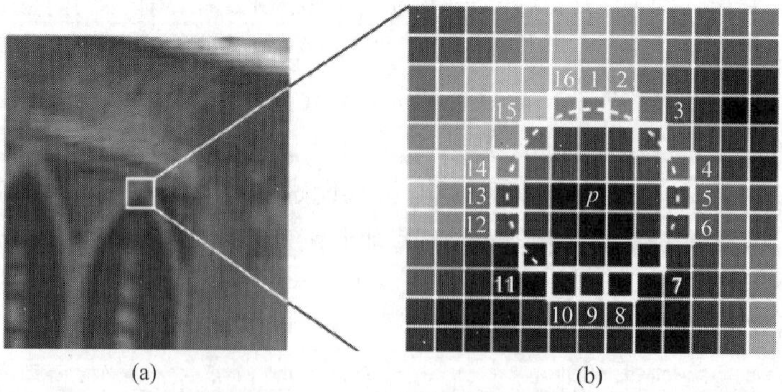

图 5-20 FAST 角点检测示意图[11]

由于检测特征点时需要对图像中所有的像素点进行检测，然而，图像中的绝大多数点都不是特征点。此时，对每个像素点都进行上述的检测过程，显然会浪费许多时间，因此，FAST 采用了一种非特征点判别的方法。如图 5-20 所示，对于每个点都检测第 1、5、9、13 号

(即上下左右)像素点,如果这 4 个点中至少有 3 个满足都比 I_p+T 大或者都比 I_p-T 小,则进一步检测 16 个邻域像素点,否则,则判定该点是非特征点。此外,原始的 FAST 可能检测出的角点彼此相邻,所以提出了使用非极大值抑制算法(Non-Maximal Suppression)去除一部分相邻角点,在一定区域内仅保留响应最大的角点,避免角点集中的问题。

FAST 角点的检测思想简单,运算量较小,适用于实时检测方面的应用。但是,它对于边缘点和噪声点的区分能力不强,且无法提供尺度和方向信息,即不具备尺度不变性和旋转不变性。针对尺度不变性,Oriented FAST 使用高斯金字塔来实现。首先,为输入图像构建多尺度高斯金字塔,然后,在高斯金字塔的每一层上检测角点,可以获得具有尺度信息的角点,以此实现角点检测的尺度不变性。

针对旋转不变性,利用灰度质心法(Intensity Centroid)计算特征点的方向信息,解决 FAST 算子不具有方向性的问题。质心是指以图像块灰度值作为权重的中心。具体操作步骤如下所示。

灰度质心法

输入:图像块 B。
输出:图像块的质心 C,连接图像块 B 的几何中心 O 和质心 C 的方向向量 $\boldsymbol{OC}$ 及其方向角 θ。
1:　在一个小的图像块 B 中,定义图像块的矩为:

$$m_{pq}=\sum_{x,y\in B}x^p y^q I(x,y),\quad p,q=\{0,1\} \tag{5-18}$$

2:　通过矩可以找到图像块的质心:

$$C=\left(\frac{m_{10}}{m_{00}},\frac{m_{01}}{m_{00}}\right) \tag{5-19}$$

3:　连接图像块的几何中心 O 和质心 C,得到一个方向向量 $\overrightarrow{OC}$,于是特征的方向可以定义为:

$$\theta=\arctan\left(\frac{m_{01}}{m_{10}}\right) \tag{5-20}$$

通过上述方法,FAST 角点具备了尺度不变性和旋转不变性。利用图像金字塔实现尺度不变性,由于金字塔层数有限,因此只能在一定范围保证尺度的不变性。针对旋转不变性,利用灰度质心法计算出特征方向,然后计算旋转后的 BRIEF 描述子。上述步骤提升了在不同图像之间特征表述的鲁棒性。

5.3.2　BRIEF 特征描述子

BRIEF 是一种对已检测到的特征点的周围图像区域进行描述的二进制描述子。它摒弃了采用区域灰度直方图描述特征点的传统思路,采用二进制编码,可进行位异或运算加快了特征描述子建立的速度,也降低了特征匹配的时间。BRIEF 描述子的算法构建流程如下所示。

BRIEF 描述子算法

输入:待处理图像,高斯滤波核,邻域窗口尺寸为 S,随机点对个数为 N。
输出:BRIEF 描述子。
1:为减少噪声干扰,先对待处理图像进行高斯滤波(方差为 2,高斯窗口为 9×9)。

2：以特征点为中心，取 $S\times S$ 的邻域窗口。在窗口内随机选取 N 对(两个)点，分别进行式(5-21)的二进制赋值计算，形成 N 位的二进制特征编码向量，即为 BRIEF 描述子。

$$\tau(p;x,y):=\begin{cases}1: & p(x)<p(y)\\ 0: & p(x)\geqslant p(y)\end{cases} \tag{5-21}$$

式中，x、y 表示一对随机像素点、$p(x)$、$p(y)$分别表示它们的图像灰度值。

经过以上计算，一幅图中的每一个特征点都会得到一个 N 位的二进制编码向量，即 BRIEF 描述子。一般情况下，设置 $N=256$。基于 N 位的二进制编码向量，可以将 BRIEF 描述子表达成如下形式：

$$f_N(p):=\sum_{i=1}^{N}2^{i-1}\tau(p;x_i,y_i) \tag{5-22}$$

不同于 SIFT 特征利用欧氏距离来衡量特征间的匹配度，BRIEF 采用汉明距离进行特征匹配。汉明距离常应用于数据传输差错控制编码中，表达两个等长的字符串在相同位置具有不同字符的数量。计算汉明距离可以通过对两个字符串进行异或运算，统计结果为 1 的个数来获得。在 BRIEF 描述子匹配中，汉明距离大于 128，通常认为不匹配。

5.3.3 ORB 特征

ORB 是一种快速稳定的特征点检测和提取方法，由 Oriented FAST 关键点检测和 BRIEF 描述子两部分组成。

虽然传统的 FAST 算子不具有尺度不变性，但 ORB 通过构建高斯金字塔，在每一层金字塔图像上检测角点，来解决尺度不变性的问题。其次，ORB 采用 FAST 算子检测特征点，对于旋转不变性，提出了利用灰度质心法解决，为检测到的特征点增加了特征方向信息，构成 Oriented FAST，解决了 FAST 算子不具有方向性的缺陷。另外，ORB 特征采用 BRIEF 特征描述算法对关键点邻域进行描述，弥补了 FAST 只是一种特征点检测算法，不涉及特征点描述的缺陷。

不仅如此，ORB 对于噪声及其透视变换也具有不变性，并且其运行时间远远优于 SIFT，可实现实时特征检测，良好的性能使得 ORB 具有十分广泛的应用场景。

小　　结

本章针对 Harris 角点不具备尺度不变性的问题，以 Blob 检测任务为例阐述了尺度不变区域的检测方法，将其中的 LoG 算子与 Harris 检测器结合，可得到具有尺度不变性的角点检测器。在此基础上，介绍了 SIFT 提取方法，并基于梯度直方图给出关键点的局部特征描述子。SIFT 特征不仅具有几何不变性、尺度不变性，对噪声也有一定程度的鲁棒性，在计算机视觉领域中得到了广泛应用。ORB 特征由 Oriented FAST 关键点检测和 BRIEF 描述子两部分组成，相较于 SIFT 特征具有更低的计算复杂度，适用于实时性能要求高的场景。

习 题

(1) 高斯函数的拉普拉斯算子看起来就像是两个不同尺度的高斯函数的差分。在两种不同尺度的情况下比较这两个核函数,哪种情况能给出更好的近似效果?

(2) 程序设计:从各个角度和距离拍摄人脸的一组照片,然后获取 SIFT 的一个实现,对每张图像进行特征提取,再使用最小二乘算法计算第一张图像与其他各张图像之间的最佳仿射变换参数。

(3) 程序设计:实现一个 Harris-Laplacian 检测器,并在一幅给定图像上测试关键点检测效果。

(4) 程序设计:实现一个 Harris-DoG 检测器,并在一幅给定图像上测试关键点检测效果。

(5) 实现一个 SIFT 特征检测器,并在一幅给定图像上测试关键点检测效果。

(6) 对一幅给定图像进行旋转、缩放和平移操作,生成一组图像。然后,利用习题(3)、(4)和(5)的关键点检测器,在获得的图像上进行测试。对这 3 种检测器,画出关键点检测可重复性与尺度的关系曲线,说明旋转、缩放和平移操作对关键点检测可重复性的影响。

(7) 从各个角度和距离拍摄某个建筑物的一组照片,利用习题(5)的程序在第一张图像与其余各张图像之间进行角点匹配,并进行图像拼接,展示拼接效果。

(8) 在习题(7)的基础上,利用最小二乘算法计算第一张图像与其他各张图像之间最佳仿射变换参数。

(9) 修改习题(5)的 SIFT 实现程序中局部区域特征向量的维度参数,再用于解决习题(7)的图像拼接问题,拼接效果会受到怎样的影响?

第 6 章　图像分类

图像分类是计算机视觉领域的一个核心任务，旨在自动地将输入图像分配到预定义的类别中。本章将首先介绍图像分类任务，并探讨该领域所面临的挑战；接着介绍数据驱动的图像分类范式；然后详细讲解基于词袋模型的图像表示技术；最后深入讨论如何构建基于线性多类支持向量机的图像分类模型。

6.1　图像分类任务概述

图像分类任务是计算机视觉领域的基础任务之一，它的目标是将给定的图像分配到一个或多个类别中。具体来说，图像分类任务就是给定一个输入图像，通过模型来识别和预测该图像所属的类别。图像分类系统通过自动识别和分类图像中的内容提高工作效率，降低人力成本，还在某些情况下提高了分类准确性。

人类的视觉系统面对日常生活中的常见物体时，能够迅速识别。然而，当遇到图 6-1(a)所示的绿玉藤和图 6-1(b)所示的贝灵顿梗犬这类不常见的物种时，往往难以准确辨认。解决这类问题的有效途径之一就是建立图像分类系统，它能自动地分析输入图像的内容，完成图像类别的预测。更具体地说，给定一个类别标签集合(如狗、猫、卡车、飞机等)，图像分类通常指计算机程序依据图像内容，从标签集合为当前输入图像选择一个类别标签的过程。

(a) 少见的花(绿玉藤)

(b) 少见的宠物(贝灵顿梗犬)

图 6-1　少见的花和宠物图片

图像分类系统的核心在于采用的分类方法，而设计这些方法的最大挑战来自“语义鸿沟”。这是指人类和计算机程序解读图像内容时存在的显著差异。以图 6-2(a)中的图像为例，人类能够迅速且毫不费力地识别出图中的猫。然而，在计算机系统中，同一幅图像被转换为图 6-2(b)中的数字矩阵，而对计算机而言，这些数字并不自带“猫”这一概念。因此，图像分类方法的研究目标就是跨越这一语义鸿沟，使计算机能够有效地从数字矩阵中提取出语义信息，实现从原始数据到高层语义概念的准确映射。

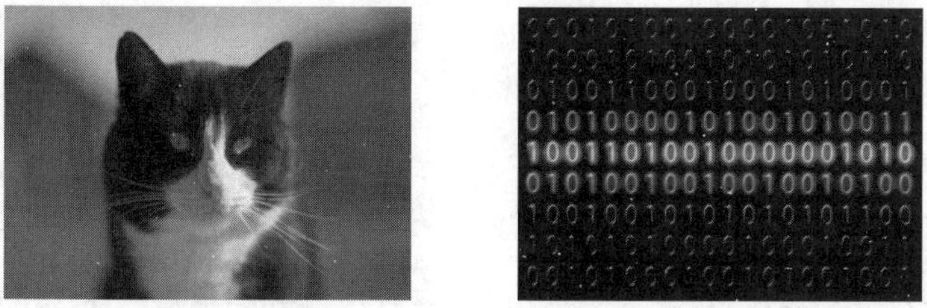

(a) 人类看到的图像　　　　(b) 计算机见到的图像(灰度图像)

图 6-2　语义鸿沟

为了跨越语义鸿沟，图像分类系统必须克服一系列挑战，其中包括以下内容。

(1) 视角差异。同一物体，从不同的角度观察会呈现不同的视觉外观。如图 6-3 所示，同一座雕塑在两个不同的视角下的外观差异明显。这种视角变化对图像分类算法提出了更高的要求，即能够在不同的视角下准确识别出同一物体。

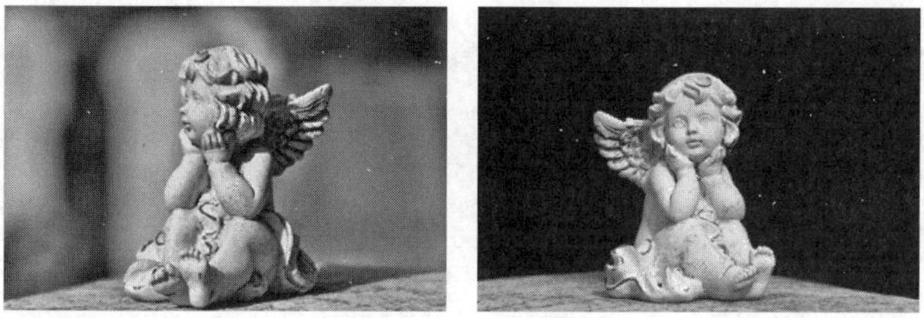

图 6-3　视角差异

(2) 光照变化。在不同的光照条件下，同一物体的外观可能会呈现显著的明暗变化。如图 6-4 所示，同一组石膏企鹅模型在不同的光照环境下的亮度和阴影效果有着明显差异。这种由光照条件引起的外观变化要求图像分类算法能够适应各种光照情况，从而能够准确识别出物体。

图 6-4　光照变化[12]

(3) 尺度差异。图像中物体的大小(尺度)是相对的，并且会随着拍摄情况的变化而变化。如图 6-5 所示，同一座城堡在不同的拍摄距离下，在图像中呈现不同的大小。这种尺度变化要求图像分类算法能够识别并适应物体在不同尺度下的特征，确保无论物体在图像中呈现何种尺度大小，都能被准确识别。

(4) 遮挡问题。遮挡问题是图像分类中的一个常见挑战，其中目标对象可能因为遮挡

(a) 近距离拍摄效果　　　　(b) 远距离拍摄效果

图 6-5　尺度差异

而只有部分出现在图像中。如图 6-6 所示，这 3 张图像中都包含了猫，但它们的大部分身体被其他物体所遮挡，从而未完整地出现在图像中。遮挡情况下的分类任务要求算法能够有效地处理局部语义信息，即使在物体的大部分特征不可见的情况下也能准确识别出目标对象。

图 6-6　遮挡问题

(5) 形变问题。目标对象可能由于自身的形变而在图像中呈现出不同的形态。如图 6-7 所示，不同姿势的猫展现出显著的外形差异。这种形变要求图像分类算法能够适应物体形状和姿态的变化，从而准确识别出形变后的物体。

图 6-7　形变问题

(6) 背景杂波。当目标对象的视觉外观与背景过于相似时，会大大增加图像分类系统识别的难度。如图 6-8 所示，雪白的背景可能会使计算机在识别雪狐时遇到困难，因为雪狐的白色皮毛与周围的雪地环境融为一体，降低了物体的视觉区分度。为了克服这一挑战，图像分类算法需要能够精细区分对象与背景，提取出关键的特征，以实现准确识别。

(7) 类内差异。同一类物体可能存在多种外观差异显著的不同形态。如图 6-9 所示，不同设计风格的椅子展现出千差万别的视觉特征。这种多样性要求图像分类算法能够捕捉到物体类别的内在变化，并从中抽象出共通的特征，以确保即使面对同一类物体的不同变体，也能准确地进行识别和分类。

图 6-8　背景杂波

（8）运动模糊。拍摄移动中的物体时，若曝光时间过长或物体移动速度过快，就会导致图像出现模糊现象。如图 6-10 所示，电风扇的快速旋转使得拍摄到的图像模糊不清。这种运动模糊会降低图像的清晰度，增加物体识别的难度。因此，图像分类算法需要具备处理模糊图像的能力，在运动模糊的条件下依然提取出有效的特征，以实现准确的物体识别。

图 6-9　类内差异

图 6-10　运动模糊

除了上述挑战，待识别的类别数量庞大也是一个不容忽视的难题。人类通常能够识别的物体种类数以万计，这要求图像分类系统必须具备处理大量类别的能力。随着类别的增多，算法的复杂性和计算成本也随之增加，这对图像分类算法的设计和优化提出了更高的要求。因此，开发能够高效处理大规模类别识别的图像分类系统，是计算机视觉领域的一个重要研究方向。

综上所述，图像分类是计算机视觉领域的基础任务之一，旨在自动地将输入图像分配到预定义的类别中。然而，这个任务面临着许多挑战，包括视角差异、光照变化、尺度差异、遮挡问题、形变问题、背景杂波、类内差异、运动模糊以及待识别的类别数量多等。这些挑战使得图像分类成为一个具有挑战性的任务。为了解决这些问题，研究者提出了各种图像分类算法，接下来将介绍其中一些基础算法。

6.2 数据驱动的图像分类范式

本节首先简要回顾机器学习领域的一些基本概念，随后介绍数据驱动的图像分类范式，探讨利用机器学习技术从大量图像数据中提取特征并进行有效的分类。通过这些内容，我们将建立起图像分类的总体框架，并为进一步的技术讨论打下基础。

6.2.1 机器学习的分类

1. 监督学习

在监督学习的模式下，训练样本集中的每个样本都配备一个确切的标签。这些标签为学习算法提供了明确的指导，使其能够根据输入特征和对应标签之间的关系进行学习。因此，监督学习常称为有教师学习，监督学习可以看作是在“教师”指导下进行的学习过程，其中“教师”就是提供正确答案的训练数据标签。下面给出监督学习的数学范式：

定义样本的属性空间为$\mathcal{X}$，其中空间中的每个样本$\boldsymbol{x}\in\mathcal{X}$以属性向量的形式表示，即$\boldsymbol{x}=(x_1,x_2,\cdots,x_m)$，其中，$x_j(1\leqslant j\leqslant m)$为样本$\boldsymbol{x}$在第$j$属性上的值，它可以是离散的或者连续的，$m$为属性的数量。同时，给定样本集合$D=\{(\boldsymbol{x}_i,y_i)\mid \boldsymbol{x}_i\in\mathcal{X},y_i\in\mathcal{Y},i\in N\}$，其中，$\mathcal{Y}$为监督学习的求解空间，$N$表示样本数量。在集合$D$中，输入向量$\boldsymbol{x}$与输出$y$之间的映射关系由某个存在但未知的函数$f$决定，即$y_i=f(\boldsymbol{x}_i)$。因此，监督学习问题可表述为：利用监督学习算法对集合D中的样本进行学习，得到学习模型$\hat{f}$，用来近似表示该未知函数f。

常见的监督学习任务类型包括回归与分类，回归任务输出连续的数值，例如预测股票价格。分类任务输出离散的标签，例如将图像分类。这两种任务分别对应不同类型数据的处理需求，是监督学习在解决实际问题中的两大主要应用。

2. 无监督学习

无监督学习是指在没有任何预先给定标签或指导的情况下，算法通过发现数据的内在结构和模式进行学习。无监督学习的训练样本没有对应的标签，即给定样本集合$D=\{\boldsymbol{x}_i\mid \boldsymbol{x}_i\in\mathcal{X},i\in N\}$，这些样本不标注具体的输出类别或目标值，而是由算法自行探索数据中的关联性和分布规律。从这点上说，无监督学习仅凭数据的自然聚类特性进行“盲目”的学习，是没有先验知识的学习。在无监督学习中，模型通过对这些无标签数据进行训练，以实现对数据集的聚类、降维、异常检测等分析任务。一般说来，无监督学习可以作为后续学习的预处理步骤，也可以直接进行机器预测或决策。由于无监督学习不依赖预先定义的标签，因此它可以揭示数据中未知的特征，这一点在处理大规模和复杂数据集时尤其有用。

聚类分析是常见的一类无监督学习。这种方法首先随机选择一些数据点作为初始聚类中心，每个中心代表一个潜在的类别。接着，根据特定的相似性度量标准，将剩余的样本分配到这些聚类中心所代表的类别中，从而形成初步的分类格局。随后，利用聚类准则来评估这些初步分类的有效性。如果分类结果不符合既定准则，算法将对分类进行修正。这个过程会不断迭代，直到达到一个满意的聚类结果为止。通过这种方式，聚类分析能够揭示数据中隐含的群体结构和模式。

3. 强化学习

强化学习是一种受动物学习行为和自适应控制理论启发的机器学习技术。这一领域的术语“强化学习”源自行为心理学，其核心思想是将行为学习视为一种试错过程，通过这一过程，智能体能够在动态变化的环境中学习如何将特定状态映射到最佳的动作上。在强化学习的框架中，智能体通过不断探索环境，根据所采取的动作获得正面或负面的反馈，即奖励或惩罚。这种反馈是即时且与行为直接相关的，从而促使智能体自主学习在每种状态下哪些动作能够带来最大的长期利益。通过反复的交互和经验积累，智能体能够逐步优化其策略，最终找到实现最大累积奖励的最优行动方案。

6.2.2 机器学习三要素

机器学习方法都是由模型、学习策略和优化算法构成的，它们组成了机器学习方法的三要素。本章主要探讨图像分类问题，这一问题通常采用监督学习方法解决。因此，我们以监督学习为例，详细阐述机器学习三要素。

1. 模型

在监督学习的过程中，模型本质上是学习算法试图逼近的理想决策函数。模型的假设空间(hypothesis space)包含所有可能的决策函数，假设空间的确定意味着学习范围的确定。例如，如果假设决策函数是输入变量的线性组合，那么模型的假设空间就由所有可能的线性函数构成。在一般情况下，假设空间包含无穷多个模型，这为学习算法提供了丰富的选择来寻找最佳的函数，以拟合数据。

假设空间用$\mathcal{F}$表示，可以定义为决策函数的集合：

$$\mathcal{F}=\{f \mid y=f(\boldsymbol{x})\} \tag{6-1}$$

其中，$\boldsymbol{x}$ 和 y 是定义在属性空间$\mathcal{X}$和输出空间$\mathcal{Y}$上的变量。

一般说来，$\mathcal{F}$是由一个参数向量决定的函数族：

$$\mathcal{F}=\{f \mid y=f(\boldsymbol{x};\boldsymbol{\theta}),\boldsymbol{\theta} \in R^n\} \tag{6-2}$$

参数向量 $\boldsymbol{\theta}$ 取值于 n 维欧氏空间 R^n，称为参数空间(parameter space)。一旦模型 f 的参数$\boldsymbol{\theta}$ 向量被确定，则模型的决策行为也就随之确定。

2. 学习策略

机器学习的目标在于从假设空间中选取最优模型 $\hat{f}$，即确定最优参数向量 $\hat{\boldsymbol{\theta}}$。那么，使用什么样的策略才能选出最优的模型呢？

为此，引入损失函数与风险函数的概念。损失函数旨在度量模型一次预测的好坏，而风险函数度量平均意义下模型预测的好坏。

对于给定的输入 $\boldsymbol{x}$，由 $f(\boldsymbol{x})$给出相应的输出 $\hat{y}$。损失函数就是用来度量这个输出的预测值 $\hat{y}$ 与真实值 y 的不一致程度，即度量模型预测的错误程度。损失函数是 $f(\boldsymbol{x})$和 y 的非负实值函数，记作 $L(f(\boldsymbol{x}),y)$，其输出值越小，表示模型 f 对于 $\boldsymbol{x}$ 的预测结果与真实结果越接近。

由于模型的输入输出$(\boldsymbol{x},y)$是随机变量，遵循联合分布 $P(\boldsymbol{x},y)$，所以损失函数的期望是

$$R_{\exp}(f)=\int_{\mathcal{X}\times\mathcal{Y}}L(f(\boldsymbol{x}),y)P(\boldsymbol{x},y)\mathrm{d}\boldsymbol{x}\mathrm{d}y \tag{6-3}$$

这是理论上模型 $f(\boldsymbol{x})$关于联合分布 $P(\boldsymbol{x},y)$的平均意义下的损失，称为期望风险。

学习的目标就是选择期望风险最小的模型。由于联合分布 $P(\boldsymbol{x},y)$是未知的，期望风险 $R_{\exp}(f)$不能直接计算。为此，需要引入经验风险的概念。

给定训练数据集 $D=\{(\boldsymbol{x}_i,y_i)\mid\boldsymbol{x}_i\in\mathcal{X},y_i\in\mathcal{Y},i\in N\}$，模型 $f(\boldsymbol{x})$关于 D 的平均损失称为经验风险，记作 R_{emp}：

$$R_{\mathrm{emp}}(f)=\frac{1}{N}\sum_{i=1}^{N}L(f(\boldsymbol{x}_i),y_i) \tag{6-4}$$

一旦假设空间、损失函数以及训练数据集被确定，经验风险函数也就被确定。

期望风险 $R_{\exp}(f)$是模型关于联合分布的期望损失，经验风险 $R_{\mathrm{emp}}(f)$是模型关于训练样本集的平均损失。根据大数定律，当样本容量 N 趋于无穷时，经验风险 $R_{\mathrm{emp}}(f)$趋于期望风险 $R_{\exp}(f)$。因此，一个很自然的想法是用经验风险代替期望风险，来指导模型选择。

经验风险最小化(empirical risk minimization，ERM)策略正是基于此提出的，其认为经验风险最小的模型是最优的模型。根据这一策略，求解下式最优化问题就可以获得最优模型：

$$\min_{f\in\mathcal{F}}\frac{1}{N}\sum_{i=1}^{N}L(f(\boldsymbol{x}_i),y_i) \tag{6-5}$$

其中，$\mathcal{F}$是假设空间。

当训练样本规模足够大时，经验风险最小化策略能保证良好的学习效果，为此，该策略在现实中被广泛采用。但是，当训练样本规模较小时，经验风险最小化获得的模型常存在“过拟合”问题。

为此，研究人员提出了结构风险的概念。通过结构风险最小化来缓解或抑制过拟合现象。结构风险是在经验风险的基础上加上表示模型复杂度的正则项。在假设空间、损失函数以及训练数据集确定的情况下，结构风险的定义如下：

$$R_{\mathrm{srm}}(f)=\frac{1}{N}\sum_{i=1}^{N}L(f(\boldsymbol{x}_i),y_i)+\lambda\Omega(f) \tag{6-6}$$

其中，$\Omega(f)$为模型的复杂度，是定义在假设空间$\mathcal{F}$上的泛函。模型 f 越复杂，复杂度 $\Omega(f)$就越大；反之，模型 f 越简单，复杂度 $\Omega(f)$就越小。也就是说，复杂度表示了对复杂模型的惩罚。λ 是一个大于 0 的系数，用以权衡经验风险和模型复杂度。结构风险小，需要经验风险与模型复杂度同时小。结构风险小的模型往往对训练数据以及未知的测试数据都有较好的预测。

结构风险最小化的策略认为结构风险最小的模型是最优的模型，所以求最优模型就是求解最优化问题：

$$\min_{f\in\mathcal{F}}\frac{1}{N}\sum_{i=1}^{N}L(f(\boldsymbol{x}_i),y_i)+\lambda\Omega(f) \tag{6-7}$$

这样，监督学习问题就变成了经验/结构风险最优化问题(式(6-5)和式(6-7))，此时，经验/结构风险函数就是最优化的目标函数，也即最优化的损失函数。

3. 优化算法

模型优化是机器学习中至关重要的步骤。在损失函数与训练数据集给定的情况下，通过调整模型参数可以最小化损失函数，进而获得最优的模型参数向量。如果损失函数的最优化问题有显式的解析解，这个最优化问题就比较简单。然而，在大多数情况下，解析解并不存在，这就需要用数值计算的方法来求解。如何保证找到全局最优解，并使求解的过程足够高效，就成为一个重要问题。这通常涉及使用优化算法，如梯度下降，它通过迭代地更新模型参数来逐步降低损失函数的值。优化算法的最终目标是找到最佳参数组合，同时关注模型在未见数据上的泛化能力，确保在实际应用中取得良好的预测结果。

6.2.3　模型评估与选择

机器学习的核心目标是培养出既能在已知数据上表现良好，又能在新遇到的数据上维持优异预测能力的模型。不同的学习方法会产生各式各样的模型。当给定损失函数时，模型的训练误差（training error）和测试误差（test error）就自然成为评估学习效果的双重标准。值得注意的是，在学习阶段用来指导模型训练的损失函数，并不总是与评估模型性能时使用的损失函数相同。尽管让这两个函数保持一致是最理想的情况，因为这样可以确保评估标准与训练目标一致，但在实践中，为了获得更好的泛化能力，有时会采用不同的损失函数进行模型评估。

假设学习到的模型是 $y_i=\hat{f}(\boldsymbol{x}_i)$，训练误差 e_{train} 是模型关于训练数据集的平均损失，则

$$e_{\text{train}}=\frac{1}{N}\sum_{i=1}^{N}L(y_i;\hat{f}(\boldsymbol{x}_i)) \tag{6-8}$$

其中，N 是训练样本集中样本的数量。

测试误差是模型关于测试数据集的平均损失，即

$$e_{\text{test}}=\frac{1}{N}\sum_{i=1}^{N'}L(y_i;\hat{f}(\boldsymbol{x}_i)) \tag{6-9}$$

其中，N'是测试样本集中样本的数量。

训练误差的大小对于评估特定问题是否易于学习具有一定的参考价值，但其实际意义并不大。相比之下，测试误差才是学习过程中的关键指标，它揭示了学习方法对未知数据集的预测能力，也就是泛化能力（generalization ability）。具体而言，机器学习算法对未知数据的预测能力称作泛化能力，泛化能力是机器学习中的核心概念，是评估和选择模型时的重要依据。它衡量的是模型在面对新数据时的表现。显而易见，面对两种不同的学习方法，测试误差较小的方法展现出更强的预测能力，因此被认为是更有效的方法。

如果给定的样本数据充足，进行模型选择的一种简单方法是随机地将数据集切分成三部分，分别为训练集（training set）、验证集（validation set）和测试集（test set）。训练集用于训练模型，验证集用于调整模型参数和选择最佳模型，而测试集则用于评估最终学习方法的性能。在学习到的不同复杂度的模型中，选择在验证集上预测误差最小的模型。由于验证集包含足够多的数据，用它对模型进行选择通常是有效的。

然而，在实际应用中，数据往往并不充足。为了在这种情况下选择出性能良好的模型，可以采用交叉验证方法。交叉验证的核心思想是通过重复使用数据来增加评估的可靠性。具体来说，将给定的数据集分割成多个部分，然后将这些部分交替组合成训练集和测试集，在此基础上进行多次训练、测试和模型选择。这种方法能够更有效地利用有限的数据，提高

模型选择的稳健性。下面对 3 种交叉验证的方法进行简单介绍。

1. 简单交叉验证

简单交叉验证的基本流程是：首先，将数据集随机划分为两部分，其中一部分作为训练集，另一部分作为测试集（例如，80%的数据为训练集，20%的数据为测试集）；接着用训练集在各种条件下（如不同的参数个数）训练模型，从而得到多个不同的模型；然后，在测试集上评估这些模型的测试误差，并选择误差最小的模型作为最终模型。

2. *K* 折交叉验证

应用最多的是 K 折交叉验证（K-fold cross validation），基本流程如下：首先随机将数据集切分为 K 个互不相交、大小相同的子集；然后，每次选择 $K-1$ 个子集的数据来训练模型，并使用剩余的那个子集来验证模型；重复这个过程 K 次，每次选择不同的子集作为测试集；最后，根据 K 次评估中平均测试误差最小的模型来确定最佳模型。

3. 留一交叉验证

留一交叉验证（leave-one-out cross validation）是 K 折交叉验证的一种特例，即 K 等于数据集的总样本数 N。这种方法通常在数据稀缺的情况下使用。在留一交叉验证中，每次迭代都会将单个样本作为测试集，而剩余的所有样本作为训练集，这样可以最大限度地利用有限的数据来评估模型的性能。

6.2.4 过拟合、欠拟合与模型正则化

在训练过程中，如果一味追求模型对训练数据的拟合程度，往往会导致最终获得的模型存在过拟合（over-fitting）问题。过拟合指的是在学习过程中模型变得过于复杂，模型在训练集上表现优异，但面对新的数据时，即测试集上，性能却大打折扣。在这种情况下，模型可能只是记住了训练集的具体数据值，而没有真正学到数据中的模式或者规律。

在模型训练过程中，可以通过观察训练集和验证集上的精度曲线来发现过拟合现象。一般说来，当模型在两个集合的性能差异超过一定的门限时，就可以认为发生了过拟合，如图 6-11(a)所示。

应对模型过拟合的一种简单而有效的方法就是提前停止训练，即早停法。在训练过程中，当验证集上的误差小于先前记录的最小误差时，将其视为新的最小误差，并保存当前的模型参数，然后继续训练模型。如果在一定的迭代次数后没有出现新的最小误差，就认为模型可能开始过拟合，此时应停止训练。这时把在验证集上误差最小时的模型作为最优模型。

除此之外，另一种常用的有效方法是在损失函数中添加正则项，并使用结构风险最小化策略来学习模型参数。正则项通过对复杂模型的参数施加惩罚有效地抑制模型的复杂度，从而缓解或防止过拟合的发生。这种方法鼓励模型学习更为平滑的决策边界，提高其在未见数据上的泛化能力。

与过拟合相对的情况是欠拟合。欠拟合的表现是无论训练进行到何时，模型在训练集和验证集上的误差都始终无法降低，如图 6-11(b)所示。这通常是因为模型过于简单，无法捕捉数据中的复杂规律。为了解决欠拟合问题，最好的方法就是选择更复杂的模型，即拟合各种函数的能力更强的模型。这样可以确保模型有足够的能力来学习和表示数据中的复杂关系，从而提高模型的性能。

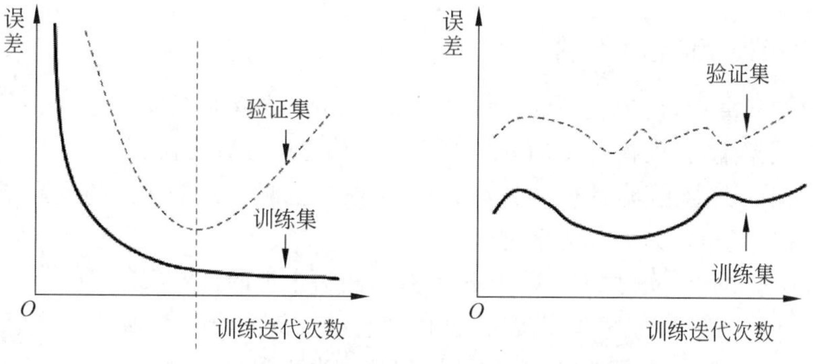

(a) 过拟合问题　　(b) 欠拟合问题

图 6-11　过拟合问题与欠拟合问题的判定

6.2.5　基于有监督学习的图像分类范式

在计算机视觉领域,大多数图像分类方法都属于有监督学习范畴。这类方法包含两个过程：训练和决策。

训练过程的目标是在选定分类模型的前提下,利用有标签训练样本找到最优的分类模型参数,流程如图 6-12(a)所示。首先,对输入图像进行特征提取,以形成图像的特征表示。这一步的作用是降低数据维度,减少冗余信息,同时保留关键的特征,进而帮助模型后续更好地理解和处理数据。然后,将图像表示输入分类模型,获得预测结果;接着,使用损失函数衡量预测类别与实际图像类别之间的差异,并计算分类模型的经验/结构风险值;最后,在经验/结构风险值的引导下,通过优化算法更新分类模型的参数。需要特别指出的是,图像表示的有效性对分类模型的性能影响重大,因此,图像特征提取一直都是计算机视觉领域的重点问题。

决策过程的流程如图 6-12(b)所示。对于给定的输入图像,首先使用与训练阶段相同的特征提取方法获得其图像表示,然后将其输入已训练好的图像分类模型,获取最终的分类预测结果。

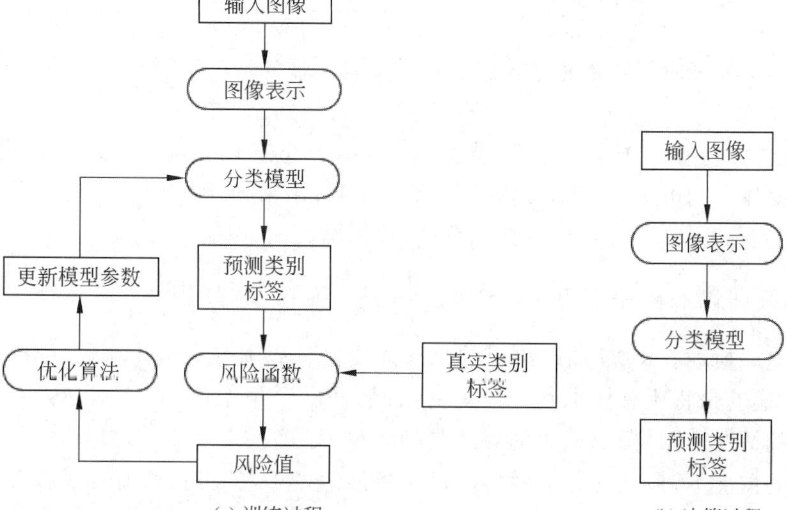

(a) 训练过程　　(b) 决策过程

图 6-12　图像分类模型学习和决策

6.2.6 图像分类模型的精度评价

在图像分类任务中,评价模型性能的主要指标是分类精确率(accuracy),其定义是:对于给定的测试数据集,分类模型正确分类的样本数与总样本数之比。

假设以关注的类为正类,其他类为负类,分类模型在测试数据集上的预测或正确或不正确,对应的4种情况出现的总数分别记作:

TP(true positive):实际为正类,且被模型预测为正类的样本数。

FN(false negative):实际为正类,但被模型预测为负类的样本数。

FP(false positive):实际为负类,却被模型预测为正类的样本数。

TN(true negative):实际为负类,且被模型预测为负类的样本数。

对于二类分类问题,常用的评价指标还有准确率(precision)、召回率(recall)、$F1$值、ROC曲线以及AUC等,下面分别介绍。

1. 准确率

在所有被模型预测为正类的样本中,实际为正类的比率。准确率的定义为:

$$P=\frac{\mathrm{TP}}{\mathrm{TP}+\mathrm{FP}} \tag{6-10}$$

2. 召回率

在所有实际为正类的样本中,被模型正确预测为正类的比率。召回率的定义为:

$$R=\frac{\mathrm{TP}}{\mathrm{TP}+\mathrm{FN}} \tag{6-11}$$

3. *F*1值

准确率和召回率的调和平均数,用于综合反映模型的精确性和鲁棒性。$F1$是准确率和召回率的调和均值,即

$$\frac{2}{F1}=\frac{1}{P}+\frac{1}{R} \tag{6-12}$$

$$F1=\frac{2\mathrm{TP}}{2\mathrm{TP}+\mathrm{FP}+\mathrm{FN}} \tag{6-13}$$

准确率和召回率都高时,$F1$的值也会高。

4. ROC曲线

ROC曲线的全称是"接收者操作特征"(receiver operating characteristic)曲线,它是由第二次世界大战中的电子工程师和雷达工程师发明,用来侦测战场上的敌军载具(飞机、船舰)。后被引入机器学习领域,用来评判分类、检测结果的好坏。

ROC曲线图以假阳率FPR$\left(\mathrm{FPR}=\frac{\mathrm{FP}}{\mathrm{FP}+\mathrm{TN}}\right)$为横轴,真阳率$\left(\mathrm{TPR}=\frac{\mathrm{TP}}{\mathrm{TP}+\mathrm{FN}}\right)$为纵轴,如图6-13(a)所示。ROC曲线给出的是阈值变化时假阳率和真阳率的变化情况,左下角的(0,0)点对应的是将所有样本判为负类的情况,而右上角的(1,1)点对应的则是所有样本判断为正类的情况。图6-13(a)中的虚线是随机猜测的结果曲线。

在理想的情况下,最佳的分类模型应该尽可能地处于左上角,此时分类模型在假阳率很低的同时获得了很高的真阳率。例如,在图6-13(a)中,在相同假阳率的前提下,模型1相对

于模型 2 具有更高的真阳率。

5. AUC(area under the ROC curve)

AUC 表示 ROC 曲线下的面积，AUC 给出的是分类模型的平均性能值。AUC 值越大，模型性能越好。如图 6-13(b)所示，模型 1 的 AUC 值大于模型 2 的值，表明模型 1 的性能优于模型 2。一个完美的分类模型的 AUC 值为 1.0，而随机猜测的模型的 AUC 值则为 0.5。

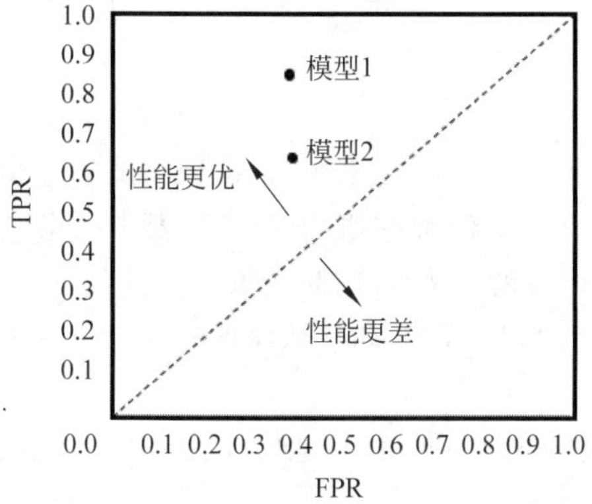

(a) 模型性能的优劣范围

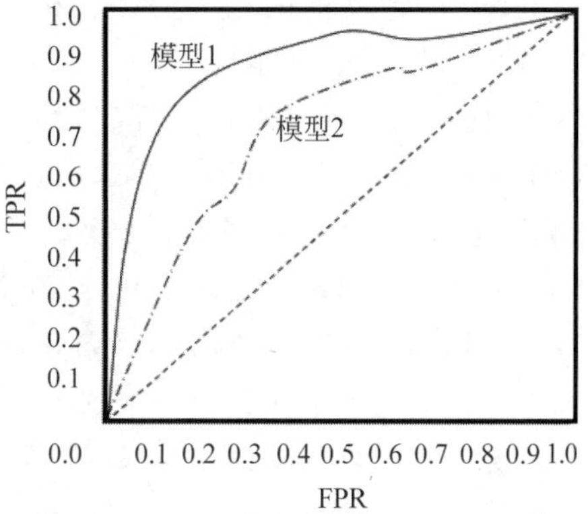

(b) 两模型的ROC曲线比较

图 6-13　ROC 曲线示意图

这些指标和概念对于理解和评估图像分类模型的性能至关重要，尤其是在需要对不同类别的错误类型进行细致分析时。

6.3　基于词袋模型的图像表示

图像表示的目标是将图像转换为计算机能够理解的数学或向量形式，并捕捉图像中的关键特征。在图像分类任务中，图像表示至关重要，直接影响分类模型的性能。本节介绍一种常用的图像表示方法——基于词袋模型的图像表示方法。

词袋模型最早应用于文本分析任务，由于其简单高效，后被引入计算机视觉领域，成为一种经典的图像表示方法。为此，首先描述基于词袋模型的文本表示方法，然后介绍词袋模型在图像表示中的应用。

6.3.1　基于词袋模型的文本表示

词袋模型是自然语言处理中常用的文本表示方法之一，其基本概念是将文本看作无序的词汇集合，忽略词汇出现的顺序，只关注文本中各个词汇出现的频率。具体而言，词袋模型将文本表示为一个包含所有词汇的向量，每个维度对应一个词语，而向量的值则是相应词汇在文本中出现的次数。

词袋模型的基本步骤如下。

(1) 构建词汇表：提取文档集合出现的所有词汇构建词汇表。

(2) 表示文本：对每个文本进行表示，生成一个与词汇表长度相同的向量。向量的每个元素对应词汇表中的一个词语，其值表示该词汇在文本中的出现次数。

接下来，通过一个简单的例子来展示词袋模型的使用方法。

假设某个文档集合由以下两个文档组成。

文档 1："计算机视觉是机器学习的重要应用领域。"

文档 2："词袋模型是一种常用的文本表示方法。"

首先，构建一个包含文档集中所有出现词汇的词汇表。

词汇表：["计算机视觉"、"是"、"机器学习"、"的"、"重要"、"应用"、"领域"、"词袋模型"、"一种"、"常用"、"文本"、"表示"、"方法"]。

然后，使用词袋模型表示这两个文档。

对于文档 1，词袋表示为[1,1,1,1,1,1,1,0,0,0,0,0,0]。其中，词汇表中的第一个词汇"计算机视觉"在文档 1 中出现了 1 次，于是向量第一个位置的值为 1；词汇表中的第二个词汇"是"在文档 1 中出现了 1 次，于是向量第二个位置的值为 1，以此类推。

对于文档 2，词袋表示为[0,1,0,1,0,0,0,1,1,1,1,1,1]。同样，向量的每个位置表示了词汇表中该位置的词汇在文档 2 中的出现次数。

通过这个例子可以看到，利用词袋模型，给定的文档可以容易地转换为计算机方便处理的数学形式。

6.3.2 TF-IDF 加权

在真实应用中，直接使用上述词袋模型进行文档表示常面临如下困境：某些通用词汇在不同类型的文档中频繁出现，但它们并不具备很强的区分能力，比如"的""地""得"等。如果将这些对文档分类贡献较小的词汇视为关键词，会严重影响文档表示的有效性。

解决这一问题的有效途径之一，就是引入词频-逆文档频率(term frequency-inverse document frequency，TF-IDF)。它是机器学习领域中常用的一种加权算法，用于评估词汇对于文档的重要程度。TF-IDF 算法的核心思想是：如果某一词汇在某篇文档中频繁出现，但在其他文档中鲜有出现，则认为该词汇具有非常好的类别区分性，能够反映该文档的特点。更具体来说，一个词语对于一篇文档的重要程度与其在文档中出现的次数成正比，与整个文档集合中包含该词汇的文档个数成反比。

TF-IDF 的具体计算分为 3 步：词频 TF 的计算、逆文档频率 IDF 的计算以及 TF-IDF 的计算。

步骤 1：对于给定文档，计算每个词在该文档中的词频项 TF：

$$\mathrm{TF}(\mathrm{t},\mathrm{d}) = w_{\mathrm{td}}/w_{\mathrm{d}} \tag{6-14}$$

其中，w_{td}表示词汇 t 在文档 d 中出现的次数，w_{d} 表示文档 d 的总词数。一般说来，在文档中出现次数越多的词汇，它的 TF 值越大，重要性也就越高。

步骤 2：计算每个词汇的逆文档频率项 IDF：

$$\mathrm{IDF}(\mathrm{t},D) = \log(D+1)/(d_{\mathrm{tn}}+1)+1 \tag{6-15}$$

其中，log 表示取常用对数，D 表示文档集的文档数量，d_{tn}表示文档集中包含词汇 t 的文档数量。右式给分母中 d_{tn}加 1，是为了避免分母为 0，给分式整体加 1，是为了避免所有样本中都含有某个词时，IDF 值为负数的情况。可以看出，词汇 t 的 d_{tn}越大，IDF 值就越小，重要性就越低。

步骤3：计算每个词汇在该文档中的TF-IDF权重：

$$\text{TF-IDF}(t,d,D)=\text{TF}(t,d)\times\text{IDF}(t,D) \tag{6-16}$$

从式(6-16)可以看出，TF-IDF值同时考虑了单词的词频与逆文档频率，因此，计算的权重能够更准确地反映单词对于文档的重要性。

接下来，以文档1中的“计算机视觉”和“的”这两个词汇为例讲解TF-IDF的计算步骤以及作用。

1. 计算TF值

对于文档1，TF(“计算机视觉”，文档1)$=\frac{1}{7}\approx0.143$

对于文档1，TF(“的”，文档1)$=\frac{1}{7}\approx0.143$

2. 计算IDF值

IDF(“计算机视觉”，文档集)$=\log\left(\frac{2+1}{1+1}\right)+1\approx1.4$

IDF(“的”，文档集)$=\log\left(\frac{2+1}{2+1}\right)+1=1=1$

3. 计算TF-IDF值

对于文档1，TF-IDF(“计算机视觉”，文档1，文档集合)$=0.143\times1.4=0.2$。

对于文档1，TF-IDF(“的”，文档1，文档集合)$=0.143\times1=0.143$。

从结果可以看出，对于文档1，词汇“计算机视觉”的重要性要高于词汇“的”。

总体上说，词袋模型简化了文本的表示，使计算机能够更轻松地处理和分析文本信息。但词袋模型也存在明显的缺陷，即忽略了文档中词汇出现的顺序以及上下文信息。但是，这并不妨碍词袋模型成为文本分类、情感分析等自然语言处理任务中最经典的文本表示方法。

6.3.3　词袋模型在图像表示中的应用

将词袋模型应用于图像表示时，一幅图像对应一篇文档。如果将图像看成若干具有代表性的局部区块的集合(图6-14(b))，那么每一块可以看作一个视觉词汇，与文本中的词汇概念对应。通过统计图像中视觉词汇出现的次数可以构建出视觉词汇的频率直方图，而该直方图的向量形式即为图像的词袋表示。

(a) 一张猫的图像　　(b) 其对应的词袋

图6-14　词袋模型应用于图像表示

不同于文本领域，视觉领域没有词典的概念。因此，构建视觉词典是将词袋模型应用于图像表示的关键。

图 6-15 展示了视觉词典的整体构建流程。

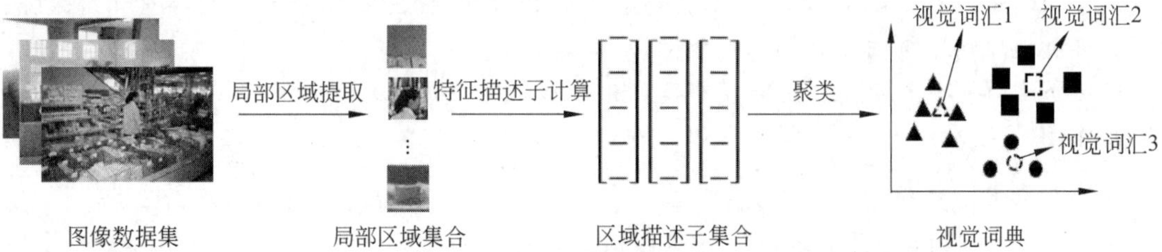

图 6-15　视觉词典构建示意图

一般说来，视觉词典的构建过程分为 3 步。

第 1 步，提取若干具有代表性的局部区域图像块来表示图像。一种典型的做法是使用 SIFT、SURF 或者 ORB 特征检测器提取图像中所有的尺度不变区域，由这些局部区域图像块来表示图像内容。当然，也可以将图像进行均匀切分，然后用切分后的块来表示图像。

第 2 步，提取局部区域图像块的描述子。计算每个区域图像块的特征描述子，完成局部区域图像块到固定维度特征向量的转变。在实际应用中，SIFT 特征描述子是常用的一种局部区域描述子。

第 3 步，构建视觉词典。对数据集中所有局部区域图像块的特征描述子进行聚类，每个簇中心对应一个视觉词汇。这样每个视觉词汇可以表达一类内容相似的图像区块。

在经典的聚类方法中，K-means 是最基础、最常用的一种聚类算法[13]。其基本思想是通过迭代来寻找 K 个簇的一种最优划分方案，使得簇内样本相似程度高，簇间样本差异程度大。在具体计算时，K-means 算法需要定义如下代价函数：

$$E(\boldsymbol{u})=\sum_{i=1}^{K}\sum_{\boldsymbol{x}\in\boldsymbol{C}_i}\|\boldsymbol{x}-\boldsymbol{u}_i\|^2 \tag{6-17}$$

其中，E 为代价函数，表示各个样本距离所属簇中心的误差平方和，$\boldsymbol{C}_i$ 表示第 i 个簇的样本集合，$\boldsymbol{u}_i$ 表示第 i 个簇的中心，K 表示簇的个数，$\boldsymbol{x}$ 表示集合 $\boldsymbol{C}_i$ 中的一个样本。

将 K-means 算法应用到图像视觉词典的构建过程中，即使用 K-means 算法对图像块的特征描述子进行聚类。对于大小为 K 的视觉词典，使用 K-means 算法对图像特征向量进行聚类的一般流程如下所示。

K-means 聚类算法

输入：所有图像中提取到的特征描述子向量集合 $\boldsymbol{D}$，词典大小为 K

输出：包含 K 个词汇的视觉词典

1：从集合 $\boldsymbol{D}$ 中随机选择 K 个特征描述子向量作为初始中心 $\{\boldsymbol{u}_1,\boldsymbol{u}_2,\cdots,\boldsymbol{u}_K\}$。

2：循环执行，直到所有中心向量均不再更新：

3：　令 $\boldsymbol{C}_i=\varnothing(1\leqslant i\leqslant K)$。

4：　对于所有 $j=1,2,\cdots,m$：

5：　　计算样本 $\boldsymbol{x}_j$ 与各个中心向量 $\boldsymbol{u}_i(1\leqslant i\leqslant K)$ 的距离：

$$d_{ji}=\|\boldsymbol{x}_j-\boldsymbol{u}_i\|_2$$

6：　　根据距离最近的中心向量确定 $\boldsymbol{x}_j$ 的簇标记：$\alpha_i=\arg\min\limits_{i\in\{1,2,\cdots,K\}} d_{ji}$。

7：　　将样本 $\boldsymbol{x}_j$ 划分到相应的簇：$\boldsymbol{C}_{\alpha_i}=\boldsymbol{C}_{\alpha_i}\cup\{\boldsymbol{x}_j\}$。

对于所有 $i=1,2,\cdots,K$：

计算新的中心向量：$\boldsymbol{u}_i'=\frac{1}{|\boldsymbol{C}_i|}\sum_{x\in C_i}\boldsymbol{x}$。

如果 $\boldsymbol{u}_i'\neq\boldsymbol{u}_i$，则将当前中心向量替换为 $\boldsymbol{u}_i'$，否则保持不变。

输出 K 个中心向量，即视觉词典。

在词典构建过程中需要注意，词典的大小 K 是需要提前指定的。K 的值过大，会使得模型泛化性较差，K 的值过小，会使得提取到的词典词汇不具有代表性。因此，设置 K 的大小时，需要防止过大或过小。

完成视觉词典构建后，给定一张图像，首先提取若干具有代表性的局部区域图像块来表示图像，然后提取每个局部区域图像块的描述子，并用其距离最近的视觉词汇代替该描述子；最后，统计图像中每个视觉词汇的出现频率，即可实现图像的词袋表示。

6.4 基 [obscured] 图像分类

除了图像表示，构建一 [obscured] 学习策略与优化算法。下面从模型的三要素出发，详细 [obscured] 类模型的各个组成部分。

6.4.1 线性分类模型

线性分类模型是一种线 [obscured] $,\cdots,x_d)$ 包含 d 个属性，x_i 表示数据 $\boldsymbol{x}$ 的第 i 个属性 [obscured] 据的各个属性值来预测结果，其一般的数学形式如下 [obscured]

$$f \cdots b \tag{6-18}$$

通常式(6-18)也可写为如 [obscured]

$$\tag{6-19}$$

当学习到权值参数 $\boldsymbol{w}=[w_1$ [obscured] 确定。

举例来说，假设学习到 [obscured] $0.5x_3+2$，则说明该函数通过 3 个属性来判断数据 $\boldsymbol{x}$ 的 [obscured] 大于第 1 个和第 2 个属性，第 1 个属性的重要性大于第 [obscured] 观地表达了各个属性在预测过程中的重要性，因此线 [obscured]

用于解决分类问题的线 [obscured] 性分类模型中，将线性模型视为一种线性映射函数，把 [obscured] 对应的分类分数。对于第 i 个类别的线性分类函数，其定 [obscured]

$$\tag{6-20}$$

通常来说，一个线性分类 [obscured] 的个数由类别数 c 决定。给定一个训练好的线性分类 [obscured] ）和一张待分类图像的特征表示向量 $\boldsymbol{x}$，可以依据式(6 [obscured] 然后将类别分数最高的那个分类函数对应的类别标签 [obscured]

线性分类模型还可以写成矩阵的形式，即：

$$\boldsymbol{f}=\boldsymbol{W}\boldsymbol{x}+\boldsymbol{b} \tag{6-21}$$

式中，$\boldsymbol{f}=[f_1,f_2,\cdots,f_c]^{\mathrm{T}}$，$\boldsymbol{W}=[\boldsymbol{w}_1,\boldsymbol{w}_2,\cdots,\boldsymbol{w}_c]^{\mathrm{T}}$，$\boldsymbol{b}=[b_1,b_2,\cdots,b_c]^{\mathrm{T}}$。

分类模型的参数 $\boldsymbol{W}$ 和 $\boldsymbol{b}$ 是在训练阶段确定的。在此过程中，优化算法依据结构风险函数的值来调整模型参数，进而实现模型性能提升。下面介绍线性多类支持向量机的学习策略。

6.4.2 学习策略与多类支持向量机损失

结构风险最小化策略获得的模型通常具有更好的泛化性。对于线性多类支持向量机模型而言，结构化风险具体化为如下形式：

$$\frac{1}{N}\sum_{i=1}^{N}L(f(\boldsymbol{x}_i;\boldsymbol{W},\boldsymbol{b}),y_i)+\lambda\Omega(\boldsymbol{W}) \tag{6-22}$$

其中，$\boldsymbol{W}$ 和 $\boldsymbol{b}$ 为线性模型的权值矩阵和偏置向量。而最小化上式需要给出损失函数与正则项的具体实现。

本节将讲解一种分类任务常用的损失函数，即多类支持向量机损失函数。

令线性分类模型给出的第 i 个样本在第 j 个类别上的预测分数为 s_{ij}：

$$s_{ij}=f_j(\boldsymbol{x}_i;\boldsymbol{w}_j,b_j)=\boldsymbol{w}_j^{\mathrm{T}}\boldsymbol{x}_i+b_j,\quad j=1,2,\cdots,c \tag{6-23}$$

其中，j 是类别标签，$\boldsymbol{w}_j$ 和 b_j 是第 j 个类别的分类函数的权值向量与偏置，$\boldsymbol{x}_i$ 表示数据集中第 i 个样本。

如果已知样本 $\boldsymbol{x}_i$ 的所有类别预测分数以及其真实类别的标签 y_i，则多类支持向量机损失定义如下：

$$L(f(\boldsymbol{x}_i;\boldsymbol{W},\boldsymbol{b}),y_i)=\sum_{j\neq y_i}\begin{cases}0, & S_{iy_i}\geqslant S_{ij}+1\\ S_{ij}-S_{iy_i}+1, & \text{其他}\end{cases} \tag{6-24}$$

式(6-24)表明，如果第 i 个样本真实类别 y_i 的预测分数 S_{iy_i} 大于其第 j 个类别的预测分数 S_{ij} 加 1，那么当前样本的第 j 个类别损失值为 0，反之，则产生大于 0 的损失值。把所有除真实类别以外的类别损失累加，就得到当前样本 i 对于当前模型的损失值。需要说明的是，要求 S_{iy} 大于 S_{ij} 一分以上，有助于提升分界面的几何间距，增加分类模型的泛化性。

在其他文献中，多类支持向量机损失还可能写成如下形式：

$$L(f(\boldsymbol{x}_i;\boldsymbol{W},\boldsymbol{b}),y_i)=\sum_{j\neq y_i}\max(0,S_{ij}-S_{iy_i}+1) \tag{6-25}$$

式(6-24)与式(6-25)两者完全等价。将该损失函数的函数曲线可视化，会发现这个函数有点像连接门与门框的合页，因此，它也被称为合页损失。

接下来，将式(6-25)中的 S_{ij} 和 S_{iy} 展开，可得多类支持向量机损失的最终形式：

$$L(f(\boldsymbol{x}_i;\boldsymbol{W},\boldsymbol{b}),y_i)=\sum_{j\neq y_i}\max(0,\boldsymbol{w}_j^{\mathrm{T}}\boldsymbol{x}_i+b_j-\boldsymbol{w}_{y_i}^{\mathrm{T}}\boldsymbol{x}_i-b_{y_i}+1) \tag{6-26}$$

为了防止过拟合，结构风险在经验风险的基础上加入正则项 $\Omega(\boldsymbol{w})$ 来控制优化过程中模型的复杂度。一般说来，正则项函数 $\Omega(\boldsymbol{w})$ 是一个与模型参数有关，与数据无关的函数。

这里使用 $L2$ 正则项，其公式如下：

$$\Omega(W)=\sum_{k=1}^{c}\|\boldsymbol{w}_k\|^2 \tag{6-27}$$

其中，$\boldsymbol{W}=[\boldsymbol{w}_1,\boldsymbol{w}_2,\cdots,\boldsymbol{w}_c]^{\mathrm{T}}$ 表示模型的权值参数矩阵，$\boldsymbol{w}_k$ 表示第 k 个类的权值向量。

将式(6-26)与式(6-27)代入式(6-22)，得到最终的结构风险函数：

$$\frac{1}{N}\sum_{i=1}^{N}\sum_{j\neq y_i}\max(0,\boldsymbol{w}_j^{\mathrm{T}}\boldsymbol{x}_i+b_j-\boldsymbol{w}_{y_i}^{\mathrm{T}}\boldsymbol{x}_i-b_{y_i}+1)+\sum_{k=1}^{c}\|\boldsymbol{w}_k\|^2 \tag{6-28}$$

接下来以一个具体的例子展示正则项的作用。

假设样本集仅包含一个样本 $\boldsymbol{x}=[1,1,1,1]^{\mathrm{T}}$，分类模型 1 和分类模型 2 的权值向量分别是 $\boldsymbol{w}_1=[1,0,0,0]^{\mathrm{T}}$ 和 $\boldsymbol{w}_2=[0.25,0.25,0.25,0.25]^{\mathrm{T}}$，两个模型的偏置值均为 0。基于式(6-19)可知，两个分类模型对样本 $\boldsymbol{x}$ 的打分均为 1。仅从经验风险（式(6-28)中的第一项）来看，两者的损失值一样。但是，对于正则项（式(6-28)中的第二项）而言，两者不一样。模型 1 的正则项的值为 1，模型 2 的正则项的值为 0.25。因此，从结构风险（经验风险＋正则项）的角度来看，第二个分类模型抵御风险的能力更强，即泛化能力更好。那么第二个分类模型到底有什么优点呢？这是一个有意思的话题。从 $\boldsymbol{w}_2$ 的值可以看到，第二个模型倾向于使用所有的属性维度来做最后的分数预测，而不像模型 1 仅使用样本的第一个属性进行预测。这跟投资领域常说的将鸡蛋放在多个篮子里的道理一样，其可以有效地分散风险。

总体来说，$L2$ 正则项对大数值权值进行惩罚，喜欢数值分散的权值，鼓励分类模型将所有维度的特征都用起来，而不是强烈地依赖其中少数几维特征，以此提升分类模型的泛化性能。

6.4.3　梯度下降算法

给定训练数据、损失函数与正则项，模型的分类性能可以通过不断调整模型参数逐步减小结构风险，获得提升。这个过程称为模型的"学习"或系统的优化过程，而在机器学习中，选择合适的优化算法直接关系到学习的效率和最终模型性能。

令 $J(\boldsymbol{\theta})$ 表示结构风险函数，它是一个与模型参数向量 $\boldsymbol{\theta}$ 有关的函数（如式(6-28)所示的结构风险函数）。

$$J(\boldsymbol{\theta})=\frac{1}{N}\sum_{i=1}^{N}L(f(\boldsymbol{x}_i;\boldsymbol{\theta}),y_i)+\lambda\Omega(\boldsymbol{\theta}) \tag{6-29}$$

在线性多类支持向量机优化任务中，$\boldsymbol{\theta}=[\boldsymbol{w}_1^{\mathrm{T}},\boldsymbol{w}_2^{\mathrm{T}},\cdots,\boldsymbol{w}_c^{\mathrm{T}},b_1,b_2,\cdots,b_c]^{\mathrm{T}}$。

优化算法的目标是寻找一组最优参数向量 $\hat{\boldsymbol{\theta}}$，使结构风险最小化。从理论上说，令 $J(\boldsymbol{\theta})$ 对参数 $\boldsymbol{\theta}$ 的导数等于 0 构建方程组，可求解最优参数向量。但结构风险函数 $J(\boldsymbol{\theta})$ 通常具有复杂形式，直接求解上述方程组获得最优参数是困难的。为此，下面介绍一种基于梯度下降的优化算法。

梯度下降算法是一种迭代的优化方法，通过逐步更新参数来最小化结构风险，获得最优的参数向量 $\hat{\boldsymbol{\theta}}$。梯度下降算法的具体步骤如下。

(1) 初始化参数：随机或使用某种启发式方法初始化模型参数 $\boldsymbol{\theta}$。

(2) 计算梯度：计算结构风险函数 $J(\boldsymbol{\theta})$ 关于模型参数 $\boldsymbol{\theta}$ 的梯度，用向量表示：

$$\boldsymbol{\nabla} J(\boldsymbol{\theta})=\left[\frac{\partial J}{\partial\theta_1},\frac{\partial J}{\partial\theta_2},\cdots,\frac{\partial J}{\partial\theta_n}\right] \tag{6-30}$$

式中，$\frac{\partial J}{\partial \theta_i}$是结构风险函数对第 i 个参数 θ_i 的偏导数。

(3) 更新参数：使用学习率 η 乘以梯度，完成参数的更新：

$$\boldsymbol{\theta} = \boldsymbol{\theta} - \eta \nabla J(\boldsymbol{\theta}) \tag{6-31}$$

(4) 重复迭代：重复步骤(2)和步骤(3)，直至满足停止条件。停止条件可以是达到预定的迭代次数、结构风险函数收敛到某个阈值，或梯度的大小足够小。

梯度下降的 3 个主要变种与上述步骤类似，区别在于梯度计算和参数更新的方式。

(1) 批量梯度下降：每次迭代使用整个训练数据集，梯度计算和参数更新的公式保持不变。

(2) 随机梯度下降：每次随机选择一个样本 $\boldsymbol{x}_i$，梯度计算和参数更新的公式变为

$$\boldsymbol{\theta} = \boldsymbol{\theta} - \eta \nabla (L(f(\boldsymbol{x}_i;\boldsymbol{\theta}), y_i) + \lambda \Omega(\boldsymbol{\theta})) \tag{6-32}$$

(3) 小批量梯度下降：每次迭代使用一小部分样本，梯度计算和参数更新的公式同样适用，只是梯度的计算是对小批量样本的求和平均。

总体而言，梯度下降算法是一种强大的优化方法，其数学描述提供了结构风险函数梯度和参数更新的清晰理解，为机器学习模型的训练提供了可靠的理论基础。

以上详细介绍了基于线性多类支持向量机的图像分类方法的三要素。配合前述的图像表示方法，即可实现一套完整的图像分类系统。

小　结

图像分类是计算机视觉研究领域中的基础任务之一。本章从图像分类任务的定义与难点出发，给出了数据驱动的图像分类范式，介绍了基于词袋模型的图像表示方法，描述了线性多类支持向量机分类模型的构建细节。尽管随着神经网络的发展，图像分类领域更加活跃，但理解传统方法的原理和步骤对于建立坚实的计算机视觉基础仍然至关重要。

习　题

(1) 分析有监督学习、无监督学习、强化学习的异同，并给出各自的优缺点。

(2) 机器学习建模过程中为什么需要设计损失函数？

(3) 数据集划分过程中，为什么需要划分出验证集？

(4) 表 6-1 中有 20 个样本数据，其中 Class 表示真实分类，1 代表正例，0 表示负例，Score 表示分类模型预测此样本为正例的概率。

表 6-1　样本数据

	1	2	3	4	5	6	7	8	9	10
Class	1	1	0	1	1	1	0	0	1	0
Score	0.9	0.8	0.7	0.6	0.55	0.54	0.53	0.52	0.51	0.505

续表

	11	12	13	14	15	16	17	18	19	20
Class	1	0	1	0	0	0	1	0	1	0
Score	0.4	0.39	0.38	0.37	0.36	0.35	0.34	0.33	0.30	0.1

试绘制这 20 个样本数据的 ROC 曲线。

(5) 比较过拟合和欠拟合的异同,分析它们各自的解决方法。

(6) 总结图像分类的难点,并分析每个难点会导致图像分类出现什么问题。

(7) 编程题：获取论文 *Beyond bags of features：spatial pyramid matching for recognizing natural scene categories* 中提到的数据集,提取每幅图像的 SIFT 特征,并利用一个聚类算法生成视觉词典。

(8) 编程题：在习题(7)的基础上,实现每幅图像的特征向量表示。

第7章 目标检测

目标检测技术在自动驾驶、交通监控和机器人视觉导航等诸多场景中有着广泛应用。本章首先介绍目标检测的基本概念，并从目标检测任务的难点出发介绍可行的解决方案，然后以人脸检测和行人检测为例介绍目标检测技术中的经典算法。

7.1 目标检测概述

7.1.1 任务难点

目标检测任务旨在图像中定位一类或多类语义对象的实例。与简单的图像分类任务相比，目标检测任务更加复杂。如图7-1所示，图像分类任务主要对整体图像进行分析，专注于将图像归类为预定义的类别，最后得到图像的类别标签；而目标检测任务不仅仅需要识别图像中的对象类别，还需要准确检测目标在图中的具体位置和尺寸，输出的是目标的类别标签和位置信息。

(a) 图像分类任务

(b) 目标检测任务

图7-1 图像分类任务与目标检测任务的差异

作为分类任务的进阶形式，目标检测任务面临着两个方面的挑战：首先，图像拍摄易受光照、视角、形变、遮挡、背景杂波[15]等多种因素的影响，因此，目标对象的成像结果通常与理想图像差异明显；其次，图像中可能存在一个或多个目标，因此，输出结果不再是单一的类别标签，而是所有目标的类别标签、位置及尺度等信息。正是这两方面的挑战，使得目标检测相比于图像分类任务而言更加困难。

7.1.2　评价指标

目标检测算法使用边界框(bounding box)来标记检测到的物体,其位置与大小分别表示物体在图像中的位置和大小。边界框常用矩形框两端点的位置坐标或中心点坐标和矩形框长宽来表示。目标检测算法使用分类置信度来表示预测结果的可信程度。

对给定的预测边界框,通常使用 IoU(Intersection over Union)值来确定这次预测成功与否。IoU 是指模型预测的边界框和真实的边界框的交集和并集之间的比例:

$$\mathrm{IoU}=\frac{\text{预测边界框} \cap \text{真实边界框}}{\text{预测边界框} \cup \text{真实边界框}} \tag{7-1}$$

IoU 值越高,表示预测结果越好。在实际应用中,会将预测边界框的 IoU 值与某个预设的 IoU 阈值(如 0.5)进行比较,若 IoU 值高于阈值,则将该检测结果判定为正样本,反之,则判定为负样本。

在目标检测任务中,检测率与误检率是常用的两个衡量检测效果的评价标准。其中,检测率指正确检测出的正(人脸)样本数占总的正样本数的比率;误检率指将负(非人脸)样本误检为正样本的个数占总(正负之和)样本数的比率。

对于给定的目标检测算法,还可以使用均值平均正确率 mAP(mean Average Precision)值来评估其性能。mAP 的计算过程如下:首先,对该类所有检测结果依据分类置信度从高到低进行排序;然后,计算不同阈值下的准确率与召回率,并绘制准确率—召回率曲线;接下来,统计曲线下的区域面积就是该类的平均精度 AP(Average Precision)值;最后,将所有类别的 AP 进行综合加权平均得到 mAP 值,即均值平均正确率。

7.1.3　滑动窗口法

图像分类任务注重整体,关心整幅图像的内容语义;而目标检测任务注重局部,关心特定目标的类别和位置。在一定程度上,可以将目标检测任务看作多个局部分类任务,在图像中枚举出所有可能的局部区域,对区域内的内容进行图像分类,判断是否包含目标对象,从而得到目标对象在原图中的位置与尺寸。

图像局部区域的枚举最常用的便是滑动窗口算法,设置好窗口大小和滑动步长,从图像左上角开始逐步移动窗口,直至图像右下角,提取出每步窗口覆盖到的局部图像,完成对图像局部区域的遍历。需要注意的是,当窗口较大且每次滑动步长较小时,相邻窗口之间会有较大的图像重叠,多个窗口图像中可能会同时包含同一个目标对象,这样就会导致同一个目标对象被误检测为多个目标对象。如图 7-2 所示,有多个窗口都包含了图中的这只小鸟,检测结果就会认为这些窗口中都存在一只小鸟,从而误检测出多只小鸟。所以检测结束后,一般会用非最大化抑制的方法对检测结果做进一步的筛选,选取出最准确的边界框。

非最大化抑制就是通过迭代不断地用置信度最高的预测结果去与其他结果做 IoU 操作,过滤那些 IoU 较大(即交集较大)的结果,并保留重合度较小的预测结果。然后继续在保留下来的结果中选取置信度最高的预测结果作为模板,与其他结果计算 IoU。直到所有的预测结果都已经被选取或筛选过。通过非最大化抑制,可以筛选出置信度高且与其他预测结果重合度低的结果,保证最后的检测结果可靠且简洁。

图 7-2　对同一个目标产生了 3 个检测结果，并且每个结果都包含目标

除了窗口重叠的问题，图像中的目标对象可能大小不一，固定的窗口大小并不能找出最优的边界框。为了进一步拓展检测的适应性，提升滑动窗口法的性能，需要扩大滑动窗口的枚举范围，一般有两种方式：设置多个不同大小的滑动窗口，或者在多尺度图像上应用滑动窗口。

第一种方式简单直接，根据实际情况设置多种大小的滑动窗口，依次应用于图像，这样窗口图像就能覆盖不同的大小范围，具备了对不同大小对象的检测能力。算法流程如下所示。

多尺度滑动窗口算法流程

输入：图像 I。
输出：窗口列表 L。
初始化 N 种滑动窗口大小 $\{m_i \times n_i\}_{i=0}^{N-1}$
对于所有 $i=0,1,\cdots,N-1$：
　滑动窗口 W 大小设置为 $m_i \times n_i$
　对于图像 I 中的所有窗口 W：
　　分类模型判断窗口 W
　　如果包含目标：
　　　记录 W 到列表 L 中
对于列表 L 中的所有窗口 W：
　非最大化抑制。
输出窗口列表 L

第二种方式是对原始图像进行处理，通过缩放操作构建图像金字塔，在金字塔每一层应用滑动窗口算法，从而实现对不同大小目标对象的检测。原始图像位于金字塔的第 0 层，大小为 $H \times W$。逐层对图像进行缩小，第 i 层图像的大小计算方式为：

$$H_i = H \times 2^{\left(-\frac{i}{\lambda}\right)} \tag{7-2}$$

$$W_i = W \times 2^{\left(-\frac{i}{\lambda}\right)} \tag{7-3}$$

其中 λ 是一个常数，从第 i 层到第 $i+\lambda$ 层，图像尺度缩小了一半。

除了对原始图像缩小，通过放大操作构建图像金字塔同样可行。将原始图像视为图像金字塔第 λ 层，则第 0 层图像尺度为原图像的两倍。以此类推，可生成多个尺度放大的图像。此时，第 i 层图像大小的计算方式为：

金字塔第0层(原图像)　　金字塔第1层　　金字塔第2层　　金字塔第3层

图 7-3　图像金字塔，λ 为 3，第 3 层图像大小为第 0 层图像大小的一半

$$H_i = H \times 2^{\left(\frac{i}{\lambda}\right)+1} \tag{7-4}$$

$$W_i = W \times 2^{\left(\frac{i}{\lambda}\right)+1} \tag{7-5}$$

以下给出了基于图像金字塔的滑动窗口算法。

基于图像金字塔的滑动窗口算法流程

输入：图像 I。
输出：窗口列表 L。
设置滑动窗口 W 的大小。
构造输入图像 I 的 N 层图像金字塔 $\{I_i\}_{i=0}^{N-1}$。
对于所有 $i=0,1,\cdots,N-1$：
　对于图像 I_i 中的所有窗口 W：
　　分类模型判断窗口 W。
　　如果包含目标：
　　　记录 W 到列表 L 中。
对于列表 L 中的所有窗口 W：
　非最大化抑制。
输出窗口列表 L

改进后的滑动窗口算法简单、稳定、有效，但计算量大导致时间复杂度高。虽然使用较大的滑动步长可以有效地节省计算成本，但同时也会影响检测效果。所以实际应用时，需要在模型性能和计算成本上进行权衡。

7.2　基于 AdaBoost 的人脸检测

人脸检测，顾名思义，就是目标对象为人脸的目标检测，它是目标检测领域最早取得阶段性成功的技术。人脸检测如今已经广泛应用于人们的生活中，例如大多数数码相机已内置了人脸检测算法，以获得更好的对焦效果；各种虚拟美颜相机也需要通过人脸检测定位人脸，之后再进行美颜处理；人脸检测是人脸识别算法的第一步，也是关键的一步。

2000—2010 年，最著名的人脸检测工作是 Viola 和 Jones 提出的 Viola-Jones 检测器。该算法在 AdaBoost 人脸检测算法的基础上使用简单的类 Haar 特征和级联的 AdaBoost 分类模型构造检测器来进行人脸检测，检测速度得到了极大提升，并且保持了优良的检测精度。

7.2.1 AdaBoost 算法

AdaBoost 是 Adaptive Boosting 的缩写，由 Yoav Freund 和 Robert Schapire 对 Boosting 算法改进得到。它是 Boosting 算法中最具代表性的算法之一[14]。

Boosting 算法是一类常用的机器学习方法，核心思想是通过组合多个简单的弱学习模型来构建一个更强大的强学习模型。这一思想为解决直接构造强学习模型困难的问题提供了有效的新思路。在 Boosting 算法中，每个弱学习模型都被训练，以尽量减少前一个弱学习模型所犯的错误。通过逐步提升每个弱学习模型的性能，最终显著提升组合得到的强学习模型的性能。

具体到分类问题，给定一个训练样本集，寻找比较粗略的分类规则（即弱分类模型）相对容易，而寻找精确的分类规则（即强分类模型）则更具挑战性。为此，基于提升的分类模型构建方法，从弱学习算法出发，通过反复迭代学习生成一系列弱分类模型。然后，将这些弱分类模型结合起来，构建一个强分类模型。

基于提升的分类模型构建需要解决两个核心问题：一是如何促使后续轮次的弱分类模型重点关注当前轮次弱分类模型所犯的错误；二是如何有效地将弱分类模型组合成一个强分类模型。

针对第一个问题，AdaBoost 首先对错误率的计算方法进行了调整。它为每个样本赋予权重，并以所有错分样本权重值的累加作为最终的错误率度量。接着，降低上一阶段正确分类样本的权重。这样，未正确分类的样本在后续迭代中将得到更多关注，逐步解决分类问题。至于第二个问题，即弱分类模型的组合问题，AdaBoost 采用了加权投票的融合策略。具体而言，它增加了分类误差率较小的弱分类模型的权重，使其在投票过程中占据更大的比重，减少了分类误差率较大的弱分类模型的权重，使其在投票过程中占据较小的比重。

接下来讨论 AdaBoost 算法的具体实现步骤。给定二分类训练数据集：

$$D=\{(\boldsymbol{x}_1,y_1),(\boldsymbol{x}_2,y_2),\cdots,(\boldsymbol{x}_n,y_n)\} \tag{7-6}$$

其中，每个数据项由样本 $\boldsymbol{x}_i$ 与标签 $y_i\in\{0,1\}$ 组成，n 为数据集中的样本个数。令 $w_{t,i}$ 表示第 t 轮时样本 $\boldsymbol{x}_i$ 的权重，$\{h_j,j=1,2,\cdots,m\}$ 表示所有可选的弱分类模型集合，m 表示集合的大小。基于上述定义，AdaBoost 算法的具体流程如下所示。

AdaBoost 算法

输入：数据集 D 以及弱分类模型集合 $\{h_j,j=1,2,\cdots,m\}$。

输出：强分类模型 $H(\boldsymbol{x})$。

1： 初始化数据集的权值分布：

$$w_{0,i}=\frac{1}{n},i=1,2,\cdots,n$$

2： 对于所有 $t=1,2,\cdots,T$：

3： 　归一化权重：

$$w_{t,i}\leftarrow\frac{w_{t,i}}{\sum_{j=1}^{n}w_{t,j}},i=1,2,\cdots,n$$

4：　计算每个弱分类模型 h_j 的分类错误率：

$$\epsilon_j = \sum_i w_{t,i} \mid h_j(\boldsymbol{x}_i) - y_i \mid, j = 1,2,\cdots,m$$

5：　选择最低分类错误率的模型作为当前轮的弱分类模型 $\hat{h}_t$，并将其错误率记作 $\hat{\epsilon}_t$。

6：　更新权重：

$$w_{t+1,i} = w_{t,i}\beta_t^{1-e_i}, i = 1,2,\cdots,n$$

其中，$\beta_t = \dfrac{\hat{\epsilon}_t}{1-\hat{\epsilon}_t}$，如果样本 $\boldsymbol{x}_i$ 分类正确，那么 $e_i = 0$，否则 $e_i = 1$。

7：　组合所有弱分类模型，得到强分类模型为：

$$H(\boldsymbol{x}) = \begin{cases} 1, & \sum_{t=1}^{T} \alpha_t \hat{h}_t(\boldsymbol{x}) \geqslant \dfrac{1}{2}\sum_{t=1}^{T} \alpha_t \\ 0, & \text{其他} \end{cases}$$

其中，$\alpha_t = \log \dfrac{1}{\beta_t}$

需要说明的是，AdaBoost 算法对弱分类模型的性能没有太多的要求。只要它比随机猜测好一点，就能够组合形成能力强大的强分类模型。

7.2.2　类 Haar 特征

应用 AdaBoost 算法前，需要构建弱分类模型集合。针对人脸检测任务，Viola 和 Jones 设计了一种基于类 Haar 特征的弱分类模型构建方法。

类 Haar 特征源自小波分析中的 Haar 小波变换，Papageorgiou 等最早将 Haar 小波用于提取人脸特征[15]。Viola 和 Jones 在此基础上进行了扩展，设计了图 7-4 所示的 3 种类型的类 Haar 特征：两矩形特征、三矩形特征和四矩形特征[16]。其中，两矩形特征的值为两个矩形区域内像素值之和的差值；三矩形特征的值为两个外部矩形区域内像素值之和与中心矩形区域内像素值之和的二倍的差值；四矩形特征的值为对角矩形区域内像素之和的差值。

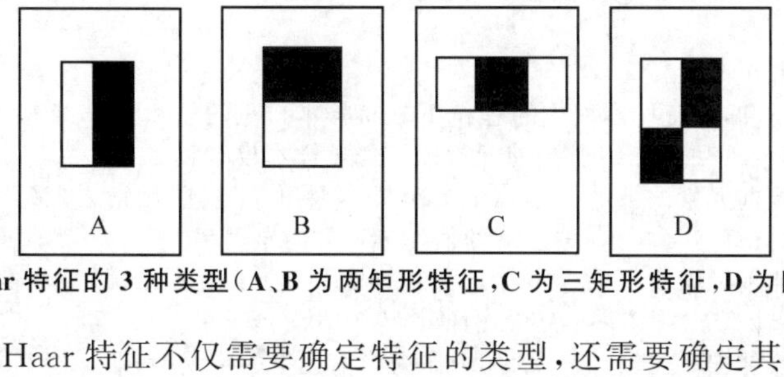

图 7-4　类 Haar 特征的 3 种类型（A、B 为两矩形特征，C 为三矩形特征，D 为四矩形特征）[16]

实例化一个类 Haar 特征不仅需要确定特征的类型，还需要确定其位置（类 Haar 特征左上角在图像上的位置）、单个矩形区域的长度与宽度。因为类 Haar 特征实例内部各个矩形的尺寸是相同的，所以，在实例化时只用指定一个矩形区域的尺寸即可。对于一幅分辨率为 24×24 的图像，通过遍历特征类型、位置、矩形区域的长度与宽度，可以获得 160 000 个类 Haar 特征实例。需要特别注意的是，在遍历过程中，每个类 Haar 特征实例的各个矩形区域均需在图像内部。

类 Haar 特征的值能够有效地反映图像中的局部模式。以人脸图像为例（图 7-5），通常眼睛下面的区域要比眼睛区域具有更高的亮度；鼻梁处的亮度相比鼻梁两侧要高，这些固定的亮度模式对于我们区分人脸与背景区域具有重要的价值。通过使用下述类 Haar 特征实例，可以高效地学习这些模式。

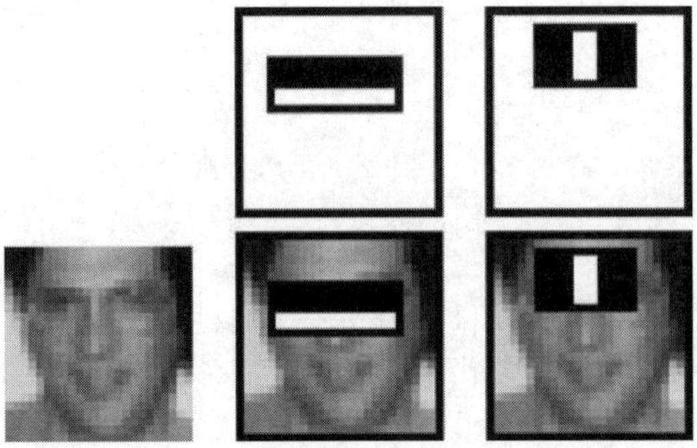

图 7-5　人脸图像中的 Haar 特征应用实例[16]

图 7-5 展示了两个典型的类 Haar 特征实例，第一个特征测量了眼部区域与面颊区域之间的灰度差异，第二个特征则比较了眼部区域与鼻梁的灰度。

在 AdaBoost 人脸检测算法中，每个类 Haar 特征实例 f_j 对应一个弱分类模型 h_j：

$$h_j(\boldsymbol{x}_i)=\begin{cases}1 & p_j f_j(\boldsymbol{x}_i)<p_j\theta_j \\ 0 & \text{其他}\end{cases} \tag{7-7}$$

其中，$f_j(\boldsymbol{x}_i)$表示第 j 个类 Haar 特征实例对图像 $\boldsymbol{x}_i$ 的计算结果，θ_j 为分类阈值，$p_j\in\{1,-1\}$用于表示不等号的方向，$h_j(\boldsymbol{x}_i)$表示第 j 个弱分类模型对 $\boldsymbol{x}_i$ 的分类结果。弱分类模型 h_j 的最优阈值 θ_j 以及错误率ϵ_j 按照如下流程计算。

最优阈值 $\boldsymbol{\theta}_j$ 以及错误率 ϵ_j 计算流程

输入：训练集 D。
输出：最优阈值 θ_j，错误率ϵ_j。
1：计算训练集中每个图像的 f_j 值，依据该值将训练样本由小到大进行排序。
2：遍历排序列表。
3：　对于列表中的每个元素：
4：　　计算 4 个权重和，即正样本权重的总和 T^+，负样本权重的总和 T^-，当前元素以下(不含当前元素)的正样本权重和 S^+，以及当前元素以下的负样本权重和 S^-。
5：　　将所有位于当前元素之下的样本标记为负样本，将位于当前元素之上(含当前元素)的样本标记为正样本，计算 $S^+ + (T^- - S^-)$的值作为正方向错误率。
6：　　将所有位于当前元素之下的样本标记为正样本，将位于当前元素之上(含当前元素)的样本标记为负样本；计算 $S^- + (T^+ - S^+)$的值作为负方向错误率。
7：　　比较上述两个错误率，选择较小的那个作为当前元素的错误率，即：

$$e=\min(S^+ + (T^- - S^-), S^- + (T^+ - S^+))$$

8：将错误率最小的元素的 f_j 值作为门限 θ_j，并将该错误率记为当前特征的错误率ϵ_j。同时，依据错误率的方向确定 p_j 的值。

从以上算法流程可以看出，AdaBoost 算法在每次迭代中需要计算所有弱分类模型的分类错误率。而每个弱分类模型 h_j 又需要利用其类 Haar 特征实例 f_j 对训练数据集中的所有图像进行运算。因此，每次迭代都涉及大量的区域像素累加求和操作。为了提高区域像素累加求和操作的计算效率，Viola 等引入了积分图的概念。

图像 I 的积分图 $\widetilde{\boldsymbol{I}}$ 是一个二维数据矩阵，尺寸与 I 相同，位置 (x,y) 的值为 I 对应位置的左上角所有像素值之和，即

$$\widetilde{\boldsymbol{I}}(x,y)=\sum_{x'\leqslant x,y'\leqslant y}\boldsymbol{I}(x',y') \tag{7-8}$$

利用积分图可以简单、高效地计算图像中任意区域的像素值之和。

例如，对于图 7-6(a)中黑色区域内的像素值求和，仅需 1 次加法和 2 次减法：

$$\text{sum}=\widetilde{\boldsymbol{I}}(D)-\widetilde{\boldsymbol{I}}(B)-\widetilde{\boldsymbol{I}}(C)+\widetilde{\boldsymbol{I}}(A) \tag{7-9}$$

对于图 7-6(b)中的一个类 Haar 特征实例的计算，仅需 2 次加法和 3 次减法：

$$f=\widetilde{\boldsymbol{I}}(D)-\widetilde{\boldsymbol{I}}(B)+\widetilde{\boldsymbol{I}}(C)-\widetilde{\boldsymbol{I}}(A)+2\widetilde{\boldsymbol{I}}(E)-2\widetilde{\boldsymbol{I}}(F) \tag{7-10}$$

请注意，积分图的计算过程只需要对图像进行一次扫描即可完成。这样，在实际计算类 Haar 特征实例的值时，无须重复计算像素和，直接在积分图进行少量的加减法运算即可得到特征实例的值。

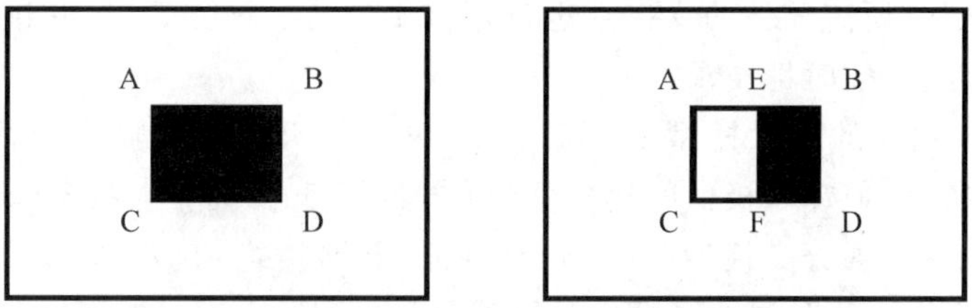

(a) 待进行像素值求和的黑色区域　　(b) 待计算的类Haar示例

图 7-6　积分图求解示例

7.2.3　基于级联结构的人脸检测模型

Viola 等利用 AdaBoost 算法构建了一个包含 200 个特征的强分类模型。在二分类测试数据集上，该模型取得了令人惊喜的成绩：检测率达到了 95%，而误检率仅为 1/14074。

尽管该模型在测试数据集上表现出色，但在实际的人脸检测任务中却遇到了挑战。在真实应用中，一幅图像可能包含大量的待评估窗口，其中大部分并非人脸。即使误检率只有万分之一，也会导致大量非人脸窗口被错误标记为人脸。为此，只有误检率接近 10^{-6} 的人脸检测模型才能具备实际应用价值。另外，每个窗口都需要使用这个包含 200 个特征的检测模型进行人脸/非人脸判定，而待评估的窗口数量又非常庞大，这使得算法的计算复杂度过高，难以满足实时性要求。

为了解决上述问题，Viola 等提出了一种级联结构的分类模型，以满足真实场合应用所需的误检率和实时性。该模型的检测过程呈现为一种逐级退化的决策树形式，即“级联”，如图 7-7 所示。当第一级强分类模型将窗口预测为正样本（人脸）时，该窗口将被送至第二级强分类模型进行评估；通过第二级评估的窗口将触发第三级分类模型的评估，以此类推。而被任意一级强分类模型判定为负样本（非人脸）的窗口将立即被拒绝，不再被后续分类模型评估。

在级联结构中，前面阶段的强分类模型任务简单，包含的类 Haar 特征（弱分类模型）较

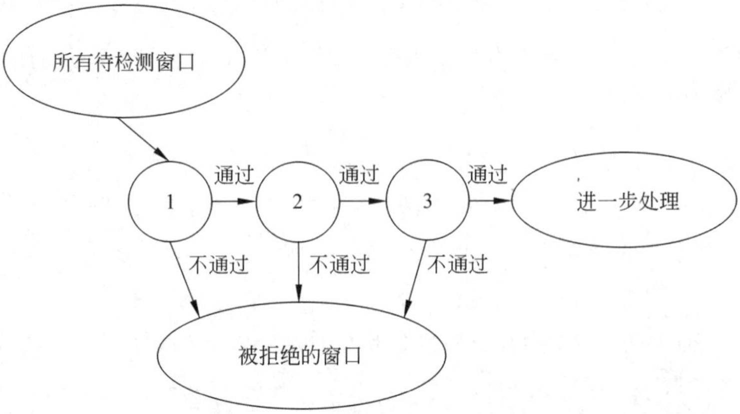

图 7-7 级联结构人脸检测模型

少,因此计算复杂度较低。随着级联的进行,后续的强分类模型面临的任务更加艰巨,正负样本间的差异也逐渐减小。因此,强分类模型包含的类 Haar 特征实例个数也相应增加。不过,随着阶段的增加,所需评估的窗口数也急剧减少。通过该方式,级联结构模型极大地提升了计算效率,满足了实时性要求。

在 Viola 论文报告的级联模型中,第一级强分类模型仅包含两个特征(弱分类模型)。尽管只含有两个特征,但却以极低的运算复杂度排除了 50%的非人脸窗口,并且检测率接近 100%。接下来的一级强分类模型具有 10 个特征,能够拒绝 70%的非人脸,同时几乎可以 100%地检测到人脸,极大地减少了后续阶段强分类模型所需判定的窗口数。

在级联模型中,每个阶段的强分类模型都需要具有较高的检测率(如 0.99),但对于误报率(如 0.3)则没有太高的要求。得益于级联构架,可以轻松地实现 10^{-6} 的误检率。

在级联分类模型中,误检率可以通过式(7-11)计算:

$$E = \prod_{i=1}^{K} e_i \tag{7-11}$$

其中,E 是级联分类模型的误检率,K 是级联分类模型中强分类模型的个数,e_i 是第 i 级强分类模型的误检率。

同时,级联分类模型的检测率可由式(7-12)得出:

$$D = \prod_{i=1}^{K} d_i \tag{7-12}$$

此处,D 是级联分类模型的检测率,d_i 是第 i 级强分类模型的检测率。

基于上述公式,在给定每阶段强分类模型的检测率和误检率的前提下,可以计算最终的级联分类模型的检测率和误检率。例如,假设级联分类模型每级的强分类模型检测率为 99%,误检率为 30%,则 10 个强分类模型级联后最终可以达到 90%的检测率($0.9 \approx 0.99^{10}$),而误检率仅为 $6\times10^{-6} \approx 0.3^{10}$。从这点可以看出,虽然单个强分类模型的误检率很高,但是整个级联分类模型的误检率却很低。

反之,如果先确定了整个系统的误检率 $E_{\max}$ 以及每一层的误检率 e,则可以通过式(7-13)确定级联模型所需的强分类模型个数:

$$n = \log_e E_{\max} \tag{7-13}$$

以下给出了级联结构检测模型的具体训练步骤。级联模型中各个阶段的强分类模型是通过 AdaBoost 算法构建的。然而,原始的 AdaBoost 算法的阈值 $\frac{1}{2}\sum_{t=1}^{T}\alpha_t$ 设定是为了获得较低的错误率,并不符合级联模型中的高检测率要求。为了提升检测率,最简单的方法之一是降低阈值,以此来满足每级强分类模型所需的高检测率。当然,降低阈值,也会使得误检率随之增加。但通过级联方式可以很容易获得极低的误检率。级联结构的人脸检测算法如下所示。

级联结构的人脸检测算法

输入：每层分类模型可以接受的最大误检率 e 和最小检测率 d 以及级联分类模型最终要达到的误检率 E_{target};训练样本集,其中,P 代表所用的正样本训练集,N 代表负样本训练集

输出：级联检测模型

1：初始化 $E_0=1.0$;$D_0=1.0$,令循环变量 $i=0$。

2：执行循环,确保 $E_i>E_{\text{target}}$：

3：　$i \leftarrow i+1$

4：　$n_i=0$;$E_i=E_{i-1}$

5：　执行循环,确保 $E_i>e\times E_{i-1}$：

6：　　$n_i \leftarrow n_i+1$

7：　　在当前训练集里,利用 AdaBoost 算法训练出一个包含 n_i 个特征的强分类模型 H_i。

8：　　计算当前级联分类模型达到的 E_i 和 D_i,减小强分类模型 H_i 的阈值,直到当前级联分类模型的检测率至少达到 $d\times D_{i-1}$。

9：　构建下一阶段负样本：仅保留原负样本集 N 中被错分的非人脸样本,删除其他样本;然后,利用当前级联检测模型,对不含有人脸的图像进行预测,把误检的窗口增加到负样本集,形成新的负样本集 N。

图 7-8 展示了该算法的检测效果。从图中可以看出,该算法有着较好的检测效果。该算法使用简单的易于计算的特征和分类模型,同时使用了级联结构,提高了计算效率。但其本质上还是基于滑动窗口的方法,对于人脸、车辆这样的刚体有着很好的效果,但是对于猫、狗这样的拥有自身形变的物体,效果不是很明显。

图 7-8　人脸检测结果

7.3　基于 HOG 特征的行人检测

除了人脸检测,行人检测也是目标检测领域中研究的热点。行人检测技术有广泛的应用价值,可与行人重识别、行人跟踪等技术结合,在汽车驾驶领域应用广泛。Dalal 和 Triggs

2005 年提出了基于 HOG 特征的行人检测算法,取得了极大的成功[17]。

下面首先介绍 HOG 特征及其提取步骤,然后给出基于 HOG 特征的行人检测算法。

7.3.1 HOG 特征

方向梯度直方图(Histogram of Oriented Gradients,HOG)特征是一种用于目标检测的图像特征描述方法,广泛应用于计算机视觉领域。其提取算法主要包括以下步骤。

(1) 图像预处理:将输入图像转换为灰度图像,即将彩色图像转换为单通道的灰度图,简化计算。进行伽马矫正,调节图像对比度,减少光照对图像的影响,使过曝光或欠曝光的图像恢复正常,更接近人眼看到的图像。

(2) 计算图像梯度:对图像应用 Sobel 等算子,计算每个像素点的梯度大小和方向。梯度大小反映了图像的纹理信息,梯度方向反映了图像中边缘的走向。

(3) 划分图像为细胞(cell):将图像分割为小的图块,每个图块称为一个细胞。细胞的大小通常为 8×8 像素,可以根据实际需求调整。

(4) 构建细胞的梯度方向直方图:将 170°范围均匀划分为若干个方向区间(bin),通常为 9 个。对每个细胞内的像素,根据其梯度方向投影到相应的梯度方向区间。统计每个方向区间内像素的梯度幅值,得到每个细胞的梯度方向直方图。

(5) 组合细胞形成块(block),并归一化:将相邻的若干个细胞组成一个块,比如将相邻的 2×2 个细胞组成一个块。将块内所有细胞的梯度方向直方图连接成一个大的向量,即块的特征向量。为了进一步降低光照的影响,对块的特征向量进行归一化,以增强鲁棒性。常用的包括 $L1$ 或 $L2$ 归一化。

(6) 获得 HOG 特征:在细胞粒度上使用滑动窗口法,获得所有的块。这里窗口的大小与块的大小一致,滑动步长通常为一个细胞的宽度或高度。然后,将所有块的特征向量连接成一个更大的向量,即为该图像的 HOG 特征向量。

通过上述步骤,可以将图像中的纹理信息以梯度方向直方图的形式进行描述,从而实现对目标的有效表示。

HOG 特征具有明显的优点,其中包括降低光照和颜色变化对图像的影响,从而增强了数据表征的鲁棒性,并有效地减少了数据维度。然而,HOG 特征也存在一些挑战。它对遮挡和旋转非常敏感,遇到这些问题时性能会明显下降。此外,特征的生成过程相对复杂,计算速度较慢,这使其在实时性要求较高的应用中表现不佳。尽管如此,在大多数情况下,HOG 特征仍然是一种非常有效的特征描述方法。

7.3.2 利用 HOG 特征实现行人检测

基于 HOG 特征的行人检测算法是一种基于滑动窗口的检测方法。该算法的训练过程包括以下 3 个关键步骤。

(1) 收集用于训练的行人和非行人图像数据集,图 7-9(a)展示了一些用于训练的正样本。

(2) 对每张训练图像提取 HOG 特征,如图 7-9(b)所示,并将其与该图像的类别标签组合构成训练样本。

(3) 利用训练数据集训练行人/非行人二分类线性支持向量机模型。其中,正类代表行人，负类代表背景。

(a) 训练集中的典型样本　　(b) 图像的HOG特征

图 7-9　训练样本与 HOG 特征

具体实现时，Dalal 和 Triggs 使用的正、负样本图像的分辨率为 64×128，细胞大小为 8×8 个像素，梯度直方图区间数为 9(即每隔 20°划分一个区间)，一个块由 2×2 个细胞组成，滑动步长为 7 个像素(即细胞的宽度)。通过计算可知，每个块的特征向量维度为 36 维，图像一共有 105 个块，所以，最终使用的 HOG 特征为 3770 维。

在预测阶段，基于 HOG 特征的行人检测算法首先通过滑动窗口法获取图像中所有可能包含行人的区域。然后，将这些图像区域调整为与训练样本相同的尺寸，并提取其 HOG 特征。接着，将这些特征输入已训练好的线性支持向量机模型中，获得分类结果。随后，对于分类结果为正类的区域，标记行人的边界框。最后，通过非最大值抑制技术来消除重叠区域，得到最终的检测结果。

图 7-10 展示了行人检测的结果，表明基于 HOG 特征的行人检测算法在此情境下取得了良好的检测效果。HOG 特征在捕捉目标物体局部形状信息方面表现出色，在面对几何和光学变换时具有一定的不变性。然而，与 SIFT 特征相比，HOG 特征在计算梯度直方图时未进行基于梯度主方向的旋转归一化，因此在旋转不变性方面存在一定的局限性。

(a) 行人检测结果示例1　　(b) 行人检测结果示例2

图 7-10　行人检测结果

此外，HOG 特征缺乏尺度不变性，这意味着当行人与摄像机的距离发生变化时，检测效果可能会受到较大影响。为了解决这一问题，可以考虑采用多尺度滑动窗口法或基于图像金字塔的滑动窗口法。这些方法能够使算法更加灵活地适应不同尺度的行人检测需求，提高鲁棒性和适用性。

小　结

本章首先介绍了目标检测任务的概念及其难点,并描述了目标检测任务的评价方法。接着介绍了基于滑动窗口的图像分类范式和目标检测任务中的非最大化抑制方法。在此基础上探讨了基于 AdaBoost 的人脸检测算法,以及级联分类模型的构建思想。最后详细描述了一种全局的图像特征——HOG 特征,并介绍了基于 HOG 特征与支持向量机模型的行人检测方法。

习　题

(1) 某公司招聘职员,考察身体、业务能力、发展潜力 3 项。身体分为合格(1)、不合格(0)两个等级;业务能力和发展潜力分为上(1)、中(2)、下(3)三个等级;分类为合格(1)、不合格(−1)两个类别。已知 10 个人的数据如表 7-1 所示。假设弱分类模型为决策树,试用 AdaBoost 算法学习一个强分类模型。

表 7-1　10 个人的考察数据

	1	2	3	4	5	6	7	7	9	10
身体	0	0	1	1	1	0	1	1	1	0
业务	1	3	2	1	2	1	1	1	3	2
潜力	3	1	2	3	3	2	2	1	1	1
分类	−1	−1	−1	−1	−1	−1	1	1	−1	−1

(2) 比较第 6 章中的线性分类模型与 AdaBoost 算法的学习策略与算法。

(3) 编程题:使用 AdaBoost 算法实现一个人脸检测系统,要求能够对图像或视频中的人脸进行检测。

(4) 编程题:基于 HOG 特征和线性分类模型实现一个行人检测系统。要求可以对图像或视频中的行人进行检测。

第 8 章　图像分割

在图像处理的研究和应用中，人们往往关注图像中的特定区域，这些区域通常被称为目标或前景，而图像的其余部分则构成背景。前景区域往往对应着图像中特定的、具有独特性质的部分。为了识别和分析这些目标，需要将它们从背景中分离出来。而图像分割就是将图像分成具有独特特性且互不重叠的区域，并提取出感兴趣的目标的技术和过程。这种分割技术是图像分析和理解的关键步骤，广泛应用于各种领域，如医学成像、机器人视觉、安全监控等。

8.1　图像分割概述

图像分割算法的最终目标是准确地划分图像，使主体与背景能够有效地被区分。根据是否需要有标签数据进行训练，图像分割算法可分为有监督与无监督两类。不同于一张训练图像仅有一个语义标签的有监督图像分类任务，在有监督图像分割算法使用的训练图像中，每个像素都会被赋予一个语义类别标签。因此，有监督图像分割算法的损失函数设计必须考虑图像中每个像素的预测类别准确性。正是为此，有时会将图像分割视为像素级的分类任务，将目标检测与图像分类分别视作区域级与整图级的分类任务。有监督图像分割算法通过学习如何精确地标注每个像素，从而在测试时对未知图像进行准确的分割。相比之下，无监督图像分割算法不依赖有标签数据，而是根据像素间的“相似性”对图像进行分组。这些算法通常基于某些预定义的原则，如像素的颜色、亮度或纹理特征来划分图像区域，而不涉及语义标签的学习。无监督方法的优势在于它们的灵活性和对未标记数据的适用性，但它们通常无法提供与有监督方法相同的分割精度。本书将重点介绍无监督图像分割方法，因为它们能够帮助我们更深入地理解分割任务的本质，以及如何在缺乏标签信息的情况下对图像进行有效的解析。通过研究无监督分割，可以探索图像内在的结构和模式，为进一步的图像分析和理解奠定基础。

与图像分类与目标检测任务相比，图像分割任务更具挑战性。我们不仅要将前景与背景划分成不同的区域，还要避免出现过分割与欠分割现象。

① 过分割：指将本应属于同一目标的部分错误地划分为不同的区域，导致目标被分割成多个不连续的部分。

② 欠分割：将本应分开的不同目标错误地划分为同一区域，导致多个目标被合并成一个。

为了解决这些问题，研究人员开发了多种图像分割算法，如基于边缘的分割、基于区域的分割、基于图的分割以及基于深度学习的分割方法等。这些算法通过不同的策略和技术提高分割的准确性和鲁棒性，从而更好地满足实际应用的需求。

从本质上说，图像分割就是对图像像素进行分组的过程。为了设计出高效的图像分割算法，可以学习并借鉴心理学的研究成果，特别是关于人类感知分组的研究。这些研究成果提供了对人类视觉系统如何组织和理解视觉信息的洞见，对于开发能够模拟人类视觉分组机制的图像分割算法至关重要。

8.2　人类视觉分组与格式塔规则

图像分割的过程也是对图像像素进行分组的过程，那么一个自然的问题就是哪些像素应该被分成一组。更进一步，这样分组的依据是什么。为了回答这些问题，先了解一下格式塔心理学对于人类视觉系统是如何分组的研究。

人类对于事物的感知方式通常会受到"上下文"信息的影响，这是人类视觉系统的一个重要特征。这一现象很容易通过实验来证明，比如图 8-1 所示的缪勒莱耶(Müller-Lyer)错觉实验。人类视觉系统会将水平线段与两个箭头组合在一起进行感知，而非单独感知。这使得长度相同的水平线段在两个图像中看起来长度不同，即产生了错觉。正是因为类似现象在生活中经常出现，因此格式塔心理学家认为人类视觉系统的研究应该更多地聚焦于视觉系统的分组机制，而非对外界刺激的反馈。从格式塔心理学家的角度看，分组意味着视觉系统将图像的一些组成部分组合在一起，作为整体进行感知(这是"上下文"一词的粗略含义)；同时，分组效应通常不受主观意愿影响，例如，人们难以控制视觉系统将线段与箭头分开感知，从而使图 8-1 中的水平线段看起来长度相等。

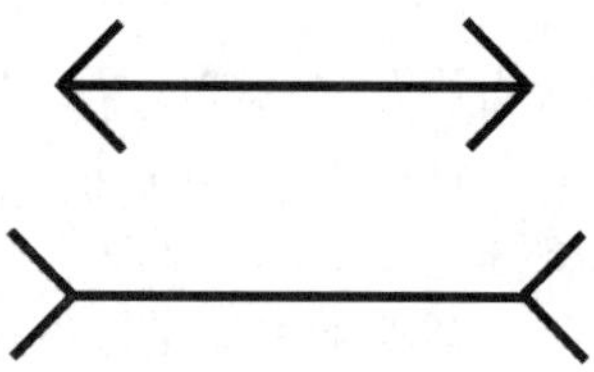

图 8-1　缪勒莱耶(Müller-Lyer)错觉实验

通过对分组问题的深入研究，格式塔学派提出了一系列规则解释哪些图像元素倾向于被分成一组，其主要包括：

- 邻近规则：物理空间中位置邻近的元素倾向于被分为一组。
- 相似规则：相似的元素倾向于被分为一组。
- 共同命运规则：具有相同运动趋势的元素倾向于被分为一组。
- 同一区域规则：位于同一封闭区域内的元素倾向于被分为一组。
- 平行性规则：平行的曲线或者元素倾向于被分为一组。
- 封闭性规则：能形成封闭曲线的曲线段或者元素倾向于被分为一组。
- 对称性规则：对称的元素倾向于被分为一组。
- 连续性规则：连接在一起产生"连续"感觉的元素倾向于被分为一组。
- 熟悉的形状：组合在一起能产生熟悉形状的元素倾向于被分为一组[18]。

这些性质如图 8-2 所示。

前述这些格式塔规则能够解释生活情境中的很多现象，因此带来了一些关于视觉感知的见解。以连续性规则为例，它可以作为一种解决遮挡问题的方法。即通过连续性，被遮挡

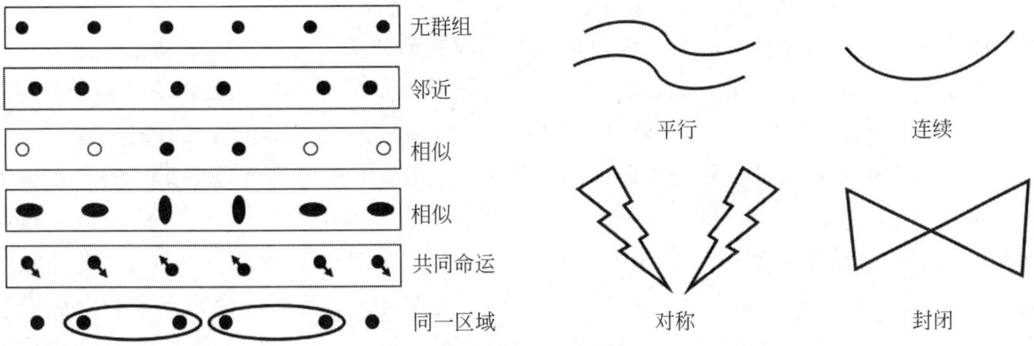

图 8-2　格式塔规则

物体的轮廓部分可以被连接起来。再比如，共同命运规则可以被视为物体的组成部分倾向于一起移动的结果。同样，对称性也是一个有用的分组线索，因为许多真实的物体具有对称或接近对称的轮廓。从本质上讲，图像元素之所以被分组，是因为通过群组能帮助我们高效地感知视觉世界。

虽然格式塔规则能够帮助我们理解图像元素分组的原因，但将这些规则直接应用到真实的分割任务中时依然存在很多困难。例如，对于一幅给定的图像，到底使用哪条或哪几条规则更合适？因此，格式塔规则并不能直接转换成具体的分割算法。但是，格式塔理论提供的规则与人类的感知方式具有较高的一致性，因此更多时候是将格式塔规则视作图像分割算法设计的指导思想，而不是分割算法的全部。接下来将具体介绍两类经典的图像分割算法。

8.3　基于像素聚类的图像分割

聚类是将数据集中的样本根据某种“相似性”原则进行划分，从而形成多个不相交的子集，每个子集称为一个“簇”。从这个角度来看，图像分割任务可以被建模为图像像素聚类问题。在这种视角下，图像分割的目标是将图像中的像素划分为若干个互不重叠的区域，每个区域内的像素在某种特征空间中彼此相似，而与其他区域的像素相异。通过聚类，可以揭示图像中的结构化信息，从而实现有效的图像分割和理解。

8.3.1　基于 *K*-means 的图像分割

在图像聚类过程中，首先需要考虑如何定义图像像素之间的“相似性”。这涉及选择何种特征来表示图像像素点，以及选择何种距离来度量像素点之间的差异。

图像像素点的表示方法有很多种，其中常见的包括以下内容。

(1) 像素值表示：直接使用像素的原始颜色值(如 RGB 值)来表示每个像素。

(2) 像素值与位置组合表示：结合像素的颜色值和其在图像中的位置坐标(如 x、y 坐标)来表示像素。

(3) 基于纹理滤波器响应值的表示：使用纹理滤波器(如 LBP、GLCM 等)对图像进行处理，得到每个像素点的纹理特征作为其表示。

在聚类算法中，通常使用欧氏距离来衡量像素间的“相似性”，它测量的是多维空间中两点之间的直线距离。对于图像像素，欧氏距离通常基于像素的特征向量来计算，这些特征向量可以是像素的颜色值、纹理特征或其他任何用于描述像素的特征。选择合适的特征和距离度量对于聚类效果至关重要，因为它们直接影响算法对像素相似性的判断，从而影响最终的分割结果。正确的选择能够帮助算法更好地识别图像中的结构和模式，实现有效的图像分割。

K-means 聚类算法是一种基于距离的聚类方法，其基本思想是将数据集中的样本分为 K 个簇，每个簇由其中心点（即均值）表示。在图像分割任务中，K-means 算法可以通过将像素点分为 K 个簇来实现图像分割。假设 $\boldsymbol{x}_j$ 为图像第 j 个像素点的特征向量，集合 $D=\{\boldsymbol{x}_j, j=1,2,\cdots,N\}$ 为所有像素点的特征向量构成的集合，N 为图像像素点个数。假设已知分割后的子集个数为 K。基于 K-means 的图像分割算法通过以下步骤实现对 D 中像素点集合的划分。

基于 K-means 的图像分割算法

输入：像素点表示向量集合 $\boldsymbol{D}$ 以及子集个数 K。

输出：K 个簇 $\{\boldsymbol{S}_i, 1\leqslant i\leqslant K\}$，每个簇记录了所有属于该簇的像素点的索引值。

从集合 $\boldsymbol{D}$ 中随机选择 K 个表示向量作为初始簇中心 $\{\boldsymbol{u}_1, \boldsymbol{u}_2, \cdots, \boldsymbol{u}_K\}$。

循环执行，直到所有中心向量均不再更新。

  令 $\boldsymbol{C}_i=\varnothing(1\leqslant i\leqslant K)$，

  令 $\boldsymbol{S}_i=\varnothing(1\leqslant i\leqslant K)$，

  对于所有 $j=1,2,\cdots,N$：

    计算第 j 个像素点特征向量 $\boldsymbol{x}_j$ 与各个簇中心向量 $\boldsymbol{u}_i(1\leqslant i\leqslant K)$ 的距离：$d_{ji}=\|\boldsymbol{x}_j-\boldsymbol{u}_i\|$；

    根据距离最近的簇中心向量确定 $\boldsymbol{x}_j$ 的簇标记：

$$\alpha_i=\underset{i\in\{1,2,\cdots,K\}}{\arg\min}\, d_{ji}$$

    将第 j 个像素点特征向量 $\boldsymbol{x}_j$ 划分到相应的簇的特征集合：

$$\boldsymbol{C}_{\alpha_i}=\boldsymbol{C}_{\alpha_i}\cup\{\boldsymbol{x}_j\}$$

    将第 j 个像素点加入相应的簇：$\boldsymbol{S}_{\alpha_i}=\boldsymbol{S}_{\alpha_i}\cup\{j\}$。

  对于所有 $i=1,2,\cdots,K$：

    计算新的中心向量：$\boldsymbol{u}_i'=\dfrac{1}{|\boldsymbol{C}_i|}\sum_{x\in C_i}\boldsymbol{x}$；

    如果 $\boldsymbol{u}_i'\neq\boldsymbol{u}_i$，则将当前簇中心向量替换为 $\boldsymbol{u}_i'$；否则保持不变。

输出 K 个簇集合 $\{\boldsymbol{S}_i, i=1,2,\cdots,K\}$。

图 8-3 展示了基于 K-means 算法的图像分割结果。在图 8-3(b)中，像素点以其像素值表示，即 $\boldsymbol{x}_i=[r_i, g_i, b_i]^{\mathrm{T}}$。从图中可观察到，主体像素点和背景像素点被有效地分开，证明了 K-means 算法在图像分割中的有效性。若将像素值与位置坐标结合表示，即 $\boldsymbol{x}_i=[r_i, g_i, b_i, x_i, y_i]^{\mathrm{T}}$，所得分割结果如图 8-3(c)所示。在这种情况下，分割算法不仅成功地区分了主体和背景，还能够区分不同主体的实例，实现了实例分割。比如图 8-3(a)中两个切开的半个橙子，在图 8-3(b)中被标记为相同的灰度值，即分成了一类；而在图 8-3(c)处被赋予了不同的灰度值，表明它们分属不同的类别。为何加入位置坐标能够实现实例分割呢？根本原因在于聚类算法在求解过程中不仅考虑了像素值的色彩相似性，还关注它们在物理空间的邻近关系。虽然不同实例上的像素点在色彩上一致，但它们在空间上的距离较远。从这里也可以看出，格式塔规则通过对像素点特征的定义实现了应用。

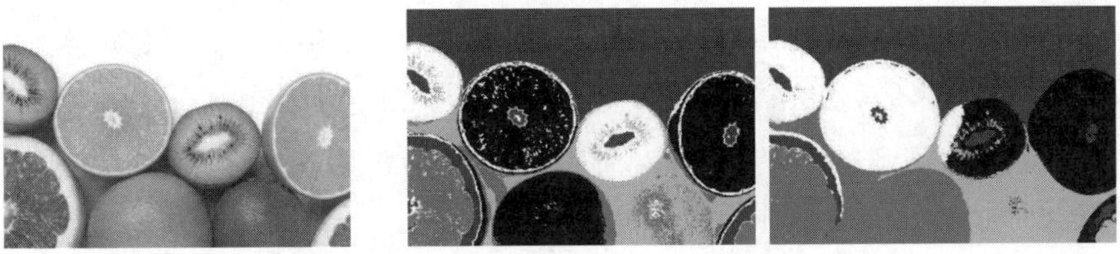

(a)　　(b)　　(c)

图 8-3　基于 *K*-means 聚类的图像分割结果展示，*K*=5

(图(a)为原图，图(b)使用灰度值来表示像素获得的分割结果，图(c)使用灰度值与位置联合表示像素获得的分割结果，注意分割结果中同一灰度值表示一类)

总体而言，基于 K-means 的图像分割方法简单易用，并在实际应用中表现良好。然而，该方法需要事先确定 K 值，即聚类中心的数量。此外，由于 K-means 假设数据呈球形分布，若实际簇的形状不符合该假设，则 K-means 的聚类结果可能不尽如人意。因此，下面将介绍一种无须预先指定簇个数，也不需要假设数据呈现特定分布形状的聚类算法。

8.3.2　基于均值漂移的图像分割

聚类问题可以被抽象为概率密度估计问题，而均值漂移算法是解决这类问题的一种常见方法。均值漂移(mean shift)算法是一种基于梯度上升的迭代优化方法，它通过计算样本点梯度上升的方向来寻找概率密度函数的峰值，从而实现聚类[19]。与 K-means 等算法不同，均值漂移算法不需要用户预先指定要划分的簇的数量，它能够自动发现数据中的自然分组。均值漂移算法不依赖数据呈球形分布的假设，这使得它在处理非高斯分布、不规则形状的数据时具有优势。由于其对数据分布的不敏感性和自动发现聚类的能力，均值漂移算法在图像分割、模式识别、时间序列分析等多个领域都有应用。

基于均值漂移的图像分割算法首先利用核密度估计方法来近似求解特征空间中数据分布的概率密度函数，然后将密度函数的局部极大值视为簇中心，并将属于同一簇的像素归类为一类。

均值漂移算法是一种基于核密度估计的非参数化聚类方法。核密度估计，又称 Parzen 窗估计，是一种常用的概率密度估计方法。

给定 d 维欧氏空间 $\mathcal{R}^d$ 中的 n 个数据点 $\boldsymbol{x}_i$，$i=1,2,\cdots,n$，同时给定核函数 $K(\boldsymbol{x})$ 和 $d\times d$ 维的对称的正定带宽矩阵 $\boldsymbol{H}$，$\boldsymbol{x}$ 处的多元核密度估计为

$$\hat{f}(\boldsymbol{x})=\frac{1}{n}\sum_{i=1}^{n}K_{\boldsymbol{H}}(\boldsymbol{x}-\boldsymbol{x}_i) \tag{8-1}$$

其中，$K_{\boldsymbol{H}}(\boldsymbol{x})=|\boldsymbol{H}|^{-1/2}K(\boldsymbol{H}^{-1/2}\boldsymbol{x})$。

为了保证 $\hat{f}(\boldsymbol{x})$ 是一个合理的概率密度函数，核函数 $K(\boldsymbol{x})$ 需满足以下条件。

(1) 归一化：在积分域 $\mathcal{R}^d$ 上，$\int K(\boldsymbol{x})\mathrm{d}\boldsymbol{x}=1$；

(2) 对称性：在积分域 $\mathcal{R}^d$ 上，$\int \boldsymbol{x}K(\boldsymbol{x})\mathrm{d}\boldsymbol{x}=0$；

(3) 权重的指数衰减：$\lim\limits_{\|x\|\to\infty}\|\boldsymbol{x}\|^{d}K(\boldsymbol{x})=0$；

(4) 满足在$\mathcal{R}^d$积分域上，$\int \boldsymbol{x}\boldsymbol{x}^{\mathrm{T}}K(\boldsymbol{x})\mathrm{d}\boldsymbol{x}=c_k\boldsymbol{I}$，其中 c_k 为常数，$\boldsymbol{I}$ 为单位矩阵。

在实际应用中，$\boldsymbol{H}$ 通常采用对角阵 $\boldsymbol{H}=\mathrm{diag}[h_1^2,h_2^2,\cdots,h_d^2]$或者乘以某个系数的单位矩阵 $\boldsymbol{H}=h^2\boldsymbol{I}$，$\boldsymbol{I}$ 为 $d\times d$ 维单位矩阵。相对而言，后者更为常见。此时，只需确定一个大于零的带宽参数 h，即可获得 $\boldsymbol{x}$ 处的概率密度估计

$$\hat{f}(\boldsymbol{x})=\frac{1}{nh^d}\sum_{i=1}^{n}K\left(\left\|\frac{\boldsymbol{x}-\boldsymbol{x}_i}{h}\right\|^2\right) \tag{8-2}$$

式(8-2)中，n 表示样本点数量，h 为带宽，$\boldsymbol{x}_i$ 表示由带宽确定的窗口内的第 i 个样本点，d 为样本点向量的维度。

为简化处理，通常采用形如 $K(\boldsymbol{x})=c_{k,d}k(\|\boldsymbol{x}\|^2)$的径向对称核函数。这里的 $k(\boldsymbol{x})$(在 mean shift 算法中取单调递减的凸函数)称为 $K(\boldsymbol{x})$的轮廓函数。$k(\boldsymbol{x})$的定义区间为$[0,+\infty)$，$c_{k,d}$为常系数，保证 $K(\boldsymbol{x})$的积分为 1。

使用轮廓函数，式(8-2)还可写为

$$\hat{f}_{h,K}(\boldsymbol{x})=\frac{c_{k,d}}{nh^d}\sum_{i=1}^{n}k\left(\left\|\frac{\boldsymbol{x}-\boldsymbol{x}_i}{h}\right\|^2\right) \tag{8-3}$$

对于核密度估计方法来说，核函数的选择是非常重要的。依潘涅契科夫(Epanechnikov)核函数与高斯(Gaussian)核函数是使用最为广泛的两种核函数。

依潘涅契科夫核的轮廓函数 k_E 为

$$k_E(x)=\begin{cases}1-x & 0\leqslant x\leqslant 1\\ 0 & x>1\end{cases} \tag{8-4}$$

其产生径向对称的依潘涅契科夫核函数为

$$K_E(\boldsymbol{x})=\begin{cases}\dfrac{d+2}{2V_d}(1-\|\boldsymbol{x}\|^2) & \|\boldsymbol{x}\|\leqslant 1\\ 0 & \text{其他}\end{cases} \tag{8-5}$$

式中，V_d 为 R^d 中单位球的体积。式(8-5)中的 $k_E(x)$在边界 $x=1$ 处连续但不可微。

高斯核的轮廓函数 k_N 为

$$k_N(x)=\exp\left(-\frac{1}{2}x\right) \quad x\geqslant 0 \tag{8-6}$$

根据 $k_N(x)$，可构造出如式(8-7)的径向对称的多元高斯核函数

$$K_N(\boldsymbol{x})=2\pi^{-d/2}\exp\left(-\frac{1}{2}\|\boldsymbol{x}\|^2\right) \tag{8-7}$$

一般说来，概率密度函数难以直接估计。但是我们要求取特征空间中局部密度最大点，即$\nabla f(\boldsymbol{x})=0$ 时的 $\boldsymbol{x}$ 值。虽然直接求解$\nabla f(\boldsymbol{x})=0$ 依然很困难，但是可以使用梯度上升算法获得$\nabla f(\boldsymbol{x})=0$ 的解。

为此，求式(8-3)的导数函数

$$\nabla\hat{f}_{h,K}(x)=\frac{c_{k,d}}{nh^d}\sum_{i=1}^{n}\nabla k\left(\left\|\frac{\boldsymbol{x}-\boldsymbol{x}_i}{h}\right\|^2\right) \tag{8-8}$$

$$=\frac{2c_{k,d}}{nh^{d+2}}\sum_{i=1}^{n}(\boldsymbol{x}-\boldsymbol{x}_i)k'\left(\left\|\frac{\boldsymbol{x}-\boldsymbol{x}_i}{h}\right\|^2\right) \tag{8-9}$$

令 $g(x)=-k'(x)$，假设定义区间在$[0,+\infty)$的轮廓函数 k 存在。此时，以 $g(x)$为轮

廓函数，可以定义新的核函数

$$G(x)=c_{g,d}g(\|\boldsymbol{x}\|^2) \tag{8-10}$$

在式(8-10)中，$c_{g,d}$ 为归一化常数。

将 $g(x)$ 代入式(8-9)，得

$$\nabla\hat{f}_{h,K}(\boldsymbol{x})=\frac{2c_{k,d}}{nh^{d+2}}\sum_{i=1}^{n}(\boldsymbol{x}_i-\boldsymbol{x})g\left(\left\|\frac{\boldsymbol{x}-\boldsymbol{x}_i}{h}\right\|^2\right) \tag{8-11}$$

$$=\frac{2c_{k,d}}{nh^{d+2}}\left[\sum_{i=1}^{n}g\left(\left\|\frac{\boldsymbol{x}-\boldsymbol{x}_i}{h}\right\|^2\right)\right]\left[\frac{\sum_{i=1}^{n}x_i g\left(\left\|\frac{\boldsymbol{x}-\boldsymbol{x}_i}{h}\right\|^2\right)}{\sum_{i=1}^{n}g\left(\left\|\frac{\boldsymbol{x}-\boldsymbol{x}_i}{h}\right\|^2\right)}-\boldsymbol{x}\right] \tag{8-12}$$

式中，$\sum_{i=1}^{n}g\left(\left\|\frac{x-x_i}{h}\right\|^2\right)$ 通常为一正实数。

令

$$\hat{f}_{h,G}(\boldsymbol{x})=\frac{c_{g,d}}{nh^d}\sum_{i=1}^{n}g\left(\left\|\frac{\boldsymbol{x}-\boldsymbol{x}_i}{h}\right\|^2\right) \tag{8-13}$$

令均值漂移向量 $\boldsymbol{m}_{h,G}(\boldsymbol{x})$ 为

$$\boldsymbol{m}_{h,G}(x)=\frac{\sum_{i=1}^{n}\boldsymbol{x}_i g\left(\left\|\frac{\boldsymbol{x}-\boldsymbol{x}_i}{h}\right\|^2\right)}{\sum_{i=1}^{n}g\left(\left\|\frac{\boldsymbol{x}-\boldsymbol{x}_i}{h}\right\|^2\right)}-\boldsymbol{x} \tag{8-14}$$

可得

$$\nabla\hat{f}_{h,K}(\boldsymbol{x})=\hat{f}_{h,G}(x)\frac{2c_{k,d}}{h^2c_{g,d}}\boldsymbol{m}_{h,G}(\boldsymbol{x}) \tag{8-15}$$

$$\boldsymbol{m}_{h,G}(\boldsymbol{x})=\frac{1}{2}\frac{h^2c_{g,d}\nabla\hat{f}_{h,K}(\boldsymbol{x})}{c_{k,d}\hat{f}_{h,G}(\boldsymbol{x})} \tag{8-16}$$

式(8-16)表明在 $\boldsymbol{x}$ 点均值漂移向量 $\boldsymbol{m}_{h,G}(\boldsymbol{x})$ 与基于核 K 的密度函数的梯度 $\nabla\hat{f}_{h,K}(\boldsymbol{x})$ 成正比关系。因此，使用均值漂移向量即可完成特征空间中的局部极大值搜索。

为此，在实际应用中，通常直接使用式(8-16)的均值漂移向量来寻找“簇”中心。此时，可以得到如下所示的均值漂移算法。

均值漂移算法

输入：图像数据点及窗宽(棱长)参数 h；
输出：聚类结果。
1：　对于每个数据点 $\boldsymbol{x}_i$：
2：　　令 $t=0$，将 $\boldsymbol{x}_i$ 设置为当前位置 $\boldsymbol{z}^t=\boldsymbol{x}_i$；
3：　　计算以当前位置 $\boldsymbol{z}^t$ 为中心、超立方体(或超球体)区域 $S(h)$ 内所有数据点的质心(加权均值)作为新的位置：

$$\boldsymbol{m}^t=\sum_{\boldsymbol{x}_j\in S(h)}w_j(\boldsymbol{z}^t-\boldsymbol{x}_j)$$

其中，$\boldsymbol{m}^t$ 表示均值偏移向量，w_j 表示归一化后的权重，$\boldsymbol{x}_j$ 为区域内的数据点，$\boldsymbol{x}-\boldsymbol{x}_i$ 是数据点 $\boldsymbol{x}_i$ 相对于中心点 $\boldsymbol{x}$ 的偏移向量。

4： 移动当前位置到质心处：

$$z^{t+1} = m^t + z^t$$

$$t = t + 1$$

5： 重复步骤 4～5，直到满足停止条件，将当前位置存为聚类中心。停止条件可以是达到最大迭代次数、中心点的移动小于某个阈值，或者密度估计收敛。

6： 所有数据点将根据最终所属的聚类中心进行标记，形成最终的聚类结果。

7： 对于图像分割等任务，可以进行一些后处理操作，如合并相似的聚类、去除噪声点等。

均值漂移算法在图像分割任务中的应用十分直接和有效。在特征空间中，对图像中的每个像素，都使用均值漂移算法进行处理，记录其最终停留的位置，当所有像素都完成漂移后，统计簇中心的数量，并将像素依据其最终漂移到的簇中心进行划分，从而实现图像分割。均值漂移算法的优势在于它不需要预先指定密度中心的个数，它会根据数据自动计算出最终的密度中心。这种自适应性使得均值漂移算法在处理复杂和非均匀分布的数据时具有很高的灵活性和准确性。图 8-4 展示了一组使用 mean shift 算法进行图像分割后的结果，可以看到算法能够有效地将图像中的不同区域划分为不同的簇，实现图像分割。

(a) 待分割图像　　(b) 分割结果

图 8-4　均值漂移

（每个像素的值使用其所属的“簇”的中心值代替[19]）

均值漂移算法仅涉及一个手动设置的参数，即区域半径。半径设置过大，簇的数量会减少，易出现欠分割；反之，若设置过小，则可能出现过分割。因此，建议在实际任务中进行多次尝试，并根据效果调整参数。

8.4　基于图的图像分割

本节将介绍另一类图像分割算法，即基于图的图像分割算法。这类方法将图像中的每个像素看作图中的一个顶点，将像素之间的相似性作为连接边上的权重，通过定义一些图上的操作将图划分为多个不相交的子图，从而实现图像分割。

具体来说，给定一幅图像 I，定义其对应的图 $G=(V,E)$，其中

- 每个像素点对应图 G 的一个节点 v，$v\in V$。
- 两个节点之间存在一条无向边 e，$e\in E$。
- 边 e 上的权值表示两个节点的相似度。
- 将节点之间的相似度用矩阵的形式记录，则得到相似度矩阵 $\boldsymbol{A}$。

基于图论的图像分割方法需要考虑两个节点 i 和 j 的相似度 $w_{i,j}$。一种常用的相似度定义如下：

$$w_{i,j}=\exp\left(-\frac{1}{2\sigma^2}\text{dist}(\boldsymbol{x}_i-\boldsymbol{x}_j)^2\right) \tag{8-17}$$

其中，$\boldsymbol{x}_i$、$\boldsymbol{x}_j$ 表示两个节点的特征向量，函数 dist(·)用于计算两个向量之间的距离（可以是 $L2$ 距离等），σ 是一个人工设定的参数，可以调节相似度与距离之间的映射关系。σ 设置较小时，只有近距离的节点才具有较高相似性；反之，如果 σ 设置较大，距离较远的节点间也可能存在较高的相似性。

基于上述图的定义，接下来介绍两种基于图的图像分割方法。

8.4.1　基于特征向量的图像分割算法

给定一幅尺寸为 $w\times h$ 的待分割图像，其对应的图结构为 $G=(V,E)$，其中 $|V|=w\times h$，G 对应的相似度矩阵为 $\boldsymbol{A}$，维度为 $|V|\times|V|$。

假设目标是将图像分割成 m 个区域，每个区域对应一个类别。基于特征向量的分割方法，首先为每个类别分配一个 $|V|$ 维列向量 $\boldsymbol{w}_i$，$i\in\{1,2,\cdots,m\}$，本书中称为指示向量。指示向量的每一维对应着图像中的一个像素点，其数值反映了当前像素点与类别 i 的关联关系。该值越大，当前像素点属于该类别的可能性越大；反之，则越小。此时，图像分割等价于寻找最优指示向量。

一般说来，相似度越高的像素点属于同一类别的概率就越大。为此，定义如下目标函数来寻找最优的指示向量：

$$T=\boldsymbol{w}_i^{\mathrm{T}}\boldsymbol{A}\boldsymbol{w}_i \tag{8-18}$$

式中，T 是一个标量。直观上，式(8-18)右边可理解为属于类别 i 的所有像素点之间的相似度的某种加权求和。该值越大，说明属于类别 i 的所有像素点之间的相似度越高，属于同一个类别的可能性就越大。因此，可以通过最大化 T 来找寻最优的指示向量，进而获得最优

划分。

但是，式(8-18)在不加约束时没有极值解。为了使得目标函数存在极值，需要对指示向量加以限制。这里使用最优化领域常用的约束 $\boldsymbol{w}_i^{\mathrm{T}}\boldsymbol{w}_i=1$。此时，原始问题变为在 $\boldsymbol{w}_i^{\mathrm{T}}\boldsymbol{w}_i=1$ 的前提下求解式(8-18)的最大值问题。然后，采用拉格朗日方法将上述带约束的最优化问题转换为无约束最优化问题，即引入拉格朗日乘子 λ，可得如下无约束目标函数：

$$T=\boldsymbol{w}_i^{\mathrm{T}}\boldsymbol{A}\boldsymbol{w}_i+\lambda(1-\boldsymbol{w}_i^{\mathrm{T}}\boldsymbol{w}_i) \tag{8-19}$$

计算式(8-19)对指示向量的导数，并使导数为0，整理得到

$$\boldsymbol{A}\boldsymbol{w}_i=\lambda\boldsymbol{w}_i \tag{8-20}$$

根据线性代数的知识，可知 $\boldsymbol{w}_i$ 是相似度矩阵 $\boldsymbol{A}$ 的最大特征值对应的特征向量。接下来，将 $\boldsymbol{w}_i$ 的每一维与预先指定的阈值相比，大于或等于则表示当前像素点属于类别 i，反之则不属于。

如果需要得到 m 个类别划分，只需要计算相似度矩阵 $\boldsymbol{A}$ 的前 m 个特征值对应的特征向量，然后将它们与预先指定的阈值进行比较，则可确定每个像素的归属。注意，这里假定特征值是从大到小排序的。

该算法的总体流程如下所示。

基于相似度矩阵特征值的图像分割算法

输入：图像以及最大类别数。
输出：划分结果。
1： 将图像表示成一个图结构
2： 构造相似度矩阵
3： 计算相似度矩阵的特征值和特征向量
4： 循环迭代：
5： 取没有处理过的最大特征值对应的特征向量；将已分类的像素点对应的分量置零；将剩余像素点对应的指示值与预先指定的阈值进行比较，确定剩下的哪些像素点属于当前类
6： 如果所有像素点都已被分类或达到了最大类别数，则算法结束；否则继续

8.4.2 基于归一化割的图像分割算法

除了上述方法，另一种常用的基于图的分割方法是基于归一化割的图像分割方法[20]。在图论中，最小割算法能够对图进行切割，使切割掉的边的权值之和最小，达到子图划分的目标，如图8-5所示。因此，这一算法也可直接应用于图像分割任务。

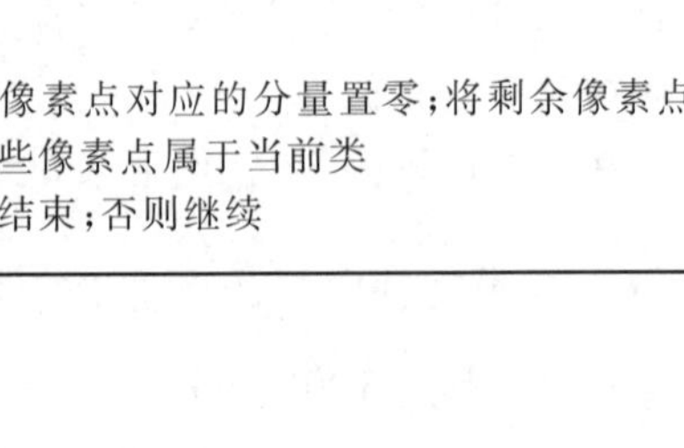

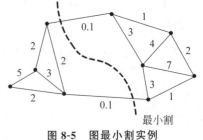

图8-5 图最小割实例

然而，标准的最小割方法倾向于切割出孤立的节点(如图8-6所示，虚线边为割边)，进而产生图像过分割问题。究其原因，主要是单个节点拥有的边数少，将这些边割掉容易满足割边权值之和最小的条件。

所以，在实际应用中使用的是归一化割而非最小割。接下来介绍归一化割的基本概念，然后给出对应的求解方法。

给定加权图 $G=(V,E)$，如果将 G 切分为 C、D 两个部分，其对应评价分数定义如下：

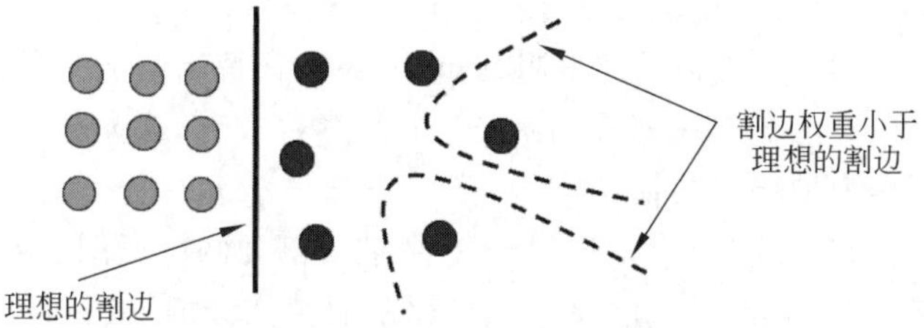

图 8-6　最小割算法倾向于切分出单个像素

$$\frac{\text{cut}(C,D)}{\text{assoc}(C,V)}+\frac{\text{cut}(C,D)}{\text{assoc}(D,V)} \tag{8-21}$$

其中，$\text{cut}(C,D)$表示图 G 中一端在 C、另一端在 D 的所有边的权重之和，$\text{assoc}(C,V)$表示一端在 C 中的所有边的权重之和，$\text{assoc}(D,V)$表示一端在 D 中的所有边的权重之和。式(8-21)的评价分数越低，对应的切分方案越好。在此情况下，C 和 D 之间的边主要是低权重的，而各自内部则包含更多高权重的边。因此，使得式(8-16)最小化的切分方案被认为是最优的，也被称为归一化割。

从式(8-21)中可以看出，如果子图 C 的节点数较少，则 $\text{assoc}(C,V)$的值倾向于偏小，导致式(8-21)第一项增大。因此，归一化割有效地避免了切分出孤立的节点。

接下来讨论归一化割的求解方法。

给定加权图 $G=(V,E)$，其对应的相似度矩阵为 $\boldsymbol{A}$，$\boldsymbol{A}_{i,j}$ 记录了图 G 中第 i 个节点和第 j 个节点的相似度。矩阵 $\boldsymbol{D}$ 表示次数矩阵(degree matrix)，其为一对角矩阵，对角元素为矩阵 $\boldsymbol{A}$ 中对应行的权重之和，即 $\boldsymbol{D}_{i,i}=\sum_{j=1}^{n}\boldsymbol{A}_{i,j}$。图像分割的目标是找到一个指示向量 $\boldsymbol{y}$，其每个分量 $y_i\in\{1,-b\}$对应 G 中的一个节点 $v_i\in V$，反映了当前节点被划分到的子图。

基于上述定义，通过一定的推导，归一化割的评分函数(8-21)可以写作

$$\frac{\boldsymbol{y}^{\mathrm{T}}(\boldsymbol{D}-\boldsymbol{A})\boldsymbol{y}}{\boldsymbol{y}^{\mathrm{T}}\boldsymbol{D}\boldsymbol{y}} \quad 并满足\ y_i\in\{1,-b\},\boldsymbol{y}^{\mathrm{T}}\boldsymbol{D}\mathbf{1}=0 \tag{8-22}$$

最小化式(8-22)是一个整数规划问题。但是，由于 $\boldsymbol{y}$ 的元素为离散值，使得直接最小化该式并不容易。理论上，可以通过测试每个可能的 $\boldsymbol{y}$ 来解决问题，但求解过程非常耗时，因为这涉及搜索一个与像素数量呈指数关系的空间。对于这类问题，常见的近似求解方法是计算使式(8-22)最小化的实向量 $\boldsymbol{y}$，然后通过对比阈值将元素分配到 1 或者 $-b$，进而获得近似解。这里的关键问题有两个：获得实向量，选择合适的阈值。

对于第一个问题，可以找寻满足下式的实向量 $\boldsymbol{y}$ 来获得

$$(\boldsymbol{D}-\boldsymbol{A})\boldsymbol{y}=\lambda\boldsymbol{D}\boldsymbol{y} \tag{8-23}$$

令 $\boldsymbol{z}=\boldsymbol{D}^{1/2}\boldsymbol{y}$，式(8-23)可写为

$$\boldsymbol{D}^{-\frac{1}{2}}(\boldsymbol{D}-\boldsymbol{A})\boldsymbol{D}^{-\frac{1}{2}}\boldsymbol{z}=\lambda\boldsymbol{z} \tag{8-24}$$

从式(8-24)不难发现，$\boldsymbol{z}$ 向量就是 $\boldsymbol{D}^{-\frac{1}{2}}(\boldsymbol{D}-\boldsymbol{A})\boldsymbol{D}^{-\frac{1}{2}}$ 的特征向量。但考虑到 $\boldsymbol{D}^{-\frac{1}{2}}(\boldsymbol{D}-\boldsymbol{A})\boldsymbol{D}^{-\frac{1}{2}}$ 的最小特征值是 0，其对应的特征向量为 $\boldsymbol{z}_0=\boldsymbol{D}^{1/2}\mathbf{1}$，并不是我们期望的解。所以，选择第二小特征值对应的特征向量作为 $\boldsymbol{z}$。然后通过 $\boldsymbol{y}=\boldsymbol{D}^{-1/2}\boldsymbol{z}$ 即可获得最终的 $\boldsymbol{y}$。

在实际应用中，$\boldsymbol{y}$ 向量的分量值通常不会是绝对的 1 或 0，因此，需要设定一个阈值 T，

将 $\boldsymbol{y}$ 向量的元素进行二值化。寻找适当的阈值并不特别困难。假设图 G 有 n 个节点,则 $\boldsymbol{y}$ 中有 n 个元素,最多有 n 个不同的值。如果用 ncut(v)表示在特定阈值 v 处的评分,即式(8-21)的计算结果;那么,ncut(v)的结果最多有 $n+1$ 个。然后,选择这 $n+1$ 个结果中 ncut(v)值最小的那个阈值 v,作为最终的阈值 T。

需要说明的是,经过一次归一化割操作,图 G 被切割为两个子图。而子图可再次调用归一化割,进行更细粒度的划分。因此,基于归一化割的图像分割算法通过多次嵌套调用归一化割来获得多个类别的划分。图 8-7 展示了使用归一化割算法进行分割的结果。

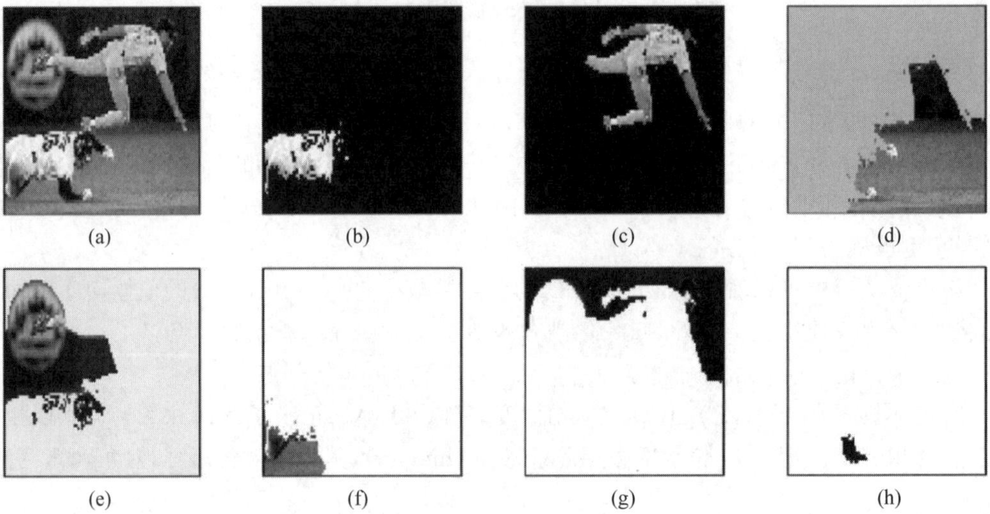

图 8-7 归一化割算法分割结果

(图(a)显示了尺寸为 80×100 的原始图像。图像强度被归一化为 0~1。图(b)~图(h)显示了 Ncut 值小于 0.04 的分区的组成部分[20])

小　　结

本章聚焦计算机视觉领域中的图像分割任务。首先深入探讨了格式塔理论,为图像分割算法的设计提供了指导。接着详细讨论了两种经典的图像分割方法——基于聚类和基于图的方法。这两种方法将分割任务视为不同的机器学习问题,并在不同场景中展现出各自的适用性。通过本章的学习,读者不仅能够理解图像分割任务的基本概念和理论,还能熟悉这两种重要方法的原理和应用,为解决实际应用中的图像分割问题奠定基础。读者可以根据具体任务的需求选择合适的图像分割方法,并设计出高效的分割算法。

习　　题

(1) 使用 K-means 算法进行图像聚类时,初始的 K 个质心怎么选择? K-means 算法每个点到质心的距离如何计算?

（2）使用 K-means 算法进行图像聚类时，将像素的位置信息加入特征向量之中，是否需要更改 K-means 算法中每个点到质心距离的计算公式？对结果有什么影响？

（3）编程题：基于 K-means 聚类算法实现对图像的聚类分割，要求尝试不同的初始 K 值和不同的距离计算公式，并对比结果的不同。

（4）在使用均值漂移算法的过程中，为什么要引入核函数？

（5）编程题：尝试使用均值漂移算法实现对图像的聚类分割，并且尝试在得到的结果基础上优化。

（6）编程题：在第（5）题完成图像分割的基础上，如何对图像中的轮廓进行提取？尝试实现这一过程。

（7）归一化割属于点对聚类，划分图之前，需要计算每个像素点与其他所有像素点的相似度。因此，随着分割图像尺寸的增大，算法复杂度会提高，如何对其进行改善？

（8）编程题：使用归一化割算法对图像进行分割，并与 K-means 聚类算法、mean shift 算法的分割结果进行对比。

第9章 目标跟踪

目标跟踪是指在图像序列中对运动目标进行连续监测、提取、识别,以获取目标的关键运动信息,如其位置、速度、加速度和轨迹等。在监控摄像头中,目标跟踪可以用于实时监测和记录特定区域内的人、车辆或其他对象的运动轨迹。在自动驾驶系统中,目标跟踪可以用于检测和追踪周围车辆、行人和其他障碍物。本章将介绍 3 种不同的实现目标跟踪的方法——光流法、卡尔曼滤波和粒子滤波。

9.1 基于光流的运动跟踪

本节主要探讨基于光流法的运动跟踪。光流的概念最早由 Gibson 在 20 世纪 40 年代首次提出[21]。物体的运动在图像中表现为像素亮度的瞬时变化,通过追踪这些亮度变化来推断物体在图像中的运动轨迹,将像素的瞬时速度定义为光流。所有像素的光流集合构成光流场。光流场以像素瞬时速度的矢量场形式表示,因此也被称为"二维速度场",如图 9-1 所示。

(a) t 时刻物体位置与光流矢量　　(b) t+1 时刻物体的位置

图 9-1　两个时刻的物体位置与光流矢量

三维物体的真实运动在图像上的投影称为运动场,它是由图像中每个像素点的运动矢量总和而成。理论上,光流场和运动场是相互对应的,然而在实际应用中,这两者并不完全等同。

由于图像中仅能观测到光流场,因此一般使用光流场来表征图像平面上的二维速度矢量场。尽管光流场未能完全准确地反映物体的运动状况,但在绝大多数情况下,它涵盖了被观测物体的运动信息,同时携带着丰富的三维结构信息。这使得光流场成为计算机视觉后续工作中的重要信息来源之一,用于详细描述物体的运动。图 9-2 为三维物体运动在二维平面的投影。因此,基于光流的运动跟踪在研究中极为重要。

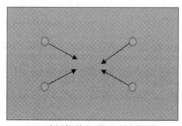

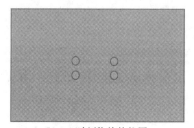

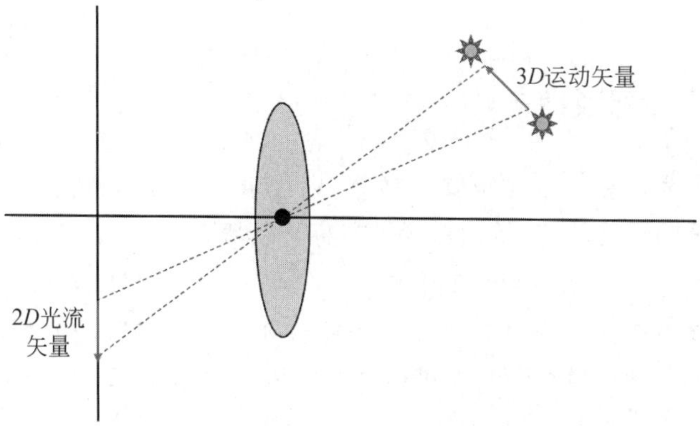

图 9-2　三维物体运动在二维平面的投影

9.1.1　光流计算基本等式

基于光流法的运动跟踪主要建立在以下两个假设的基础上。

① **亮度恒定**：图像场景中目标的像素在帧间运动时亮度保持不变。这是光流法的基本设定。

② **时间连续**：目标像素的运动随时间的变化比较缓慢。实际应用中指相邻两帧图像之间的时间间隔足够小，使得物体运动是连续而平滑的，不会出现瞬间的跳跃或突变。

根据光流法的两个假设，可以得到相应的光流计算等式。假设在时刻 t，图像上某一点 (x,y) 的亮度值为 $I(x,y,t)$。在 $t+\delta_t$ 时刻，该点经过运动到新的位置 $(x+\delta_x,y+\delta_y)$，其亮度值记作 $I(x+\delta_x,y+\delta_y,t+\delta_t)$。根据光流法的亮度恒定假设，像素点在运动前后所在位置的亮度保持不变，可得如下公式：

$$I(x,y,t)=I(x+\delta_x,y+\delta_y,t+\delta_t) \tag{9-1}$$

假设 $\boldsymbol{\mu}$、$\boldsymbol{v}$ 分别是光流沿着 X 轴和 Y 轴方向的速度矢量，将亮度恒定等式中的 $I(x+\delta_x,y+\delta_y,t+\delta_t)$ 进行泰勒展开，得到如下公式：

$$I(x+\delta_x,y+\delta_y,t+\delta_t)=I(x,y,t)+\frac{\partial I}{\partial x}\delta_x+\frac{\partial I}{\partial y}\delta_y+\frac{\partial I}{\partial t}\delta_t+\varepsilon \tag{9-2}$$

在式(9-2)中，ε 表示二阶无穷小，时间间隔趋于 0 时可以忽略，因此可以得到如下公式：

$$\frac{\partial I}{\partial x}\delta_x+\frac{\partial I}{\partial y}\delta_y+\frac{\partial I}{\partial t}\delta_t=0 \tag{9-3}$$

在该等式两边同时乘以 $\frac{1}{\delta_t}$，得到如下公式：

$$\frac{\partial I}{\partial x}\frac{\delta_x}{\delta_t}+\frac{\partial I}{\partial y}\frac{\delta_y}{\delta_t}+\frac{\partial I}{\partial t}\frac{\delta_t}{\delta_t}=0 \tag{9-4}$$

由于 $\boldsymbol{\mu}$、$\boldsymbol{v}$ 分别是光流沿着 X 轴和 Y 轴方向的速度矢量，故 $\boldsymbol{\mu}=\frac{\delta_x}{\delta_t}$，$\boldsymbol{v}=\frac{\delta_y}{\delta_t}$。则有如下公式：

$$\frac{\partial I}{\partial x}\boldsymbol{\mu}+\frac{\partial I}{\partial y}\boldsymbol{v}+\frac{\partial I}{\partial t}=0 \tag{9-5}$$

令 $I_x=\frac{\partial I}{\partial x}$，$I_y=\frac{\partial I}{\partial y}$，$I_t=\frac{\partial I}{\partial t}$，分别表示图像中像素点的亮度沿着 X、Y、T 三个方向的偏导

数。于是式(9-5)可以改写为

$$I_x\boldsymbol{\mu}+I_y\boldsymbol{v}=-I_t \tag{9-6}$$

式(9-6)称为光流计算的基本等式，写成矢量形式为

$$\nabla I\cdot\boldsymbol{V}=-I_t \tag{9-7}$$

其中$\nabla I=(I_x,I_y)^{\mathrm{T}}$表示亮度偏导矩阵的转置，$\boldsymbol{V}=(\boldsymbol{\mu},\boldsymbol{v})^{\mathrm{T}}$表示光流矢量。求解出光流矢量，就可以求出物体的运动轨迹，从而对运动目标进行跟踪。

公式$I_x\boldsymbol{\mu}+I_y\boldsymbol{v}=-I_t$有$\boldsymbol{\mu}$、$\boldsymbol{v}$两个未知量，仅仅依靠一个方程是无法唯一确定解的。要得到唯一的解，必须引入其他约束条件。在这种情况下，只能确定梯度方向的分量，即等亮度轮廓的法线分量。然而，沿着等亮度轮廓方向的切线分量却无法确定，这就是光流法面临的孔径问题，如图9-3所示。

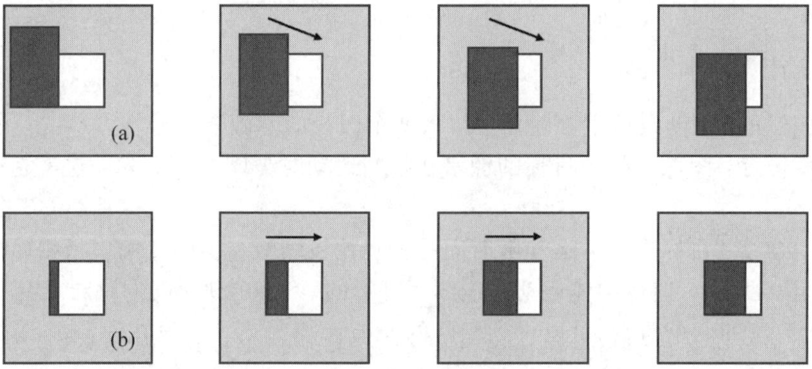

图 9-3　孔径问题

((a)图表示物体整个运动过程，(b)图表示在孔径中只能观测到物体向右运动，而不能观测到物体也在同步向下运行)

通过在不同的角度添加约束条件，可以有多种不同的光流计算方法。如果将图像的每个像素都与速度相关联，得到的是稠密光流。例如，Horn-Schunk方法通过引入平滑性约束来计算稠密光流场的运动。与此不同的是，稀疏光流仅跟踪指定的一组点，而不是所有像素点。这些指定的点可以是具有明显特征的点，如角点等。Lucas-Kanade算法通过引入空间一致性假设来计算稀疏光流场的运动。下面介绍稀疏光流的跟踪算法。

9.1.2　Lucas-Kanade 光流算法

Lucas-Kanade算法最早于1981年提出[22]，最初用于计算稠密光流场，随后，由于其能够方便用于跟踪图像中的一组点，逐渐被用来计算稀疏光流场。鉴于从基本等式直接解光流是一个不适定问题，Lucas-Kanade算法在处理光流计算基本等式时采用了空间一致性假设。

空间一致性假设：像素点相邻区域内的其他像素点具有相似的运动状态。

假设在该区域内有n个像素点，其中$n\geqslant 2$。在这个相对较小的空间邻域内，每个像素点的光流变化可以通过光流计算基本约束方程来表示，从而形成一个方程组。方程组中的方程数量等于该区域内的像素点数。

将该区域内每个像素点的光流计算基本等式组合成一个方程组，可以得到式(9-8)。

$$\begin{cases} I_{x_1}\boldsymbol{\mu} + I_{y_1}\boldsymbol{v} = -I_{t_1} \\ I_{x_2}\boldsymbol{\mu} + I_{y_2}\boldsymbol{v} = -I_{t_2} \\ \vdots \\ I_{x_n}\boldsymbol{\mu} + I_{y_n}\boldsymbol{v} = -I_{t_n} \end{cases} \tag{9-8}$$

在这组方程中，有光流矢量的两个未知量，但方程的数量大于或等于两个，因此可以使用最小二乘法获得一个近似解。将方程组表示为矩阵形式，如式(9-9)所示。

$$\begin{bmatrix} I_{x_1} & I_{y_1} \\ I_{x_2} & I_{y_2} \\ \vdots & \vdots \\ I_{x_n} & I_{y_n} \end{bmatrix} \begin{bmatrix} \boldsymbol{\mu} \\ \boldsymbol{v} \end{bmatrix} = \begin{bmatrix} -I_{t_1} \\ -I_{t_2} \\ \vdots \\ -I_{t_n} \end{bmatrix} \tag{9-9}$$

将该矩阵形式的方程记作 $\boldsymbol{AV} = -\boldsymbol{b}$，采用最小二乘法求解该方程组，得到如下公式：

$$\boldsymbol{A}^{\mathrm{T}}\boldsymbol{AV} = \boldsymbol{A}^{\mathrm{T}}(-\boldsymbol{b}) \tag{9-10}$$

式(9-10)中的 $\boldsymbol{A}^{\mathrm{T}}\boldsymbol{A}$ 可以写为如下公式：

$$\boldsymbol{A}^{\mathrm{T}}\boldsymbol{A} = \begin{bmatrix} \sum_{i=1}^{n} I_{x_i}^2 & \sum_{i=1}^{n} I_{x_i} I_{y_i} \\ \sum_{i=1}^{n} I_{x_i} I_{y_i} & \sum_{i=1}^{n} I_{y_i}^2 \end{bmatrix} \tag{9-11}$$

当矩阵是非奇异矩阵且图像中的像素点存在 X 轴和 Y 轴方向的偏导数时，可以获得解析解，如式(9-12)所示。

$$\boldsymbol{V} = (\boldsymbol{A}^{\mathrm{T}}\boldsymbol{A})^{-1}\boldsymbol{A}^{\mathrm{T}}(-\boldsymbol{b}) \tag{9-12}$$

得到的光流矢量如式(9-13)所示。

$$\begin{bmatrix} \boldsymbol{\mu} \\ \boldsymbol{v} \end{bmatrix} = \begin{bmatrix} \sum_{i=1}^{n} I_{x_i}^2 & \sum_{i=1}^{n} I_{x_i} I_{y_i} \\ \sum_{i=1}^{n} I_{x_i} I_{y_i} & \sum_{i=1}^{n} I_{y_i}^2 \end{bmatrix}^{-1} \begin{bmatrix} -\sum_{i=1}^{n} I_{x_i} I_{t_i} \\ -\sum_{i=1}^{n} I_{y_i} I_{t_i} \end{bmatrix} \tag{9-13}$$

这就是 Lucas-Kanade 算法求解光流矢量的全过程。

在存在噪声的情况下，Lucas-Kanade 光流算法表现出相对较好的鲁棒性。然而，从光流求解的公式中可以看出，如果选取了图像中亮度梯度为零的区域，Lucas-Kanade 算法将不再适用。在其他区域，如果矩阵的特征值过小，仍然可能存在孔径问题。因此，在实际应用中，为了确保$(\boldsymbol{A}^{\mathrm{T}}\boldsymbol{A})^{-1}$的稳定性，以防其特征值太小，选择图像空间区域时应优先选择角点(如 Harris 角点)来计算。

此外，算法的约束条件，如小运动、亮度不变和空间一致性，都是相对严格的假设，不容易满足。例如，如果物体的运动速度过快，这些假设就不成立，从而导致计算得到的光流向量误差较大。因此，有必要对 Lucas-Kanade 光流算法进行一些改进。

在 Lucas-Kanade 光流算法的基础上引入图像金字塔，当物体的运动速度较快时，算法可能会产生较大的误差，因此要减小图像中物体的速度。其中一个直观的方法是缩小图像的尺寸。如果初始图像大小为 400×400，且速度为[12,12]，那么当图像缩小到 100×100

时，则速度减小为[3,3]。因此，对生成的原始图像的金字塔图像逐层求解，就可以不断提高光流的精确性。

引入图像金字塔的运动跟踪方法如下：首先，在图像金字塔的最高层计算光流，然后将这一层得到的结果作为下一层金字塔的输入，如此反复计算，直到达到图像金字塔的最底层。这种方法有助于减轻由小尺度运动引发的问题，使得运动跟踪更为稳健。

从图 9-4 中可以看出，随着层数 k 的增加，分辨率也逐渐提高，原始图像具有最高的分辨率。假设在第 k 层的计算结果为 $d\boldsymbol{V}_k=(d\boldsymbol{\mu}_k, d\boldsymbol{v}_k)^T$，在第 0 层上的初始值为 $\boldsymbol{V}_0=(\boldsymbol{\mu}_0, \boldsymbol{v}_0)^T$，然后开始计算，第 0 层的计算结果为 $d\boldsymbol{V}_0=(d\boldsymbol{\mu}_0, d\boldsymbol{v}_0)^T$。将其与初始值 $\boldsymbol{V}_0$ 相加，即可得到下一层计算的初始值 $\boldsymbol{V}_1=(\boldsymbol{\mu}_1, \boldsymbol{v}_1)^T=\boldsymbol{V}_0+d\boldsymbol{V}_0$。然后将这一初始值代入下一层进行光流计算，如此迭代进行，一直到达分辨率最高的那一层。迭代的具体公式如式(9-14)所示：

$$\boldsymbol{V}_k=\boldsymbol{V}_{k-1}+d\boldsymbol{V}_{k-1}=(\boldsymbol{\mu}_{k-1}+d\boldsymbol{\mu}_{k-1}, \boldsymbol{v}_{k-1}+d\boldsymbol{v}_{k-1})^T \tag{9-14}$$

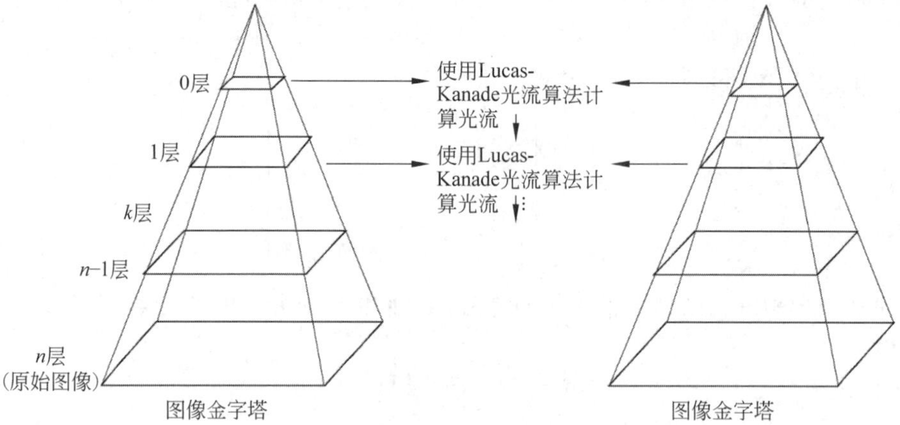

图 9-4 金字塔 Lucas-Kanade 光流算法

（首先在金字塔顶层计算光流，在上一层估计的运动作为下一层的起始点，逐层求解，直到最底层[22]）

使用金字塔 Lucas-Kanade 光流算法，可以解决原始图像中位移尺度带来的问题。在不同分辨率下计算时，人们通常会减小光流的位移量，从而提高在大位移尺度下的光流计算准确性。改进后的算法最明显的优点在于，每一层的光流都能被有效地保持在较小范围内，但最终计算得到的光流可以累积，便于有效地跟踪特征点。金字塔 Lucas-Kanade 光流算法的跟踪效果如图 9-5 所示。

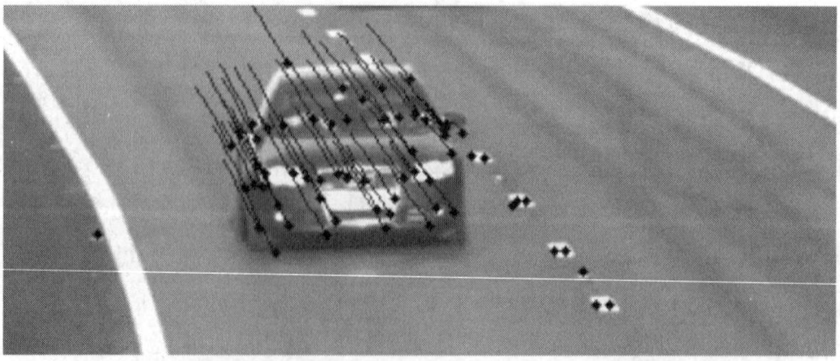

图 9-5 基于金字塔 Lucas-Kanade 光流算法的跟踪效果

至此，有关稀疏光流场的求解方法 Lucas-Kanade 光流算法讲解完成。在目标跟踪领域，基于 Lucas-Kanade 光流算法的跟踪一直被认为是经典的目标跟踪算法。它能够可视化运动对象的轨迹和运动方向，同时也是一种简单、实时高效的跟踪算法。在监控和视频跟踪领域得到了广泛应用。

9.2　卡尔曼滤波

9.1 节介绍了基于光流算法的目标跟踪，它主要依赖计算两帧图像之间的差异来进行目标跟踪。本节将重点讲解基于动态模型的目标跟踪方法，引入滤波算法。滤波算法主要包括卡尔曼滤波法和粒子滤波法。与光流法不同，滤波法是基于当前目标的状态来预测目标的下一个状态，从而实现目标的跟踪效果。

9.2.1　贝叶斯滤波器

贝叶斯滤波是一种概率推断的方法，在贝叶斯框架下将预测信息与带有噪声的观测信息融合，以实现对目标状态的估计，这一过程称为贝叶斯滤波。在这个过程中，预测信息记录了目标状态的先验知识，而观测信息则表示目标状态的似然。

如图 9-6 所示，假设感兴趣目标在第 i 帧的状态为 $\boldsymbol{x}_i$，观测状态为 $\boldsymbol{y}_i$。贝叶斯滤波主要通过以下两步完成。

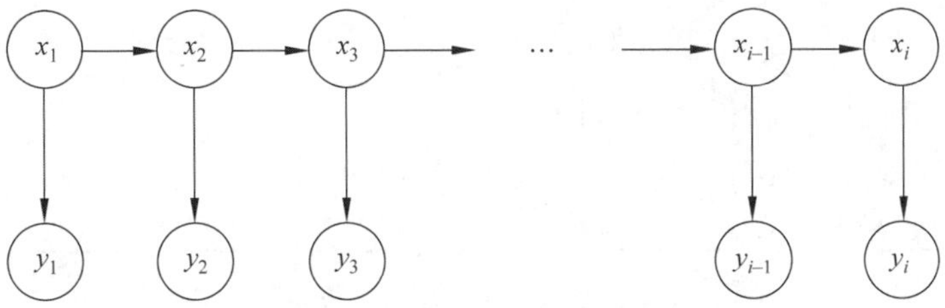

图 9-6　物体的真实状态与观测状态关系图

① 预测。根据前面 $i-1$ 帧的观测 $\boldsymbol{y}_1,\boldsymbol{y}_2,\cdots,\boldsymbol{y}_{i-1}$（本书简写为 $\boldsymbol{y}_{1:i-1}$），预测目标在 i 帧的状态 $\boldsymbol{x}_i$，即求解状态 $\boldsymbol{x}_t$ 的先验分布 $p(\boldsymbol{x}_t|\boldsymbol{y}_{1:i-1})$。

② 更新。依据 t 时刻的观测 $\boldsymbol{y}_t$ 与预测步骤得到的先验分布 $p(\boldsymbol{x}_t|\boldsymbol{y}_{1:i-1})$，计算 $\boldsymbol{x}_t$ 的后验分布 $p(\boldsymbol{x}_t|\boldsymbol{y}_{1:i})$。

详细讨论预测步骤和更新步骤的具体计算方法之前，需要先明确贝叶斯滤波器依赖的两个基本假设。

① 齐次马尔可夫性假设。即假设目标任意时刻 i 的状态只依赖其前一时刻的状态，与其他时刻的状态及观测无关，也与时刻 i 无关，即

$$p(\boldsymbol{x}_i \mid \boldsymbol{x}_{1:i-1},\boldsymbol{y}_{1:i-1})=p(\boldsymbol{x}_i \mid \boldsymbol{x}_{i-1}) \tag{9-15}$$

② 观测独立性假设。即假设任意时刻的观测只依赖该时刻的目标状态，与其他观测及状态无关，即

$$p(\boldsymbol{y}_i \mid \boldsymbol{x}_{1:i},\boldsymbol{y}_{1:i-1})=p(\boldsymbol{y}_i \mid \boldsymbol{x}_i) \tag{9-16}$$

基于上述假设，可以将预测与更新问题转换成递归推断问题。具体来说，对于先验

分布：

$$p(\boldsymbol{x}_i \mid \boldsymbol{y}_{1:i-1}) = \int p(\boldsymbol{x}_i, \boldsymbol{x}_{i-1} \mid \boldsymbol{y}_{1:i-1}) \mathrm{d}\boldsymbol{x}_{i-1} \tag{9-17}$$

$$= \int p(\boldsymbol{x}_i \mid \boldsymbol{x}_{i-1}) p(\boldsymbol{x}_{i-1} \mid \boldsymbol{y}_{1:i-1}) \mathrm{d}\boldsymbol{x}_{i-1} \tag{9-18}$$

其中，$p(\boldsymbol{x}_{i-1} | \boldsymbol{y}_{1:i-1})$为上一时刻目标状态的后验概率，$p(\boldsymbol{x}_i | \boldsymbol{x}_{i-1})$为状态转移概率。对于后验分布，利用前述假设可得

$$p(\boldsymbol{x}_i \mid \boldsymbol{y}_{1:i}) = p(\boldsymbol{x}_i \mid \boldsymbol{y}_{1:i-1}, \boldsymbol{y}_i) \tag{9-19}$$

$$= \frac{p(\boldsymbol{y}_i \mid \boldsymbol{x}_i) p(\boldsymbol{x}_i \mid \boldsymbol{y}_{1:i-1}) p(\boldsymbol{y}_{1:i-1})}{p(\boldsymbol{y}_{1:i})} \tag{9-20}$$

$$= \frac{p(\boldsymbol{y}_i \mid \boldsymbol{x}_i) p(\boldsymbol{x}_i \mid \boldsymbol{y}_{1:i-1})}{p(\boldsymbol{y}_i \mid \boldsymbol{y}_{1:i-1})} \tag{9-21}$$

$$= \frac{p(\boldsymbol{y}_i \mid \boldsymbol{x}_i) p(\boldsymbol{x}_i \mid \boldsymbol{y}_{1:i-1})}{\int p(\boldsymbol{y}_i \mid \boldsymbol{x}_i) p(\boldsymbol{x}_i \mid \boldsymbol{y}_{1:i-1}) \mathrm{d}x_i} \tag{9-22}$$

其中，$p(\boldsymbol{y}_i | \boldsymbol{x}_i)$为观测概率，$p(\boldsymbol{x}_i | \boldsymbol{y}_{1:i-1})$为状态的预测，即状态的先验。贝叶斯滤波算法如下所示。

贝叶斯滤波算法

输入：前面 $i-1$ 帧的观测 $y_1, y_2, \cdots, y_{i-1}$。

输出：$p(\boldsymbol{x}_i | \boldsymbol{y}_{1:i})$

1：　对于所有 x_i：

2：　$p(\boldsymbol{x}_i \mid \boldsymbol{y}_{1:i-1}) = \int p(\boldsymbol{x}_i \mid \boldsymbol{x}_{i-1}) p(\boldsymbol{x}_{i-1} \mid \boldsymbol{y}_{1:i-1}) \mathrm{d}\boldsymbol{x}_{i-1}$

3：　$p(\boldsymbol{x}_i | \boldsymbol{y}_{1:i}) = p(\boldsymbol{y}_i | \boldsymbol{x}_i) p(\boldsymbol{x}_i | \boldsymbol{y}_{1:i-1})$

4：　输出 $p(\boldsymbol{x}_i | \boldsymbol{y}_{1:i})$。

9.2.2 动态模型

基于齐次马尔可夫假设和观测独立性假设，可以得到以下动态模型：

$$\boldsymbol{x}_i = f_i(\boldsymbol{x}_{i-1}, \boldsymbol{q}_{i-1}) \tag{9-23}$$

$$\boldsymbol{y}_i = g_i(\boldsymbol{x}_i, \boldsymbol{r}_i) \tag{9-24}$$

其中 f_i 和 g_i 分别表示状态转移函数和观测函数，$\boldsymbol{q}_{i-1}$ 和 $\boldsymbol{r}_i$ 分别表示状态转移过程中和观测过程中的噪声。

9.2.3 卡尔曼滤波

当状态转移函数与观测函数为线性函数，且状态和噪声都服从高斯分布时，则可以通过解析解的方法获得 $p(\boldsymbol{x}_i | \boldsymbol{y}_{1:i-1})$与 $p(\boldsymbol{x}_i | \boldsymbol{y}_{1:i})$，即卡尔曼滤波器[23]。

① 状态转移概率 $p(\boldsymbol{x}_i | \boldsymbol{x}_{i-1})$为带有随机高斯噪声的参数的线性函数，其形式如下：

$$\boldsymbol{x}_i = \boldsymbol{D}_i \boldsymbol{x}_{i-1} + \boldsymbol{q}_{i-1}, \quad \boldsymbol{q}_{i-1} \sim N(0, Q_{i-1}) \tag{9-25}$$

其中，$\boldsymbol{x}_i$ 和 $\boldsymbol{x}_{i-1}$为状态向量，$\boldsymbol{D}_i$ 为 $n \times n$ 的方阵，n 为状态向量的维数。$\boldsymbol{q}_{i-1}$为高斯随机向

量，表示由状态引入的不确定性。其维数与状态向量维数相同，均值为 0，方差用 Q_{i-1} 表示。

② 观测概率 $p(\boldsymbol{y}_i|\boldsymbol{x}_i)$ 也与带有高斯噪声的自变量呈线性关系，其形式如下：

$$\boldsymbol{y}_i=\boldsymbol{M}_i\boldsymbol{x}_i+\boldsymbol{r}_i,\quad \boldsymbol{r}_i\sim N(0,R_i) \tag{9-26}$$

其中，$\boldsymbol{y}_i$ 为 m 维的观测向量，$\boldsymbol{M}_i$ 为 $n\times m$ 的矩阵，向量 $\boldsymbol{r}_i$ 为观测噪声。$\boldsymbol{r}_i$ 服从矩阵为 0、方差为 R_i 的高斯分布。

$p(\boldsymbol{x}_i|\boldsymbol{y}_{1:i-1})$ 服从高斯分布，其均值记作 $\bar{\boldsymbol{x}}_i^-$，方差为 P_i^-，即 $p(\boldsymbol{x}_i|\boldsymbol{y}_{1:i-1})=N(\bar{\boldsymbol{x}}_i^-,P_i^-)$；同时，$p(\boldsymbol{x}_i|\boldsymbol{y}_{1:i})$ 也服从高斯分布，其均值与方差分别记为 $\bar{\boldsymbol{x}}_i^+$ 和 P_i^+，即 $p(\boldsymbol{x}_i|\boldsymbol{y}_{1:i})=N(\bar{\boldsymbol{x}}_i^+,P_i^+)$。状态的真实值记为 $\bar{\boldsymbol{x}}_i$。令 $\boldsymbol{e}_i^-=\bar{\boldsymbol{x}}_i-\bar{\boldsymbol{x}}_i^-$，$\boldsymbol{e}_i^+=\bar{\boldsymbol{x}}_i-\bar{\boldsymbol{x}}_i^+$，分别表示先验状态误差和后验状态误差；$\boldsymbol{e}_i^-$ 和 $\boldsymbol{e}_i^+$ 也服从高斯分布，且 $\boldsymbol{e}_i^-\sim N(0,\Sigma_i^-)$，$\Sigma_i^-=E[\boldsymbol{e}_i^-(\boldsymbol{e}_i^-)^{\mathrm{T}}]$，$\boldsymbol{e}_i^+\sim N(0,\Sigma_i^+)$，$\Sigma_i^+=E[\boldsymbol{e}_i^+(\boldsymbol{e}_i^+)^{\mathrm{T}}]$。则卡尔曼滤波算法描述如下所示。

卡尔曼滤波算法

输入：$[\bar{\boldsymbol{x}}_{i-1}^+,\Sigma_{i-1}^+,\boldsymbol{M}_i,\boldsymbol{D}_i,Q_{i-1},R_i]$。

输出：$\bar{\boldsymbol{x}}_i^+,\Sigma_i^+$

1：$\bar{\boldsymbol{x}}_i^-=\boldsymbol{D}_i\bar{\boldsymbol{x}}_{i-1}^+$；

2：$\Sigma_i^-=\boldsymbol{D}_i\Sigma_{i-1}^+\boldsymbol{D}_i^{\mathrm{T}}+Q_{i-1}$

3：$K_i=\Sigma_i^-M_i^{\mathrm{T}}(\boldsymbol{M}_i\Sigma_i^-\boldsymbol{M}_i^{\mathrm{T}}+R_i)^{-1}$

4：$\bar{\boldsymbol{x}}_i^+=\bar{\boldsymbol{x}}_i^-+K_i[\boldsymbol{y}_i-\boldsymbol{M}_i\bar{\boldsymbol{x}}_i^-]$

5：$\Sigma_i^+=(I-K_i\boldsymbol{M}_i)\Sigma_i^-$

下面将提供卡尔曼滤波的数学推导过程。

在卡尔曼滤波算法中，步骤 1 的公式为 $\bar{\boldsymbol{x}}_i^-=\boldsymbol{D}_i\bar{\boldsymbol{x}}_{i-1}^+$，这一推导可以通过滤波问题的预测公式以及线性模型的性质得出。

步骤 2 推导如下。

$$\boldsymbol{e}_i^-=\bar{\boldsymbol{x}}_i-\bar{\boldsymbol{x}}_i^-=(\boldsymbol{D}_i\bar{\boldsymbol{x}}_{i-1}+\boldsymbol{q}_{i-1})-(\boldsymbol{D}_i\bar{\boldsymbol{x}}_{i-1}^+) \tag{9-27}$$

$$=\boldsymbol{D}_i(\bar{\boldsymbol{x}}_{i-1}-\bar{\boldsymbol{x}}_{i-1}^+)+\boldsymbol{q}_{i-1}=\boldsymbol{D}_i\boldsymbol{e}_{i-1}^++\boldsymbol{q}_{i-1} \tag{9-28}$$

则有

$$\boldsymbol{\Sigma}_i^-=E[\boldsymbol{e}_i^-(\boldsymbol{e}_i^-)^{\mathrm{T}}]=E[(\boldsymbol{D}_i\boldsymbol{e}_{i-1}^++\boldsymbol{q}_{i-1})(\boldsymbol{D}_i\boldsymbol{e}_{i-1}^++\boldsymbol{q}_{i-1})^{\mathrm{T}}] \tag{9-29}$$

$$=E[(\boldsymbol{D}_i\boldsymbol{e}_{i-1}^+)(\boldsymbol{D}_i\boldsymbol{e}_{i-1}^+)^{\mathrm{T}}]+E[(\boldsymbol{q}_{i-1})(\boldsymbol{q}_{i-1})^{\mathrm{T}}] \tag{9-30}$$

$$=E[\boldsymbol{D}_i\boldsymbol{e}_{i-1}^+(\boldsymbol{e}_{i-1}^+)^{\mathrm{T}}\boldsymbol{D}_i^{\mathrm{T}}]+E[(\boldsymbol{q}_{i-1})(\boldsymbol{q}_{i-1})^{\mathrm{T}}]=\boldsymbol{D}_i\boldsymbol{\Sigma}_{i-1}^+\boldsymbol{D}_i^{\mathrm{T}}+Q_{i-1} \tag{9-31}$$

步骤 4 的公式为 $\bar{\boldsymbol{x}}_i^+=\bar{\boldsymbol{x}}_i^-+K_i[\boldsymbol{y}_i-\boldsymbol{M}_i\bar{\boldsymbol{x}}_i^-]$，这一推导可以通过滤波问题中的更新公式得到。

步骤 3 的公式推导如下：

$$\bar{\boldsymbol{x}}_i^+=\bar{\boldsymbol{x}}_i^-+K_i[\boldsymbol{y}_i-\boldsymbol{M}_i\bar{\boldsymbol{x}}_i^-]=\bar{\boldsymbol{x}}_i^-+K_i[\boldsymbol{M}_i\bar{\boldsymbol{x}}_i+\boldsymbol{r}_i-\boldsymbol{M}_i\bar{\boldsymbol{x}}_i^-] \tag{9-32}$$

两边同时减去 $\bar{\boldsymbol{x}}_i$，得到

$$\bar{\boldsymbol{x}}_i^+-\bar{\boldsymbol{x}}_i=\bar{\boldsymbol{x}}_i^--\bar{\boldsymbol{x}}_i+K_i\boldsymbol{M}_i(\bar{\boldsymbol{x}}_i-\bar{\boldsymbol{x}}_i^-)+K_i\boldsymbol{r}_i \tag{9-33}$$

则有

$$e_i^+ = (I - K_i\boldsymbol{M}_i)e_i^- + K_i\boldsymbol{r}_i \tag{9-34}$$

由 $\boldsymbol{\Sigma}_i^+ = E[\boldsymbol{e}_i^+(\boldsymbol{e}_i^+)^{\mathrm{T}}]$，则有

$$\boldsymbol{\Sigma}_i^+ = E[\boldsymbol{e}_i^+(\boldsymbol{e}_i^+)^{\mathrm{T}}] = (I - K_i\boldsymbol{M}_i)\boldsymbol{\Sigma}_i^-(I - K_i\boldsymbol{M}_i)^{\mathrm{T}} + K_iR_iK_i^{\mathrm{T}} \tag{9-35}$$

$$= \boldsymbol{\Sigma}_i^- - K_i\boldsymbol{M}_i\boldsymbol{\Sigma}_i^- - \boldsymbol{\Sigma}_i^-\boldsymbol{M}_i^{\mathrm{T}}K_i^{\mathrm{T}} + K_i(\boldsymbol{M}_i\boldsymbol{\Sigma}_i^-\boldsymbol{M}_i^{\mathrm{T}} + R_i)K_i^{\mathrm{T}} \tag{9-36}$$

该公式的目标是最小化估计值与真实值之间的误差，换句话说，它旨在使误差满足正态分布，并且期望误差的方差越小越好。这可以转化为期望误差的协方差矩阵的迹尽量小，也就是协方差的迹越小越好。在继续推导之前，首先介绍两个矩阵的迹求导公式：

$$\frac{\partial \mathrm{tr}(\boldsymbol{AB})}{\partial \boldsymbol{A}} = \boldsymbol{B}^{\mathrm{T}} \qquad \frac{\partial \mathrm{tr}(\boldsymbol{ABA}^{\mathrm{T}})}{\partial \boldsymbol{A}} = 2\boldsymbol{AB}$$

通过对卡尔曼增益求导并令其导数等于零，可以得到以下结果，其中 Σ_i^+ 代表协方差的迹：

$$\frac{\partial \mathrm{tr}(\Sigma_i^+)}{\partial K_i} = -2(\Sigma_i^-\boldsymbol{M}_i^{\mathrm{T}}) + 2K_i(\boldsymbol{M}_i\Sigma_i^-\boldsymbol{M}_i^{\mathrm{T}} + R_i) = 0 \tag{9-37}$$

$$K_i = \Sigma_i^-\boldsymbol{M}_i^{\mathrm{T}}(\boldsymbol{M}_i\Sigma_i^-\boldsymbol{M}_i^{\mathrm{T}} + R_i)^{-1} \tag{9-38}$$

步骤 3 的推导已完成。这里，K_i 代表卡尔曼增益，它是卡尔曼滤波器的核心要素。其实质是模型预测误差与观测误差的比值，取值范围为 $0 \sim \boldsymbol{M}_i^{-1}$。

接下来进行步骤 5 的推导，具体如下。

$$\Sigma_i^+ = E[\boldsymbol{e}_i^+(\boldsymbol{e}_i^+)^{\mathrm{T}}] = (I - K_i\boldsymbol{M}_i)\Sigma_i^-(I - K_i\boldsymbol{M}_i)^{\mathrm{T}} + K_iR_iK_i^{\mathrm{T}} \tag{9-39}$$

$$= \Sigma_i^- - K_i\boldsymbol{M}_i\Sigma_i^- - \Sigma_i^-\boldsymbol{M}_i^{\mathrm{T}}K_i^{\mathrm{T}} + K_i(\boldsymbol{M}_i\Sigma_i^-\boldsymbol{M}_i^{\mathrm{T}} + R_i)K_i^{\mathrm{T}} \tag{9-40}$$

将 $K_i = \Sigma_i^-\boldsymbol{M}_i^{\mathrm{T}}(\boldsymbol{M}_i\Sigma_i^-\boldsymbol{M}_i^{\mathrm{T}} + R_i)^{-1}$ 代入式(9-40)，可得步骤 5 的公式

$$\Sigma_i^+ = (I - K_i\boldsymbol{M}_i)\Sigma_i^- \tag{9-41}$$

以上就是卡尔曼滤波的简要推导过程。回顾整个算法，$\bar{\boldsymbol{x}}_i^+$ 的计算公式 $\bar{\boldsymbol{x}}_i^+ = \bar{\boldsymbol{x}}_i^- + K_i[\boldsymbol{y}_i - \boldsymbol{M}_i\bar{\boldsymbol{x}}_i^-]$，该公式表示了预测值加上一个修正项。而这个修正项是卡尔曼增益与残差的乘积。正如刚刚分析的，卡尔曼增益的取值范围为 $0 \sim \boldsymbol{M}_i^{-1}$。因此，当卡尔曼增益较大且接近 $\boldsymbol{M}_i^{-1}$ 时，更新结果将趋近观测结果本身，预测结果将不再占主导地位；而当卡尔曼增益接近 0 时，更新结果将趋近预测值本身，观测数据的影响将不那么显著。当卡尔曼增益处于 $0 \sim \boldsymbol{M}_i^{-1}$ 时，更新结果是预测结果与观测结果按权重加权后的结果。

再来看协方差的更新公式：$\Sigma_i^+ = (I - K_i\boldsymbol{M}_i)\Sigma_i^-$。当卡尔曼增益不为 0 时，协方差会逐渐减小。这是因为获得了新的观测信息，从而减少了不确定性。

9.3 粒子滤波

卡尔曼滤波是基于贝叶斯滤波理论，引入了高斯线性模型的思想而发展起来的。然而，在实际应用中，大多数场景都是非线性的情况，预测结果也未必服从高斯分布。针对这种情形，本节将探讨粒子滤波的概念和应用。粒子滤波在处理非线性和非高斯分布情况下表现出色，其核心思想是通过大量的随机抽样实验，为每个实验状态分配适当的权重，从而根据权重调整方向进行跟踪。

9.3.1 非线性模型

在贝叶斯滤波模型的过程中,概率通常是难以直接计算的。因此,在卡尔曼滤波中,引入了线性高斯模型的假设,因此能够得到解析解。然而,在实际应用中,很多情况下并不满足线性假设,因此需要引入非线性模型。对于非线性模型,动态模型也会相应地改变,具体表达如下:

$$\boldsymbol{x}_i = f(\boldsymbol{x}_{i-1}) + \boldsymbol{q}_{i-1}, \quad \boldsymbol{q}_{i-1} \sim N(0, Q) \tag{9-42}$$

$$\boldsymbol{y}_i = h(\boldsymbol{x}_i) + \boldsymbol{r}_i, \quad \boldsymbol{r}_i \sim N(0, R) \tag{9-43}$$

这里,函数 f 和函数 h 是非线性函数,而在非线性模型的情况下,$p(\boldsymbol{x}_i | \boldsymbol{y}_1, \boldsymbol{y}_2, \cdots, \boldsymbol{y}_{i-1})$,$p(\boldsymbol{x}_i | \boldsymbol{y}_1, \boldsymbol{y}_2, \cdots, \boldsymbol{y}_{i-1}, \boldsymbol{y}_i)$和 $p(\boldsymbol{y}_i | \boldsymbol{x}_i)$通常不再服从高斯分布。在这种情况下,贝叶斯滤波问题转变为粒子滤波问题。

9.3.2 重要性采样

在贝叶斯滤波中,预测公式可表述为

$$p(\boldsymbol{x}_i \mid \boldsymbol{y}_1, \boldsymbol{y}_2, \cdots, \boldsymbol{y}_{i-1}) = \int p(\boldsymbol{x}_i \mid \boldsymbol{x}_{i-1}) p(\boldsymbol{x}_{i-1} \mid \boldsymbol{y}_1, \boldsymbol{y}_2, \cdots, \boldsymbol{y}_{i-1}) \mathrm{d}\boldsymbol{x}_{i-1} \tag{9-44}$$

在粒子滤波中,该公式可通过状态函数 f 来计算预测结果,即 $\boldsymbol{x}_i = f(\boldsymbol{x}_{i-1}) + \boldsymbol{q}_{i-1}$。而对于更新公式

$$p(\boldsymbol{x}_i \mid \boldsymbol{y}_1, \boldsymbol{y}_2, \cdots, \boldsymbol{y}_{i-1}, \boldsymbol{y}_i) = \frac{p(\boldsymbol{y}_i \mid \boldsymbol{x}_i) p(\boldsymbol{x}_i \mid \boldsymbol{y}_1, \boldsymbol{y}_2, \cdots, \boldsymbol{y}_{i-1})}{\int p(\boldsymbol{y}_i \mid \boldsymbol{x}_i) p(\boldsymbol{x}_i \mid \boldsymbol{y}_1, \boldsymbol{y}_2, \cdots, \boldsymbol{y}_{i-1}) \mathrm{d}\boldsymbol{x}_i} \tag{9-45}$$

由于非线性高斯模型的限制,直接使用积分的方法来求解后验概率是不现实的。因此,粒子滤波算法采用采样方法来求解 $p(\boldsymbol{x}_i | \boldsymbol{y}_1, \boldsymbol{y}_2, \cdots, \boldsymbol{y}_{i-1}, \boldsymbol{y}_i)$。采样是统计学中常用的一种操作,例如,用于计算某随机变量 $\boldsymbol{x}$ 的某个函数的期望:

$$E_{\boldsymbol{x} \sim p(\boldsymbol{x})}[f(\boldsymbol{x})] = \int p(\boldsymbol{x}) f(\boldsymbol{x}) \mathrm{d}\boldsymbol{x} \tag{9-46}$$

其中,$p(\boldsymbol{x})$是 $\boldsymbol{x}$ 的概率密度函数,即 $\boldsymbol{x} \sim p(\boldsymbol{x})$。

如果 $f(\boldsymbol{x})$函数及 $p(\boldsymbol{x})$分布比较简单,通常情况下,可以通过积分方法直接求解上述期望,即获得解析解。但是当函数 $f(\boldsymbol{x})$较为复杂时,很难通过解析方法来计算上述积分。在这种情况下,可以采用蒙特卡罗法,即对分布 $p(\boldsymbol{x})$进行大量的随机采样,然后利用以下公式来近似计算期望:

$$E_{\boldsymbol{x} \sim p(\boldsymbol{x})}[f(\boldsymbol{x})] = \frac{1}{N} \sum_{i=1}^{N} f(\boldsymbol{x}^{(k)}) \tag{9-47}$$

在式(9-47)中,$\boldsymbol{x}^{(k)}\{k=1,2,\cdots,N\}$ 独立采样自分布 $p(\boldsymbol{x})$。通过大数定理可知,当采样量足够大时,采样的样本可以无限接近原分布,采用蒙特卡罗方法获得的期望估计值也可以无限接近真实值。

当概率分布 $p(\boldsymbol{x})$简单且容易进行采样时,上述方法可以有效地近似计算期望。然而,在许多实际应用中,$p(\boldsymbol{x})$分布通常较为复杂,甚至有时候连概率密度函数都难以明确定义。在这种情况下,解决期望计算的关键问题变成了如何进行采样。

本节将介绍一种常用的统计采样技术——重要性采样,它主要用于难以直接采样原始分布的情况。假设 $q(\boldsymbol{x})$ 是一个简单且容易采样的概率密度函数,其定义域与 $p(\boldsymbol{x})$ 相同。接下来,对期望计算公式进行如下变换:

$$E_{x\sim p(x)}[f(\boldsymbol{x})]=\int f(\boldsymbol{x})p(\boldsymbol{x})\mathrm{d}\boldsymbol{x}=\int f(\boldsymbol{x})\frac{p(\boldsymbol{x})}{q(\boldsymbol{x})}q(\boldsymbol{x})\mathrm{d}\boldsymbol{x} \tag{9-48}$$

$$=E_{x\sim q(x)}\left[f(\boldsymbol{x})\frac{p(\boldsymbol{x})}{q(\boldsymbol{x})}\right] \tag{9-49}$$

$$\approx\frac{1}{N}\sum_{i=1}^{N}f(\boldsymbol{x}^{(k)})\frac{p(\boldsymbol{x}^{(k)})}{q(\boldsymbol{x}^{(k)})} \tag{9-50}$$

此处,$\boldsymbol{x}^{(k)}\sim q(\boldsymbol{x})$。

通过上述推导可以看出,原本针对概率分布 $p(\boldsymbol{x})$ 进行采样以求得函数 $f(\boldsymbol{x})$ 的期望,可以通过对概率分布 $q(\boldsymbol{x})$ 进行采样,然后求解 $f(\boldsymbol{x})\dfrac{p(\boldsymbol{x})}{q(\boldsymbol{x})}$ 的期望来实现。尽管理论上只要采样次数足够多,$q(\boldsymbol{x})$ 就可以逼近任何分布,但在有限的计算资源下,难以确保采样次数足够多。因此,对于重要性采样方法,选择合适的 $q(\boldsymbol{x})$ 分布非常关键。应该尽量选择与 $p(\boldsymbol{x})$ 接近的分布,否则会因选择不当而导致最终结果的不准确。

9.3.3 SIS 粒子滤波器

引入重要性采样后,期望的求解公式如下所示:

$$E_{x\sim p(x)}[f(\boldsymbol{x})]\approx\frac{1}{N}\sum_{i=1}^{N}f(\boldsymbol{x}^{(k)})\frac{p(\boldsymbol{x}^{(k)})}{q(\boldsymbol{x}^{(k)})} \tag{9-51}$$

其中 $\boldsymbol{x}^{(k)}\sim q(\boldsymbol{x})$。在粒子滤波中,$p(\boldsymbol{x})$ 分布为 $p(\boldsymbol{x}_i|\boldsymbol{y}_1,\boldsymbol{y}_2,\cdots,\boldsymbol{y}_{i-1},\boldsymbol{y}_i)$,称采样的样本为粒子,称 $W_i^{(k)}\propto\dfrac{p(\boldsymbol{x}_i|\boldsymbol{y}_{1:i})}{q(\boldsymbol{x}_i|\boldsymbol{y}_{1:i})}\equiv\dfrac{p(\boldsymbol{x}_{1:i}|\boldsymbol{y}_{1:i})}{q(\boldsymbol{x}_{1:i}|\boldsymbol{y}_{1:i})}$ 为粒子权重。在粒子滤波的迭代过程中,需要计算的关键是粒子的权重。

从公式上看,粒子的权重计算较为复杂。由于需要计算每个时刻的粒子权重,因此考虑不同时刻之间的粒子权重是否存在联系,也就是不同时刻的权重是否可以递推计算,以减少计算复杂度。这引出了另一种方法:序贯重要性采样(Sequential Importance Sampling, SIS),它是粒子滤波的基本形式。SIS 方法有助于找到粒子权重之间的递推关系,即 $W_i^{(k)}$ 和 $W_{i-1}^{(k)}$ 之间的关系。根据重要性采样的推导,可以得到如下关系式:

$$W_i^{(k)}\propto\frac{p(\boldsymbol{x}_i\mid\boldsymbol{y}_{1:i})}{q(\boldsymbol{x}_i\mid\boldsymbol{y}_{1:i})}\equiv\frac{p(\boldsymbol{x}_{1:i}\mid\boldsymbol{y}_{1:i})}{q(\boldsymbol{x}_{1:i}\mid\boldsymbol{y}_{1:i})} \tag{9-52}$$

需要注意的是,在这个权重公式中,$\boldsymbol{x}$ 的下标不再是 i,而是从 1 到 i,这表明粒子滤波考虑了过去所有时刻的状态的后验概率,这种形式的表达使得后验概率不再需要积分。根据条件概率的公式,对权重公式的分子进行如下分解:

$$p(\boldsymbol{x}_{1:i}\mid\boldsymbol{y}_{1:i})=\frac{p(\boldsymbol{y}_i\mid\boldsymbol{x}_{1:i},\boldsymbol{y}_{1:i-1})p(\boldsymbol{x}_{1:i}\mid\boldsymbol{y}_{1:i-1})}{p(\boldsymbol{y}_{1:i})}$$

$$=\frac{p(\boldsymbol{y}_i\mid\boldsymbol{x}_{1:i},\boldsymbol{y}_{1:i-1})p(\boldsymbol{x}_i\mid\boldsymbol{x}_{1:i-1},\boldsymbol{y}_{1:i-1})p(\boldsymbol{x}_{1:i-1}\mid\boldsymbol{y}_{1:i-1})}{p(\boldsymbol{y}_{1:i})/p(\boldsymbol{y}_{1:i-1})}$$

$$= \frac{p(\boldsymbol{y}_i \mid \boldsymbol{x}_i)p(\boldsymbol{x}_i \mid \boldsymbol{x}_{i-1})p(\boldsymbol{x}_{1:i-1} \mid \boldsymbol{y}_{1:i-1})}{p(\boldsymbol{y}_i \mid \boldsymbol{y}_{1:i-1})}$$

$$\propto p(\boldsymbol{y}_i \mid \boldsymbol{x}_i)p(\boldsymbol{x}_i \mid \boldsymbol{x}_{i-1})p(\boldsymbol{x}_{1:i-1} \mid \boldsymbol{y}_{1:i-1})$$

而对于分母,可以拆解为

$$q(\boldsymbol{x}_{1:i} \mid \boldsymbol{y}_{1:i}) = \boldsymbol{q}(\boldsymbol{x}_i \mid \boldsymbol{x}_{1:i-1}, \boldsymbol{y}_{1:i})\boldsymbol{q}(\boldsymbol{x}_{1:i-1} \mid \boldsymbol{y}_{1:i-1}) \tag{9-53}$$

将分子和分母都代回粒子权重中,可得

$$W_i^{(k)} \propto \frac{p(\boldsymbol{x}_{0:i} \mid \boldsymbol{y}_{1:i})}{q(\boldsymbol{x}_{0:i} \mid \boldsymbol{y}_{1:i})} \propto \frac{p(\boldsymbol{y}_i \mid \boldsymbol{x}_i^{(k)})p(\boldsymbol{x}_i^{(k)} \mid \boldsymbol{x}_{i-1}^{(k)})p(\boldsymbol{x}_{0:i-1}^{(k)} \mid \boldsymbol{y}_{1:i-1})}{q(\boldsymbol{x}_i^{(k)} \mid \boldsymbol{x}_{0:i-1}^{(k)}, \boldsymbol{y}_{1:i})q(\boldsymbol{x}_{0:i-1}^{(k)} \mid \boldsymbol{y}_{1:i-1})} \tag{9-54}$$

$$= \frac{p(\boldsymbol{y}_i \mid \boldsymbol{x}_i^{(k)})p(\boldsymbol{x}_i^{(k)} \mid \boldsymbol{x}_{i-1}^{(k)})}{q(\boldsymbol{x}_i^{(k)} \mid \boldsymbol{x}_{0:i-1}^{(k)}, \boldsymbol{y}_{1:i})} W_{i-1}^{(k)} \tag{9-55}$$

需要注意的是,这里的权值递推是没有进行归一化处理的。因此,在实际计算期望值时,需要进行归一化操作。此外,在实际应用中,通常假设重要性分布 $q(\boldsymbol{x}_i \mid \boldsymbol{x}_{1:i-1}, \boldsymbol{y}_{1:i}) = q(\boldsymbol{x}_i \mid \boldsymbol{x}_{i-1}, \boldsymbol{y}_i)$,这就找到了 $W_i^{(k)}$ 和 $W_{i-1}^{(k)}$ 之间的递推关系式。换句话说,从 $i=1$ 时刻开始,可以利用这个递推关系式来计算粒子权值,从而减少了计算的复杂度。

9.3.4　重采样

对于基于 SIS 方法的粒子滤波算法,直接应用可能会导致粒子权重退化的问题,进而导致某些粒子完全不能发挥作用,从而影响跟踪效果。在粒子滤波中,退化现象经常出现,其特点是在经过多次迭代计算后,除了少数粒子外,其余粒子的权值变得微不足道,使得大部分计算资源被浪费在更新几乎无效的粒子上。有时最终只剩下一个权值很大的有效粒子,而其他粒子的权值几乎为零,导致出现一个权值高度不平衡的退化分布。

因此,为了解决这个问题,需要采用重采样技术。重采样的基本思想是根据粒子的权重对原始样本粒子进行采样,这样可以增加具有较高权重的粒子的复制次数,从而有效地避免权重退化的问题。举一个简单的例子来说明重采样:假设有两个粒子,分别为 x^1 和 x^2,在第 i 次迭代时,它们的权重分别为 0.85 和 0.15。进行重采样时,以 0.85 的概率选择 x^1,以 0.15 的概率选择 x^2。重采样完成后,所有粒子的权重都被重置为 $\frac{1}{N}$,其中 N 表示粒子的总数。重采样的具体算法流程如下所示。

重采样算法

输入:粒子及其权重 $\{\boldsymbol{x}_i^{(k)}, W_i^{(k)}\}_{k=1}^N$

输出:重采样后的粒子及其权重 $\{\boldsymbol{x}_i^{(k^*)}, W_i^{(k)}\}_{k=1}^N$

$c_1 = 0$　　//初始化 CDF

对于所有 $k=2:N$

　$c_k = c_{k-1} + W_i^{(k)}$　　//构造 CDF

$k=1$　　//从 CDF 底部开始

$u_1 \sim U[0, 1/N]$　　//设置起始点

对于所有 $j=1:N$

　$u_j = u_1 + (j-1)/N$

　循环迭代,确保 $u_j > c_k$:

$k=k+1$

$\boldsymbol{x}_i^{k^*}=\boldsymbol{x}_i^k$　　　　//生成新样本

$W_i^{(k)}=1/N_s$　　　　//给新样本分配权重

在算法流程中，$\{\boldsymbol{x}_i^{(k)},W_i^{(k)}\}_{k=1}^N$代表重采样前的粒子集合，$\{\boldsymbol{x}_i^{(k^*)},W_i^{(k)}\}_{k=1}^N$代表重采样后的粒子集合，$c_k$ 的代表前 k 个粒子权重的和，u_1 代表均匀分布 $U[0,1/N]$的一个取值。

9.3.5 SIR 粒子滤波器

除了上述方法，还需要指定重要性分布。在实际应用中，通常会选择以下分布作为重要性分布：

$$q(\boldsymbol{x}_i^{(k)} \mid \boldsymbol{x}_{i-1}^{(k)},\boldsymbol{y}_i)=p(\boldsymbol{x}_i^{(k)} \mid \boldsymbol{x}_{i-1}^{(k)}) \tag{9-56}$$

$p(\boldsymbol{x}_i|\boldsymbol{x}_{i-1})$是先验概率，使用预测公式可以得到。将其代入权重公式中，可以得到

$$W_i^{(k)} \propto W_{i-1}^{(k)} \frac{p(\boldsymbol{y}_i \mid \boldsymbol{x}_i^{(k)})p(\boldsymbol{x}_i^{(k)} \mid \boldsymbol{x}_{i-1}^{(k)})}{q(\boldsymbol{x}_i^{(k)} \mid \boldsymbol{x}_{i-1}^{(k)},\boldsymbol{y}_i)}=W_{i-1}^{(a)}p(\boldsymbol{y}_i \mid \boldsymbol{x}_i^{(a)}) \tag{9-57}$$

由于在每次重采样后，粒子的权重都会成为$\frac{1}{N}$，即 $W_{i-1}^{(k)}=\frac{1}{N}$，因此可以进一步简化为

$$W_i^{(k)} \propto p(\boldsymbol{y}_i \mid \boldsymbol{x}_i^{(k)}) \tag{9-58}$$

选择这样的重要性分布的粒子滤波器被称为 SIR 滤波器。这样，滤波器只与状态方程有关，无须另外设置概率分布，因此许多实际应用中都采用这种方法。结合重采样过程，形成了完整的 SIR 滤波过程。算法流程如下所示。

SIR 粒子滤波算法

输入：$\{\boldsymbol{x}_{i-1}^{(k)},W_{i-1}^{(k)}\}_{k=1}^N,\boldsymbol{y}_i$

输出：$\{\boldsymbol{x}_i^{(k)},W_i^{(k)}\}_{k=1}^N$

对于所有 $k=1:N$

$\boldsymbol{x}_i^{(k)} \sim p(\boldsymbol{x}_i^{(k)}|\boldsymbol{x}_{i-1}^{(k)})$　　　　//采样

$W_i^{(k)}=p(\boldsymbol{y}_i|\boldsymbol{x}_i^{(k)})$　　　　//计算权重

$t=\sum_{k=1}^{N} W_i^{(k)}$　　　　//计算总权重

对于所有 $k=1:N$

$W_i^{(k)}=W_i^{(k)}/t$　　　　//归一化权重

$[\{\boldsymbol{x}_i^{(k)},W_i^{(k)}\}_{k=1}^N]=\text{RESAMPLE}[\{\boldsymbol{x}_i^{(k)},W_i^{(k)}\}_{k=1}^N]$　//重采样

return$[\{\boldsymbol{x}_i^{(k)},W_i^{(k)}\}_{k=1}^N]$

小　　结

图像跟踪是指对图像序列中的运动目标进行检测、提取、识别和跟踪，以获取运动目标的运动参数，从而确定其位置。基于光流的跟踪方法是一种经典的技术，它通过计算两帧图像之间的差异来进行目标跟踪。当与图像金字塔结合使用时，可以获得出色的跟踪效果。

在基于动态模型的跟踪技术中，卡尔曼滤波和粒子滤波是两种常用的方法，它们都是通

过预测下一时刻目标的状态来进行目标跟踪的。这两种方法都源于贝叶斯滤波理论，但它们的应用范围有所不同。卡尔曼滤波主要用于处理高斯线性问题，而粒子滤波则更适用于解决非线性和非高斯分布的问题。

习　题

(1) Lucas-Kanade 光流算法中的图像金字塔用途与特征匹配中的图像金字塔有什么差别？图像金字塔的层数和缩放倍率对结果有什么影响？

(2) 编程题：基于 Lucas-Kanade 光流算法实现一个车辆跟踪系统，要求能够对视频中的交通车辆进行检测并跟踪。

(3) 假设一辆小车在做匀加速运动，初速度为 0，加速度为 $5\mathrm{m/s^2}$，小车装有传感器，采样频率是 10Hz，传感器的系统误差和测量误差分别为 w、v。尝试对小车的运动速度进行估计。

(4) 已知一个物体做自由落体运动，对其高度做了 20 次测量，测量值如表 9-1 所示。

表 9-1　物体作自由落体运动过程中的 20 次高度测量数据表

时间/s	高度/km	时间/s	高度/km	时间/s	高度/km
1	1.9945	8	1.6867	15	0.898
2	1.9794	9	1.6036	16	0.7455
3	1.9554	10	1.5092	17	0.585
4	1.9214	11	1.4076	18	0.4125
5	1.8777	12	1.2944	19	0.2318
6	1.825	13	1.1724	20	0.0399
7	1.7598	14	1.0399		

设高度的测量误差是均值为 0、方差为 1 的高斯噪声，该物体的初始高度 h_0 和初速度 v_0 也是高斯分布的随机变量，且 $\begin{bmatrix} h_0 \\ v_0 \end{bmatrix} = \begin{bmatrix} 1900\mathrm{m} \\ 10\mathrm{m/s} \end{bmatrix}$，初始协方差 $\boldsymbol{P}_0 = \begin{bmatrix} 100 & 0 \\ 0 & 2 \end{bmatrix}$。试用公式表示物体高度和速度随时间变化的最优估计($g=9.8\mathrm{m/s^2}$)。

(5) 编程题：基于卡尔曼滤波实现一个车辆跟踪系统，要求能够对视频中的交通车辆进行跟踪。

(6) 假设变量 $X \sim U(0,1)$，利用重要性采样的方法编程计算 $E(X)$ 和 $E(X^2)$。

(7) 说一说粒子滤波和卡尔曼滤波各自的特点与共性。

(8) 编程题：基于颜色直方图的粒子滤波算法实现一个行人跟踪系统，要求能够对视频中的行人进行跟踪。

第10章 摄像机几何

本章开始进入三维重建领域。三维重建是从二维图像或其他传感器数据中还原三维世界的物体、结构和场景,实现从视觉数据到三维几何模型的转换,以便更深入地理解和分析现实世界的物体和环境。学习三维重建前,首先要了解摄像机模型的基本概念。在将三维世界映射到二维图像的过程中,摄像机起着至关重要的作用。因此,要从二维图像中还原出场景的三维结构,必须深入了解摄像机将三维世界的场景投影到二维图像的过程。

10.1 针孔模型与透镜

10.1.1 针孔摄像机

针孔摄像机运用了小孔成像原理,这是一个基于物理现象的重要原理。简而言之,当在明亮的物体和屏幕之间放置一块隔板,隔板上有一个小孔时,屏幕上会形成一个倒立的实像,其原理如图10-1所示。

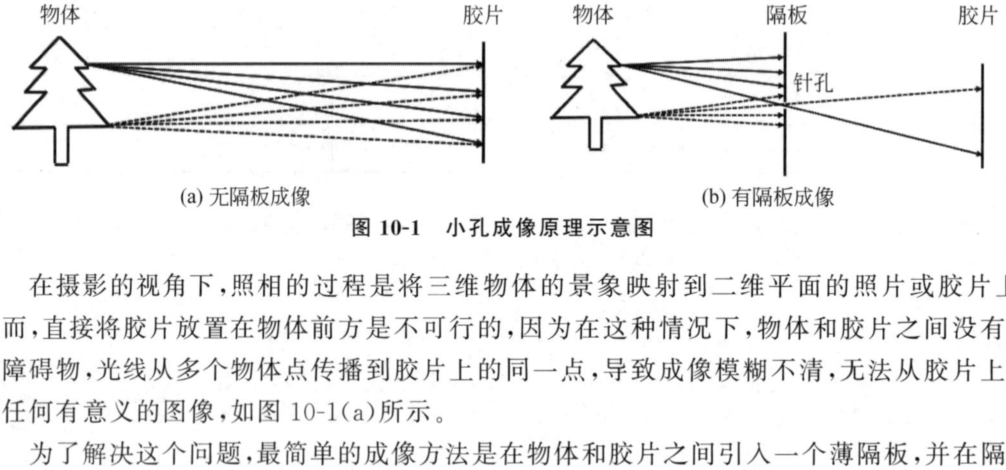

图10-1 小孔成像原理示意图

在摄影的视角下,照相的过程是将三维物体的景象映射到二维平面的照片或胶片上。然而,直接将胶片放置在物体前方是不可行的,因为在这种情况下,物体和胶片之间没有任何障碍物,光线从多个物体点传播到胶片上的同一点,导致成像模糊不清,无法从胶片上看到任何有意义的图像,如图10-1(a)所示。

为了解决这个问题,最简单的成像方法是在物体和胶片之间引入一个薄隔板,并在隔板上开一个小孔。这个小孔至关重要,因为光线在均匀介质中会直线传播。当物体上某一点反射的光线通过小孔射到胶片上时,会在胶片上形成一个成像点。如果小孔的直径足够小,那么物体上的光线与胶片上的成像点之间将基本是一对一的关系。由于存在这种一对一的对应关系,就可以从胶片上看到相对清晰的图像,这就是小孔成像的基本原理,如图10-1(b)所示。

受到小孔成像现象的启发,后来人们发明了一种称为"暗箱"的光学装置,它可谓是现代

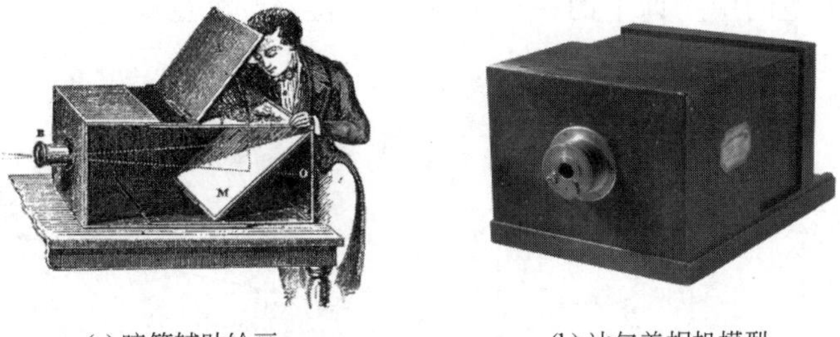

(a) 暗箱辅助绘画　　(b) 达尔盖相机模型

图 10-2　暗箱成像设备

照相机的前身。成像暗箱的原理可以被视为小孔成像的一种改进版本：景物透过小孔进入暗箱内部，经过一个倾斜的 45°反光镜反射到位于暗箱顶部的磨砂玻璃上，如图 10-2(a)所示。暗箱虽然可以成像，但无法把影像固定下来（定影），后来，人们将感光材料放进暗箱固定影像，于是暗箱便成为了最基本的针孔摄像机。

针孔摄像机，又称照相暗箱，被认为是现代摄像机的雏形。它的结构非常简单，主要由针孔片、不透光容器（即暗箱）以及感光材料组成。在暗箱的背部屏幕上可以看到倒立的图像。通过一种被称为"快门"的装置来控制光线的曝光时间，最终将图像记录在感光材料上，实现了底片的保存。

针孔摄像机模型被视为现代摄像机的基本成像模型，它能够记录三维世界中物体或场景的图像。如图 10-3 所示，(a)图结构近似为针孔摄像机模型，光线从蜡烛通过摄像机中心的小孔照在胶片上，使胶片上的相应区域感光。这个小孔也被称为针孔或光圈。在针孔摄像机模型中，物体通过光圈在胶片上形成的图像是一个倒立且翻转的影像。因此，常常引入一个虚拟的像平面，它与胶片平面对称，并且与光圈的距离等于胶片平面到光圈的距离。在虚拟像平面上，成像的方向与原物体方向相同，而且成像的大小与胶片上的实际成像大小相同。

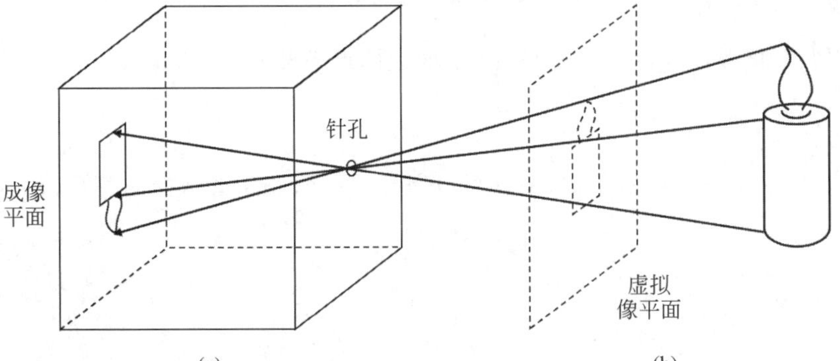

(a)　　(b)

图 10-3　针孔摄像机的基本模型

图 10-4 展示了针孔摄像机成像的几何模型。在这个模型中，胶片通常称为像平面或视网膜平面，记作 Π'，针孔到像平面的距离称为摄像机的焦距，记作 f。以针孔 O 作为坐标原点，以平行于像平面的水平方向和竖直方向作为 i 轴和 j 轴，以垂直于像平面的方向作为 k 轴建立摄像机坐标系(O,i,j,k)。摄像机坐标系 k 轴所在直线与像平面 Π' 交于点 O_c，以 O_c 作为坐标原点，分别以水平方向和竖直方向作为 x_c 轴和 y_c 轴建立像平面坐标系(O_c，

x_c, y_c)。假设三维空间中物体上的一点 P 通过针孔摄像机在像平面上成像为 p 点，在摄像机坐标系下，P 点的欧氏坐标为 $(x, y, z)^T$，p 点的欧氏坐标为 $(x', y', z')^T$。

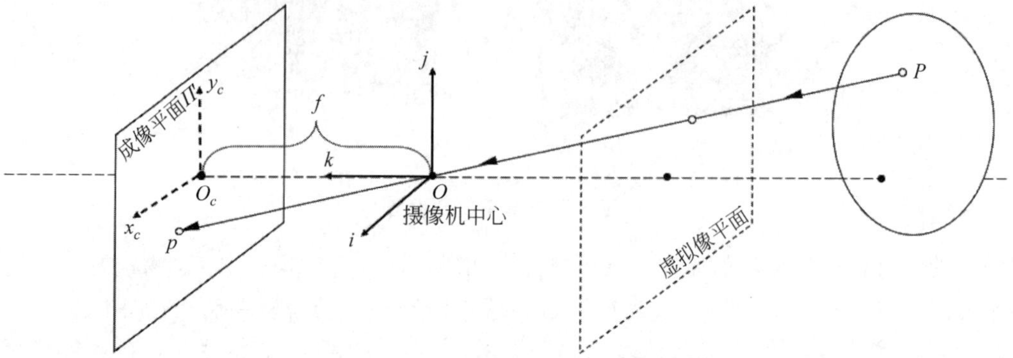

图 10-4　针孔摄像机成像几何模型

首先单独对 Ojk 平面进行讨论，以坐标系 (O, j, k) 作为该平面的二维坐标系，将 P 和 p 点分别投影到该平面，如图 10-5 所示。假设在该平面内，P 点的坐标为 $(y, z)^T$，p 点的坐标为 $(y', z')^T$，由于 p 在成像平面上，所以 p 的坐标也可写为 $(y', f)^T$。

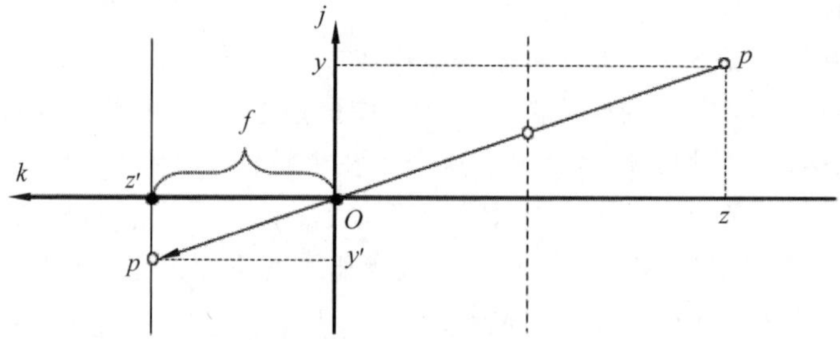

图 10-5　Ojk 平面上的成像关系

根据相似三角形定理，可以得到 Ojk 平面上两点坐标的关系如下：

$$\frac{y'}{f} = \frac{y}{z} \Rightarrow y' = f\,\frac{y}{z} \tag{10-1}$$

同理，如果单独分析 Oik 平面，同样可以得到该平面上两者坐标的关系如下：

$$\frac{x'}{f} = \frac{x}{z} \Rightarrow x' = f\,\frac{x}{z} \tag{10-2}$$

于是便得到在摄像机坐标系下的 P 到 p 的映射关系：

$$\begin{cases} x' = f\,\dfrac{x}{z} \\ y' = f\,\dfrac{y}{z} \end{cases} \tag{10-3}$$

这就是针孔摄像机的基本理论模型。需要注意的是，尽管这个理论模型中将光圈近似为几何空间中的一点，但实际上光圈具有一定大小，不能简单地将光圈视为无限小的点。成像平面上的每个点都接收来自一定角度范围内的光线，形成一个锥形光束，因此光圈的大小对成像质量有着重要的影响，如图 10-6 所示。

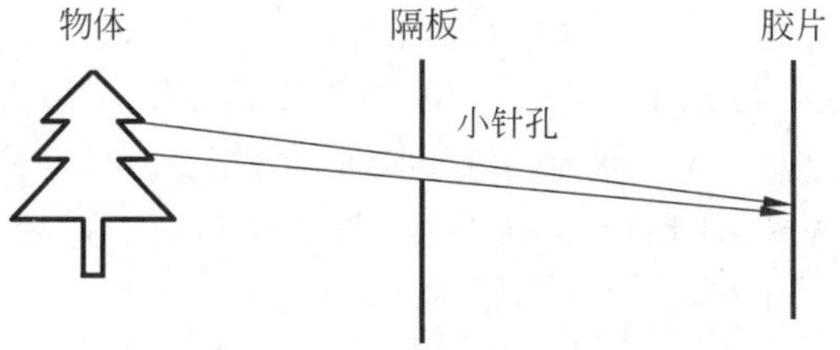

(a) 小光圈成像

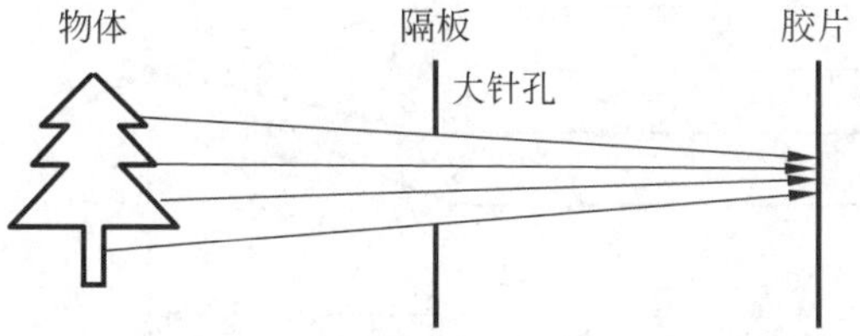

(b) 大光圈成像

图 10-6　针孔大小对成像的影响

当针孔的尺寸增大，光圈也变大时，成像平面上的每个点接收的光线角度范围变广，从而使图像变得更亮。然而，由于每个点接收到光线更多，相对于三维物体上的小部分区域来说，包含的信息也更多，因此整体图像可能会显得模糊。相反，当针孔的尺寸减小，即光圈变小时，图像会变得更加清晰，因为每个点接收的光线较少。然而，这也会导致整体图像变暗。当针孔减小到一定尺寸时，还可能出现衍射现象，这会影响图像的清晰度。图 10-7 展示了不同光圈大小下成像结果的对比，强调了光圈大小对图像质量的影响。

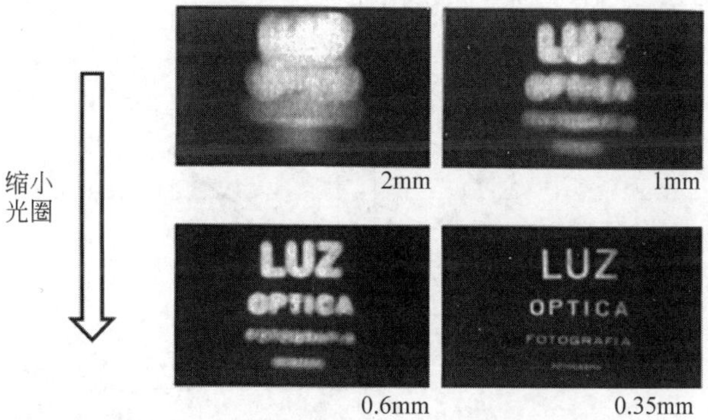

图 10-7　不同光圈大小成像结果示意图

10.1.2　透镜成像

在现代摄像机中，为了解决针孔摄像机模型中清晰度和亮度的冲突问题，采用镜头来改善成像质量。镜头是一种光学设备，可以聚焦或分散光线，从而提高图像的清晰度和亮度。不同的应用场景可能需要使用不同材质的镜头，包括塑料、玻璃、晶体等，也可以采用多个光学零件的组合，如反射镜、透射镜、棱镜等。在这些光学设备中，凸透镜是最基本的光学零件之一，而带有镜头的摄像机成像也是基于凸透镜成像原理。

凸透镜是根据光的折射原理制成的，它是一种中央较厚而边缘较薄的透镜，因其具有汇聚光线的特性而被称为汇聚透镜。如图 10-8 所示，凸透镜通常有一个中心，该中心被称为光心，而通过光心且垂直于透镜平面的直线被称为主光轴。凸透镜的作用是将平行于主光轴的光线汇聚到一点上，这一点被称为凸透镜的焦点，用 F 表示，焦点到光心的距离叫作焦距，用 f' 表示。物体到透镜之间的距离称为物距，成像平面到透镜之间的距离称为像距，两者分别用 u 和 v 表示。

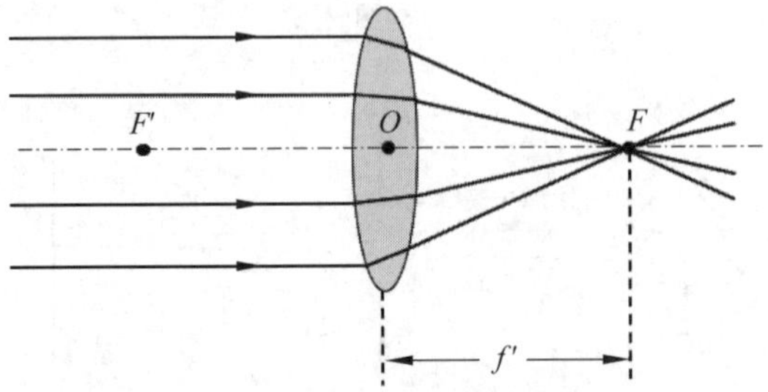

图 10-8　凸透镜成像示意图

根据凸透镜的物理性质，物体和成像平面在不同位置时，成像效果也不同：当物距小于焦距时，凸透镜只会成正立放大的虚像，在成像平面上不成像，此时凸透镜通常作为放大镜使用；当物距处于一倍焦距和二倍焦距之间，且像距大于二倍焦距时，则会成倒立放大的实像，这种情况多应用于投影仪、电影放映机的镜头上。对于装有镜头的摄像机，因为物距大于二倍焦距，且像距在一倍焦距和二倍焦距之间，所以成像平面上会形成倒立、缩小的实像。在这种情况下，物体上一点 P 反射的通过焦点 F 的光线经过凸透镜折射后平行于主光轴，平行于主光轴发射的光线经过折射后会通过焦点 F，经过光心的直线不会改变方向，最终 P 点清晰成像在这三条光线的交点处，如图 10-9 所示。

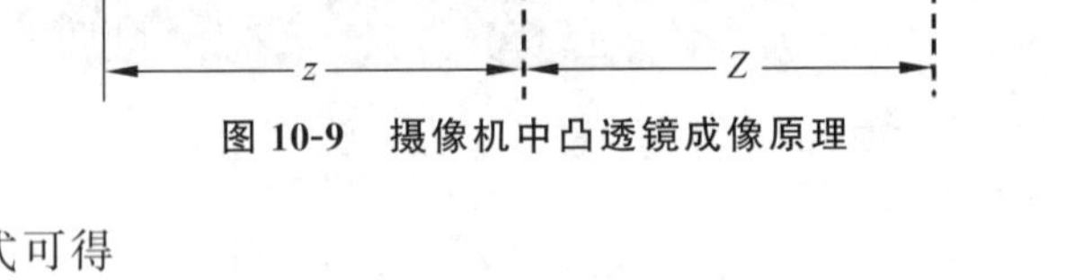

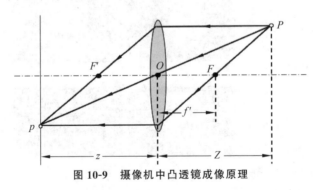

图 10-9　摄像机中凸透镜成像原理

由透镜成像公式可得

$$\frac{1}{z}+\frac{1}{Z}=\frac{1}{f'} \tag{10-4}$$

其中 f' 是凸透镜的焦距。只有当物体距透镜中心的距离 Z 和成像平面距透镜中心的距离 z 满足等式(10-4)的时候，物体才能在像平面上呈现出清晰的影像。在这种情况下，物体上的点和成像平面上的点基本满足一一对应的关系，因为通过透镜中心的光线不会改变方向，所以物体上的点和胶片上的点的坐标关系与针孔摄像机模型中点的对应关系类似，可以直接得到

$$\begin{cases} x' = z\,\dfrac{x}{Z} \\ y' = z\,\dfrac{y}{Z} \end{cases} \tag{10-5}$$

这一模型也被称为近轴折射模型，因为推导过程中使用了近轴和“薄透镜”假设。在这个模型中，透镜的折射作用使得物体上的某一点 P 发出的多条光线被汇聚到凸透镜背后的胶片上的同一点。因此，胶片上接收更多的光线，使成像更加明亮。与简单的小孔成像相比，透镜成像在保持成像明亮的同时可以提供更清晰的图像。

但是采用透镜会带来另外一些问题，比如失焦和畸变。

失焦的情况如图 10-10 所示，其中点 P 发出的光线虽然通过透镜汇聚到 p，但这一性质并不适用于三维物体上的所有点。距镜头不同距离的点发出的光线无法完全聚焦在胶片上，这部分图像就会失焦，即出现“虚化”的效果。因此，透镜成像具有一定的成像距离限制，在这个距离范围内物体可以在胶片上清晰成像。在摄影领域，这个距离也被称为景深，微距摄影就是利用了这一属性，在景深范围内呈现出清晰的图像，而景深范围之外的图像则会虚化，以此创造出一种视觉美感。

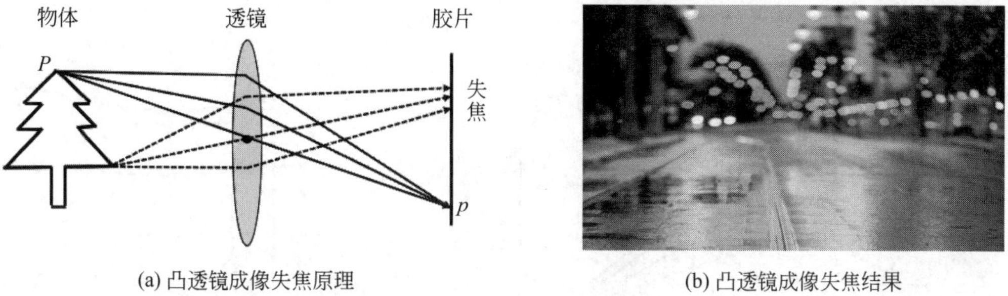

(a) 凸透镜成像失焦原理　　(b) 凸透镜成像失焦结果

图 10-10　凸透镜成像失焦示意图

畸变是指成像平面上的图像点出现几何位置误差，从而使整个成像系统不再严格符合摄像机成像模型。畸变主要分为两种类型：切向畸变和径向畸变，如图 10-11 所示。

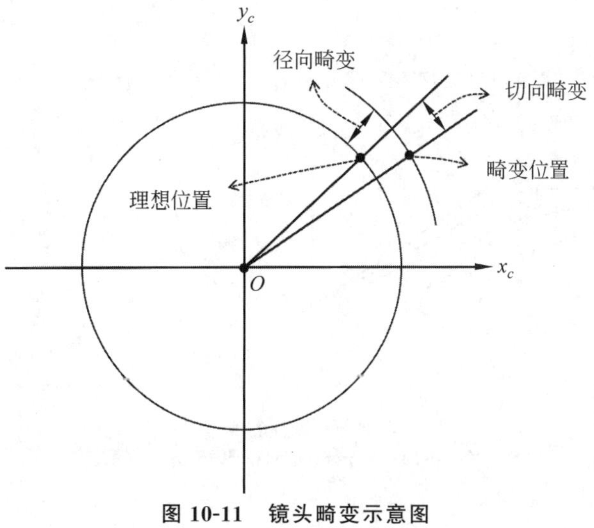

图 10-11　镜头畸变示意图

切向畸变指矢量端点沿切线方向发生的变化，也就是成像平面上的图像点在切向方向上出现偏移，这种畸变主要是由于相机在生产制造过程中，其图像传感器与光轴未能垂直而造成的。现代摄像机中切向畸变的程度很小，这种畸变基本可以忽略不计。

径向畸变是摄像机成像过程中最主要的畸变之一，图像产生了形变，如图 10-12 所示。它是由于透镜制造过程中的误差导致的，使得透镜不同部分对光线的聚焦具有不同的放大

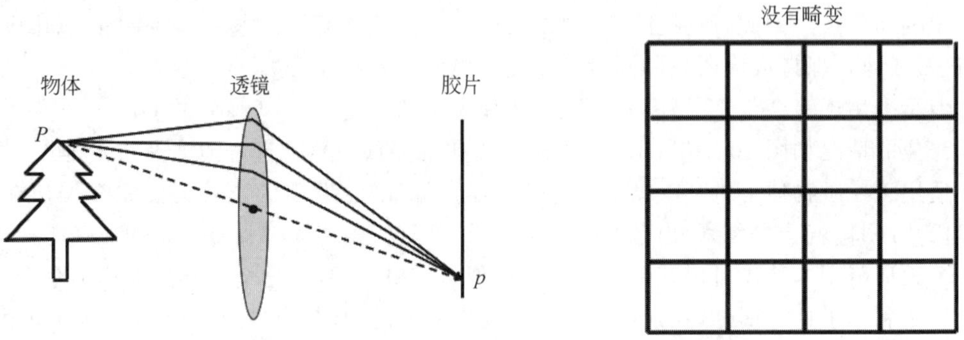

(a) 没有畸变的情况

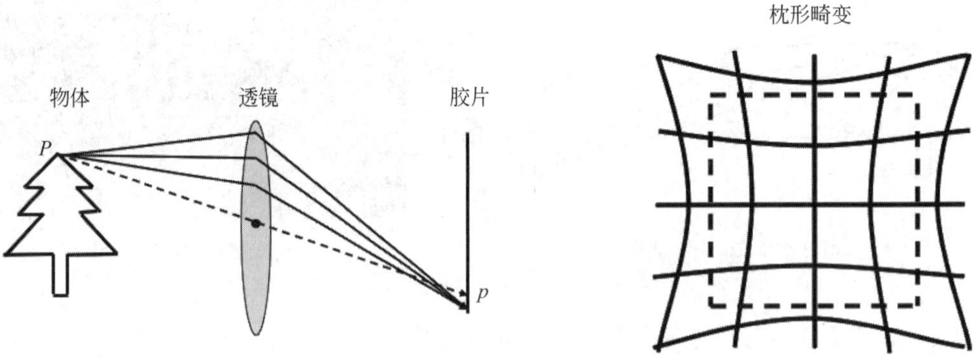

(b) 枕形畸变的情况

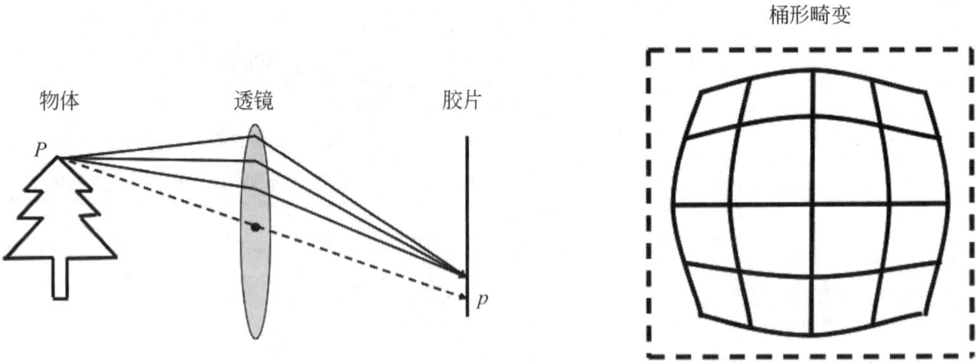

(c) 桶形畸变的情况

图 10-12　枕形畸变和桶形畸变示意图

率。这种畸变的影响最为显著,因为它会使图像中的像素点以透镜中心为中心点,沿着透镜半径方向产生位置偏差。具体而言,当放大率随着到光轴的距离增大而减小时,图像边缘会向内收缩,形成桶形畸变;而当放大率随着距离的增大而增大时,图像边缘会向外扩张,形成枕形畸变。这些畸变是摄像机成像中不可忽视的因素,后续章节将详细探讨径向畸变的建模和分析。

10.2　一般摄像机模型

10.2.1　齐次坐标

10.1 节介绍了针孔摄像机模型,并使用了三维坐标系进行说明。本节将更详细地讨论三维坐标系以及在摄像机几何中常用的齐次坐标表示方法。基于一个假设,即整个坐标系统的单位是确定的,单位长度也是固定的。

给定三维欧氏空间中的一点 O 和三个相互正交的单位向量 $\boldsymbol{i}$、$\boldsymbol{j}$、$\boldsymbol{k}$,将这个三维正交坐标系(F)用一个四元组(O,i,j,k)表示。点 O 是坐标系(F)的原点,$\boldsymbol{i}$、$\boldsymbol{j}$、$\boldsymbol{k}$ 是它的三个基向量。在右手坐标系中,这样的 O 点可以看作右手放在原点的位置,$\boldsymbol{i}$、$\boldsymbol{j}$、$\boldsymbol{k}$ 向量可以分别看作右手大拇指、食指和中指所指的方向,如图 10-13 所示,以此建立三维坐标系,空间中的一点 P 的笛卡儿坐标 x、y、z 定义为向量 $\boldsymbol{OP}$ 在 $\boldsymbol{i}$、$\boldsymbol{j}$、$\boldsymbol{k}$ 三个方向上的正交投影的长度(有符号):

$$\begin{cases} x = \boldsymbol{OP} \cdot \boldsymbol{i} \\ y = \boldsymbol{OP} \cdot \boldsymbol{j} \Leftrightarrow \boldsymbol{OP} = x\boldsymbol{i} + y\boldsymbol{j} + z\boldsymbol{k} \\ z = \boldsymbol{OP} \cdot \boldsymbol{k} \end{cases} \tag{10-6}$$

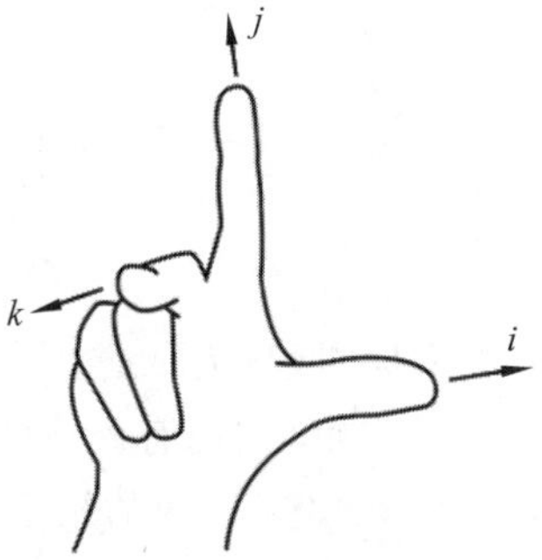

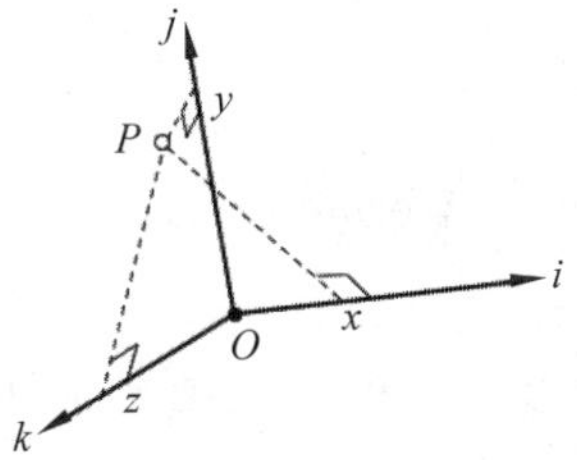

图 10-13　右手坐标系和笛卡儿坐标系

可以写成以下列向量的形式:

$$\boldsymbol{P} = \begin{pmatrix} x \\ y \\ z \end{pmatrix} \in \mathbb{R}^3 \tag{10-7}$$

该列向量称为点 P 在坐标系(F)中的坐标向量。可以通过在坐标系(F)基向量上的投影长度来得到该坐标系下任何点的坐标向量,这些坐标与原点 O 的选择无关。现在考虑三维空间的一个平面 Π,假设 A 为平面 Π 中的任意点,向量 $\boldsymbol{n}$ 垂直于平面,那么平面 Π 上的一点 P 满足:

$$\boldsymbol{AP} \cdot \boldsymbol{n} = 0 \Leftrightarrow \boldsymbol{OP} \cdot \boldsymbol{n} - \boldsymbol{OA} \cdot \boldsymbol{n} = 0 \tag{10-8}$$

如果在坐标系(F)中点 P 的坐标为(x,y,z)，向量 $\boldsymbol{n}$ 为(a,b,c)，上式可重写为

$$ax + by + cz - d = 0 \tag{10-9}$$

其中 $d = \boldsymbol{OA} \cdot \boldsymbol{n}$ 表示原点 O 和平面 Π 之间的距离(有符号)，与点 A 的选择无关，如图 10-14 所示。

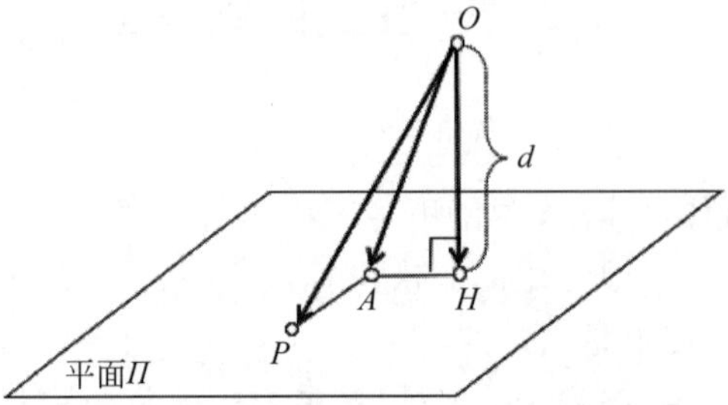

图 10-14　平面方程的几何定义示意图

为方便起见，通常会使用齐次坐标来表示三维空间中的点、线和平面。这里主要关注齐次坐标的定义，上述平面方程 $ax+by+cz-d=0$ 可以重写为如下向量相乘的形式：

$$\begin{pmatrix} a & b & c & -d \end{pmatrix}\begin{pmatrix} x \\ y \\ z \\ 1 \end{pmatrix} = 0 \Leftrightarrow \boldsymbol{\Pi} \cdot \boldsymbol{P} = 0 \tag{10-10}$$

其中

$$\boldsymbol{\Pi} = \begin{pmatrix} a \\ b \\ c \\ -d \end{pmatrix}, \quad \boldsymbol{P} = \begin{pmatrix} x \\ y \\ z \\ 1 \end{pmatrix}$$

将这里的向量 $\boldsymbol{P}$ 称为坐标系(F)中点 P 的齐次坐标向量，从形式上看就是在点 P 的欧氏坐标上增加了一个等于 1 的维度。于是定义齐次坐标就是在原有坐标的基础上增加一个维度，即二维坐标用三维表示，三维坐标用四维表示，一般将新增加的维度的值设为 1，如下所示：

$$\mathbb{E} \rightarrow \mathbb{H}:$$

$$(x,y) \Rightarrow \begin{pmatrix} x \\ y \\ 1 \end{pmatrix}, \quad (x,y,z) \Rightarrow \begin{pmatrix} x \\ y \\ z \\ 1 \end{pmatrix}$$

同样地，平面 Π 也用一个齐次坐标向量表示，并且不是唯一的，将该平面向量乘以任何非零常数都表示这个平面，点也同理。所以齐次坐标的定义是忽略比例系数的。只存在比例关系的多个齐次坐标表示的含义相同，其欧氏坐标的表示唯一，于是在将齐次坐标转换为欧氏坐标时，将齐次坐标的前 $n-1$ 维的数除以第 n 维的数，减小一个维度：

$$\mathbb{H} \rightarrow \mathbb{E}:$$

$$\begin{pmatrix} x \\ y \\ w \end{pmatrix} \Rightarrow \left(\frac{x}{w}, \frac{y}{w}\right), \quad \begin{pmatrix} x \\ y \\ z \\ w \end{pmatrix} \Rightarrow \left(\frac{x}{w}, \frac{y}{w}, \frac{z}{w}\right)$$

所以一般来说，欧氏空间中的点转化到齐次空间是一一对应的，而齐次空间中的点到欧氏空间的转化不是一一对应的，而是多对一的关系。

10.2.2　坐标系变换和刚体变换

在三维空间中，点的坐标是基于特定坐标系的。当存在多个不同的坐标系时，坐标的表示方式也会不同。本节主要讲解如何在不同坐标系之间进行坐标转换。为表示方便，用符号 ${}^F\boldsymbol{P}$ 表示点 P 在坐标系 (F) 下的坐标向量：

$${}^F\boldsymbol{P} = {}^F\boldsymbol{OP} = \begin{pmatrix} x \\ y \\ z \end{pmatrix} \Leftrightarrow \boldsymbol{OP} = x\boldsymbol{i} + y\boldsymbol{j} + z\boldsymbol{k} \tag{10-11}$$

考虑三维空间中的两个坐标系 $(A)=(O_A, i_A, j_A, k_A)$ 和 $(B)=(O_B, i_B, j_B, k_B)$，首先假设两个坐标系的基向量互相平行，即 $\boldsymbol{i}_A=\boldsymbol{i}_B, \boldsymbol{j}_A=\boldsymbol{j}_B, \boldsymbol{k}_A=\boldsymbol{k}_B$，两原点 O_A 和 O_B 不同，如图 10-15 所示。

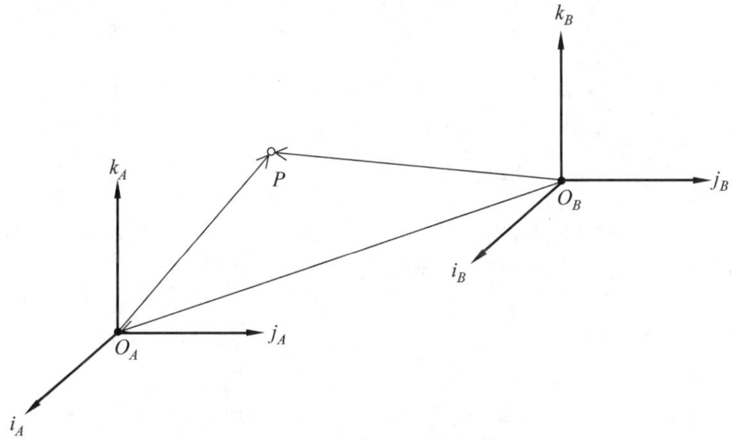

图 10-15　只有平移关系的两坐标系示意图

在这种情况下，两坐标系之间只有平移关系，所以有 $\boldsymbol{O}_B\boldsymbol{P}=\boldsymbol{O}_B\boldsymbol{O}_A+\boldsymbol{O}_A\boldsymbol{P}$，因此

$${}^B\boldsymbol{P} = {}^A\boldsymbol{P} + {}^B\boldsymbol{O}_A$$

当两坐标系的原点重合，但对应的基向量不同时，两坐标系之间只存在旋转关系，而不存在平移关系，如图 10-16 所示。

将旋转关系定义为一个 3×3 矩阵，即

$${}^B_A\boldsymbol{R} = \begin{pmatrix} \boldsymbol{i}_A \cdot \boldsymbol{i}_B & \boldsymbol{j}_A \cdot \boldsymbol{i}_B & \boldsymbol{k}_A \cdot \boldsymbol{i}_B \\ \boldsymbol{i}_A \cdot \boldsymbol{j}_B & \boldsymbol{j}_A \cdot \boldsymbol{j}_B & \boldsymbol{k}_A \cdot \boldsymbol{j}_B \\ \boldsymbol{i}_A \cdot \boldsymbol{k}_B & \boldsymbol{j}_A \cdot \boldsymbol{k}_B & \boldsymbol{k}_A \cdot \boldsymbol{k}_B \end{pmatrix} \tag{10-12}$$

注意，矩阵 ${}^B_A\boldsymbol{R}$ 的第 1 列由 $\boldsymbol{i}_A$ 在 $(\boldsymbol{i}_B, \boldsymbol{j}_B, \boldsymbol{k}_B)$ 基础上的坐标组成，同样地，第 2 列和第 3

列分别由 $\boldsymbol{j}_A$ 和 $\boldsymbol{k}_A$ 在($\boldsymbol{i}_B$,$\boldsymbol{j}_B$,$\boldsymbol{k}_B$)基础上的坐标形成。于是矩阵${}_A^B\boldsymbol{R}$ 可以用 3 个列向量或行向量的组合来更简洁地表示：

$$
{}_A^B\boldsymbol{R}=({}^B\boldsymbol{i}_A \quad {}^B\boldsymbol{j}_A \quad {}^B\boldsymbol{k}_A)=\begin{pmatrix} {}^A\boldsymbol{i}_B^{\mathrm{T}} \\ {}^A\boldsymbol{j}_B^{\mathrm{T}} \\ {}^A\boldsymbol{k}_B^{\mathrm{T}} \end{pmatrix} \tag{10-13}
$$

因此有${}_B^A\boldsymbol{R}={}_A^B\boldsymbol{R}^{\mathrm{T}}$。为了符号表达的清晰，这里规定左下标指的是原坐标系，左上标指的是目标坐标系。例如，${}^A\boldsymbol{P}$ 表示点 P 基于坐标系(A)的坐标，${}^B\boldsymbol{j}_A$ 表示 $\boldsymbol{j}_A$ 向量在坐标系(B)中的表示，矩阵${}_A^B\boldsymbol{R}$ 表示从坐标系(A)旋转到坐标系(B)的旋转矩阵。

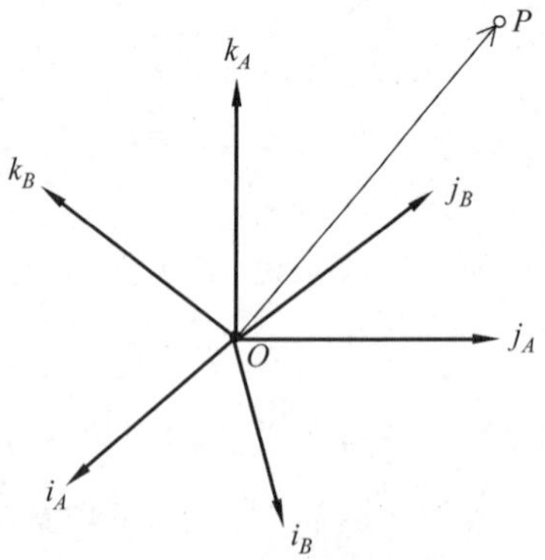

图 10-16　只有旋转关系的两坐标系示意图

在两坐标系(A)和(B)只存在旋转关系的情况下，假设 $\boldsymbol{k}_A=\boldsymbol{k}_B=\boldsymbol{k}$，向量 $\boldsymbol{i}_A$ 和 $\boldsymbol{i}_B$ 的夹角为 α。如图 10-17 所示，$\boldsymbol{i}_A$ 向量绕 $\boldsymbol{k}$ 向量逆时针旋转 α 得到 $\boldsymbol{i}_B$ 向量，同样地，$\boldsymbol{j}_A$ 向量绕 $\boldsymbol{k}$ 向量逆时针旋转 α 得到 $\boldsymbol{j}_B$ 向量。

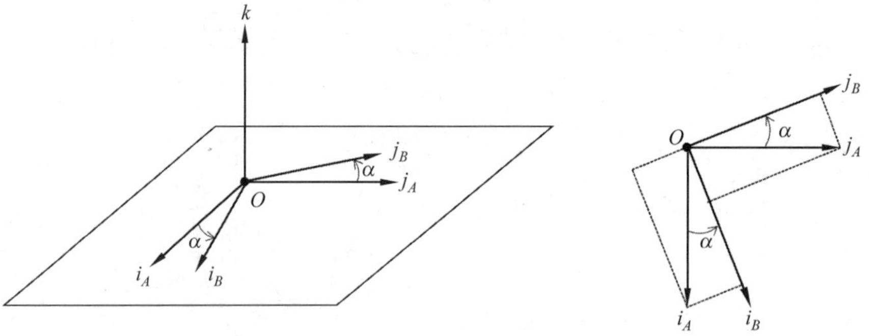

图 10-17　坐标系旋转分析示意图

此时，旋转矩阵${}_A^B\boldsymbol{R}$ 可以表示为

$$
{}_A^B\boldsymbol{R}_k=\begin{pmatrix} \cos\alpha & \sin\alpha & 0 \\ -\sin\alpha & \cos\alpha & 0 \\ 0 & 0 & 1 \end{pmatrix} \tag{10-14}
$$

这里假设的是两坐标系的 $\boldsymbol{k}$ 向量相同。当两坐标系的 $\boldsymbol{i}$ 向量或 $\boldsymbol{j}$ 向量相同时，也可得到类似的旋转矩阵，假设坐标系(A)绕 i 轴逆时针旋转 γ 角度对应的旋转矩阵为${}_A^B\boldsymbol{R}_i$，绕 j 轴逆时针旋转 β 角度对应的旋转矩阵为${}_A^B\boldsymbol{R}_j$，那么矩阵${}_A^B\boldsymbol{R}_i$ 和${}_A^B\boldsymbol{R}_j$ 可分别写为

$$
{}_A^B\boldsymbol{R}_i=\begin{pmatrix} 1 & 0 & 0 \\ 0 & \cos\gamma & \sin\gamma \\ 0 & -\sin\gamma & \cos\gamma \end{pmatrix} \tag{10-15}
$$

$$
{}_A^B\boldsymbol{R}_j=\begin{pmatrix} \cos\beta & 0 & -\sin\beta \\ 0 & 1 & 0 \\ \sin\beta & 0 & \cos\beta \end{pmatrix} \tag{10-16}
$$

可以证明,任何旋转矩阵都可以写成关于绕 $\boldsymbol{i}$、$\boldsymbol{j}$、$\boldsymbol{k}$ 向量旋转的 3 个基本旋转矩阵的乘积,于是旋转矩阵也可表示为如下形式:

$$
{}_{A}^{B}\boldsymbol{R} = {}_{A}^{B}\boldsymbol{R}_{i} \cdot {}_{A}^{B}\boldsymbol{R}_{j} \cdot {}_{A}^{B}\boldsymbol{R}_{k} = \begin{pmatrix} 1 & 0 & 0 \\ 0 & \cos\gamma & \sin\gamma \\ 0 & -\sin\gamma & \cos\gamma \end{pmatrix} \begin{pmatrix} \cos\beta & 0 & -\sin\beta \\ 0 & 1 & 0 \\ \sin\beta & 0 & \cos\beta \end{pmatrix} \begin{pmatrix} \cos\alpha & \sin\alpha & 0 \\ -\sin\alpha & \cos\alpha & 0 \\ 0 & 0 & 1 \end{pmatrix}
$$

$$
= \begin{pmatrix} \cos\alpha\cos\beta & \cos\alpha\sin\beta\sin\gamma + \sin\alpha\cos\gamma & -\cos\alpha\sin\beta\cos\gamma + \sin\alpha\sin\gamma \\ -\sin\alpha\cos\beta & -\sin\alpha\sin\beta\sin\gamma + \cos\alpha\cos\gamma & \sin\alpha\sin\beta\cos\gamma + \cos\alpha\sin\gamma \\ \sin\beta & -\cos\beta\sin\gamma & \cos\beta\cos\gamma \end{pmatrix} \tag{10-17}
$$

对于三维空间中的一点 P 的坐标,可以写为

$$
\overrightarrow{OP} = (i_A \quad j_A \quad k_A)\begin{pmatrix} A_x \\ A_y \\ A_z \end{pmatrix} = (i_B \quad j_B \quad k_B)\begin{pmatrix} B_x \\ B_y \\ B_z \end{pmatrix} \tag{10-18}
$$

其在坐标系(A)中的坐标和在坐标系(B)中的坐标之间存在如下关系:

$$
{}^{B}\boldsymbol{P} = {}_{A}^{B}\boldsymbol{R}\,{}^{A}\boldsymbol{P} \tag{10-19}
$$

旋转矩阵具有以下特性:①旋转矩阵的逆矩阵等于它的转置;②旋转矩阵的行列式等于 1。从定义上看,旋转矩阵的列可以形成一个右手正交坐标系。根据特性①和②也可看出,旋转矩阵的行也可以形成一个这样的坐标系。

需要注意的是,旋转矩阵的集合形成了一个群:①两个旋转矩阵的乘积也是一个旋转矩阵(这一点可以直观地看出,并且很容易验证);②旋转矩阵的乘积满足结合律,即对于任何旋转矩阵 $\boldsymbol{R}$、$\boldsymbol{R}'$、$\boldsymbol{R}''$,有 $(\boldsymbol{R}\boldsymbol{R}')\boldsymbol{R}'' = \boldsymbol{R}(\boldsymbol{R}'\boldsymbol{R}'')$;③3×3 的单位矩阵 $\boldsymbol{I}$ 也可看成旋转矩阵,对于任意的旋转矩阵 $\boldsymbol{R}$,有 $\boldsymbol{R}\boldsymbol{I} = \boldsymbol{I}\boldsymbol{R} = \boldsymbol{R}$;④旋转矩阵的逆等于它的转置,于是有 $\boldsymbol{R}\boldsymbol{R}^{-1} = \boldsymbol{R}^{-1}\boldsymbol{R} = \boldsymbol{I}$。然而这个矩阵群是不满足交换律的,即给定两个旋转矩阵 $\boldsymbol{R}$ 和 $\boldsymbol{R}'$,两个乘积 $\boldsymbol{R}\boldsymbol{R}'$ 和 $\boldsymbol{R}'\boldsymbol{R}$ 通常是不同的。

考虑一般情况,当两个坐标系的原点和基向量都不相同时,说明它们之间既存在平移关系,又有旋转关系。将这两个坐标系之间的变换关系称为刚体变换,如图 10-18 所示。

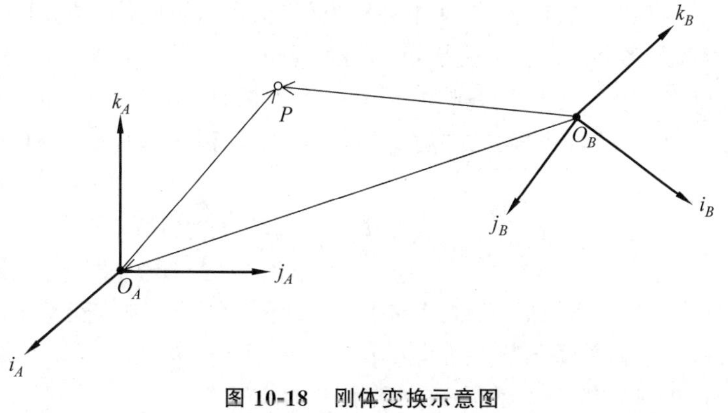

图 10-18　刚体变换示意图

对于三维空间中的一点 P,其在两个坐标系中的坐标有如下关系:

$$
{}^{B}\boldsymbol{P} = {}_{A}^{B}\boldsymbol{R}\,{}^{A}\boldsymbol{P} + {}^{B}\boldsymbol{O}_{A} \tag{10-20}
$$

可以直观地认为坐标系(A)先进行旋转,使得3个基向量与坐标系(B)的3个基向量方向相同,然后再进行平移操作,将原点移动到O_B,从而实现坐标系(A)到坐标系(B)的转换。于是对于三维空间中的一点,其在坐标系(A)中的坐标经过一个旋转矩阵的变换,再经过一个平移变换,就可以得到其在坐标系(B)中的坐标,从而实现不同坐标系下点的坐标转换。

可以利用10.2.1节提到的齐次坐标来表示刚体变换,将刚体变换关系式转化为矩阵乘积的形式。矩阵之间可以以块的形式进行相乘,假设有如下两个矩阵:

$$\boldsymbol{A}=\begin{pmatrix}\boldsymbol{A}_{11} & \boldsymbol{A}_{12}\\ \boldsymbol{A}_{21} & \boldsymbol{A}_{22}\end{pmatrix},\quad \boldsymbol{B}=\begin{pmatrix}\boldsymbol{B}_{11} & \boldsymbol{B}_{12}\\ \boldsymbol{B}_{21} & \boldsymbol{B}_{22}\end{pmatrix}$$

其中子矩阵$\boldsymbol{A}_{11}$和$\boldsymbol{A}_{21}$的列数等于$\boldsymbol{B}_{11}$和$\boldsymbol{B}_{12}$的行数,$\boldsymbol{A}_{12}$和$\boldsymbol{A}_{22}$的列数等于$\boldsymbol{B}_{21}$和$\boldsymbol{B}_{22}$的行数,将$\boldsymbol{A}$、$\boldsymbol{B}$矩阵相乘,可以得到如下形式:

$$\boldsymbol{AB}=\begin{pmatrix}\boldsymbol{A}_{11}\boldsymbol{B}_{11}+\boldsymbol{A}_{12}\boldsymbol{B}_{21} & \boldsymbol{A}_{11}\boldsymbol{B}_{12}+\boldsymbol{A}_{12}\boldsymbol{B}_{22}\\ \boldsymbol{A}_{21}\boldsymbol{B}_{11}+\boldsymbol{A}_{22}\boldsymbol{B}_{21} & \boldsymbol{A}_{21}\boldsymbol{B}_{12}+\boldsymbol{A}_{22}\boldsymbol{B}_{22}\end{pmatrix} \tag{10-21}$$

举一个具体的例子:

$$\begin{pmatrix}r_{11} & r_{12} & r_{13}\\ r_{21} & r_{22} & r_{23}\\ r_{31} & r_{32} & r_{33}\end{pmatrix}\begin{pmatrix}c_{11} & c_{12}\\ c_{21} & c_{22}\\ c_{31} & c_{32}\end{pmatrix}=\begin{pmatrix}r_{11}c_{11}+r_{12}c_{21}+r_{13}c_{31} & r_{11}c_{12}+r_{12}c_{22}+r_{13}c_{32}\\ r_{21}c_{11}+r_{22}c_{21}+r_{23}c_{31} & r_{21}c_{12}+r_{22}c_{22}+r_{23}c_{32}\\ r_{31}c_{11}+r_{32}c_{21}+r_{33}c_{31} & r_{31}c_{12}+r_{32}c_{22}+r_{33}c_{32}\end{pmatrix}$$

$$=\begin{pmatrix}\begin{pmatrix}r_{11} & r_{12} & r_{13}\\ r_{21} & r_{22} & r_{23}\end{pmatrix}\begin{pmatrix}c_{11}\\ c_{21}\\ c_{31}\end{pmatrix} & \begin{pmatrix}r_{11} & r_{12} & r_{13}\\ r_{21} & r_{22} & r_{23}\end{pmatrix}\begin{pmatrix}c_{12}\\ c_{22}\\ c_{32}\end{pmatrix}\\ (r_{31} \quad r_{32} \quad r_{33})\begin{pmatrix}c_{11}\\ c_{21}\\ c_{31}\end{pmatrix} & (r_{31} \quad r_{32} \quad r_{33})\begin{pmatrix}c_{12}\\ c_{22}\\ c_{32}\end{pmatrix}\end{pmatrix}$$

因此,可以将刚体变换表达式重写为

$$\begin{pmatrix}{}^{B}\boldsymbol{P}\\ 1\end{pmatrix}={}^{B}_{A}\boldsymbol{T}\begin{pmatrix}{}^{A}\boldsymbol{P}\\ 1\end{pmatrix},\quad {}^{B}_{A}\boldsymbol{T}=\begin{pmatrix}{}^{B}_{A}\boldsymbol{R} & {}^{B}\boldsymbol{O}_{A}\\ \boldsymbol{0}^{\mathrm{T}} & 1\end{pmatrix} \tag{10-22}$$

其中零向量$\boldsymbol{0}=(0,0,0)^{\mathrm{T}}$。换句话说,使用齐次坐标时,可以将刚体变换用一个$4\times4$的矩阵$\boldsymbol{T}$表示。不难证明,齐次坐标下刚体变换矩阵的集合也是一个矩阵群。

刚体变换可以将点从一个坐标系映射到另一个坐标系。在一个确定的坐标系中,刚体变换也可以认为是两个不同点之间的映射。例如,在坐标系(F)中,点P通过刚体变换映射到P'可以表示为

$${}^{F}\boldsymbol{P}'=\boldsymbol{R}\,{}^{F}\boldsymbol{P}+\boldsymbol{t}\Leftrightarrow\begin{pmatrix}{}^{F}\boldsymbol{P}'\\ 1\end{pmatrix}=\begin{pmatrix}\boldsymbol{R} & \boldsymbol{t}\\ \boldsymbol{0}^{\mathrm{T}} & 1\end{pmatrix}\begin{pmatrix}{}^{F}\boldsymbol{P}\\ 1\end{pmatrix} \tag{10-23}$$

其中,$\boldsymbol{R}$是一个旋转矩阵,$\boldsymbol{t}$是一个三维列向量。在这种情况下,刚体变换矩阵包含P、P'两点之间的旋转关系和平移关系信息。假设P点绕坐标系(F)的k轴逆时针旋转角度θ后得到P',P和P'之间的坐标映射关系可以表示为

$${}^{F}\boldsymbol{P}'=\boldsymbol{R}\,{}^{F}\boldsymbol{P} \tag{10-24}$$

$$\begin{pmatrix}{}^{F}\boldsymbol{P}'\\ 1\end{pmatrix}=\begin{pmatrix}\boldsymbol{R} & \boldsymbol{0}\\ \boldsymbol{0}^{\mathrm{T}} & 1\end{pmatrix}\begin{pmatrix}{}^{F}\boldsymbol{P}\\ 1\end{pmatrix}$$

其中

$$\boldsymbol{R}=\begin{pmatrix}\cos\theta & -\sin\theta & 0\\ \sin\theta & \cos\theta & 0\\ 0 & 0 & 1\end{pmatrix}$$

如果点 P 不变，将坐标系 (F) 绕 k 轴逆时针旋转角度 θ 后得到坐标系 (F')。在坐标系 (F') 中，P 点的坐标向量为 ${}^{F'}\boldsymbol{P}$，${}^{F}\boldsymbol{P}$ 和 ${}^{F'}\boldsymbol{P}$ 有如下关系：

$$^{F'}\boldsymbol{P}={}_{F}^{F'}\boldsymbol{R}\,{}^{F}\boldsymbol{P} \tag{10-25}$$

所以，可以得到 $\boldsymbol{R}={}_{F}^{F'}\boldsymbol{R}^{-1}$，表示两坐标系之间的变换矩阵是将点映射到另一个坐标系中的变换矩阵的逆矩阵。

当旋转矩阵 $\boldsymbol{R}$ 替换为任意 3×3 的矩阵 $\boldsymbol{A}$ 时，上述关系式仍然成立，仍然可以表示坐标系之间的变换（或点之间的映射），但不再有长度和角度的限制，即新坐标系不一定具有单位长度，坐标轴不一定正交。这时矩阵 $\boldsymbol{T}$ 写为

$$\boldsymbol{T}=\begin{pmatrix}\boldsymbol{A} & \boldsymbol{t}\\ \boldsymbol{0}^{\mathrm{T}} & 1\end{pmatrix}$$

此时，$\boldsymbol{T}$ 表示仿射变换。当矩阵 $\boldsymbol{T}$ 为任意的 4×4 矩阵时，$\boldsymbol{T}$ 表示射影变换。仿射变换和射影变换也形成群，这里不再详细讨论。

10.2.3　一般摄像机的几何模型

当三维物体通过摄像机在二维像平面上形成投影时，摄像机需要对该投影图像进行处理，最终生成一张数字图像，其单位为像素。由于需要建模三维物体到二维数字图像的映射关系，因此需要在针孔摄像机模型的基础上进一步修正和补充。

在针孔摄像机模型中，三维空间中的点被映射到二维平面上，这种三维到二维的映射称为投影变换。然而，投影变换的结果并不直接对应实际获得的数字图像。首先，数字图像中的点通常与图像平面中的点位于不同的坐标系。其次，数字图像由离散的像素组成，而图像平面中的点是连续的。最后，由于镜头的制造误差原因，摄像机可能会产生非线性失真，例如径向畸变等（这里暂不考虑这些特殊情况，将在摄像机标定一章中单独讨论）。因此，需要引入一些额外的摄像机参数来对这些变换进行建模，以实现三维点到二维像素点的准确映射。

如图 10-19 所示，默认摄像机坐标系 k 轴所在直线与像平面 Π' 的交点 O_c 为像平面图像的坐标原点。但在实际情况中，数字图像坐标系 (O',x,y) 和投影成像坐标系 (O_c,x_c,y_c) 并不一致。首先两者的坐标原点之间有一定的位置偏差，数字图像的坐标原点通常位于图像的左下角，而投影成像的坐标原点为图像的中心，所以需要在针孔摄像机模型的基础上先将像平面上的图像坐标进行一次位置修正，公式如下：

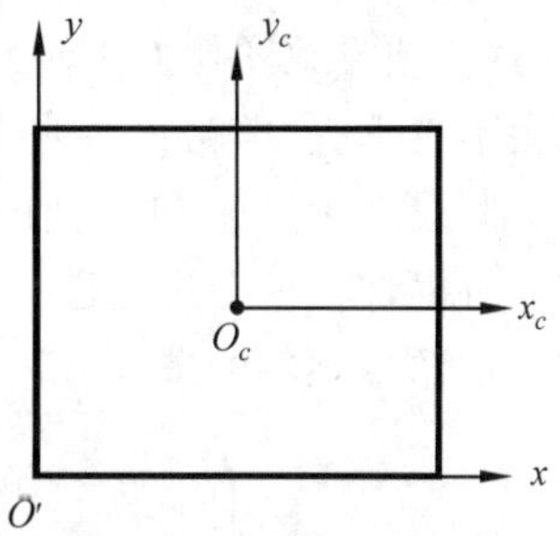

图 10-19　像平面坐标系

$$(x,y,z)\rightarrow\left(f\,\frac{x}{z}+c_x,f\,\frac{y}{z}+c_y\right)$$

其中 (c_x,c_y) 是 O_c 在像素坐标系下的坐标。

然后需要将图像坐标进行离散化，从而将成像图像转化为数字图像，考虑到一些 CCD

相机的成像情况，每个像素可能并非是正方形，不能保证像素的纵横比为1，所以需要在 x 轴和 y 轴上引入不同的比例参数，以建模这种情况：

$$(x,y,z)\rightarrow\left(fk\frac{x}{z}+c_x,fl\frac{y}{z}+c_y\right)$$

其中 k 和 l 为把米制单位转换为像素单位的转换量，单位是 pixel/m，实现连续的图像坐标到离散的像素坐标的转换，这个转换量的数值大小与成像元器件的性质有关。

因为 f、k 和 l 都是相机内部的参数，并且不是独立的，为简化表达，一般将 fk 用参数 α 表示，将 fl 用参数 β 表示，于是坐标映射表达式变为：

$$(x,y,z)\rightarrow\left(\alpha\frac{x}{z}+c_x,\beta\frac{y}{z}+c_y\right)$$

由于 z 参数的存在，α/z 和 β/z 并不是一个常数，所以该坐标变换不是线性的。为了便于后续推导和表示，希望这个投影变换是一个线性变换，可以用一个矩阵和输入向量的乘积来表示这一变换过程。于是这里引入齐次坐标，将这样的非线性变换转换为线性变换。在齐次坐标中，三维点 P 的坐标与二维像素点 p 的坐标的关系如下：

$$(x,y,z,1)\rightarrow\left(\alpha\frac{x}{z}+c_x,\beta\frac{y}{z}+c_y,1\right)$$

可以写成如下矩阵变换的形式：

$$\boldsymbol{p}=\begin{pmatrix}\alpha x+c_xz\\ \beta y+c_yz\\ z\end{pmatrix}=\begin{pmatrix}\alpha & 0 & c_x & 0\\ 0 & \beta & c_y & 0\\ 0 & 0 & 1 & 0\end{pmatrix}\begin{pmatrix}x\\ y\\ z\\ 1\end{pmatrix} \tag{10-26}$$

设定矩阵 $\boldsymbol{M}$ 如下：

$$\boldsymbol{M}=\begin{pmatrix}\alpha & 0 & c_x & 0\\ 0 & \beta & c_y & 0\\ 0 & 0 & 1 & 0\end{pmatrix}$$

可以直接用矩阵 $\boldsymbol{M}$ 表示三维空间点坐标到二维像素点坐标的映射关系：

$$\boldsymbol{p}=\boldsymbol{MP} \tag{10-27}$$

一般情况下，像素平面上每个像素的形状是方形的，但由于摄像机传感器制作工艺的误差，像素可能会发生倾斜，使之不是方形，而是近似平行四边形，这样便导致图像发生倾斜，像素坐标系 x 轴和 y 轴之间的夹角不再垂直，即略大于或小于90°，如图10-20所示。

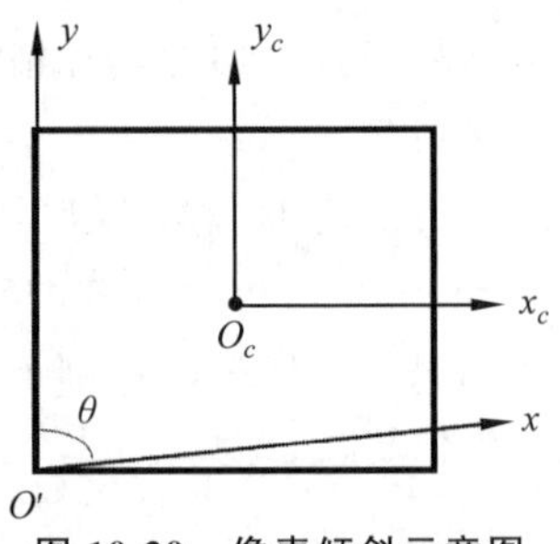

图 10-20　像素倾斜示意图

假设 θ 为 x 轴和 y 轴的夹角，由于 θ 可能不为90°，所以需要对摄像机模型进行进一步修正。在 $\boldsymbol{M}$ 矩阵中加入 θ 参数来表示像素倾斜的情况：

$$\boldsymbol{p}=\begin{pmatrix}\alpha & -\alpha\cot\theta & c_x & 0\\ 0 & \beta/\sin\theta & c_y & 0\\ 0 & 0 & 1 & 0\end{pmatrix}\begin{pmatrix}x\\ y\\ z\\ 1\end{pmatrix}=\boldsymbol{MP} \tag{10-28}$$

将矩阵 $\boldsymbol{M}$ 称为投影矩阵，矩阵 $\boldsymbol{M}$ 的前 3 列包含的是摄像机的内部参数，最后一列为 $\mathbf{0}$，将矩阵 $\boldsymbol{M}$ 的前 3 列提取出来，得到摄像机内的参数矩阵 $\boldsymbol{K}$ 如下：

$$\boldsymbol{K}=\begin{pmatrix}\alpha & -\alpha\cot\theta & c_x\\ 0 & \beta/\sin\theta & c_y\\ 0 & 0 & 1\end{pmatrix} \tag{10-29}$$

摄像机的内参数是摄像机的固有参数，只与摄像机的硬件和基本属性有关。内参数矩阵决定了摄像机坐标系下三维空间点到二维像素点的映射，可以将这种映射关系进一步写为

$$\boldsymbol{p}=\begin{pmatrix}\alpha & -\alpha\cot\theta & c_x & 0\\ 0 & \beta/\sin\theta & c_y & 0\\ 0 & 0 & 1 & 0\end{pmatrix}\begin{pmatrix}x\\ y\\ z\\ 1\end{pmatrix}=\boldsymbol{MP}=\boldsymbol{K}(\boldsymbol{I}\quad \mathbf{0})\boldsymbol{P} \tag{10-30}$$

在摄像机模型中，点的映射是基于摄像机坐标系的。由于每个摄像机的位置不同，摄像机的坐标系也不同。然而，当涉及多个摄像机时，需要以一致的方式描述世界中某个物体的位置，于是引入了一个新概念：世界坐标系。三维物体上的点坐标可以通过世界坐标系来唯一确定。

由 10.2.2 节可知，在三维空间中，不同坐标系之间存在旋转和平移的关系，这可以通过一个包含旋转矩阵和平移向量的刚体变换矩阵来表示。如果统一使用世界坐标系来表示三维空间中的点坐标，那么在前面描述的投影模型的基础上，需要额外引入一个坐标系的转换，将世界坐标系上的点坐标转换到摄像机坐标系(图 10-21)上：

$$\boldsymbol{P}=\begin{pmatrix}\boldsymbol{R} & \boldsymbol{t}\\ \mathbf{0}^{\mathrm{T}} & 1\end{pmatrix}\boldsymbol{P}_{\mathrm{w}} \tag{10-31}$$

然后代入一般摄像机模型，得到世界坐标系下的三维点到摄像机像素平面的二维点的映射关系：

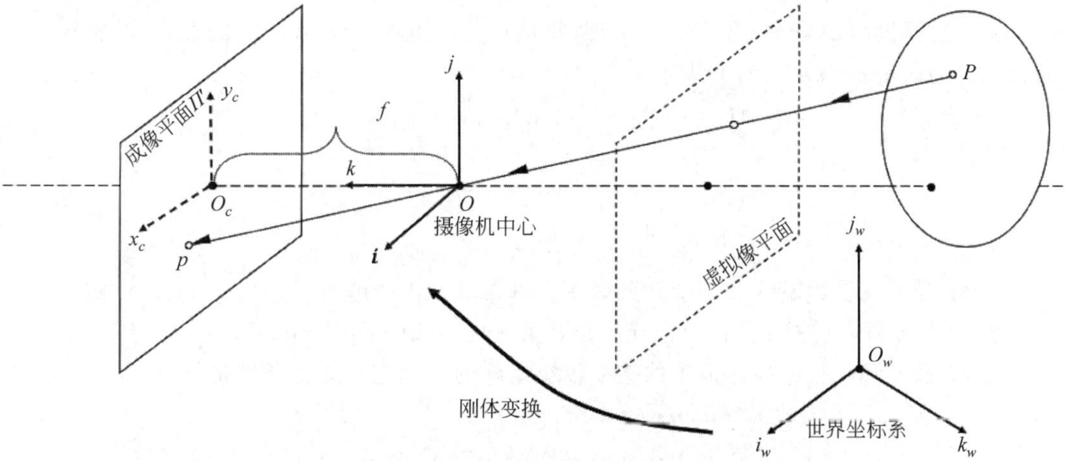

图 10-21　世界坐标系和摄像机坐标系的关系

$$p = K(I \quad 0)P = K(I \quad 0)\begin{pmatrix} R & t \\ 0^{\mathrm{T}} & 1 \end{pmatrix} P_{\mathrm{w}} = K(R \quad t)P_{\mathrm{w}} = MP_{\mathrm{w}} \tag{10-32}$$

其中矩阵$(R \quad t)$称为外参数矩阵，表示世界坐标系与摄像机坐标系的旋转平移关系。这里的$M = K(R \quad t)$称为透视投影矩阵，不仅包含摄像机的内部参数，也包含摄像机的位姿信息。透视投影关系中各矩阵的含义和维度整理如表 10-1 所示。

表 10-1　透视投影各符号含义

符　　号	含　　义	维　　度
p	像素平面上的点的齐次坐标	3×1
K	摄像机内参数矩阵	3×3
P	三维点在摄像机坐标系下的齐次坐标	4×1
$\begin{pmatrix} R & t \\ 0^{\mathrm{T}} & 1 \end{pmatrix}$	摄像机坐标系相对世界坐标系的旋转与平移	4×4
P_{w}	三维点在世界坐标系下的齐次坐标	4×1
M	透视投影矩阵	3×4

10.2.4　透视投影矩阵的性质

透视投影矩阵 M 由两种类型的参数组成：内参数和外参数，摄像机内的参数矩阵 K 中包含的所有参数都是内参数，随着摄像机自身的状况变化而变化，外参数包括旋转和平移参数，只与摄像机的位姿有关，而与摄像机的性质无关。总的来说，透视投影矩阵 M 是一个 3×4 的矩阵，有 11 个自由度：其中 5 个自由度来自摄像机内参数矩阵，3 个自由度来自旋转矩阵，最后 3 个自由度来自平移向量。当内参数中的倾斜角度为 90°，且两坐标轴的转换系数一样($\alpha = \beta$)时，矩阵 M 是一个零倾斜和单位纵横比的透视投影矩阵，可以通过一定的矩阵变换将一般的摄像机转换为具有零倾斜和单位纵横比的摄像机。

关于透视投影矩阵 M，还有以下定理，将透视投影矩阵写成$(A \quad b)$的形式，其中矩阵 A 的每一行用向量 $a_i^{\mathrm{T}}(i=1,2,3)$表示：

$$M = K(R \quad t) = (KR \quad Kt) = (A \quad b)$$

$$A = \begin{pmatrix} a_1^{\mathrm{T}} \\ a_2^{\mathrm{T}} \\ a_3^{\mathrm{T}} \end{pmatrix}$$

① M 是透视投影矩阵的一个充分必要条件是 $\det(A) \neq 0$。

② M 是零倾斜透视矩阵的一个充分必要条件是 $\det(A) \neq 0$ 且$(a_1 \times a_3) \cdot (a_2 \times a_3) = 0$。

③ M 是零倾斜且宽高比为 1 的透视投影矩阵的一个充分必要条件是 $\det(A) \neq 0$ 且

$$\begin{cases} (a_1 \times a_3) \cdot (a_2 \times a_3) = 0 \\ (a_1 \times a_3) \cdot (a_1 \times a_3) = (a_2 \times a_3) \cdot (a_2 \times a_3) \end{cases}$$

Faugeras[24]给出了这些定理的证明，后面摄像机标定推导中也讨论证明了这些定理。

10.3　其他摄像机模型

10.3.1　规范化摄像机模型

规范化摄像机模型是 10.2.3 节中一般摄像机模型的一个特例。

在规范化摄像机中，内参数矩阵 $\boldsymbol{K}$ 是一个单位矩阵，其映射关系如下：

$$\boldsymbol{p}=\begin{pmatrix}1&0&0&0\\0&1&0&0\\0&0&1&0\end{pmatrix}\begin{pmatrix}x\\y\\z\\1\end{pmatrix}=(\boldsymbol{I}\quad \boldsymbol{0})\boldsymbol{P} \tag{10-33}$$

在这种情况下，内参数 $\alpha=1,\beta=1,\theta=90°$表示像平面坐标到像素平面坐标的 x 方向和 y 方向上的映射是一样的，像素形状都为正方形；内参数 $c_x=c_y=0$，表示像素坐标系的坐标原点没有偏移。

在这种理想的相机模型中，三维世界点的坐标可以表示为其二维映射坐标的齐次坐标形式。反过来，也可以根据像素平面中点的坐标推算出其在三维世界点的坐标。这个性质在后续的极几何章节中将会广泛应用。

10.3.2　弱透视投影摄像机

当三维物体的深度远小于其与摄像机的距离时，即三维物体距离摄像机很远时，可以近似认为三维物体上的所有点到摄像机成像平面的距离相等，此时这个摄像机就称为弱透视投影摄像机。如图 10-22 所示，假设 $z_0 \gg f$，将物体上的三个点 P、R、Q 近似看作在同一个平面上。其中点 P 和点 R 的弱透视投影分为两个步骤：先将点 P 和 R 按照垂直投影投到三维点所在平面，投影点分别记为 P'和 R'，然后用透视投影把 P'和 R'分别映射到成像点 p 和 r。这样在摄像机坐标系下三维物体上点的坐标和二维像素点的坐标的关系便是以下线性关系：

$$\begin{cases}x'=\dfrac{f}{z}x\\[2ex] y'=\dfrac{f}{z}y\end{cases}\rightarrow\begin{cases}x'=\dfrac{f}{z_0}x\\[2ex] y'=\dfrac{f}{z_0}y\end{cases} \tag{10-34}$$

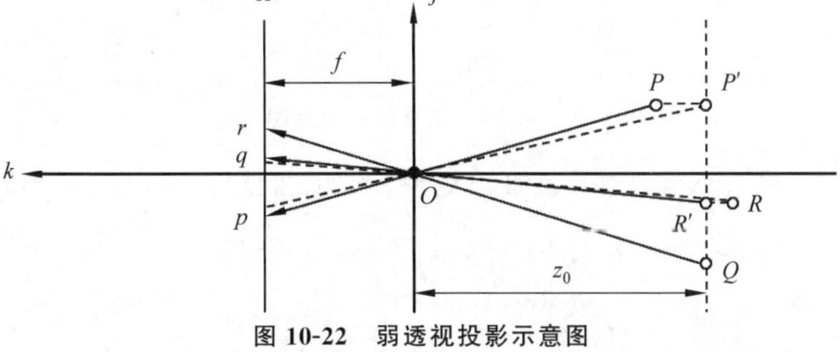

图 10-22　弱透视投影示意图

这种情况下，将其投影矩阵写成如下形式：

$$\boldsymbol{M}=\boldsymbol{K}(\boldsymbol{R}\quad \boldsymbol{t})=\begin{pmatrix}\boldsymbol{A}_{2\times 3} & \boldsymbol{b}_{2\times 1}\\ \boldsymbol{v}_{1\times 3}^{\mathrm{T}} & 1\end{pmatrix} \tag{10-35}$$

在弱透视投影中，向量 $\boldsymbol{v}_{1\times 3}=\boldsymbol{0}$，所以投影矩阵可以写成

$$\boldsymbol{M}=\begin{pmatrix}\boldsymbol{A} & \boldsymbol{b}\\ \boldsymbol{0}^{\mathrm{T}} & 1\end{pmatrix} \tag{10-36}$$

因为 $\boldsymbol{M}$ 是 3×4 的矩阵，将其每一行用 1×4 大小的向量 $\boldsymbol{m}_i^{\mathrm{T}}(i=1,2,3)$表示：

$$\boldsymbol{M}=\begin{pmatrix}\boldsymbol{A} & \boldsymbol{b}\\ \boldsymbol{0}^{\mathrm{T}} & 1\end{pmatrix}=\begin{pmatrix}\boldsymbol{m}_1^{\mathrm{T}}\\ \boldsymbol{m}_2^{\mathrm{T}}\\ \boldsymbol{m}_3^{\mathrm{T}}\end{pmatrix}=\begin{pmatrix} & \boldsymbol{m}_1^{\mathrm{T}} & \\ & \boldsymbol{m}_2^{\mathrm{T}} & \\ 0\quad 0 & 0 & 1\end{pmatrix} \tag{10-37}$$

于是，以 P 点为例，得到弱透视投影下三维点和二维点的映射关系如下：

$$\boldsymbol{p}=\boldsymbol{M}\boldsymbol{P}_{\mathrm{w}}=\begin{pmatrix}\boldsymbol{m}_1^{\mathrm{T}}\\ \boldsymbol{m}_2^{\mathrm{T}}\\ \boldsymbol{m}_3^{\mathrm{T}}\end{pmatrix}\boldsymbol{P}_{\mathrm{w}}=\begin{pmatrix}\boldsymbol{m}_1^{\mathrm{T}}\boldsymbol{P}_{\mathrm{w}}\\ \boldsymbol{m}_2^{\mathrm{T}}\boldsymbol{P}_{\mathrm{w}}\\ 1\end{pmatrix} \tag{10-38}$$

点 p 在欧氏空间中的坐标为$(\boldsymbol{m}_1^{\mathrm{T}}\boldsymbol{P}_{\mathrm{w}},\boldsymbol{m}_2^{\mathrm{T}}\boldsymbol{P}_{\mathrm{w}})$，在这个弱透视投影的过程中，投影矩阵总共只有 8 个独立的参数，而一般透视摄像机投影矩阵有 11 个参数。通常当物体距离摄像机较远时，以弱透视投影的模型计算，可以简化计算的复杂度。

10.3.3 正交投影摄像机

假设当摄像机的焦距无限大，且物体距离摄像机足够远时，透视效应会消失。在这种情况下，成像平面上将投影出与物体大小相同的图像，同时保留了平行关系，即每个投影线都是平行的，如图 10-23 所示，这种投影情况称为正交投影。

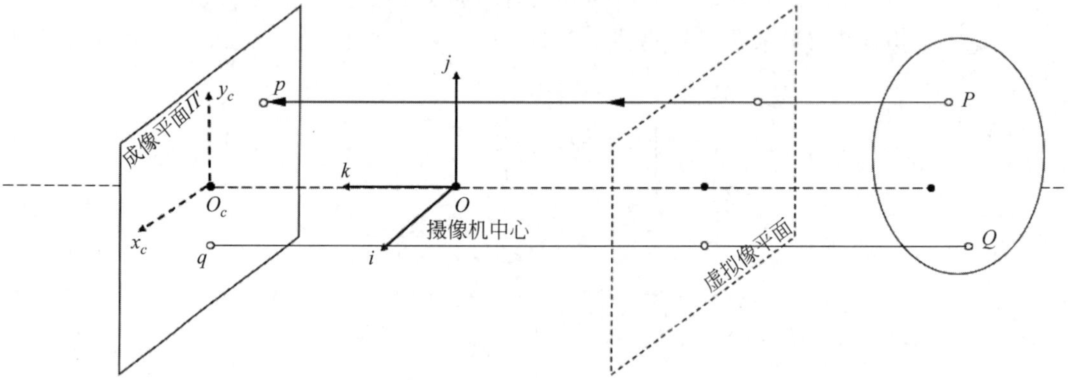

图 10-23 正交投影示意图

正交投影的尺度大小是和原始物体的大小一致的，摄像机坐标系下点的映射关系如下：

$$\begin{cases}x'=\dfrac{f'}{z}x\\ y'=\dfrac{f'}{z}y\end{cases}\rightarrow\begin{cases}x'=x\\ y'=y\end{cases} \tag{10-39}$$

于是在正交投影下,三维点与二维点的映射关系可以写为

$$\boldsymbol{p}=\boldsymbol{M}\boldsymbol{P}_{\mathrm{w}}=\begin{pmatrix}1&0&0&0\\0&1&0&0\\0&0&0&1\end{pmatrix}\begin{pmatrix}\boldsymbol{R}&\boldsymbol{t}\\\boldsymbol{0}^{\mathrm{T}}&1\end{pmatrix}\boldsymbol{P}_{\mathrm{w}} \tag{10-40}$$

正交投影通常是不现实的,一般不会考虑这种情况。正交投影更多应用在建筑设计(AutoCAD)或者工业设计行业中。

小　结

本章详细介绍了摄像机模型和摄像机几何的相关知识,以针孔相机模型为例。在摄像机模型中,讨论了齐次坐标的概念,以及摄像机如何使用投影矩阵将三维世界点映射到二维图像上。此外,还介绍了规范化摄像机、弱透视投影摄像机以及正交规范摄像机的原理和性质。以上这些知识是未来学习三维重建的基础。

习　题

(1) 在针孔摄像机几何模型(图 10-4)中,试绘出 Oik 平面上的成像关系图,写出对应的坐标关系。

(2) 推导出位于针孔前面距离 f' 处的虚拟像平面的投影关系式。

(3) 讨论球体在针孔摄像机中的投影是什么形状。

(4) 推导透镜成像方程(式 10-4)。

(5) 假设坐标系(B)由坐标系(A)分别绕 $\boldsymbol{i}_A$、$\boldsymbol{j}_A$、$\boldsymbol{k}_A$ 轴旋转角度 θ 得到,参考书中公式写出旋转矩阵 ${}_B^A\boldsymbol{R}$。

(6) 证明以下旋转矩阵的性质。

① 旋转矩阵的逆矩阵等于它的转置;

② 旋转矩阵的行列式等于 1。

(7) 证明旋转矩阵不满足交换律,即给定两个旋转矩阵 $\boldsymbol{R}$ 和 $\boldsymbol{R}'$,两个乘积 $\boldsymbol{R}\boldsymbol{R}'$ 和 $\boldsymbol{R}'\boldsymbol{R}$ 通常是不同的。

(8) 假设在坐标系(A)中两点间的刚体变换为 ${}^A\boldsymbol{T}=\begin{pmatrix}{}^A\boldsymbol{R}&{}^A\boldsymbol{t}\\\boldsymbol{0}^{\mathrm{T}}&1\end{pmatrix}$,又已知坐标系($A$)和坐标系($B$)之间的刚体变换为 ${}_B^A\boldsymbol{T}$,求出在坐标系(B)中该两点间的刚体变换矩阵 ${}^B\boldsymbol{T}$。

(9) 证明刚体变换不会改变点之间的距离和角度。

(10) 证明当像素发生倾斜,即两坐标轴夹角 θ 不为 90°时,式(10-26)变为式(10-28)。

(11) 令 $\boldsymbol{O}$ 表示摄像机中心在世界坐标系中的齐次坐标向量,$\boldsymbol{M}$ 表示对应的透视投影矩阵,证明 $\boldsymbol{M}\boldsymbol{O}=\boldsymbol{0}$。

第 11 章　摄像机标定

摄像机标定是计算机视觉领域中的一项关键任务，它是在进行摄像机投影时确定摄像机的内部参数和外部参数。摄像机标定的目标是建立从三维世界坐标到摄像机图像坐标的映射关系，以便准确地还原物体在图像中的位置和形状。本章将讲解如何使用标定设备来求解摄像机的内外参数。

11.1　针孔模型与摄像机标定问题

11.1.1　最小二乘参数估计

估计摄像机的内部和外部参数通常称为摄像机的标定问题，这可以建模为一个优化问题。本节将介绍一种基本的优化方法——最小二乘法，用于解决摄像机的标定问题。这种方法在后续章节中也会多次使用。

1. 线性最小二乘法

假设线性方程组有 p 个方程和 q 个未知数：

$$\begin{cases} a_{11}x_1 + a_{12}x_2 + \cdots + a_{1q}x_q = y_1 \\ a_{21}x_1 + a_{22}x_2 + \cdots + a_{2q}x_q = y_2 \\ \qquad\qquad \vdots \\ a_{p1}x_1 + a_{p2}x_2 + \cdots + a_{pq}x_q = y_p \end{cases} \tag{11-1}$$

写成矩阵的形式为

$$\boldsymbol{A}\boldsymbol{x} = \boldsymbol{y} \tag{11-2}$$

其中

$$\boldsymbol{A} = \begin{pmatrix} a_{11} & \cdots & a_{1q} \\ \vdots & \ddots & \vdots \\ a_{p1} & \cdots & a_{pq} \end{pmatrix}, \quad \boldsymbol{x} = \begin{pmatrix} x_1 \\ \vdots \\ x_q \end{pmatrix}, \quad \boldsymbol{y} = \begin{pmatrix} y_1 \\ \vdots \\ y_p \end{pmatrix}$$

当矩阵 $\boldsymbol{A}$ 列满秩时：

- $p<q$，欠定方程组，方程个数少于未知量个数，有多解，解集形成 $\mathbb{R}^q$ 的 $(q-p)$ 维向量子空间。
- $p=q$，方程个数等于未知量个数时，有唯一解。
- $p>q$，超定方程组，方程个数多于未知量个数，无解。（除非 $\boldsymbol{y}$ 可以由 $\boldsymbol{A}$ 的列向量线性表示）

当矩阵 $\boldsymbol{A}$ 未列满秩时，解的存在取决于 $\boldsymbol{y}$ 的值和它是否属于 $\boldsymbol{A}$ 中列向量表示的向量空间，可能无解或有无穷多解。

本书主要关注 $p>q$ 的情况，并且假设矩阵 $\boldsymbol{A}$ 列满秩。在这种情况下，直接计算方程组无解，需要计算出一个近似解 $\boldsymbol{x}$，使得近似解的误差最小。误差的定义如下：

$$E=\sum_{i=1}^{p}(a_{i1}x_1+a_{i2}x_2+\cdots+a_{iq}x_q-y_i)^2=\|\boldsymbol{Ax}-\boldsymbol{y}\|^2 \tag{11-3}$$

令 $\boldsymbol{e}=\boldsymbol{Ax}-\boldsymbol{y}$，误差 E 可以写成 $E=\boldsymbol{e}\cdot\boldsymbol{e}$。为了找到向量 $\boldsymbol{x}$，使得误差 E 最小，需要使误差 E 关于 $\boldsymbol{x}$ 的导数为 0，即

$$\frac{\partial E}{\partial x_i}=2\frac{\partial \boldsymbol{e}}{\partial x_i}\cdot\boldsymbol{e}=0,\quad i=1,2,\cdots,q \tag{11-4}$$

假设矩阵 $\boldsymbol{A}$ 的列向量用 $\boldsymbol{c}_j=(a_{1j},\cdots,a_{pj})^{\mathrm{T}}(j=1,\cdots,q)$ 表示，可以得到

$$\frac{\partial \boldsymbol{e}}{\partial x_i}=\frac{\partial}{\partial x_i}\left[(\boldsymbol{c}_1\quad\cdots\quad\boldsymbol{c}_q)\begin{pmatrix}x_1\\ \vdots\\ x_q\end{pmatrix}-\boldsymbol{y}\right]=\frac{\partial}{\partial x_i}(x_1\boldsymbol{c}_1+\cdots+x_q\boldsymbol{c}_q-\boldsymbol{y})=\boldsymbol{c}_i \tag{11-5}$$

于是欲使 $\dfrac{\partial E}{\partial x_i}=0$，就要使得 $\boldsymbol{c}_i^{\mathrm{T}}(\boldsymbol{Ax}-\boldsymbol{y})=0$，所以

$$\boldsymbol{0}=\begin{pmatrix}\boldsymbol{c}_1^{\mathrm{T}}\\ \vdots\\ \boldsymbol{c}_q^{\mathrm{T}}\end{pmatrix}(\boldsymbol{Ax}-\boldsymbol{y})=\boldsymbol{A}^{\mathrm{T}}(\boldsymbol{Ax}-\boldsymbol{y})\Leftrightarrow\boldsymbol{A}^{\mathrm{T}}\boldsymbol{Ax}=\boldsymbol{A}^{\mathrm{T}}\boldsymbol{y} \tag{11-6}$$

因为矩阵 $\boldsymbol{A}$ 列满秩，且 $p>q$，所以矩阵 $\boldsymbol{A}$ 的秩为 q，显然矩阵 $\boldsymbol{A}^{\mathrm{T}}\boldsymbol{A}$ 是可逆的，根据式(11-6)可以直接得到该线性方程组的最优解是

$$\boldsymbol{x}=\boldsymbol{A}^{\dagger}\boldsymbol{y} \tag{11-7}$$

其中 $\boldsymbol{A}^{\dagger}=(\boldsymbol{A}^{\mathrm{T}}\boldsymbol{A})^{-1}\boldsymbol{A}^{\mathrm{T}}$ 称为矩阵 $\boldsymbol{A}$ 的伪逆矩阵，大小为 $q\times q$。当矩阵 $\boldsymbol{A}$ 是方阵且非奇异时，$\boldsymbol{A}^{\dagger}=\boldsymbol{A}^{-1}$。

这种方法简单直接，但计算过程中需要求解矩阵的逆，计算量较大。其他方法，例如 QR 分解或奇异值分解可以在不显式计算伪逆的情况下进行求解，并且在结果数值上表现得更好。

现在考虑 $\boldsymbol{y}=\boldsymbol{0}$ 的特殊情况，原方程组变为齐次线性方程组：

$$\begin{cases}a_{11}x_1+a_{12}x_2+\cdots+a_{1q}x_q=0\\ a_{21}x_1+a_{22}x_2+\cdots+a_{2q}x_q=0\\ \qquad\vdots\\ a_{p1}x_1+a_{p2}x_2+\cdots+a_{pq}x_q=0\end{cases}\Leftrightarrow\boldsymbol{Ax}=\boldsymbol{0} \tag{11-8}$$

如果 $\boldsymbol{x}$ 是该方程组的一个解，那么对于任意 $\lambda\neq0$，$\lambda\boldsymbol{x}$ 都是该方程组的解。如果 $p=q$，并且矩阵 $\boldsymbol{A}$ 是非奇异的，该方程组只有零解；在 $p\geqslant q$ 的情况下，只有在矩阵 $\boldsymbol{A}$ 是奇异的且秩严格小于 q 时，才存在非零解。

在这些情况下，因为 $\boldsymbol{x}=\boldsymbol{0}$ 会使得 $E=0$，所以最小二乘误差 $E=\|\boldsymbol{Ax}\|^2$ 只有在排除 $\boldsymbol{x}=\boldsymbol{0}$ 的解后才有意义，于是对 $\boldsymbol{x}$ 采取 $\|\boldsymbol{x}\|=1$ 的约束。

误差 E 可以写为 $\|\boldsymbol{Ax}\|^2=\boldsymbol{x}^{\mathrm{T}}(\boldsymbol{A}^{\mathrm{T}}\boldsymbol{A})\boldsymbol{x}$。其中 $q\times q$ 大小的矩阵 $\boldsymbol{A}^{\mathrm{T}}\boldsymbol{A}$ 是一个对称半正

定矩阵，其特征值全为正数或零，因此可以在特征值 $\boldsymbol{\lambda}_i$（$0 \leqslant \lambda_1 \leqslant \cdots \leqslant \lambda_q$）对应的特征向量 $\boldsymbol{e}_i$ 的正交基础上对角化。可以将任意的单位向量写成 $\boldsymbol{x} = \mu_1 \boldsymbol{e}_1 + \mu_2 \boldsymbol{e}_2 + \cdots + \mu_q \boldsymbol{e}_q$，其中 $\mu_1^2 + \cdots + \mu_q^2 = 1$。特别地：

$$\begin{aligned} E(\boldsymbol{x}) - E(\boldsymbol{e}_1) &= \boldsymbol{x}^{\mathrm{T}}(\mathbf{A}^{\mathrm{T}}\mathbf{A})\boldsymbol{x} - \boldsymbol{e}_1^{\mathrm{T}}(\mathbf{A}^{\mathrm{T}}\mathbf{A})\boldsymbol{e}_1 \\ &= \lambda_1 \mu_1^2 + \lambda_1 \mu_2^2 + \cdots + \lambda_q \mu_q^2 - \lambda_1 \\ &\geqslant \lambda_1(\mu_1^2 + \mu_2^2 + \cdots + \mu_q^2 - 1) = 0 \end{aligned} \tag{11-9}$$

由此可知，使得误差 E 最小的单位向量 $\boldsymbol{x}$ 是矩阵 $\mathbf{A}^{\mathrm{T}}\mathbf{A}$ 最小特征值对应的特征向量 $\boldsymbol{e}_1$，并且对应的 E 的最小值是 λ_1。对于对称矩阵特征值和特征向量的计算，可以采用雅可比变换或转化成三对角形式后进行 QR 分解的方法，也可采用奇异值分解。

在上述齐次和非齐次线性最小二乘问题中，使用奇异值分解的方法都可以在不计算矩阵 $\mathbf{A}^{\mathrm{T}}\mathbf{A}$ 的情况下求解。任何 $p \times q(p \geqslant q)$ 的实矩阵 $\mathbf{A}$ 可以分解为

$$\mathbf{A} = \boldsymbol{UWV}^{\mathrm{T}} \tag{11-10}$$

其中：

- $\boldsymbol{U}$ 是一个 $p \times q$ 的列正交矩阵，即 $\boldsymbol{U}^{\mathrm{T}}\boldsymbol{U} = \boldsymbol{I}$。
- $\boldsymbol{W}$ 是一个对角矩阵，其对角元素 $w_i(i=1,2,\cdots,q)$ 是 $\mathbf{A}$ 的奇异值，其中 $w_1 \geqslant w_2 \geqslant \cdots \geqslant w_q \geqslant 0$。
- $\boldsymbol{V}$ 是一个 $q \times q$ 的正交矩阵，即 $\boldsymbol{V}^{\mathrm{T}}\boldsymbol{V} = \boldsymbol{V}\boldsymbol{V}^{\mathrm{T}} = \boldsymbol{I}$。

这个过程就是矩阵 $\mathbf{A}$ 的奇异值分解（SVD），可以用 Wilkinson 和 Reinsch 中的算法计算[25]。通过该方法无须计算 $\mathbf{A}^{\mathrm{T}}\mathbf{A}$ 矩阵，而实际上 $\mathbf{A}$ 的伪逆可以写成

$$\mathbf{A}^{\dagger} = (\mathbf{A}^{\mathrm{T}}\mathbf{A})^{-1}\mathbf{A}^{\mathrm{T}} = [(\boldsymbol{VW}^{\mathrm{T}}\boldsymbol{U}^{\mathrm{T}})(\boldsymbol{UWV}^{\mathrm{T}})]^{-1}(\boldsymbol{VW}^{\mathrm{T}}\boldsymbol{U}^{\mathrm{T}}) = \boldsymbol{VW}^{-1}\boldsymbol{U}^{\mathrm{T}} \tag{11-11}$$

存在定理：矩阵 $\mathbf{A}$ 的奇异值是矩阵 $\mathbf{A}^{\mathrm{T}}\mathbf{A}$ 特征值的平方根，矩阵 $\boldsymbol{V}$ 的列是对应的特征向量。该定理可以用于求解之前的过约束齐次线性方程组，而无须显式地计算 $\mathbf{A}^{\mathrm{T}}\mathbf{A}$，方程组的解就是矩阵 $\mathbf{A}$ 奇异值分解中最小奇异值对应的 $\boldsymbol{V}$ 的列向量。假设用 $\boldsymbol{e}_1, \boldsymbol{e}_2, \cdots, \boldsymbol{e}_q$ 表示矩阵 $\boldsymbol{V}$ 的每一列，任意的单位向量 $\boldsymbol{x}$ 都可以表示为这些向量的线性组合：

$$\boldsymbol{x} = \mu_1 \boldsymbol{e}_1 + \mu_1 \boldsymbol{e}_2 + \cdots + \mu_q \boldsymbol{e}_q = \boldsymbol{V\mu} \tag{11-12}$$

其中 $\|\boldsymbol{\mu}\|^2 = \mu_1^2 + \mu_2^2 + \cdots + \mu_q^2 = 1$。于是：

$$E(\boldsymbol{x}) = \boldsymbol{x}^{\mathrm{T}}(\mathbf{A}^{\mathrm{T}}\mathbf{A})\boldsymbol{x} = (\boldsymbol{\mu}^{\mathrm{T}}\boldsymbol{V}^{\mathrm{T}})(\boldsymbol{VW}^{\mathrm{T}}\boldsymbol{U}^{\mathrm{T}})(\boldsymbol{UWV}^{\mathrm{T}})(\boldsymbol{V\mu}) = \boldsymbol{\mu}^{\mathrm{T}}\boldsymbol{W}^{\mathrm{T}}\boldsymbol{W\mu} = \sum_{i=1}^{q} w_i^2 \mu_i^2 \tag{11-13}$$

因为 $\boldsymbol{U}$ 是列正交的，而 $\boldsymbol{V}$ 是正交的，奇异值按降序排列，所以：

$$E(\boldsymbol{x}) - E(\boldsymbol{e}_q) = w_1^2\mu_1^2 + w_2^2\mu_2^2 + \cdots + w_q^2\mu_q^2 - w_q^2 \geqslant w_q^2(\mu_1^2 + \mu_2^2 + \cdots + \mu_q^2 - 1) = 0 \tag{11-14}$$

矩阵的奇异值分解也可用于矩阵未满秩的情况，假设矩阵 $\mathbf{A}$ 的秩为 $r < q$，$\mathbf{A}$ 的奇异值分解中矩阵 $\boldsymbol{U}$、$\boldsymbol{W}$、$\boldsymbol{V}$ 可以表示为

$$\boldsymbol{U} = (\boldsymbol{U}_r \quad \boldsymbol{U}_{q-r}), \quad \boldsymbol{W} = \begin{pmatrix} \boldsymbol{W}_r & \mathbf{0} \\ \mathbf{0} & \mathbf{0} \end{pmatrix}, \quad \boldsymbol{V}^{\mathrm{T}} = \begin{pmatrix} \boldsymbol{V}_r^{\mathrm{T}} \\ \boldsymbol{V}_{q-r}^{\mathrm{T}} \end{pmatrix} \tag{11-15}$$

其中矩阵 $\boldsymbol{U}_r$ 中的列形成一组关于 $\mathbf{A}$ 中列向量所在空间的正交基，$\boldsymbol{V}_{q-r}$ 中列向量为矩阵 $\mathbf{A}$ 零空间的基。因为矩阵 $\boldsymbol{U}_r$ 和 $\boldsymbol{V}_r$ 都是列正交的，所以有 $\mathbf{A} = \boldsymbol{U}_r\boldsymbol{W}_r\boldsymbol{V}_r^{\mathrm{T}}$。

2. 非线性最小二乘法

对于有 q 个未知量和 p 个方程的一般方程组：

$$\begin{cases} f_1(x_1,x_2,\cdots,x_q)=0 \\ f_2(x_1,x_2,\cdots,x_q)=0 \\ \quad\vdots \\ f_p(x_1,x_2,\cdots,x_q)=0 \end{cases} \Leftrightarrow \boldsymbol{f}(x)=\boldsymbol{0} \tag{11-16}$$

其中 $f_i(i=1,2,\cdots,p)$是任意可微函数，$\boldsymbol{f}=(f_1,\cdots,f_p)^{\mathrm{T}}$，$\boldsymbol{x}=(x_1,\cdots,x_q)^{\mathrm{T}}$。当 $p<q$ 时，可能有多解，解集的维数是 $q-p$，但该集合将不再形成向量空间，其结构将取决于函数 f_i 的性质。同样地，在 $p=q$ 的情况下，通常也有有限个数的解，而不是唯一解。当 $p>q$ 时，方程组一般无解，仍然针对这种情况求取其近似解。

对函数 f_i 在点 $\boldsymbol{x}$ 附近进行一阶泰勒展开：

$$\begin{aligned} f_i(\boldsymbol{x}+\delta\boldsymbol{x}) &= f_i(\boldsymbol{x})+\delta x_1\frac{\partial f_i}{\partial x_1}(\boldsymbol{x})+\cdots+\delta x_q\frac{\partial f_i}{\partial x_q}(\boldsymbol{x})+O(\|\delta\boldsymbol{x}\|^2) \\ &\approx f_i(\boldsymbol{x})+\nabla f_i(\boldsymbol{x})\cdot\delta\boldsymbol{x} \end{aligned} \tag{11-17}$$

其中$\nabla f_i(\boldsymbol{x})=\left(\frac{\partial f_i}{\partial x_1},\cdots,\frac{\partial f_i}{\partial x_q}\right)^{\mathrm{T}}$ 称为函数 f_i 在点 $\boldsymbol{x}$ 处的梯度。于是可以得到

$$\boldsymbol{f}(\boldsymbol{x}+\delta\boldsymbol{x})\approx \boldsymbol{f}(\boldsymbol{x})+\boldsymbol{J}_f(\boldsymbol{x})\delta\boldsymbol{x} \tag{11-18}$$

其中 $\boldsymbol{J}_f(\boldsymbol{x})$称为雅可比矩阵：

$$\boldsymbol{J}_f(\boldsymbol{x})=\begin{pmatrix} \nabla f_1^{\mathrm{T}}(\boldsymbol{x}) \\ \vdots \\ \nabla f_p^{\mathrm{T}}(\boldsymbol{x}) \end{pmatrix}=\begin{pmatrix} \frac{\partial f_1}{\partial x_1}(\boldsymbol{x}) & \cdots & \frac{\partial f_1}{\partial x_q}(\boldsymbol{x}) \\ \vdots & \ddots & \vdots \\ \frac{\partial f_p}{\partial x_1}(\boldsymbol{x}) & \cdots & \frac{\partial f_p}{\partial x_q}(\boldsymbol{x}) \end{pmatrix} \tag{11-19}$$

可以利用迭代的方法进行解的估计，先给出解的一个估计值 $\boldsymbol{x}$，然后根据 $\boldsymbol{f}(\boldsymbol{x}+\delta\boldsymbol{x})\approx 0$ 来计算关于 $\boldsymbol{x}$ 的变化量 $\delta\boldsymbol{x}$，即

$$\boldsymbol{J}_f(\boldsymbol{x})\delta\boldsymbol{x}=-\boldsymbol{f}(\boldsymbol{x}) \tag{11-20}$$

当雅可比矩阵非奇异时，可以直接解出 $\delta\boldsymbol{x}$，以此来更新估计值 $\boldsymbol{x}$，不断重复该过程，直到解收敛。牛顿法就是基于此原理的一种迭代方法，因为牛顿法具有二阶收敛性，$k+1$ 步的误差与 k 步误差的平方成正比，所以在估计解接近最优解时会迅速收敛，下面将具体介绍该方法。

定义最小二乘误差 E 为

$$E(\boldsymbol{x})=\|\boldsymbol{f}(\boldsymbol{x})\|^2=\sum_{i=1}^{p}f_i^2(\boldsymbol{x}) \tag{11-21}$$

需要寻找 E 的局部最小值，通过迭代使得梯度为零来近似求解，首先定义与误差梯度相关的函数 $\boldsymbol{F}$：

$$\boldsymbol{F}(\boldsymbol{x})=\frac{1}{2}\nabla E(\boldsymbol{x}) \tag{11-22}$$

计算误差的梯度，展开后可得

$$\boldsymbol{F}(\boldsymbol{x})=\begin{pmatrix}\sum_{i=1}^{p}\dfrac{\partial f_i}{\partial x_1}(\boldsymbol{x})f_i(\boldsymbol{x})\\ \vdots \\ \sum_{i=1}^{p}\dfrac{\partial f_i}{\partial x_q}(\boldsymbol{x})f_i(\boldsymbol{x})\end{pmatrix}=\boldsymbol{J}_f^{\mathrm{T}}(\boldsymbol{x})\boldsymbol{f}(\boldsymbol{x}) \tag{11-23}$$

对式(11-23)进行微分,得到 $\boldsymbol{F}$ 的雅可比矩阵:

$$\begin{pmatrix}\sum_{i=1}^{p}\left[\dfrac{\partial^2 f_i}{\partial x_1^2}f_i+\left(\dfrac{\partial f_i}{\partial x_1}\right)^2\right] & \sum_{i=1}^{p}\left[\dfrac{\partial^2 f_i}{\partial x_1 x_2}f_i+\dfrac{\partial f_i}{\partial x_1}\dfrac{\partial f_i}{\partial x_2}\right] & \cdots & \sum_{i=1}^{p}\left[\dfrac{\partial^2 f_i}{\partial x_1 x_q}f_i+\dfrac{\partial f_i}{\partial x_1}\dfrac{\partial f_i}{\partial x_q}\right]\\ \sum_{i=1}^{p}\left[\dfrac{\partial^2 f_i}{\partial x_1 x_2}f_i+\dfrac{\partial f_i}{\partial x_1}\dfrac{\partial f_i}{\partial x_2}\right] & \sum_{i=1}^{p}\left[\dfrac{\partial^2 f_i}{\partial x_2^2}f_i+\left(\dfrac{\partial f_i}{\partial x_2}\right)^2\right] & \cdots & \sum_{i=1}^{p}\left[\dfrac{\partial^2 f_i}{\partial x_2 x_q}f_i+\dfrac{\partial f_i}{\partial x_2}\dfrac{\partial f_i}{\partial x_q}\right]\\ \vdots & \vdots & \ddots & \vdots\\ \sum_{i=1}^{p}\left[\dfrac{\partial^2 f_i}{\partial x_1 x_q}f_i+\dfrac{\partial f_i}{\partial x_1}\dfrac{\partial f_i}{\partial x_q}\right] & \sum_{i=1}^{p}\left[\dfrac{\partial^2 f_i}{\partial x_2 x_q}f_i+\dfrac{\partial f_i}{\partial x_2}\dfrac{\partial f_i}{\partial x_q}\right] & \cdots & \sum_{i=1}^{p}\left[\dfrac{\partial^2 f_i}{\partial x_q^2}f_i+\left(\dfrac{\partial f_i}{\partial x_q}\right)^2\right]\end{pmatrix}$$

其中,为简洁起见,雅可比矩阵中函数的表示忽略了 $\boldsymbol{x}$ 参数。

如果定义 $f_i(i=1,2,\cdots,p)$ 的海森矩阵为 $q\times q$ 大小的二阶导矩阵:

$$\boldsymbol{H}_{f_i}(\boldsymbol{x})=\begin{pmatrix}\dfrac{\partial^2 f_i}{\partial x_1^2}(\boldsymbol{x}) & \dfrac{\partial^2 f_i}{\partial x_1 x_2}(\boldsymbol{x}) & \cdots & \dfrac{\partial^2 f_i}{\partial x_1 x_q}(\boldsymbol{x})\\ \dfrac{\partial^2 f_i}{\partial x_1 x_2}(\boldsymbol{x}) & \dfrac{\partial^2 f_i}{\partial x_2^2}(\boldsymbol{x}) & \cdots & \dfrac{\partial^2 f_i}{\partial x_2 x_q}(\boldsymbol{x})\\ \vdots & \vdots & \ddots & \vdots\\ \dfrac{\partial^2 f_i}{\partial x_1 x_q}(\boldsymbol{x}) & \dfrac{\partial^2 f_i}{\partial x_2 x_q}(\boldsymbol{x}) & \cdots & \dfrac{\partial^2 f_i}{\partial x_q^2}(\boldsymbol{x})\end{pmatrix} \tag{11-24}$$

基于此,可以将 $\boldsymbol{F}$ 的雅可比矩阵重新写为

$$\boldsymbol{J}_{\boldsymbol{F}}(\boldsymbol{x})=\boldsymbol{J}_f^{\mathrm{T}}(\boldsymbol{x})\boldsymbol{J}_f(\boldsymbol{x})+\sum_{i=1}^{p}f_i(\boldsymbol{x})\boldsymbol{H}_{f_i}(\boldsymbol{x}) \tag{11-25}$$

然后根据等式 $\boldsymbol{J}_{\boldsymbol{F}}(\boldsymbol{x})\delta\boldsymbol{x}=-\boldsymbol{F}(x)$ 求解 $\delta\boldsymbol{x}$,将式(11-25)代入,每次迭代需要的变化量 $\delta\boldsymbol{x}$ 也就是通过下面的等式求解:

$$\left[\boldsymbol{J}_f^{\mathrm{T}}(\boldsymbol{x})\boldsymbol{J}_f(\boldsymbol{x})+\sum_{i=1}^{p}f_i(\boldsymbol{x})\boldsymbol{H}_{f_i}(\boldsymbol{x})\right]\delta\boldsymbol{x}=-\boldsymbol{J}_f^{\mathrm{T}}(\boldsymbol{x})f(\boldsymbol{x}) \tag{11-26}$$

牛顿法需要计算海森矩阵,其中函数二阶导的求解很麻烦,因此一种改进的方法——高斯—牛顿法只采用一阶泰勒展开来优化误差 E:

$$E(\boldsymbol{x}+\delta\boldsymbol{x})=\|\boldsymbol{f}(\boldsymbol{x}+\delta x)\|^2=\|\boldsymbol{f}(\boldsymbol{x})+\boldsymbol{J}_f(\boldsymbol{x})\delta\boldsymbol{x}\|^2 \tag{11-27}$$

此时采用线性最小二乘解,于是每次迭代的 $\delta\boldsymbol{x}$ 可以由下式得到

$$\boldsymbol{J}_f^{\mathrm{T}}(\boldsymbol{x})\boldsymbol{J}_f(\boldsymbol{x})\delta\boldsymbol{x}=-\boldsymbol{J}_f^{\mathrm{T}}(\boldsymbol{x})f(\boldsymbol{x}) \tag{11-28}$$

通过比较牛顿法和高斯—牛顿法的迭代公式可以发现,高斯—牛顿法是对牛顿法的一种近似,它忽略了二阶导数项。当解对应的误差函数值很小时,海森矩阵的值也很小,因此可以近似地忽略这些项。在这种情况下,两种算法的性能相当,但高斯—牛顿法的计算效率更高。然而,当解对应的误差函数值很大时,高斯—牛顿法可能会收敛缓慢,甚至不会收敛。

当 $\delta \boldsymbol{x}$ 的计算公式变为 $[\boldsymbol{J}_f^{\mathrm{T}}(\boldsymbol{x})\boldsymbol{J}_f(\boldsymbol{x})+\mu \boldsymbol{I}_d]\delta \boldsymbol{x}=-\boldsymbol{J}_f^{\mathrm{T}}(\boldsymbol{x})f(\boldsymbol{x})$ 时，就演变为另一种常用的方法——列文伯格—马夸尔特法（L-M 方法）。该方法也是牛顿法的一种变体，牛顿法中涉及海森矩阵的项在这里用单位矩阵来近似，与高斯—牛顿法有类似的收敛特征，但该方法更加健壮，可在雅可比矩阵不满秩且伪逆矩阵不存在的时候使用。

11.1.2　投影矩阵求解

摄像机的内部和外部参数矩阵描述了三维世界与二维像素之间的映射关系。通过求解三维世界点到二维像素点的对应关系，就能够从二维图像中获取三维世界的信息，这有助于对三维世界进行重建。

具体地说，摄像机标定从一张或多张图像中估算摄像机的内参数矩阵 $\boldsymbol{K}$ 和外参数矩阵 $(\boldsymbol{R}\quad \boldsymbol{t})$。首先，通过自动或手动的方法获得三维物体上 n 个基准点在世界坐标系下的坐标；其次，找到这些基准点在像素平面上的投影点的像素坐标；接下来，利用三维到二维的映射关系列出 n 个方程组，通过求解方程组得到透视投影矩阵 $\boldsymbol{M}$；最后，基于 $\boldsymbol{M}$ 矩阵估计出摄像机的内参数和外参数。

进行摄像机标定之前，通常会事先制作图 11-1(a)所示的标定装置。这个装置由 3 个相互垂直的棋盘格平面组成，每个平面上绘有等分的正方形网格，且这些网格的尺寸相同。通过取 3 个平面的交点作为原点，并将两两平面的交线作为 3 个坐标轴，可以建立一个世界坐标系，如图 11-1(b)所示。假设每个网格的边长都为单位长度，就可以直接获得网格点在世界坐标系下的三维坐标。通过摄像机拍摄这个装置，同样可以得到网格点的二维像素坐标。通过这个装置，可以轻松地获取多组点的三维坐标和它们对应的像素坐标，从而估计摄像机的内部和外部参数。

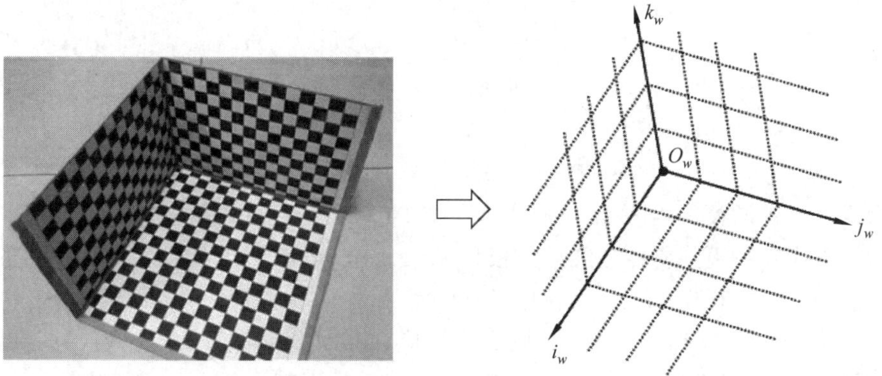

(a)　　　　　　(b)

图 11-1　标定装置

根据 10.2 节摄像机几何的内容知道透视投影的映射关系为 $\boldsymbol{p}=\boldsymbol{M}\boldsymbol{P}_{\mathrm{w}}=\boldsymbol{K}(\boldsymbol{R}\quad \boldsymbol{t})\boldsymbol{P}_{\mathrm{w}}$，首先将透视投影矩阵 $\boldsymbol{M}$ 用行向量 $\boldsymbol{m}_i^{\mathrm{T}}(i=1,2,3)$ 表示：

$$\boldsymbol{M}=\boldsymbol{K}(\boldsymbol{R}\quad \boldsymbol{t})=\begin{pmatrix}\boldsymbol{m}_1^{\mathrm{T}}\\ \boldsymbol{m}_2^{\mathrm{T}}\\ \boldsymbol{m}_3^{\mathrm{T}}\end{pmatrix} \tag{11-29}$$

于是对于一个三维点 P_i，其投影点的欧氏坐标可以写成

$$\tilde{\boldsymbol{p}}_i=\begin{pmatrix}u_i\\v_i\end{pmatrix}=\begin{pmatrix}\dfrac{\boldsymbol{m}_1^{\mathrm{T}}\boldsymbol{P}_i}{\boldsymbol{m}_3^{\mathrm{T}}\boldsymbol{P}_i}\\\dfrac{\boldsymbol{m}_2^{\mathrm{T}}\boldsymbol{P}_i}{\boldsymbol{m}_3^{\mathrm{T}}\boldsymbol{P}_i}\end{pmatrix} \tag{11-30}$$

因为三维坐标和像素坐标均可通过标定装置得到，所以可以列出两个关于 $\boldsymbol{M}$ 的约束方程：

$$u_i=\frac{\boldsymbol{m}_1^{\mathrm{T}}\boldsymbol{P}_i}{\boldsymbol{m}_3^{\mathrm{T}}\boldsymbol{P}_i}\rightarrow u_i(\boldsymbol{m}_3^{\mathrm{T}}\boldsymbol{P}_i)=\boldsymbol{m}_1^{\mathrm{T}}\boldsymbol{P}_i\rightarrow \boldsymbol{m}_1^{\mathrm{T}}\boldsymbol{P}_i-u_i(\boldsymbol{m}_3^{\mathrm{T}}\boldsymbol{P}_i)=0 \tag{11-31}$$

$$v_i=\frac{\boldsymbol{m}_2^{\mathrm{T}}\boldsymbol{P}_i}{\boldsymbol{m}_3^{\mathrm{T}}\boldsymbol{P}_i}\rightarrow v_i(\boldsymbol{m}_3^{\mathrm{T}}\boldsymbol{P}_i)=\boldsymbol{m}_2^{\mathrm{T}}\boldsymbol{P}_i\rightarrow \boldsymbol{m}_2^{\mathrm{T}}\boldsymbol{P}_i-v_i(\boldsymbol{m}_3^{\mathrm{T}}\boldsymbol{P}_i)=0 \tag{11-32}$$

假设获取 n 组对应点，每组对应点可以列出两个方程，于是可以得到一个由 $2n$ 个方程组成的齐次线性方程组：

$$\begin{cases}-u_1(\boldsymbol{m}_3^{\mathrm{T}}\boldsymbol{P}_1)+\boldsymbol{m}_1^{\mathrm{T}}\boldsymbol{P}_1=0\\-v_1(\boldsymbol{m}_3^{\mathrm{T}}\boldsymbol{P}_1)+\boldsymbol{m}_2^{\mathrm{T}}\boldsymbol{P}_1=0\\\qquad\vdots\\-u_n(\boldsymbol{m}_3^{\mathrm{T}}\boldsymbol{P}_n)+\boldsymbol{m}_1^{\mathrm{T}}\boldsymbol{P}_n=0\\-v_n(\boldsymbol{m}_3^{\mathrm{T}}\boldsymbol{P}_n)+\boldsymbol{m}_2^{\mathrm{T}}\boldsymbol{P}_n=0\end{cases} \tag{11-33}$$

简写成矩阵的形式就是

$$\boldsymbol{Pm}=\boldsymbol{0} \tag{11-34}$$

其中

$$\boldsymbol{P}=\begin{pmatrix}\boldsymbol{P}_1^{\mathrm{T}} & \boldsymbol{0}^{\mathrm{T}} & -u_1\boldsymbol{P}_1^{\mathrm{T}}\\\boldsymbol{0}^{\mathrm{T}} & \boldsymbol{P}_1^{\mathrm{T}} & -v_1\boldsymbol{P}_1^{\mathrm{T}}\\\vdots & \vdots & \vdots\\\boldsymbol{P}_n^{\mathrm{T}} & \boldsymbol{0}^{\mathrm{T}} & -u_n\boldsymbol{P}_n^{\mathrm{T}}\\\boldsymbol{0}^{\mathrm{T}} & \boldsymbol{P}_n^{\mathrm{T}} & -v_n\boldsymbol{P}_n^{\mathrm{T}}\end{pmatrix}_{2n\times 12},\quad \boldsymbol{m}=\begin{pmatrix}\boldsymbol{m}_1\\\boldsymbol{m}_2\\\boldsymbol{m}_3\end{pmatrix}_{12\times 1}$$

因为需要估计的投影矩阵 $\boldsymbol{M}$ 中有 11 个未知量，所以 n 至少为 6。在实际应用中，会采取多于六组点来获得更加鲁棒的结果。根据 11.1.1 节，可以采用齐次线性方程组的最小二乘估计来求解上述方程组，从而得到投影矩阵 $\boldsymbol{M}$。

对 $\boldsymbol{P}$ 进行奇异值分解 $\boldsymbol{P}=\boldsymbol{UDV}^{\mathrm{T}}$，最优估计值 $\boldsymbol{m}^*$ 为 $\boldsymbol{V}$ 矩阵的最后一列(最小奇异值对应的右奇异向量)并且保证 $\|\boldsymbol{m}^*\|=1$，然后将 $\boldsymbol{m}^*$ 向量重新排列成 $\boldsymbol{M}$ 矩阵。

需要注意的是，该方法求解过程中设定 $\boldsymbol{m}$ 的模为 1(实际向量 $\boldsymbol{m}$ 的任意非零线性倍数均可作为方程组的解)，所以最后求出的投影矩阵 $\boldsymbol{M}$ 模也是 1，它与真实的投影矩阵之间只相差一个未知的比例系数。

11.1.3 摄像机内外参数求解

估计出 $\boldsymbol{M}$ 矩阵的数值结果后，还需要从 $\boldsymbol{M}$ 矩阵中恢复出摄像机的内外参数，即需要进行如下形式的分解，得到具体的内外参数数值：

$$\boldsymbol{p}=\boldsymbol{MP}=\boldsymbol{K}(\boldsymbol{R}\quad \boldsymbol{t})\boldsymbol{P} \tag{11-35}$$

$$\boldsymbol{K}=\begin{pmatrix}\alpha & -\alpha\cot\theta & c_x\\ 0 & \dfrac{\beta}{\sin\theta} & c_y\\ 0 & 0 & 1\end{pmatrix},\quad \boldsymbol{R}=\begin{pmatrix}\boldsymbol{r}_1^{\mathrm{T}}\\ \boldsymbol{r}_2^{\mathrm{T}}\\ \boldsymbol{r}_3^{\mathrm{T}}\end{pmatrix},\quad \boldsymbol{t}=\begin{pmatrix}t_x\\ t_y\\ t_z\end{pmatrix}$$

将透视投影矩阵 $\boldsymbol{M}$ 用摄像机的内外参数表示：

$$\rho\boldsymbol{M}=\boldsymbol{K}(\boldsymbol{R}\quad \boldsymbol{t})=\begin{pmatrix}\alpha\boldsymbol{r}_1^{\mathrm{T}}-\alpha\cot\theta\boldsymbol{r}_2^{\mathrm{T}}+c_x\boldsymbol{r}_3^{\mathrm{T}} & \alpha t_x-\alpha\cot\theta t_y+c_xt_z\\ \dfrac{\beta}{\sin\theta}\boldsymbol{r}_2^{\mathrm{T}}+c_y\boldsymbol{r}_3^{\mathrm{T}} & \dfrac{\beta}{\sin\theta}t_y+c_yt_z\\ \boldsymbol{r}_3^{\mathrm{T}} & t_z\end{pmatrix} \tag{11-36}$$

其中，ρ 为估计出的矩阵 $\boldsymbol{M}$ 与真实 $\boldsymbol{M}$ 之间的未知的比例因子。

然后将 $\boldsymbol{M}$ 改写成 $(\boldsymbol{A}\quad \boldsymbol{b})$ 的形式，矩阵 $\boldsymbol{A}$ 用行向量 $\boldsymbol{a}_1^{\mathrm{T}},\boldsymbol{a}_2^{\mathrm{T}},\boldsymbol{a}_3^{\mathrm{T}}$ 表示，即

$$\boldsymbol{A}=\begin{pmatrix}\boldsymbol{a}_1^{\mathrm{T}}\\ \boldsymbol{a}_2^{\mathrm{T}}\\ \boldsymbol{a}_3^{\mathrm{T}}\end{pmatrix}\boldsymbol{b}=\begin{pmatrix}b_1\\ b_2\\ b_3\end{pmatrix} \tag{11-37}$$

所以可以得到

$$\rho\boldsymbol{A}=\rho\begin{pmatrix}\boldsymbol{a}_1^{\mathrm{T}}\\ \boldsymbol{a}_2^{\mathrm{T}}\\ \boldsymbol{a}_3^{\mathrm{T}}\end{pmatrix}=\begin{pmatrix}\alpha\boldsymbol{r}_1^{\mathrm{T}}-\alpha\cot\theta\boldsymbol{r}_2^{\mathrm{T}}+c_x\boldsymbol{r}_3^{\mathrm{T}}\\ \dfrac{\beta}{\sin\theta}\boldsymbol{r}_2^{\mathrm{T}}+c_y\boldsymbol{r}_3^{\mathrm{T}}\\ \boldsymbol{r}_3^{\mathrm{T}}\end{pmatrix}=\boldsymbol{KR} \tag{11-38}$$

已知旋转矩阵 $\boldsymbol{R}$ 的每一行互相垂直，且模为 1：

$$\begin{cases}\boldsymbol{r}_1^{\mathrm{T}}\cdot\boldsymbol{r}_2^{\mathrm{T}}=0\\ \boldsymbol{r}_1^{\mathrm{T}}\cdot\boldsymbol{r}_3^{\mathrm{T}}=0\\ \boldsymbol{r}_2^{\mathrm{T}}\cdot\boldsymbol{r}_3^{\mathrm{T}}=0\\ |\boldsymbol{r}_1^{\mathrm{T}}|=|\boldsymbol{r}_2^{\mathrm{T}}|=|\boldsymbol{r}_3^{\mathrm{T}}|=1\end{cases} \tag{11-39}$$

所以，观察 $\rho\boldsymbol{A}$ 矩阵的第 3 行，可以得到 $|\rho|\cdot|\boldsymbol{a}_3^{\mathrm{T}}|=1$，此时，可以解出比例系数 ρ，但无法确定正负：

$$\rho=\frac{\pm 1}{|\boldsymbol{a}_3|} \tag{11-40}$$

然后，将 $\rho\boldsymbol{A}$ 矩阵的第 1 行和第 3 行进行点乘，得到如下关系式：

$$\rho\boldsymbol{a}_1^{\mathrm{T}}\cdot\rho\boldsymbol{a}_3^{\mathrm{T}}=(\alpha\boldsymbol{r}_1^{\mathrm{T}}-\alpha\cot\theta\boldsymbol{r}_2^{\mathrm{T}}+c_x\boldsymbol{r}_3^{\mathrm{T}})\cdot\boldsymbol{r}_3^{\mathrm{T}} \tag{11-41}$$

对式(11-41)展开化简后，可以解出参数 c_x：

$$c_x=\rho^2(\boldsymbol{a}_1\cdot\boldsymbol{a}_3) \tag{11-42}$$

同样地，将 $\rho\boldsymbol{A}$ 矩阵的第 2 行和第 3 行进行点乘，得到

$$\rho\boldsymbol{a}_2^{\mathrm{T}}\cdot\rho\boldsymbol{a}_3^{\mathrm{T}}=\left(\frac{\beta}{\sin\theta}\boldsymbol{r}_2^{\mathrm{T}}+c_y\boldsymbol{r}_3^{\mathrm{T}}\right)\cdot\boldsymbol{r}_3^{\mathrm{T}} \tag{11-43}$$

展开化简后，可以得到参数 c_y：

$$c_y=\rho^2(\boldsymbol{a}_2\cdot\boldsymbol{a}_3) \tag{11-44}$$

通过上述步骤,就能得到摄像机的内参数 c_x 和 c_y:

$$\begin{cases} c_x=\rho^2(\boldsymbol{a}_1\cdot\boldsymbol{a}_3) \\ c_y=\rho^2(\boldsymbol{a}_2\cdot\boldsymbol{a}_3) \end{cases} \tag{11-45}$$

接下来,应用旋转矩阵叉乘的性质:

$$\begin{cases} \boldsymbol{r}_1^{\mathrm{T}}\times\boldsymbol{r}_2^{\mathrm{T}}=\boldsymbol{r}_3^{\mathrm{T}} \\ \boldsymbol{r}_1^{\mathrm{T}}\times\boldsymbol{r}_3^{\mathrm{T}}=\boldsymbol{r}_2^{\mathrm{T}} \\ \boldsymbol{r}_2^{\mathrm{T}}\times\boldsymbol{r}_3^{\mathrm{T}}=\boldsymbol{r}_1^{\mathrm{T}} \end{cases} \tag{11-46}$$

分别将 $\rho\mathbf{A}$ 矩阵的第 1 行和第 3 行叉乘,第 2 行和第 3 行叉乘得到

$$\begin{cases} \rho^2(\boldsymbol{a}_1\times\boldsymbol{a}_3)=\alpha\boldsymbol{r}_2-\alpha\cot\theta\boldsymbol{r}_1 \\ \rho^2(\boldsymbol{a}_2\times\boldsymbol{a}_3)=\dfrac{\beta}{\sin\theta}\boldsymbol{r}_1 \end{cases} \tag{11-47}$$

将式(11-47)左右两边取模,由于 θ 总是在 $\pi/2$ 的领域内,所以 $\sin\theta$ 为正数,得到

$$\begin{cases} \rho^2\mid\boldsymbol{a}_1\times\boldsymbol{a}_3\mid=\dfrac{\mid\alpha\mid}{\sin\theta} \\ \rho^2\mid\boldsymbol{a}_2\times\boldsymbol{a}_3\mid=\dfrac{\mid\beta\mid}{\sin\theta} \end{cases} \tag{11-48}$$

其中,对于 $\alpha\boldsymbol{r}_2-\alpha\cot\theta\boldsymbol{r}_1$ 取模的推导如下:

$$\begin{aligned} \mid\alpha\boldsymbol{r}_2-\alpha\cot\theta\boldsymbol{r}_1\mid^2 &=(\alpha\boldsymbol{r}_2-\alpha\cot\theta\boldsymbol{r}_1)^{\mathrm{T}}\cdot(\alpha\boldsymbol{r}_2-\alpha\cot\theta\boldsymbol{r}_1) \\ &=\alpha^2+(\alpha\cot\theta)^2 \\ &=\alpha^2\left(1+\left(\frac{\cos\theta}{\sin\theta}\right)^2\right) \\ &=\left(\frac{\alpha}{\sin\theta}\right)^2 \end{aligned}$$

可以解出 θ:

$$\cos\theta=-\frac{(\boldsymbol{a}_1\times\boldsymbol{a}_3)\cdot(\boldsymbol{a}_2\times\boldsymbol{a}_3)}{\mid\boldsymbol{a}_1\times\boldsymbol{a}_3\mid\cdot\mid\boldsymbol{a}_2\times\boldsymbol{a}_3\mid} \tag{11-49}$$

因为 α 和 β 都为大于 0 的正数,所以可以直接得到

$$\begin{cases} \alpha=\rho^2\mid\boldsymbol{a}_1\times\boldsymbol{a}_3\mid\sin\theta \\ \beta=\rho^2\mid\boldsymbol{a}_2\times\boldsymbol{a}_3\mid\sin\theta \end{cases} \tag{11-50}$$

当 $\theta=90°$时,即 $\cos\theta=0$,可以得到

$$(\boldsymbol{a}_1\times\boldsymbol{a}_3)\cdot(\boldsymbol{a}_2\times\boldsymbol{a}_3)=0 \tag{11-51}$$

当 $\alpha=\beta$ 时,即 $\rho^2|\boldsymbol{a}_1\times\boldsymbol{a}_3|\sin\theta=\rho^2|\boldsymbol{a}_2\times\boldsymbol{a}_3|\sin\theta$,可以得到

$$\mid\boldsymbol{a}_1\times\boldsymbol{a}_3\mid=\mid\boldsymbol{a}_2\times\boldsymbol{a}_3\mid \tag{11-52}$$

$$(\boldsymbol{a}_1\times\boldsymbol{a}_3)\cdot(\boldsymbol{a}_1\times\boldsymbol{a}_3)=(\boldsymbol{a}_2\times\boldsymbol{a}_3)\cdot(\boldsymbol{a}_2\times\boldsymbol{a}_3) \tag{11-53}$$

这样也就证明了 10.2.4 节中关于透视投影矩阵的两个定理。

① $\boldsymbol{M}$ 是零倾斜透视投影矩阵的一个充分必要条件是 $\det(\mathbf{A})\neq0$ 且$(\boldsymbol{a}_1\times\boldsymbol{a}_3)\cdot(\boldsymbol{a}_2\times\boldsymbol{a}_3)=0$。

② $\boldsymbol{M}$ 是零倾斜且宽高比为 1 的透视投影矩阵的一个充分必要条件是 $\det(\mathbf{A})\neq0$ 且

$$\begin{cases}(\boldsymbol{a}_1\times\boldsymbol{a}_3)\cdot(\boldsymbol{a}_2\times\boldsymbol{a}_3)=0\\(\boldsymbol{a}_1\times\boldsymbol{a}_3)\cdot(\boldsymbol{a}_1\times\boldsymbol{a}_3)=(\boldsymbol{a}_2\times\boldsymbol{a}_3)\cdot(\boldsymbol{a}_2\times\boldsymbol{a}_3)\end{cases}$$

接下来，继续进行摄像机外参数 $\boldsymbol{r}_1$、$\boldsymbol{r}_2$、$\boldsymbol{r}_3$ 的求解。因为 $\rho\boldsymbol{a}_3^{\mathrm{T}}=\boldsymbol{r}_3^{\mathrm{T}}$，其中 $\boldsymbol{a}_3^{\mathrm{T}}$ 已知，且 ρ 已求出，所以可以直接得到 $\boldsymbol{r}_3$ 的结果：

$$\boldsymbol{r}_3=\frac{\pm\boldsymbol{a}_3}{|\boldsymbol{a}_3|}\tag{11-54}$$

在 $\rho\boldsymbol{A}$ 的第 2 行和第 3 行叉乘得到的关系式 $\rho^2(\boldsymbol{a}_2\times\boldsymbol{a}_3)=\dfrac{\beta}{\sin\theta}\boldsymbol{r}_1$ 中，因为 $\boldsymbol{r}_1$ 是一个单位向量，与 $(\boldsymbol{a}_2\times\boldsymbol{a}_3)$ 向量同方向，所以

$$\boldsymbol{r}_1=\frac{(\boldsymbol{a}_2\times\boldsymbol{a}_3)}{|\boldsymbol{a}_2\times\boldsymbol{a}_3|}\tag{11-55}$$

再根据旋转矩阵叉乘性质，可以直接得到 $\boldsymbol{r}_2$：

$$\boldsymbol{r}_2=\boldsymbol{r}_3\times\boldsymbol{r}_1\tag{11-56}$$

最后求解摄像机的外参数 $\boldsymbol{t}$。因为 $\rho(\boldsymbol{A}\quad\boldsymbol{b})=\boldsymbol{K}(\boldsymbol{R}\quad\boldsymbol{t})$，于是得到

$$\rho\boldsymbol{b}=\boldsymbol{K}\boldsymbol{t}\tag{11-57}$$

因为摄像机的内参数矩阵 $\boldsymbol{K}$ 满秩，所以 $\boldsymbol{K}$ 可逆，直接计算出 $\boldsymbol{t}$：

$$\boldsymbol{t}=\rho\boldsymbol{K}^{-1}\boldsymbol{b}\tag{11-58}$$

最后对摄像机标定中各参数计算公式进行汇总如下。

内参数如下：

$$\rho=\frac{\pm1}{|\boldsymbol{a}_3|}\begin{cases}c_x=\rho^2(\boldsymbol{a}_1\cdot\boldsymbol{a}_3)\\c_y=\rho^2(\boldsymbol{a}_2\cdot\boldsymbol{a}_3)\end{cases}$$

$$\cos\theta=-\frac{(\boldsymbol{a}_1\times\boldsymbol{a}_3)\cdot(\boldsymbol{a}_2\times\boldsymbol{a}_3)}{|\boldsymbol{a}_1\times\boldsymbol{a}_3|\cdot|\boldsymbol{a}_2\times\boldsymbol{a}_3|}$$

$$\begin{cases}\alpha=\rho^2|\boldsymbol{a}_1\times\boldsymbol{a}_3|\sin\theta\\\beta=\rho^2|\boldsymbol{a}_2\times\boldsymbol{a}_3|\sin\theta\end{cases}$$

外参数如下：

$$\boldsymbol{r}_1=\frac{(\boldsymbol{a}_2\times\boldsymbol{a}_3)}{|\boldsymbol{a}_2\times\boldsymbol{a}_3|},\quad\boldsymbol{r}_3=\frac{\pm\boldsymbol{a}_3}{|\boldsymbol{a}_3|},\quad\boldsymbol{r}_2=\boldsymbol{r}_3\times\boldsymbol{r}_1$$

$$\boldsymbol{t}=\rho\boldsymbol{K}^{-1}\boldsymbol{b}$$

因为比例系数 ρ 正负不确定，所以摄像机的内外参数会有两种情况。在实际应用中，通常可以预先知道 t_z 的符号(对应于世界坐标系原点在摄像机的前面还是后面)，从而确定唯一的一组内、外参数。

11.1.4　退化情况

本节讨论可能会导致相机标定过程失败的情况。假设一种理想情况，标定过程中选取的点坐标没有误差，可以解出矩阵 $\boldsymbol{P}$ 的零空间，设定一列向量 $\boldsymbol{l}$ 满足 $\boldsymbol{Pl}=\boldsymbol{0}$，将 $\boldsymbol{l}$ 写成 3 个四维的列向量：

$$\begin{cases}\boldsymbol{\lambda}=(l_1,l_2,l_3,l_4)^{\mathrm{T}}\\\boldsymbol{\mu}=(l_5,l_6,l_7,l_8)^{\mathrm{T}}\\\boldsymbol{v}=(l_9,l_{10},l_{11},l_{12})^{\mathrm{T}}\end{cases}\tag{11-59}$$

于是 $\boldsymbol{Pl}=\mathbf{0}$ 可以写为

$$\mathbf{0}=\boldsymbol{Pl}=\begin{pmatrix}\boldsymbol{P}_1^{\mathrm{T}} & \mathbf{0}^{\mathrm{T}} & -u_1\boldsymbol{P}_1^{\mathrm{T}}\\ \mathbf{0}^{\mathrm{T}} & \boldsymbol{P}_1^{\mathrm{T}} & -v_1\boldsymbol{P}_1^{\mathrm{T}}\\ \vdots & \vdots & \vdots\\ \boldsymbol{P}_n^{\mathrm{T}} & \mathbf{0}^{\mathrm{T}} & -u_n\boldsymbol{P}_n^{\mathrm{T}}\\ \mathbf{0}^{\mathrm{T}} & \boldsymbol{P}_n^{\mathrm{T}} & -v_n\boldsymbol{P}_n^{\mathrm{T}}\end{pmatrix}\begin{pmatrix}\boldsymbol{\lambda}\\ \boldsymbol{\mu}\\ \boldsymbol{v}\end{pmatrix}=\begin{pmatrix}\boldsymbol{P}_1^{\mathrm{T}}\boldsymbol{\lambda}-u_1\boldsymbol{P}_1^{\mathrm{T}}\boldsymbol{v}\\ \boldsymbol{P}_1^{\mathrm{T}}\boldsymbol{\mu}-v_1\boldsymbol{P}_1^{\mathrm{T}}\boldsymbol{v}\\ \vdots\\ \boldsymbol{P}_n^{\mathrm{T}}\boldsymbol{\lambda}-u_n\boldsymbol{P}_n^{\mathrm{T}}\boldsymbol{v}\\ \boldsymbol{P}_n^{\mathrm{T}}\boldsymbol{\mu}-v_n\boldsymbol{P}_n^{\mathrm{T}}\boldsymbol{v}\end{pmatrix} \tag{11-60}$$

与投影关系式(11-31)和式(11-32)相结合,可以得到

$$\begin{cases}\boldsymbol{P}_i^{\mathrm{T}}\boldsymbol{\lambda}-\dfrac{\boldsymbol{m}_1^{\mathrm{T}}\boldsymbol{P}_i}{\boldsymbol{m}_3^{\mathrm{T}}\boldsymbol{P}_i}\boldsymbol{P}_i^{\mathrm{T}}\boldsymbol{v}=0\\[2ex] \boldsymbol{P}_i^{\mathrm{T}}\boldsymbol{\mu}-\dfrac{\boldsymbol{m}_2^{\mathrm{T}}\boldsymbol{P}_i}{\boldsymbol{m}_3^{\mathrm{T}}\boldsymbol{P}_i}\boldsymbol{P}_i^{\mathrm{T}}\boldsymbol{v}=0\end{cases}\quad(i=1,2,\cdots,n) \tag{11-61}$$

去掉分母,整理后可得

$$\begin{cases}\boldsymbol{P}_i^{\mathrm{T}}(\boldsymbol{m}_3\boldsymbol{\lambda}^{\mathrm{T}}-\boldsymbol{m}_1\boldsymbol{v}^{\mathrm{T}})\boldsymbol{P}_i=0\\ \boldsymbol{P}_i^{\mathrm{T}}(\boldsymbol{m}_3\boldsymbol{\mu}^{\mathrm{T}}-\boldsymbol{m}_2\boldsymbol{v}^{\mathrm{T}})\boldsymbol{P}_i=0\end{cases}\quad(i=1,2,\cdots,n) \tag{11-62}$$

假设标定时选取的点 $P_i(i=1,\cdots,n)$ 都位于某个平面 Π 中,平面 Π 可以用四维向量 $\boldsymbol{\Pi}$ 表示,有 $\boldsymbol{\Pi}^{\mathrm{T}}\cdot\boldsymbol{P}_i=0$。显然,当 $(\boldsymbol{\lambda}^{\mathrm{T}},\boldsymbol{\mu}^{\mathrm{T}},\boldsymbol{v}^{\mathrm{T}})$ 等于 $(\boldsymbol{\Pi}^{\mathrm{T}},\mathbf{0}^{\mathrm{T}},\mathbf{0}^{\mathrm{T}})$,$(\mathbf{0}^{\mathrm{T}},\boldsymbol{\Pi}^{\mathrm{T}},\mathbf{0}^{\mathrm{T}})$,$(\mathbf{0}^{\mathrm{T}},\mathbf{0}^{\mathrm{T}},\boldsymbol{\Pi}^{\mathrm{T}})$ 三个向量的任意线性组合时,等式 $\boldsymbol{Pl}=\mathbf{0}$ 都成立,此时矩阵 $\boldsymbol{P}$ 的零空间将额外包括由这些向量组成的向量空间。这意味着标定时所选的点不能全部位于同一平面上(图 11-2),否则,将无法正确地估计出投影矩阵。

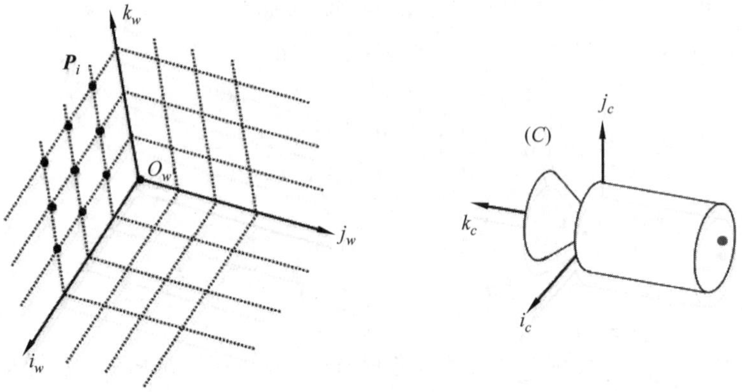

图 11-2 退化情况示意图

11.2 径向畸变的摄像机标定

11.2.1 径向畸变模型

径向畸变产生的直接原因就是图像的放大率随距光轴距离的增加而变化,用下面一个畸变矩阵 $\boldsymbol{S}_\lambda$ 来描述这样的变化:

$$\boldsymbol{S}_{\lambda}=\begin{pmatrix}\frac{1}{\lambda} & 0 & 0\\ 0 & \frac{1}{\lambda} & 0\\ 0 & 0 & 1\end{pmatrix} \tag{11-63}$$

三维物体上的点的坐标经过投影矩阵 $\boldsymbol{M}$，得到二维像素点的坐标。在此基础上再经过矩阵 $\boldsymbol{S}_{\lambda}$ 的变换得到径向畸变图像上该点的坐标，以描述径向畸变相机的成像过程。

$$\boldsymbol{p}_i=\boldsymbol{S}_{\lambda}\boldsymbol{M}\boldsymbol{P}_i=\begin{pmatrix}\frac{1}{\lambda} & 0 & 0\\ 0 & \frac{1}{\lambda} & 0\\ 0 & 0 & 1\end{pmatrix}\boldsymbol{M}\boldsymbol{P}_i \tag{11-64}$$

其中，λ 表示畸变程度，是关于像素点和图像中心之间距离平方的多项式函数，定义如下：

$$\lambda=1\pm\sum_{p=1}^{q}k_p d^{2p} \tag{11-65}$$

一般情况下，式(11-65)中的 $q\leqslant 3$，且失真系数 $k_p(p=1,2,\cdots,q)$ 数值很小。其中 d^2 可由归一化后的图像坐标表示，即 $d^2=\hat{u}^2+\hat{v}^2$，假设摄像机内参数中的 u_0、v_0 都为 0，d^2 还可以表示为

$$d^2=\frac{u^2}{\alpha^2}+\frac{v^2}{\beta^2}+2\frac{uv}{\alpha\beta}\cos\theta \tag{11-66}$$

使用上述畸变模型在摄像机标定时，会对($q+11$)个摄像机参数产生高度非线性约束。可以直接使用非线性最小二乘的方法进行畸变相机的标定，也可以先消除 λ，使用线性最小二乘法估计 9 个摄像机参数，剩余($q+2$)个参数再用非线性方法进行求解。

11.2.2　径向畸变标定

三维点 P_i 通过径向畸变摄像机投影到像素平面上的欧氏坐标可以表示为

$$\tilde{\boldsymbol{p}}_i=\begin{pmatrix}u_i\\ v_i\end{pmatrix}=\frac{1}{\lambda}\begin{pmatrix}\dfrac{\boldsymbol{m}_1^{\mathrm{T}}\boldsymbol{P}_i}{\boldsymbol{m}_3^{\mathrm{T}}\boldsymbol{P}_i}\\ \dfrac{\boldsymbol{m}_2^{\mathrm{T}}\boldsymbol{P}_i}{\boldsymbol{m}_3^{\mathrm{T}}\boldsymbol{P}_i}\end{pmatrix} \tag{11-67}$$

用 u_i 除以 v_i，得到

$$\frac{u_i}{v_i}=\frac{\dfrac{1}{\lambda}\dfrac{(\boldsymbol{m}_1^{\mathrm{T}}\boldsymbol{P}_i)}{(\boldsymbol{m}_3^{\mathrm{T}}\boldsymbol{P}_i)}}{\dfrac{1}{\lambda}\dfrac{(\boldsymbol{m}_2^{\mathrm{T}}\boldsymbol{P}_i)}{(\boldsymbol{m}_3^{\mathrm{T}}\boldsymbol{P}_i)}}=\frac{\boldsymbol{m}_1^{\mathrm{T}}\boldsymbol{P}_i}{\boldsymbol{m}_2^{\mathrm{T}}\boldsymbol{P}_i} \tag{11-68}$$

消去 λ 后，可以得到一个不包含畸变参数的约束方程：

$$v_i(\boldsymbol{m}_1^{\mathrm{T}}\boldsymbol{P}_i)-u_i(\boldsymbol{m}_2^{\mathrm{T}}\boldsymbol{P}_i)=0 \tag{11-69}$$

一组对应点可以列出一个线性方程，当有 n 组对应点时，可以列出一个包含 n 个方程的齐次线性方程组：

$$\begin{cases} v_1(\boldsymbol{m}_1^{\mathrm{T}}\boldsymbol{P}_1) - u_1(\boldsymbol{m}_2^{\mathrm{T}}\boldsymbol{P}_1) = 0 \\ \vdots \\ v_i(\boldsymbol{m}_1^{\mathrm{T}}\boldsymbol{P}_i) - u_i(\boldsymbol{m}_2^{\mathrm{T}}\boldsymbol{P}_i) = 0 \\ \vdots \\ v_n(\boldsymbol{m}_1^{\mathrm{T}}\boldsymbol{P}_n) - u_n(\boldsymbol{m}_2^{\mathrm{T}}\boldsymbol{P}_n) = 0 \end{cases} \tag{11-70}$$

将其表示为矩阵形式：

$$\boldsymbol{Ln} = \boldsymbol{0} \tag{11-71}$$

其中

$$\boldsymbol{L} = \begin{pmatrix} v_1\boldsymbol{P}_1^{\mathrm{T}} & -u_1\boldsymbol{P}_1^{\mathrm{T}} \\ v_2\boldsymbol{P}_2^{\mathrm{T}} & -u_2\boldsymbol{P}_2^{\mathrm{T}} \\ \vdots & \vdots \\ v_n\boldsymbol{P}_n^{\mathrm{T}} & -u_n\boldsymbol{P}_n^{\mathrm{T}} \end{pmatrix}, \quad \boldsymbol{n} = \begin{pmatrix} \boldsymbol{m}_1 \\ \boldsymbol{m}_2 \end{pmatrix} \tag{11-72}$$

因为方程组中包含 8 个未知数，所以选取点的个数 $n \geqslant 8$，采用线性最小二乘法，可以通过奇异值分解求出 $\boldsymbol{n}$。

估计出 $\boldsymbol{m}_1$ 和 $\boldsymbol{m}_2$ 后，可以列出以下等式：

$$\rho\begin{pmatrix} \boldsymbol{a}_1^{\mathrm{T}} \\ \boldsymbol{a}_2^{\mathrm{T}} \end{pmatrix} = \begin{pmatrix} \alpha\boldsymbol{r}_1^{\mathrm{T}} - \alpha\cot\theta\boldsymbol{r}_2^{\mathrm{T}} + u_0\boldsymbol{r}_3^{\mathrm{T}} \\ \dfrac{\beta}{\sin\theta}\boldsymbol{r}_2^{\mathrm{T}} + v_0\boldsymbol{r}_3^{\mathrm{T}} \end{pmatrix} \tag{11-73}$$

计算向量 $\boldsymbol{a}_1$、$\boldsymbol{a}_2$ 的模和点积，可以得到摄像机的纵横比和倾斜角度：

$$\frac{\beta}{\alpha} = \frac{|\boldsymbol{a}_2|}{|\boldsymbol{a}_1|}, \quad \cos\theta = -\frac{\boldsymbol{a}_1 \cdot \boldsymbol{a}_2}{|\boldsymbol{a}_1| |\boldsymbol{a}_1|} \tag{11-74}$$

因为 $\boldsymbol{r}_2^{\mathrm{T}}$ 是旋转矩阵的第 2 行，所以模为 1，可以得到

$$\alpha = \varepsilon\rho|\boldsymbol{a}_1|\sin\theta, \quad \beta = \varepsilon\rho|\boldsymbol{a}_2|\sin\theta \tag{11-75}$$

其中 $\varepsilon = \pm 1$。经过一些简单的代数运算，得到

$$\begin{cases} \boldsymbol{r}_1 = \dfrac{\varepsilon}{\sin\theta}\left(\dfrac{1}{|\boldsymbol{a}_1|}\boldsymbol{a}_1 + \dfrac{\cos\theta}{|\boldsymbol{a}_2|}\boldsymbol{a}_2\right) \\ \boldsymbol{r}_2 = \dfrac{\varepsilon}{|\boldsymbol{a}_1|}\boldsymbol{a}_2 \end{cases} \tag{11-76}$$

再利用 $\boldsymbol{r}_3 = \boldsymbol{r}_1 \times \boldsymbol{r}_2$ 的性质，可以得到旋转矩阵 $\boldsymbol{R}$。平移向量 $\boldsymbol{t}$ 中的两个平移参数，也可以通过下式得到：

$$\begin{pmatrix} \alpha t_x - \alpha\cot\theta t_y \\ \dfrac{\beta}{\sin\theta}t_y \end{pmatrix} = \rho\begin{pmatrix} b_1 \\ b_2 \end{pmatrix} \tag{11-77}$$

其中 b_1、b_2 是向量 $\boldsymbol{b}$ 中的前两个坐标，解出 t_x 和 t_y 为

$$\begin{cases} t_x = \dfrac{\varepsilon}{\sin\theta}\left(\dfrac{b_1}{|\boldsymbol{a}_1|} + \dfrac{b_2\cos\theta}{|\boldsymbol{a}_2|}\right) \\ t_y = \dfrac{\varepsilon b_2}{|\boldsymbol{a}_2|} \end{cases} \tag{11-78}$$

仅根据 $\boldsymbol{m}_1$ 和 $\boldsymbol{m}_2$ 的估计结果无法求出 t_z 和比例系数 ρ，需要有更多的约束条件。将带

有畸变的投影关系式改写为如下等式：

$$\begin{cases}(\boldsymbol{m}_1^{\mathrm{T}} - \lambda u_i \boldsymbol{m}_3^{\mathrm{T}}) \cdot \boldsymbol{P}_i = 0 \\ (\boldsymbol{m}_2^{\mathrm{T}} - \lambda v_i \boldsymbol{m}_3^{\mathrm{T}}) \cdot \boldsymbol{P}_i = 0\end{cases} \tag{11-79}$$

这里 $\boldsymbol{m}_1$ 和 $\boldsymbol{m}_2$ 是已知的，因为 $\boldsymbol{m}_3^{\mathrm{T}} = (\boldsymbol{r}_3^{\mathrm{T}} \quad t_z)$，这里 $\boldsymbol{r}_3^{\mathrm{T}}$ 也是已知的。将 11.2.1 中 d^2 表达式与上述 α、β 和 $\cos\theta$ 的表达式结合，得到

$$d^2 = \frac{1}{\rho^2} \frac{|u_i \boldsymbol{a}_2 - v_i \boldsymbol{a}_1|^2}{|\boldsymbol{a}_1 \times \boldsymbol{a}_2|} \tag{11-80}$$

将该式代入投影关系式中，可以得到一个关于参数 ρ、t_z 和 $k_p (p = 1, 2, \cdots, q)$ 的非线性方程组。对于非线性方程组的求解，可以利用非线性最小二乘方法进行迭代求解。初始解的设置对迭代效果有很大影响，可以假设 $\lambda = 1$，从而利用线性最小二乘法找到参数 ρ 和 t_z 的近似估计来作为迭代的初始解，失真参数一般初始设置为 0。最后可以通过 t_z 的符号唯一确定摄像机的一组参数，以此解决双重歧义的问题。

畸变相机标定中也存在不能唯一确定向量 $\boldsymbol{m}_1$ 和 $\boldsymbol{m}_2$ 的点的选取情况，假设矩阵 $\boldsymbol{P}$ 零空间中的向量 $\boldsymbol{l}$，将 $\boldsymbol{l}$ 分为两个四维向量：$\boldsymbol{\lambda} = (l_1, l_2, l_3, l_4)^{\mathrm{T}}$ 和 $\boldsymbol{\mu} = (l_5, l_6, l_7, l_8)^{\mathrm{T}}$。$\boldsymbol{L}\boldsymbol{l} = 0$ 可以写为

$$\boldsymbol{0} = \boldsymbol{L}\boldsymbol{l} = \begin{pmatrix} v_1 \boldsymbol{P}_1^{\mathrm{T}} & -u_1 \boldsymbol{P}_1^{\mathrm{T}} \\ \vdots & \vdots \\ v_n \boldsymbol{P}_n^{\mathrm{T}} & -u_n \boldsymbol{P}_n^{\mathrm{T}} \end{pmatrix} \begin{pmatrix} \boldsymbol{\lambda} \\ \boldsymbol{\mu} \end{pmatrix} = \begin{pmatrix} v_1 P_1^{\mathrm{T}} \boldsymbol{\lambda} - u_1 \boldsymbol{P}_1^{\mathrm{T}} \boldsymbol{\mu} \\ \vdots \\ v_n \boldsymbol{P}_n^{\mathrm{T}} \boldsymbol{\lambda} - u_n \boldsymbol{P}_n^{\mathrm{T}} \boldsymbol{\mu} \end{pmatrix} \tag{11-81}$$

将 u_i 和 v_i 用 $\boldsymbol{P}_i$ 表示，整理后得到

$$\boldsymbol{P}_i^{\mathrm{T}} (\boldsymbol{m}_2 \boldsymbol{\lambda}^{\mathrm{T}} - \boldsymbol{m}_1 \boldsymbol{\mu}^{\mathrm{T}}) \boldsymbol{P}_i = 0 \quad (i = 1, 2, \cdots, n) \tag{11-82}$$

当选取的点 $\boldsymbol{P}_i$ 都位于同一个平面 $\boldsymbol{\Pi}$ 中时，有 $\boldsymbol{\Pi}^{\mathrm{T}} \cdot \boldsymbol{P}_i = 0$。显然，当 $(\boldsymbol{\lambda}^{\mathrm{T}}, \boldsymbol{\mu}^{\mathrm{T}})$ 等于 $(\boldsymbol{\Pi}^{\mathrm{T}}, \boldsymbol{0}^{\mathrm{T}})$、$(\boldsymbol{0}^{\mathrm{T}}, \boldsymbol{\Pi}^{\mathrm{T}})$ 或这两个向量的任意线性组合时，等式 $\boldsymbol{L}\boldsymbol{l} = \boldsymbol{0}$ 都成立，此时矩阵 $\boldsymbol{L}$ 的零空间也将额外包括由这些向量组成的向量空间。所以在畸变相机标定中，选点也不能在同一平面内。

小　　结

本章介绍了针孔相机的标定问题，详细讲解了标定装置的原理、摄像机的投影矩阵、内外参数以及退化情况下的求解方法。此外，还详细阐述了如何解决摄像机的径向畸变问题。

习　　题

(1) 计算线性方程组 $\begin{pmatrix} 1 & 2 \\ 0 & 1 \\ 1 & 1 \\ 1 & 0 \end{pmatrix} \boldsymbol{x} = \begin{pmatrix} 1 \\ 5 \\ 2 \\ 3 \end{pmatrix}$ 的最小二乘解。

(2) 对矩阵 $\mathbf{A}=\begin{pmatrix}1 & 1\\ 1 & 1\\ 0 & 0\end{pmatrix}$进行奇异值分解，写出分解结果。

(3) 假设摄像机成像平面没有角度偏斜，已知 5 组三维到二维投影的对应点 $X_i \sim x_i$，证明该情况下计算透视投影矩阵一般会有 4 个解，并且这 4 个解都能准确地实现这 5 组对应点的映射。

(4) 假设摄像机内参数已知，给定 3 组三维到二维投影的对应点 $X_i \sim x_i$，证明该情况下计算透视投影矩阵一般会有 4 个解，并且这 4 个解都能准确地实现这 3 组对应点的映射。

(5) 推导透视投影矩阵的摄像机内外参数表示形式(式(11-36))。

(6) 编程实现 11.1.2 节中摄像机投影矩阵的求解算法。

(7) 阐述摄像机标定时标定点不能处于同一平面的原因。

第12章　单视图几何

单视图几何是指仅通过单一图像的几何信息来推断场景的几何结构和特性。在计算机视觉中，单视图几何是一项重要而具有挑战性的任务，其在虚拟现实(VR)、增强现实(AR)、自动驾驶以及医学影像分析等领域都有广泛的应用。本章从射影几何入手，详细介绍单视图几何中的重要概念，以及单视图重构的方法。

12.1　射影几何基础

12.1.1　直线的齐次坐标

设在平面上有一直角坐标系(O,x,y)，平面上的点的欧氏坐标可用二元组(x',y')表示，平面上的直线可写为

$$ax'+by'+c=0 \tag{12-1}$$

其中，a、b、c为直线的参数，(x',y')表示直线上的点。

在方程两边同乘以任意非零常数t，可以得到如下方程：

$$ax't+by't+ct=0 \tag{12-2}$$

很显然，方程(12-1)与方程(12-2)表示同一条直线。

令$\boldsymbol{p}=(x,y,t)^{\mathrm{T}}$，其中$x=x't$，$y=y't$，同时令$\boldsymbol{l}=(a,b,c)^{\mathrm{T}}$，则方程(12-2)可写为

$$\boldsymbol{l}^{\mathrm{T}}\boldsymbol{p}=0(\text{或 }\boldsymbol{p}^{\mathrm{T}}\boldsymbol{l}=0) \tag{12-3}$$

其中，p是直线上的点；$\boldsymbol{l}$是一个由直线参数组成的向量。

一般地，称向量$\boldsymbol{p}=(x,y,t)^{\mathrm{T}}$为点$p$的齐次坐标，$\boldsymbol{l}=(a,b,c)^{\mathrm{T}}$为直线$l$的齐次坐标。这里的“齐次”也可以这样理解：在这种表示下，直线方程(12-3)关于点或直线变量都是齐次的，而方程(12-1)则是非齐次的。

对于任意平面点$(x',y')^{\mathrm{T}}$，将其扩展到三维，并将第三维设置为1，即可获得它的齐次坐标$(x',y',1)^{\mathrm{T}}$。$\forall t\neq 0$的齐次坐标$(x,y,t)^{\mathrm{T}}$，可以通过下式获得其对应的非齐次坐标：

$$\tilde{\boldsymbol{p}}=\left(\frac{x}{t},\frac{y}{t}\right)^{\mathrm{T}} \tag{12-4}$$

需要注意的是，同一个平面上的点的齐次坐标可以相差任意的非零常数因子，即$\forall s\neq 0$，$\boldsymbol{p}=(x,y,t)^{\mathrm{T}}$和$\boldsymbol{q}=s\boldsymbol{p}=(sx,sy,st)^{\mathrm{T}}$表示同一个点，因为通过(12-4)可知它们的非齐次坐标相等。

直线的齐次坐标也不是唯一的。例如$\forall s\neq 0$，方程$(s\boldsymbol{l})^{\mathrm{T}}\boldsymbol{p}=0$与方程(12-3)确定同一条直线，换句话说，就是齐次坐标$(sa,sb,sc)^{\mathrm{T}}$与$(a,b,c)^{\mathrm{T}}$表示了同一条直线。所以，一条

直线的齐次坐标也不是唯一的，它们可以相差任意的非零常数因子。

12.1.2 平面上的无穷远点与无穷远线

对于齐次坐标点 $\boldsymbol{p}_{\infty}=(x,y,0)^{\mathrm{T}}$，如果 x、y 至少有一个不为零，则称 P_{∞} 点为无穷远点。本书中，右下标∞表示无穷远，当其作为点的右下标时，表示该点为无穷远点。需要特别说明的是，无穷远点没有欧氏坐标，因为 $x/0=\infty$，$y/0=\infty$。

假设平面上的任一无穷远点的齐次坐标可写成 $\boldsymbol{p}_{\infty}=(x,y,0)^{\mathrm{T}}$，则有如下等式成立：

$$\begin{pmatrix}0\\0\\1\end{pmatrix}^{\mathrm{T}}\begin{pmatrix}x\\y\\0\end{pmatrix}=0 \tag{12-5}$$

如果令 $\boldsymbol{l}_{\infty}=(0,0,1)^{\mathrm{T}}$，式(12-5)可变为

$$\boldsymbol{l}_{\infty}^{\mathrm{T}}\boldsymbol{p}_{\infty}=0 \tag{12-6}$$

从式(12-6)可以看到，平面上所有的无穷远点都位于直线 l_{∞} 上，称 $\boldsymbol{l}_{\infty}=(0,0,1)^{\mathrm{T}}$ 为无穷远直线。

有了无穷远点的概念后，接下来主要讨论平行线的交点。首先，引入叉积表示直线的交点，如下所示。

三维向量叉积

两个非零向量 $\boldsymbol{a}$ 与 $\boldsymbol{b}$ 的叉积记为 $\boldsymbol{a}\times\boldsymbol{b}$，它的模为

$$|\boldsymbol{a}\times\boldsymbol{b}|=|\boldsymbol{a}\|\boldsymbol{b}|\sin\langle\boldsymbol{a},\boldsymbol{b}\rangle$$

它的方向与 $\boldsymbol{a}$，$\boldsymbol{b}$ 都垂直，并按 $\boldsymbol{a}$、$\boldsymbol{b}$、$\boldsymbol{a}\times\boldsymbol{b}$ 这一顺序组成右手系。如果 $\boldsymbol{a}$、$\boldsymbol{b}$ 中有零向量，定义 $\boldsymbol{a}$ 与 $\boldsymbol{b}$ 的叉积为零向量。

令 $\boldsymbol{a}=(x_1,y_1,t_1)^{\mathrm{T}}$、$\boldsymbol{b}=(x_2,y_2,t_2)^{\mathrm{T}}$ 为两个三维向量，$\boldsymbol{a}\times\boldsymbol{b}$ 可按下式计算：

$$\boldsymbol{a}\times\boldsymbol{b}=\begin{vmatrix}\boldsymbol{i}&\boldsymbol{j}&\boldsymbol{k}\\x_1&y_1&t_1\\x_2&y_2&t_2\end{vmatrix}=\left(\begin{vmatrix}y_1&t_1\\y_2&t_2\end{vmatrix},-\begin{vmatrix}x_1&t_1\\x_2&t_2\end{vmatrix},\begin{vmatrix}x_1&y_1\\x_2&y_2\end{vmatrix}\right) \tag{12-7}$$

同时，叉积与反对称矩阵存在对应关系。向量 $\boldsymbol{a}=(x_1,y_1,t_1)^{\mathrm{T}}$ 定义的反对称矩阵$[\boldsymbol{a}]_{\times}$形式如下：

$$[\boldsymbol{a}]_{\times}=\begin{pmatrix}0&-t_1&y_1\\t_1&0&-x_1\\-y_1&x_1&0\end{pmatrix} \tag{12-8}$$

并称$[\boldsymbol{a}]_{\times}$为由向量 $\boldsymbol{a}$ 确定的反对称矩阵。

矩阵$[\boldsymbol{a}]_{\times}$具有下述性质：

- 对任意非零向量 $\boldsymbol{a}$，有 $\mathrm{rank}([\boldsymbol{a}]_{\times})=2$；
- 对任意两个 3 维向量 $\boldsymbol{a}$，$\boldsymbol{b}$，有 $\boldsymbol{a}\times\boldsymbol{b}=[\boldsymbol{a}]_{\times}\boldsymbol{b}$；
- $\boldsymbol{a}$ 是$[\boldsymbol{a}]_{\times}$的右零空间，同时也是它的左零空间，即$[\boldsymbol{a}]_{\times}\boldsymbol{a}=\boldsymbol{0}$，$\boldsymbol{a}^{\mathrm{T}}[\boldsymbol{a}]_{\times}=\boldsymbol{0}$；
- 对任意 3 维向量 $\boldsymbol{b}$，有 $\boldsymbol{b}^{\mathrm{T}}[\boldsymbol{a}]_{\times}\boldsymbol{b}=0$。

给定平面上的两条直线 $\boldsymbol{l}=(a,b,c)^{\mathrm{T}}$ 与 $\boldsymbol{l}'=(a',b',c')^{\mathrm{T}}$，它们的交点可以通过下式得到

$$\boldsymbol{x}=\boldsymbol{l}\times\boldsymbol{l}' \tag{12-9}$$

证明：如果向量 $\boldsymbol{x}$ 为两直线 $\boldsymbol{l}$ 和 $\boldsymbol{l}'$的交点，则 $\boldsymbol{x}$ 同时在两条直线上，即 $\boldsymbol{x}$ 同时满足 $\boldsymbol{x}^{\mathrm{T}}\boldsymbol{l}=0$ 与 $\boldsymbol{x}^{\mathrm{T}}\boldsymbol{l}'=0$。如果令 $\boldsymbol{x}=\boldsymbol{l}\times\boldsymbol{l}'$，由叉乘的定义可知，$\boldsymbol{x}$ 向量与向量 $\boldsymbol{l}$ 和向量 $\boldsymbol{l}'$均垂直。由正交

向量的性质可得 $\boldsymbol{x}^{\mathrm{T}}\boldsymbol{l}=0$ 以及 $\boldsymbol{x}^{\mathrm{T}}\boldsymbol{l}'=0$，因此，$\boldsymbol{x}=\boldsymbol{l}\times\boldsymbol{l}'$ 是两条直线 $\boldsymbol{l}$ 和 $\boldsymbol{l}'$ 的交点。

给定平面上的两点 $\boldsymbol{p}=(a,b,c)^{\mathrm{T}}$ 与 $\boldsymbol{q}=(a',b',c')^{\mathrm{T}}$，则过这两点的直线为

$$\boldsymbol{l}=\boldsymbol{p}\times\boldsymbol{q} \tag{12-10}$$

上述结论的证明与式(12-9)的证明类似，这里不再赘述。

更进一步，给定两条线平行直线 $\boldsymbol{l}=(a,b,c)^{\mathrm{T}}$ 和 $\boldsymbol{l}'=(a,b,c')^{\mathrm{T}}$，它们的交点 $\boldsymbol{x}$ 可表示为

$$\boldsymbol{x}=\boldsymbol{l}\times\boldsymbol{l}'=\lambda\begin{pmatrix} b \\ -a \\ 0 \end{pmatrix} \tag{12-11}$$

其中，$\lambda=c'-c$。

从式(12-11)可以看到交点 $\boldsymbol{x}$ 的第三维坐标为 0，这表明平行直线相交于无穷远点，这与人们的认知是一致的。$(\lambda b,-\lambda a,0)^{\mathrm{T}}$ 与 $(b,-a,0)^{\mathrm{T}}$ 仅相差一个固定的常数 λ，因此它们表示平面上的同一点。所以，有如下结论

$$\boldsymbol{x}=\begin{pmatrix} b \\ -a \\ 0 \end{pmatrix} \tag{12-12}$$

事实上，将 $(b,-a)^{\mathrm{T}}$ 看为直线 $\boldsymbol{l}$ 的方向向量，无穷远点的直观含义就更明显了。对于平行直线，还有如下结论：一组平行直线通过同一个无穷远点，通过同一无穷远点的所有直线彼此平行，不同的平行直线相交于不同的无穷远点。

12.1.3　平面上的变换

给定平面上两个点 $\boldsymbol{p}=(x,y,1)^{\mathrm{T}}$ 与 $\boldsymbol{p}'=(x',y',1)^{\mathrm{T}}$，它们之间的变换可以通过下式实现：

$$\boldsymbol{p}'=\boldsymbol{H}\boldsymbol{p} \tag{12-13}$$

其中，$\boldsymbol{H}$ 为 3×3 的变换矩阵。

接下来介绍平面上的几种典型变换。

欧氏变换(又称为刚体变换)是旋转变换与平移变换组合得到的变换，如图 12-1 所示，其定义如下：

$$\begin{pmatrix} x' \\ y' \\ 1 \end{pmatrix}=\begin{pmatrix} \boldsymbol{R} & \boldsymbol{t} \\ \boldsymbol{0}^{\mathrm{T}} & 1 \end{pmatrix}\begin{pmatrix} x \\ y \\ 1 \end{pmatrix} \tag{12-14}$$

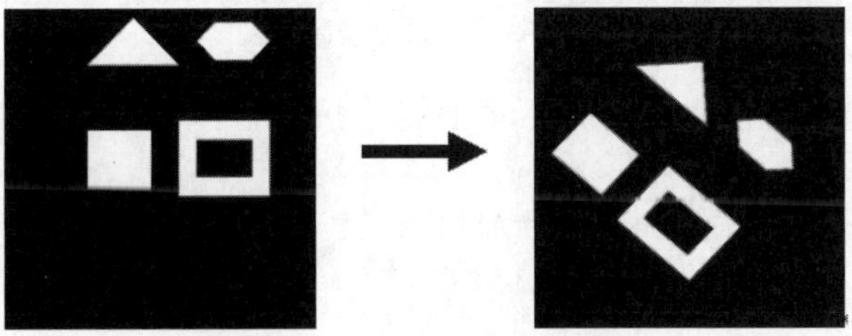

图 12-1　欧氏变换示意图

其中，$\boldsymbol{R}=\begin{pmatrix}\cos\theta & -\sin\theta \\ \sin\theta & \cos\theta\end{pmatrix}$为旋转矩阵，$\boldsymbol{t}=(t_x,t_y)^{\mathrm{T}}$ 为平移向量。平面欧氏变换有 3 个自由度(旋转包含 1 个自由度，平移包含 2 个自由度)。因此，两个点对应可确定欧氏变换。

相似变换是欧氏变换与均匀伸缩变换的合成变换，如图 12-2 所示，其定义如下：

$$\begin{pmatrix}x' \\ y' \\ 1\end{pmatrix}=\begin{pmatrix}\boldsymbol{SR} & \boldsymbol{t} \\ \boldsymbol{0}^{\mathrm{T}} & 1\end{pmatrix}\begin{pmatrix}x \\ y \\ 1\end{pmatrix} \tag{12-15}$$

其中，$\boldsymbol{S}=\begin{pmatrix}s & 0 \\ 0 & s\end{pmatrix}$，$s$ 是均匀伸缩因子。

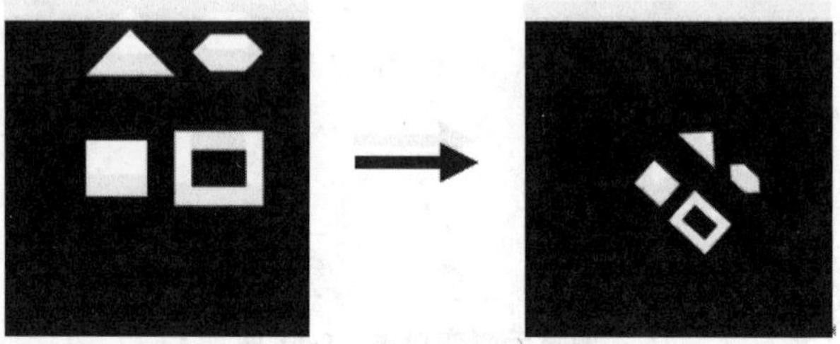

图 12-2 相似变换示意图

相似变换是保持图形相似的变换，它比欧氏变换多一个均匀伸缩因子，因此具有 4 个自由度。与欧氏变换一样，两个点对应也可以确定相似变换。

仿射变换是对相似变换的一种扩展，如图 12-3 所示，其定义如下：

$$\begin{pmatrix}x' \\ y' \\ 1\end{pmatrix}=\begin{pmatrix}\boldsymbol{A} & \boldsymbol{t} \\ \boldsymbol{0}^{\mathrm{T}} & 1\end{pmatrix}\begin{pmatrix}x \\ y \\ 1\end{pmatrix} \tag{12-16}$$

其中，$\boldsymbol{A}=\begin{pmatrix}a & b \\ c & d\end{pmatrix}$是一个 2 阶可逆矩阵。仿射变换有 6 个自由度，因此，需要 3 个不共线的点对应才能确定仿射变换。

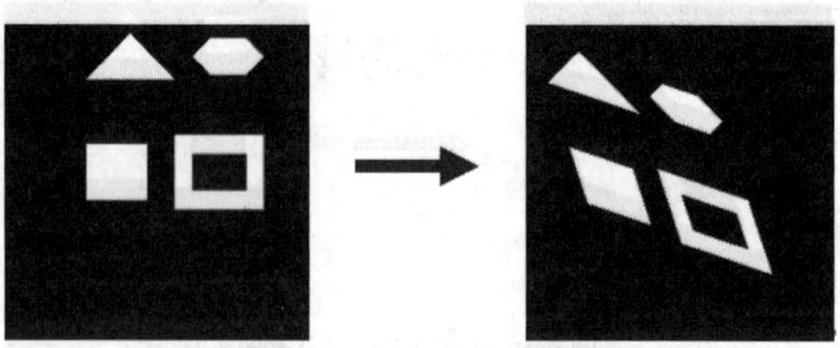

图 12-3 仿射变换示意图

射影变换是对仿射变换的一种扩展，如图 12-4 所示，其定义如下：

$$\begin{pmatrix}x' \\ y' \\ 1\end{pmatrix}=\begin{pmatrix}\boldsymbol{A} & \boldsymbol{t} \\ \boldsymbol{v}^{\mathrm{T}} & k\end{pmatrix}\begin{pmatrix}x \\ y \\ 1\end{pmatrix} \tag{12-17}$$

其中，$\boldsymbol{v}=(v_1,v_2)^{\mathrm{T}}$。

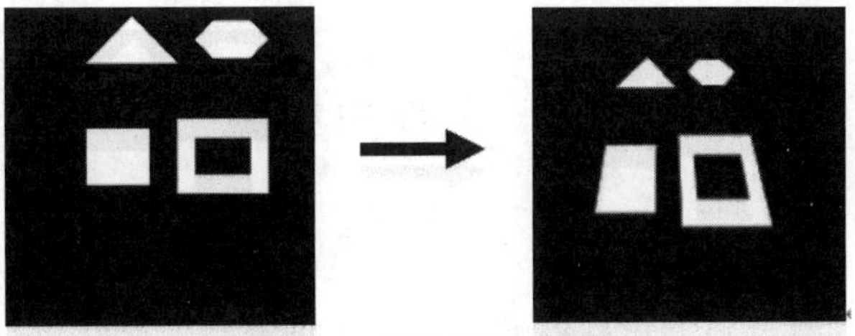

图 12-4　射影变换示意图

12.1.4　平面上的无穷远点与无穷远线的变换

假设 $\boldsymbol{H}$ 为射影变换，无穷远点 $\boldsymbol{p}_{\infty}=(1,1,0)^{\mathrm{T}}$ 经过射影变换可得

$$\boldsymbol{p}'=\boldsymbol{H}\boldsymbol{p}_{\infty}=\begin{pmatrix}\boldsymbol{A} & \boldsymbol{t}\\ \boldsymbol{v}^{\mathrm{T}} & 1\end{pmatrix}\begin{pmatrix}1\\1\\0\end{pmatrix}=\begin{pmatrix}p'_x\\p'_y\\p'_z\end{pmatrix} \tag{12-18}$$

观察式(12-18)可以发现，坐标向量 $\boldsymbol{p}'$的第三维 $p_z{}'$不为 0，表明 p'点不是无穷远点。所以，平面上无穷远点经过射影变换后不再是无穷远点。

假设 $\boldsymbol{H}$ 为仿射变换，无穷远点 $\boldsymbol{p}_{\infty}=(1,1,0)^{\mathrm{T}}$ 经过仿射变换可得

$$\boldsymbol{p}'=\boldsymbol{H}\boldsymbol{p}_{\infty}=\begin{pmatrix}\boldsymbol{A} & \boldsymbol{t}\\ \boldsymbol{0}^{\mathrm{T}} & 1\end{pmatrix}\begin{pmatrix}1\\1\\0\end{pmatrix}=\begin{pmatrix}p'_x\\p'_y\\0\end{pmatrix} \tag{12-19}$$

从式(12-19)可以看到，变换后的 p'点的齐次坐标第三维依然为 0，故仿射变换将无穷远点变为无穷远点。

给定平面上的一条直线 l，其经过变换矩阵 $\boldsymbol{H}$ 作用后得到直线 l'，则 l'的齐次坐标为

$$\boldsymbol{l}'=\boldsymbol{H}^{-\mathrm{T}}\boldsymbol{l} \tag{12-20}$$

此处证明留作课后习题。

假设 $\boldsymbol{H}$ 为射影变换，则无穷远线 $\boldsymbol{l}_{\infty}=(0,0,1)^{\mathrm{T}}$ 经过变换可得

$$\boldsymbol{l}'=\boldsymbol{H}^{-\mathrm{T}}\boldsymbol{l}_{\infty}=\begin{pmatrix}\boldsymbol{A} & \boldsymbol{t}\\ \boldsymbol{v}^{\mathrm{T}} & 1\end{pmatrix}^{-\mathrm{T}}\begin{pmatrix}0\\0\\1\end{pmatrix}=\begin{pmatrix}t_x\\t_y\\b\end{pmatrix} \tag{12-21}$$

观察式(12-21)可以看到，t_x 和 t_y 不为 0，这说明平面上的无穷远线经过射影变换后不再是无穷远线。

假设 $\boldsymbol{H}$ 为仿射变换，无穷远线 $\boldsymbol{l}_{\infty}=(0,0,1)^{\mathrm{T}}$ 经过仿射变换可得

$$\boldsymbol{l}'=\boldsymbol{H}^{-\mathrm{T}}\boldsymbol{l}_{\infty}=\begin{pmatrix}\boldsymbol{A} & \boldsymbol{t}\\ \boldsymbol{0}^{\mathrm{T}} & 1\end{pmatrix}^{-\mathrm{T}}\begin{pmatrix}0\\0\\1\end{pmatrix}=\begin{pmatrix}\boldsymbol{A}^{-\mathrm{T}} & \boldsymbol{0}\\ -\boldsymbol{t}^{\mathrm{T}}\boldsymbol{A}^{-\mathrm{T}} & 1\end{pmatrix}\begin{pmatrix}0\\0\\1\end{pmatrix}=\begin{pmatrix}0\\0\\1\end{pmatrix} \tag{12-22}$$

通过式(12-22)可以看到，平面上无穷远线经过仿射变换后仍然是无穷远线。

12.2 单视图重构

12.2.1 消影点与消影线

在空间中建立直角坐标系(O,x,y,z)，则空间中的点的欧氏坐标为$\widetilde{\boldsymbol{P}}=(x',y',z')^{\mathrm{T}}$，令

$$\frac{x}{w}=x',\frac{y}{w}=y',\frac{z}{w}=z',w\neq 0 \tag{12-23}$$

则空间点的齐次坐标为$\boldsymbol{P}=(x,y,z,w)^{\mathrm{T}}$。与平面上的点类似，空间中的点的齐次坐标可以相差一个非零常数因子，即当$s\neq 0$时，$s\boldsymbol{P}$与$\boldsymbol{P}$表示同一空间点的齐次坐标。

空间中的平面方程可以写成

$$\pi_1 x+\pi_2 y+\pi_3 z+\pi_4 w=0 \tag{12-24}$$

其中，$\boldsymbol{X}=(x,y,z,w)^{\mathrm{T}}$表示空间点的齐次坐标。称4维向量$\boldsymbol{\Pi}=(\pi_1,\pi_2,\pi_3,\pi_4)^{\mathrm{T}}$为该平面的齐次坐标。显然，方程(12-24)两边同乘以一个非零常数仍表示该平面。方程(12-24)可以写成更简洁的形式：

$$\boldsymbol{\Pi}^{\mathrm{T}}\boldsymbol{X}=0 \tag{12-25}$$

在三维空间中，表示一条直线并不像点或平面那样简单，因为直线具有更多的自由度，需要使用四维向量或齐次坐标来表示。本书不会深入探讨这个话题，但如果读者对此感兴趣，可以参考与解析几何相关的书籍，它们会更详细地讲解三维空间中直线的表示方法和相关概念。

对于齐次坐标点$\boldsymbol{P}_\infty=(x,y,z,0)^{\mathrm{T}}$，如果$x$、$y$、$z$至少有一个不为零，称该点为空间中的无穷远点。一组平行直线通过同一个无穷远点，令$\boldsymbol{d}=(a,b,c)^{\mathrm{T}}$为这组平行直线的方向向量，则它们的交点为$\boldsymbol{D}_\infty=(a,b,c,0)^{\mathrm{T}}$。另外，通过同一无穷远点的所有直线彼此平行。同时，不同的平行直线相交于不同的无穷远点。

与平面上的无穷远线类似，空间中的无穷远平面表示为$\boldsymbol{\Pi}_\infty=(0,0,0,1)^{\mathrm{T}}$，它是所有无穷远点所构成的集合。两平面平行的充要条件是它们的交线为无穷远直线，或者说它们有相同的方向；直线与直线(面)平行的充要条件是它们相交于无穷远点。

摄像机的投影变换同样是一种射影变换，而平面上的射影变换所得出的结论同样适用于空间中的射影变换。这就意味着，可以将空间中的无穷远点成功地映射到图像平面上的有限点。

1. 消影点

将直线上的无穷远点在图像平面上的投影称为该直线的消影点，如图12-5所示。由于平行直线与无穷远平面相交于同一个无穷远点，因此平行直线有一个相同的消影点，即消影点只与直线的方向有关，而与直线的位置无关。

令$\boldsymbol{X}_\infty=(\boldsymbol{d}^{\mathrm{T}},0)^{\mathrm{T}}$是无穷远点位于直线$l$上，向量$\boldsymbol{d}=(a,b,c)^{\mathrm{T}}$是直线$l$的方向。令摄像机投影矩阵为$\boldsymbol{M}=\boldsymbol{K}(\boldsymbol{I}\quad\boldsymbol{0})$，其中$\boldsymbol{K}$是摄像机内参数矩阵，则直线$l$的消影点为

$$\boldsymbol{v}=\boldsymbol{M}\boldsymbol{X}_\infty=\boldsymbol{K}(\boldsymbol{I}\quad\boldsymbol{0})\begin{pmatrix}a\\b\\c\\0\end{pmatrix}=\boldsymbol{K}\begin{pmatrix}a\\b\\c\end{pmatrix}=\boldsymbol{K}\boldsymbol{d} \tag{12-26}$$

图 12-5　消影点示意图

如已知直线 l 的消影点 v 的坐标和摄像机内参数矩阵 $\boldsymbol{K}$，可以通过下式得到直线 l 的方向向量：

$$\boldsymbol{d}=\frac{\boldsymbol{K}^{-1}\boldsymbol{v}}{\|\boldsymbol{K}^{-1}\boldsymbol{v}\|} \tag{12-27}$$

记两条直线 l_1、l_2 的方向向量分别为 $\boldsymbol{d}_1$、$\boldsymbol{d}_2$，由欧氏几何可知它们之间的夹角可通过下述公式来计算：

$$\cos\theta=\frac{\boldsymbol{d}_1^{\mathrm{T}}\boldsymbol{d}_2}{\sqrt{\boldsymbol{d}_1^{\mathrm{T}}\boldsymbol{d}_1}\cdot\sqrt{\boldsymbol{d}_2^{\mathrm{T}}\boldsymbol{d}_2}} \tag{12-28}$$

若直线 l_1、l_2 的消影点分别为 v_1、v_2，则根据式(12-27)，得到

$$\boldsymbol{d}_1=\frac{\boldsymbol{K}^{-1}\boldsymbol{v}_1}{\|\boldsymbol{K}^{-1}\boldsymbol{v}_1\|},\quad \boldsymbol{d}_2=\frac{\boldsymbol{K}^{-1}\boldsymbol{v}_2}{\|\boldsymbol{K}^{-1}\boldsymbol{v}_2\|} \tag{12-29}$$

于是

$$\cos\theta=\frac{(\boldsymbol{K}^{-1}\boldsymbol{v}_1)^{\mathrm{T}}}{\sqrt{(\boldsymbol{K}^{-1}\boldsymbol{v}_1)^{\mathrm{T}}\boldsymbol{K}^{-1}\boldsymbol{v}_1}}\frac{\boldsymbol{K}^{-1}\boldsymbol{v}_2}{\sqrt{(\boldsymbol{K}^{-1}\boldsymbol{v}_2)^{\mathrm{T}}\boldsymbol{K}^{-1}\boldsymbol{v}_2}}=\frac{\boldsymbol{v}_1^{\mathrm{T}}\boldsymbol{W}\boldsymbol{v}_2}{\sqrt{\boldsymbol{v}_1^{\mathrm{T}}\boldsymbol{W}\boldsymbol{v}_1}\sqrt{\boldsymbol{v}_2^{\mathrm{T}}\boldsymbol{W}\boldsymbol{v}_2}} \tag{12-30}$$

其中，$\boldsymbol{W}=\boldsymbol{K}^{-\mathrm{T}}\boldsymbol{K}^{-1}=(\boldsymbol{K}\boldsymbol{K}^{\mathrm{T}})^{-1}$ 仅与摄像机的内参数有关。

矩阵 $\boldsymbol{W}$ 由摄像机的内参数矩阵 $\boldsymbol{K}$ 决定，$\boldsymbol{W}$ 有如下 4 点性质：

① $\boldsymbol{W}=\begin{pmatrix} w_1 & w_2 & w_4 \\ w_2 & w_3 & w_5 \\ w_4 & w_5 & w_6 \end{pmatrix}$ 是一个 3×3 的对称矩阵。

② 当 $w_2=0$ 时，像素坐标系零倾斜。

③ 当 $w_2=0, w_1=w_3$ 时，为方形像素。

④ $\boldsymbol{W}$ 只有 5 个自由度(因为 $\boldsymbol{K}$ 有 5 个自由度)。

如果已知两条直线的夹角和它们的消影点，则式(12-30)就构成摄像机内参数的约束，从而可被用于标定摄像机内参数。特别地，当三维空间中两组平行线正交时，即它们的 $\theta=90°$ 时，可以得到如下关系：

$$\boldsymbol{v}_1^{\mathrm{T}}\boldsymbol{W}\boldsymbol{v}_2=0 \tag{12-31}$$

2. 消影线

平面 Π 上的无穷远直线 l_∞ 在图像平面上的投影称为该平面的消影线，如图 12-6 所示。

平行平面相交于无穷远平面上的同一条直线，因而平行平面有相同的消影线。消影线只与平面的法向量(或称为平面的方向)有关，而与平面的位置无关。

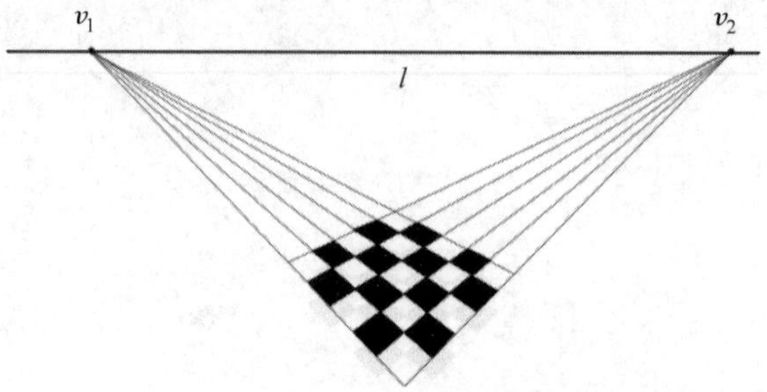

图 12-6　消影线示意图

令 l_1、l_2 是平面 Π 上相交于有限点的两条直线，其无穷远点坐标分别记为

$$\boldsymbol{P}_\infty=(\boldsymbol{d}_1^{\mathrm{T}},0)^{\mathrm{T}},\quad \boldsymbol{Q}_\infty=(\boldsymbol{d}_2^{\mathrm{T}},0)^{\mathrm{T}} \tag{12-32}$$

则平面 Π 上的无穷远直线必通过 $\boldsymbol{P}_\infty$ 与 $\boldsymbol{Q}_\infty$，并且平面 Π 的方向是 $\boldsymbol{n}=\boldsymbol{d}_1\times\boldsymbol{d}_2$。令 l 是平面 Π 的消影线，则直线 l_1、l_2 的消影点 v_1、v_2 是 l 上两个不同的点。令摄像机投影矩阵为 $\boldsymbol{M}=\boldsymbol{K}(\boldsymbol{I}\quad \boldsymbol{0})$，于是，

$$\boldsymbol{l}=\boldsymbol{v}_1\times\boldsymbol{v}_2=\boldsymbol{K}\boldsymbol{d}_1\times\boldsymbol{K}\boldsymbol{d}_2=\boldsymbol{K}^{-\mathrm{T}}(\boldsymbol{d}_1\times\boldsymbol{d}_2)=\boldsymbol{K}^{-\mathrm{T}}\boldsymbol{n}=\boldsymbol{K}^{-\mathrm{T}}\boldsymbol{n} \tag{12-33}$$

其中，$\boldsymbol{n}=\boldsymbol{d}_1\times\boldsymbol{d}_2$ 是平面 Π 的法方向。

令平面 Π_1、Π_2 的方向向量分别为 $\boldsymbol{n}_1$、$\boldsymbol{n}_2$，则它们之间的夹角可表示为

$$\cos\theta=\frac{\boldsymbol{n}_1^{\mathrm{T}}\boldsymbol{n}_2}{\sqrt{\boldsymbol{n}_1^{\mathrm{T}}\boldsymbol{n}_1}\cdot\sqrt{\boldsymbol{n}_2^{\mathrm{T}}\boldsymbol{n}_2}} \tag{12-34}$$

如果 l_1、l_2 分别为平面 Π_1、Π_2 的消影线，则利用式(12-33)和式(12-34)，就可得到下述平面夹角表达式：

$$\cos\theta=\frac{\boldsymbol{l}_1^{\mathrm{T}}\boldsymbol{W}^*\boldsymbol{l}_2}{\sqrt{\boldsymbol{l}_1^{\mathrm{T}}\boldsymbol{W}^*\boldsymbol{l}_1}\cdot\sqrt{\boldsymbol{l}_2^{\mathrm{T}}\boldsymbol{W}^*\boldsymbol{l}_2}} \tag{12-35}$$

其中，$\boldsymbol{W}^*=\boldsymbol{K}\boldsymbol{K}^{\mathrm{T}}$，$\boldsymbol{K}$ 为摄像机的内参数矩阵。

同样，在已知平面夹角和消影线的情况下，式(12-35)也可以用于确定摄像机内参数。

12.2.2　单视重构

在 12.2.1 节中知道，如果摄像机内参数已知，便可以计算出 $\boldsymbol{W}$，利用消影点的信息就可以得到空间中直线的夹角；反之，如果三维空间中直线的夹角已知，则利用式(12-30)可建立关于 $\boldsymbol{W}$ 的约束方程。

给定 3 组平行线的消影点 v_1、v_2、v_3，如果这 3 组平行线两两正交(图 12-7)，可以得到如下方程组：

$$\begin{cases}\boldsymbol{v}_1^{\mathrm{T}}\boldsymbol{W}\boldsymbol{v}_2=0\\ \boldsymbol{v}_1^{\mathrm{T}}\boldsymbol{W}\boldsymbol{v}_3=0\\ \boldsymbol{v}_2^{\mathrm{T}}\boldsymbol{W}\boldsymbol{v}_3=0\end{cases} \tag{12-36}$$

由于摄像机矩阵 $\boldsymbol{K}$ 有 5 个自由度，所以，$\boldsymbol{W}$ 也具有 5 个自由度。因此，需要至少 5 个方

程才能确定 $\boldsymbol{W}$。但是，如果引入两个假设：摄像机零倾斜和像素形状为正方形（或者它们的长宽比是已知的）。这样就减少了两个自由度，便可以用上述方程组解出 $\boldsymbol{W}$。因为 $\boldsymbol{W}=\boldsymbol{K}^{-\mathrm{T}}\boldsymbol{K}^{-1}=(\boldsymbol{K}\boldsymbol{K}^{\mathrm{T}})^{-1}$，对 $\boldsymbol{W}$ 进行 Cholesky 分解后便可以得到摄像机内参数矩阵 $\boldsymbol{K}$。

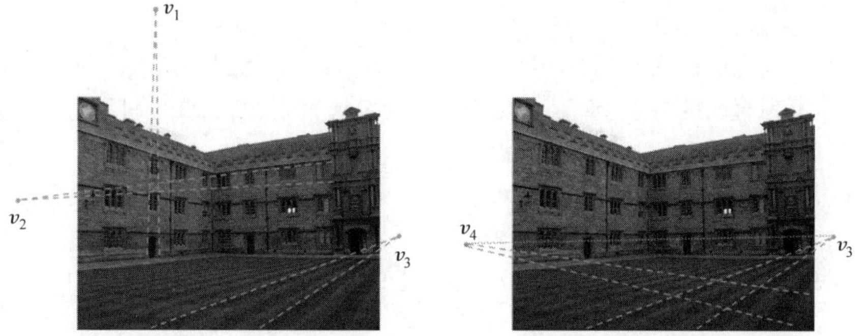

(a) 正交的平行线 v_1、v_2、v_3 及消影点　　(b) 正交的平行线 v_2、v_4 及消影点

图 12-7　单视图与消影点

更进一步，通过 3 个平面的消影线，利用式(12-35)可以恢复 3 个面的法向量。最终，将三维空间中的各个平面重构出来(图 12-8)。

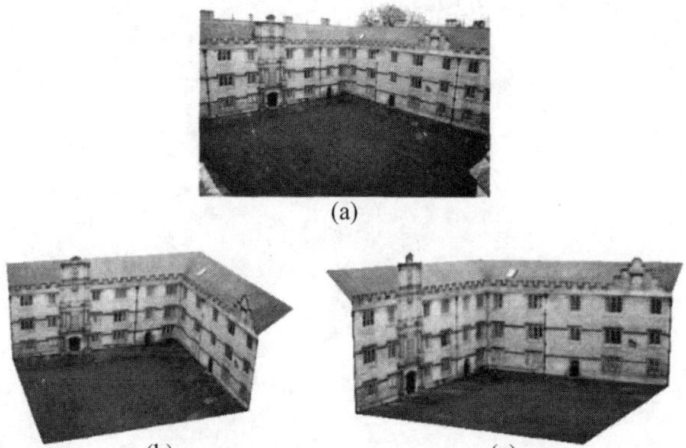

(a)

(b)　　(c)

图 12-8　单视图重构结果

需要注意的是，使用单视图几何方法重构三维场景时，只能获取相对位置和相对大小，而无法恢复场景的绝对尺寸，也无法确定场景的绝对方向和位置。因此，通过这种方法重构的场景与实际场景之间会存在一个相似性的变换关系。

此方法还具有一些限制。首先，需要事先了解消影点、消影线以及场景的先验信息，例如点对应关系、线、面的几何信息等。这些信息需要手动获取，而在复杂的场景中，很难准确地获取这些信息。

小　　结

本章主要介绍了射影几何中的一些基本概念，如无穷远点、无穷远线、消影点和消影线，这些概念为单视图重构提供了基础。单视图重构利用图像与三维世界中的特殊对应关系，能够仅通过一张图像来还原三维结构。最后对这种方法的局限性进行了说明。

习 题

(1) 写出下列点的齐次坐标：(0,0)、(1,0)、(0,1)、以 3 为斜率的方向的无穷远点。

(2) 写出下列直线的齐次坐标：x 轴、y 轴、无穷远直线、过原点且斜率为 2 的直线。

(3) 求直线 $3x+y=0$ 上的无穷远点的坐标。

(4) 证明：给定平面上的两点 $p=(a,b,c)^{\mathrm{T}}$ 与 $q=(a',b',c')^{\mathrm{T}}$，则过这两点的直线为 $l=p\times q$。

(5) 证明：给定平面上的一条直线 l，其经过变换矩阵 $\boldsymbol{H}$ 作用后得到直线 l'，则 l' 的齐次坐标为：$l'=\boldsymbol{H}^{-\mathrm{T}}l$。

(6) 说明三维空间中直线的表示方法。

(7) 证明：平面中的两条平行线段经过仿射变换后长度比保持不变。

(8) 证明：三角形的中线和重心具有仿射不变性。

(9) 证明：梯形在仿射变换下仍为梯形。

(10) 写出空间中三个向量共面的充要条件。

第 13 章　三角化与极几何

单视图重建的方法存在诸多限制和不确定性，与之对应的另一种方法是多视图重建法。本章将深入探讨三维重建与极几何，讲解如何通过多视图方法还原场景的三维结构。本章分为两个部分，第一部分深入讲解三维重建的基础知识，介绍多视图重建的核心思想——三角化方法；第二部分详细介绍两张视图之间的对应点约束关系，以及相关的数学概念。

13.1　三维重建的基础

13.1.1　三角化的概念

图像蕴含丰富的场景结构信息，然而，仅仅依赖一张图像，通常难以准确确定三维场景的深度。如图 13-1(a)展示的，直观上看，人和比萨斜塔的大小几乎一样，这显然是不现实的。这种错觉源于单张图像无法提供足够的深度信息。在这种情况下，人们倾向于将塔和人当作位于为同一深度，导致其看起来一样大。然而，如果从人与塔之间的某个角度观察这个场景，这种错觉将不复存在。

为了解决单视图重建中深度未知的问题，通常会使用两个视点的图像(双视图)或多个视点的图像(多视图)进行三维场景的重建，这也类似于人类拥有两只眼睛，如图 13-1(b)所示。在人类的视觉系统中，大脑会通过处理两只眼睛捕捉到的图像中的微小差异来获得物体的深度信息。同样，计算机可以基于三维空间中的点在不同相机拍摄的图像中的二维像素坐标，以及相机之间的关系来计算空间点的三维坐标。这个求解过程通常称为“三角化”。

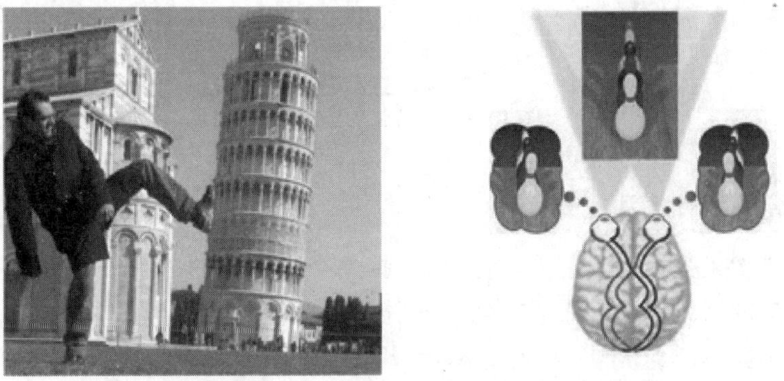

(a) 比萨斜塔　　　　(b) 人眼视觉系统示意图

图 13-1　单张图像的视觉错觉与人眼视觉

本节主要针对两视图的情况对三角化问题进行建模。假设两个摄像机的内参数分别为 $\boldsymbol{K}$ 和 $\boldsymbol{K}'$，它们之间的旋转与平移关系已知。如图 13-2 所示，O_1、O_2 为两摄像机的中心，假设三维空间中的一点 P 在两个摄像机上的投影点分别是 p 和 p'，s、s'分别为 P 点与两摄像机中心的连线，分别经过 p、p'点。理论上说，基于前述给定的条件可以计算出直线 s 与 s'在第一个摄像机坐标系中的参数方程，然后，通过求解这两条直线的交点就可获得 P 点的三维坐标。然而，实际上这种方法并不可行，由于摄像机校准参数和观测点 p、p'存在噪声，这两条直线在大多数情况下不会相交。一种近似的方法是构造一条线段，使其与直线 s、s'相交，且互相垂直，取该线段的中点作为 P 点的重构结果，如图 13-3 所示。总的来说，这种方法虽然简单，但实际效果并不好，重构出的三维点误差较大。后面两小节会介绍两种典型的三角化方法：线性解法和非线性解法。

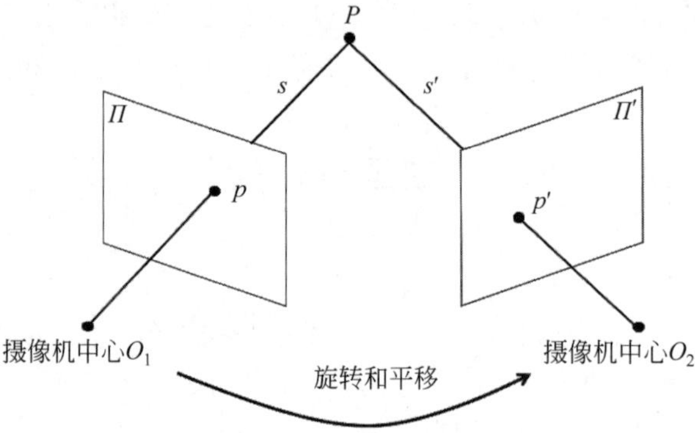

图 13-2　三角化示意图

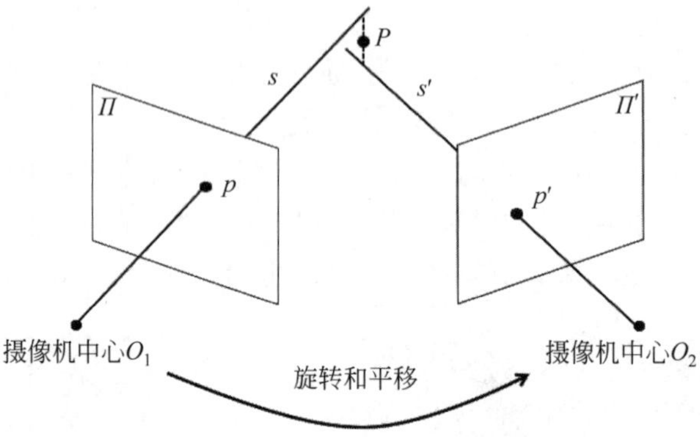

图 13-3　三角化的一种方法

13.1.2　三角化的线性解法

以第一个摄像机坐标系为世界坐标系，根据两个摄像机的透视投影矩阵可以写出给定三维点与其对应的二维像素点之间的坐标映射关系：

$$\begin{cases} \boldsymbol{p}=\boldsymbol{MP}=\boldsymbol{K}(\boldsymbol{I}\quad \boldsymbol{0})\boldsymbol{P} \\ \boldsymbol{p}'=\boldsymbol{M}'\boldsymbol{P}=\boldsymbol{K}'(\boldsymbol{R}\quad \boldsymbol{t})\boldsymbol{P} \end{cases} \tag{13-1}$$

两摄像机的透视投影矩阵 $\boldsymbol{M}$、$\boldsymbol{M}'$是已知的，将它们分别写成如下形式：

$$\boldsymbol{M}=\begin{pmatrix}\boldsymbol{m}_1^{\mathrm{T}}\\ \boldsymbol{m}_2^{\mathrm{T}}\\ \boldsymbol{m}_3^{\mathrm{T}}\end{pmatrix}\quad \boldsymbol{M}'=\begin{pmatrix}\boldsymbol{m}'^{\mathrm{T}}_1\\ \boldsymbol{m}'^{\mathrm{T}}_2\\ \boldsymbol{m}'^{\mathrm{T}}_3\end{pmatrix} \tag{13-2}$$

假设二维像素点的欧氏坐标为 $\tilde{\boldsymbol{p}}=(u,v)$，$\tilde{\boldsymbol{p}}'=(u',v')$，可以得到下面 4 个等式：

$$u=\frac{\boldsymbol{m}_1^{\mathrm{T}}\boldsymbol{P}}{\boldsymbol{m}_3^{\mathrm{T}}\boldsymbol{P}}\Rightarrow \boldsymbol{m}_1^{\mathrm{T}}\boldsymbol{P}-u(\boldsymbol{m}_3^{\mathrm{T}}\boldsymbol{P})=0 \tag{13-3}$$

$$v=\frac{\boldsymbol{m}_2^{\mathrm{T}}\boldsymbol{P}}{\boldsymbol{m}_3^{\mathrm{T}}\boldsymbol{P}}\Rightarrow \boldsymbol{m}_2^{\mathrm{T}}\boldsymbol{P}-v_i(\boldsymbol{m}_3^{\mathrm{T}}\boldsymbol{P})=0 \tag{13-4}$$

$$u'=\frac{\boldsymbol{m}'^{\mathrm{T}}_1\boldsymbol{P}}{\boldsymbol{m}'^{\mathrm{T}}_3\boldsymbol{P}}\Rightarrow \boldsymbol{m}'^{\mathrm{T}}_1\boldsymbol{P}-u'(\boldsymbol{m}'^{\mathrm{T}}_3\boldsymbol{P})=0 \tag{13-5}$$

$$v'=\frac{\boldsymbol{m}'^{\mathrm{T}}_2\boldsymbol{P}}{\boldsymbol{m}'^{\mathrm{T}}_3\boldsymbol{P}}\Rightarrow \boldsymbol{m}'^{\mathrm{T}}_2\boldsymbol{P}-v'(\boldsymbol{m}'^{\mathrm{T}}_3\boldsymbol{P})=0 \tag{13-6}$$

于是得到 4 个方程，写成矩阵的形式为

$$\mathbf{AP}=\mathbf{0} \tag{13-7}$$

其中

$$\mathbf{A}=\begin{pmatrix}u\boldsymbol{m}_3^{\mathrm{T}}-\boldsymbol{m}_1^{\mathrm{T}}\\ v\boldsymbol{m}_3^{\mathrm{T}}-\boldsymbol{m}_2^{\mathrm{T}}\\ u'\boldsymbol{m}'^{\mathrm{T}}_3-\boldsymbol{m}'^{\mathrm{T}}_1\\ v'\boldsymbol{m}'^{\mathrm{T}}_3-\boldsymbol{m}'^{\mathrm{T}}_2\end{pmatrix}$$

因为方程数有 4 个，未知参数有 3 个，所以，这是一个超定齐次线性方程组的求解问题。因此，可以使用 SVD 分解的方法求解该方程，进而获得 P 点坐标的最佳估计。具体来说，先对矩阵 $\mathbf{A}$ 进行奇异值分解，即 $\mathbf{A}=\boldsymbol{UDV}^{\mathrm{T}}$，然后取出矩阵 $\mathbf{V}$ 的最后一列，即为 P 点坐标的估计结果。该方法可以直接推广到多视图的三角化，每增加一个视图，就会多出两个约束方程，此时，矩阵 $\mathbf{A}$ 便新增两行，但是依然可以使用奇异值分解来求 P 点的坐标。

13.1.3　三角化的非线性解法

三角化的非线性解法的核心思想是最小化重投影误差。如图 13-4 所示，在三维空间中

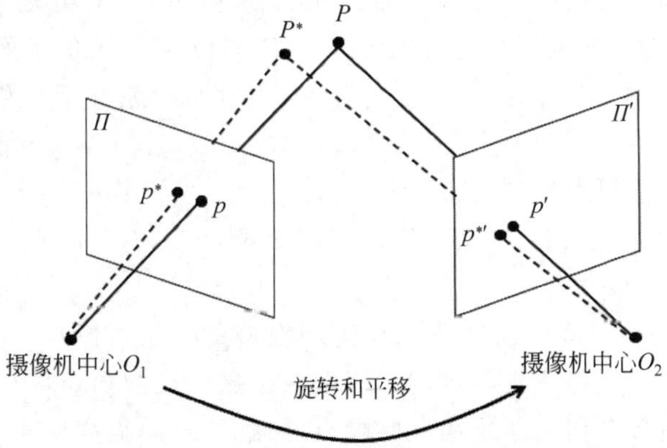

图 13-4　三角化非线性求解示意图

随机选取一初始点 $\boldsymbol{P}^*$，不断调整 P^* 的坐标，使得 P^* 点在两个二维平面上的投影点 p^*、$p^{*\prime}$ 与实际 P 点对应的两投影点 p、p' 距离最近。

基于上述思想，可以定义如下能量函数来表示 P^* 点与 P 点的差距，即重投影误差：

$$\begin{aligned} E &= d(\boldsymbol{p},\boldsymbol{MP}^*) + d(\boldsymbol{p}',\boldsymbol{M}'\boldsymbol{P}^*) \\ &= \|\boldsymbol{MP}^* - \boldsymbol{p}\|^2 + \|\boldsymbol{M}'\boldsymbol{P}^* - \boldsymbol{p}'\|^2 \end{aligned} \tag{13-8}$$

我们的目标就是求解使重投影误差最小时点 P^* 的坐标，能量函数越小，则 P^* 点与 P 点越接近。这是一个非线性优化问题，通常的求解方法是牛顿法或列文伯格—马夸尔特法(L-M 方法)。迭代的效果和收敛时长与初始点的设置有关，在实际运用中，通常用线性解法求出的解作为该方法的初始解，然后进行迭代，得到最优解。

公式(13-8)定义的是两个视图的重投影误差。但是，其思想可以方便地推广到多视图的情况。如果增加一个视图，就在重投影误差里添加对应的误差项即可，所以，非线性方法推广到多视图时的重投影误差定义如下：

$$\min_{\boldsymbol{P}^*} \sum_i \|\boldsymbol{M}_i\boldsymbol{P}^* - \boldsymbol{p}_i\|^2 \tag{13-9}$$

在式(13-9)中，$\boldsymbol{p}_i$ 表示当前点在第 i 个视图上的投影点，$\boldsymbol{M}_i$ 表示第 i 个视图对应的摄像机投影矩阵。同样，可以采用非线性最小二乘法对上式进行求解。

需要特别注意的是，三角化方法的前提是已知摄像机的内部和外部参数。然而，在实际的三维场景重建过程中，通常不会事先知道摄像机的确切参数。因此，在这种情况下，无法直接应用三角法进行求解，而必须首先对摄像机参数进行估计。第 11 章已经讨论了单个摄像机内外参数标定的方法，第 15 章将详细探讨在重建任务中如何获取摄像机的投影矩阵。

13.2　极几何与基础矩阵

13.2.1　极几何

极几何是一种描述两个视图之间内在投影几何关系的方法，用于描述同一场景或物体的两个视点图像之间的几何关系。这种方法独立于场景的具体结构，只取决于摄像机的内部参数和它们之间的相对位姿。本节将详细探讨两视图中对应点之间的极几何关系。

如图 13-5 所示，三维空间中的点 P 在两个视图中的投影点分别为 p、p'，O_1、O_2 分别是两摄像机的中心，这 5 个点都在由相交直线 O_1P 和 O_2P 定义的平面上，该平面又称为极平面。两摄像机中心的连线称为基线，基线与两图像平面分别交于 e 和 e' 点，它们分别是对应摄像机的极点。极点 e' 可以看作是第一个摄像机中心 O_1 在第二个摄像机成像平面上的投影点，同理，极点 e 也可以看作是第二个摄像机中心 O_2 在第一个摄像机成像平面上的投影点。极平面与视图 Π 的交线为 l，与视图 Π' 的交线为 l'。l 和 l' 称为极线，显然点 p 位于极线 l 上，点 p' 位于极线 l' 上。

对点 P 进行三角化计算的前提是知道点 P 对应的一组投影点 p、p'，而直接在两幅图像中寻找相匹配的投影点是非常困难的。假设两个摄像机的内参数和外参数都已知，可以通过两幅图像之间的极几何关系来约束匹配点的搜索，从而提高搜索效率。如果已知点 p 的坐标，结合两摄像机中心便可确定极平面。极平面与第二个摄像机平面的交线便是极线

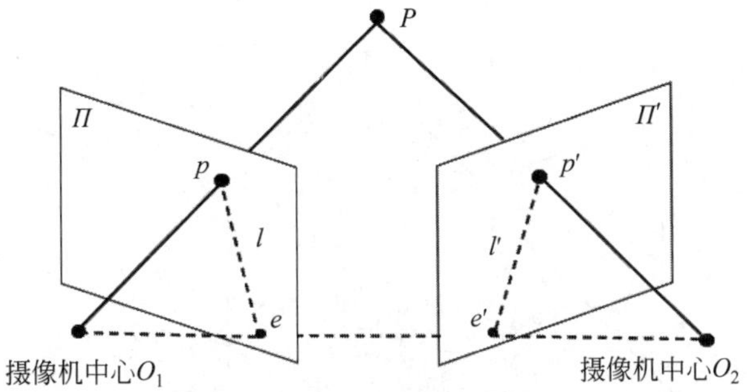

图 13-5　极几何关系示意图

l'。由极几何约束，可知点 p 的对应点 p' 必然在极线 l' 上，于是寻找 p' 点时，只需在极线 l' 上搜索即可，而无须在整个图像上搜索，极大地降低计算复杂度。

13.2.2　本质矩阵与基础矩阵

本质矩阵是对规范化摄像机的两个视点图像间极几何关系的代数描述。以图 13-5 为例，假定两摄像机均为规范化摄像机，第二个摄像机坐标系相对于第一个摄像机坐标系的旋转为 $\boldsymbol{R}$，平移为 $\boldsymbol{t}$。设视图 Π 上的点 p 的像素坐标为(u,v)，视图 Π' 上的点 p' 像素坐标为(u',v')，两摄像机的内参数矩阵 $\boldsymbol{K}$、$\boldsymbol{K}'$ 为

$$\boldsymbol{K}=\boldsymbol{K}'=\begin{pmatrix}1&0&0\\0&1&0\\0&0&1\end{pmatrix} \tag{13-10}$$

由 10.3.1 节可知规范化摄像机投影变换公式为

$$\boldsymbol{p}=\begin{pmatrix}x\\y\\z\end{pmatrix}=\boldsymbol{MP}=\begin{pmatrix}1&0&0&0\\0&1&0&0\\0&0&1&0\end{pmatrix}\begin{pmatrix}x\\y\\z\\1\end{pmatrix} \tag{13-11}$$

由于摄像机坐标系下三维点的欧氏坐标等于二维投影点的齐次坐标，于是回到示例图中，将两个投影点 p、p' 看成在三维空间中，可以直接得到点 p 在 O_1 坐标系下的欧氏坐标为 $(u,v,1)$，点 p' 在 O_2 坐标系下的欧氏坐标为 $(u',v',1)$。假设点 p' 在 O_1 坐标系下的坐标向量记为 $\boldsymbol{p}'^{*}$，由于两坐标系之间存在旋转和平移的位置关系，坐标 $\boldsymbol{p}'^{*}$ 与 $\boldsymbol{p}'$ 之间也存在如下关系：

$$\boldsymbol{p}'=\boldsymbol{R}\boldsymbol{p}'^{*}+\boldsymbol{t} \tag{13-12}$$

由此可以解出 $\boldsymbol{p}'^{*}$，得到 p' 在 O_1 坐标系下的坐标：

$$\boldsymbol{p}'^{*}=\boldsymbol{R}^{\mathrm{T}}(\boldsymbol{p}'-\boldsymbol{t})=\boldsymbol{R}^{\mathrm{T}}\boldsymbol{p}'-\boldsymbol{R}^{\mathrm{T}}\boldsymbol{t} \tag{13-13}$$

除此之外，也可以得到 O_2 坐标系的坐标原点在 O_1 坐标系下的坐标为 $-\boldsymbol{R}^{\mathrm{T}}\boldsymbol{t}$。求出在 O_1 坐标系下 O_2 坐标原点的坐标和点 p' 的坐标，也就得到了向量 $\boldsymbol{O}_1\boldsymbol{p}'$ 和向量 $\boldsymbol{O}_1\boldsymbol{O}_2$，如图 13-6 所示。

将这两个向量作叉乘：

$$\boldsymbol{R}^{\mathrm{T}}\boldsymbol{t}\times(\boldsymbol{R}^{\mathrm{T}}\boldsymbol{p}'-\boldsymbol{R}^{\mathrm{T}}\boldsymbol{t})=\boldsymbol{R}^{\mathrm{T}}\boldsymbol{t}\times\boldsymbol{R}^{\mathrm{T}}\boldsymbol{p}' \tag{13-14}$$

由于向量 $\boldsymbol{O}_1\boldsymbol{p}'$ 和向量 $\boldsymbol{O}_1\boldsymbol{O}_2$ 都位于极平面上，所以叉乘后得到的向量垂直于极平面，与

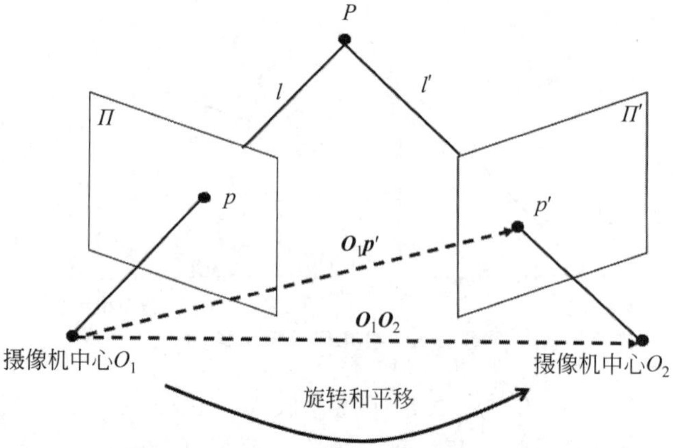

图 13-6 向量 $\boldsymbol{O}_1\boldsymbol{p}'$ 和向量 $\boldsymbol{O}_1\boldsymbol{O}_2$ 示意图

向量 $\boldsymbol{O}_1\boldsymbol{p}$ 点乘得到

$$(\boldsymbol{R}^{\mathrm{T}}\boldsymbol{t}\times\boldsymbol{R}^{\mathrm{T}}\boldsymbol{p}')^{\mathrm{T}}\cdot\boldsymbol{p}=0 \tag{13-15}$$

对式(13-15)进行整理后得到

$$\boldsymbol{p}'^{\mathrm{T}}[\boldsymbol{t}\times\boldsymbol{R}]\boldsymbol{p}=0 \tag{13-16}$$

于是得到了两投影点 p、p' 之间的关系，将 $\boldsymbol{E}=\boldsymbol{t}\times\boldsymbol{R}=[\boldsymbol{t}_{\times}]\boldsymbol{R}$ 称为本质矩阵，它是一个 3×3 大小的奇异矩阵，矩阵的秩为 2，总共包含 5 个自由度，它描述了规范化摄像机下两个投影点之间的极几何约束关系。

本质矩阵可用于计算投影点对应的极线。在图 13-5 中，因为 p 点在极线 l 上，所以有 $\boldsymbol{l}^{\mathrm{T}}\boldsymbol{p}=0$，与极几何约束 $\boldsymbol{p}'^{\mathrm{T}}\boldsymbol{E}\boldsymbol{p}=0$ 比较，可以得到 $\boldsymbol{l}^{\mathrm{T}}=\boldsymbol{p}'^{\mathrm{T}}\boldsymbol{E}$，即 $\boldsymbol{l}=\boldsymbol{E}^{\mathrm{T}}\boldsymbol{p}'$。同理，$p'$ 所在的极线 l' 也可由本质矩阵 $\boldsymbol{E}$ 和 p 点计算得出，即 $\boldsymbol{l}'=\boldsymbol{E}\boldsymbol{p}$。对于第一个摄像机平面上的任意点(除了极点 e)，其对应的极线都会经过极点 e'，所以有 $\boldsymbol{E}\boldsymbol{e}=\boldsymbol{0}$，同理 $\boldsymbol{E}^{\mathrm{T}}\boldsymbol{e}'=\boldsymbol{0}$。

实际上摄像机并不是理想的规范化摄像机，所以下面将继续讨论一般摄像机情况下对应点的极几何关系。用基础矩阵来对一般透视摄像机拍摄的两个视点图像间极几何关系进行代数描述。

这里仍然以图 13-5 为例，求解思路就是在上述本质矩阵推导的基础上加入一般摄像机到规范化摄像机的变换。在一般透视摄像机中，三维点到二维点的映射关系为 $\boldsymbol{p}=\boldsymbol{K}(\boldsymbol{I}\quad\boldsymbol{0})\boldsymbol{P}$，将等式两边同时乘以 $\boldsymbol{K}^{-1}$，得到

$$\boldsymbol{K}^{-1}\boldsymbol{p}=\boldsymbol{K}^{-1}\boldsymbol{K}(\boldsymbol{I}\quad\boldsymbol{0})\boldsymbol{P}=\begin{pmatrix}1&0&0&0\\0&1&0&0\\0&0&1&0\end{pmatrix}\boldsymbol{P} \tag{13-17}$$

定义 $\boldsymbol{p}_c=\boldsymbol{K}^{-1}\boldsymbol{p}$，式(13-17)可写成

$$\boldsymbol{p}_c=\begin{pmatrix}1&0&0&0\\0&1&0&0\\0&0&1&0\end{pmatrix}\boldsymbol{P} \tag{13-18}$$

同样，在第二个摄像机坐标系中，令 $\boldsymbol{p}'_c=\boldsymbol{K}'^{-1}\boldsymbol{p}'$，有

$$\boldsymbol{p}'_c=\begin{pmatrix}1&0&0&0\\0&1&0&0\\0&0&1&0\end{pmatrix}\boldsymbol{P}' \tag{13-19}$$

这样就可以把三维点 P 在两个一般摄像机下的投影点 p 和 p' 看作是 P 经过两个规范化摄像机得到两个投影点 p_c 和 p'_c。p_c 和 p'_c 的坐标满足由本质矩阵定义的极几何约束，代入约束等式，可得 $\boldsymbol{p}_c^{\mathrm{T}}\boldsymbol{E}\boldsymbol{p}'_c=0$，等式左边可展开为

$$
\begin{aligned}
\boldsymbol{p}'^{\mathrm{T}}_c\boldsymbol{E}\boldsymbol{p}_c &= \boldsymbol{p}'^{\mathrm{T}}_c[\boldsymbol{t}_\times]\boldsymbol{R}\boldsymbol{p}_c \\
&= (\boldsymbol{K}'^{-1}\boldsymbol{p}')^{\mathrm{T}}\cdot[\boldsymbol{t}_\times]\boldsymbol{R}\boldsymbol{K}^{-1}\boldsymbol{p} \\
&= \boldsymbol{p}'^{\mathrm{T}}\boldsymbol{K}'^{-\mathrm{T}}[\boldsymbol{t}_\times]\boldsymbol{R}\boldsymbol{K}^{-1}\boldsymbol{p}
\end{aligned}
\tag{13-20}
$$

于是得到 p 和 p' 坐标之间的关系式为

$$
\boldsymbol{p}'^{\mathrm{T}}\boldsymbol{K}'^{-\mathrm{T}}[\boldsymbol{t}_\times]\boldsymbol{R}\boldsymbol{K}^{-1}\boldsymbol{p}=0 \tag{13-21}
$$

将矩阵 $\boldsymbol{F}=\boldsymbol{K}'^{-\mathrm{T}}[\boldsymbol{t}_\times]\boldsymbol{R}\boldsymbol{K}^{-1}$ 称为基础矩阵，上述关系式可写为 $\boldsymbol{p}'^{\mathrm{T}}\boldsymbol{F}\boldsymbol{p}=0$。基础矩阵的作用与本质矩阵类似，提供了一般摄像机下投影点的极几何约束。它不仅包含摄像机间的旋转平移信息，也包含摄像机的内参数信息。一旦基础矩阵已知，即使摄像机内外参数均未知，也可以计算 p 或 p' 对应的极线。与本质矩阵的性质类似，p 点对应的极线是 $\boldsymbol{l}'=\boldsymbol{F}\boldsymbol{p}$，$p'$ 点对应的极线是 $\boldsymbol{l}=\boldsymbol{F}^{\mathrm{T}}\boldsymbol{p}'$。对于极点 e 和 e'，同样也满足 $\boldsymbol{F}^{\mathrm{T}}\boldsymbol{e}'=\boldsymbol{0}$ 和 $\boldsymbol{F}\boldsymbol{e}=\boldsymbol{0}$ 两个等式。基础矩阵和本质矩阵都是奇异矩阵，它们的秩都为 2，主要区别就在于基础矩阵有 7 个自由度，而本质矩阵只有 5 个自由度。

如果知道基础矩阵，也知道图像中的一个点，利用基础矩阵的约束等式就可以得到该点在另一幅图像上对应点的约束，也就是可以求出该点对应的极线，从而在该极线上寻找出其对应点。从另一种角度看，当有多组匹配点的信息时，就能得到关于基础矩阵的多项约束，以此来解出基础矩阵。

13.3　基础矩阵估计

13.3.1　八点法

在两视图中，基础矩阵的约束关系式为 $\boldsymbol{p}'^{\mathrm{T}}\boldsymbol{F}\boldsymbol{p}=0$。正如 13.2 节提到的，在摄像机内外参数未知的情况下，只要有充足的对应点信息，就可以计算出基础矩阵 $\boldsymbol{F}$。基础矩阵 $\boldsymbol{F}$ 为 3×3 大小的矩阵，有 9 个参数，减去关于比例大小的尺度参数以及矩阵秩为 2 的约束，$\boldsymbol{F}$ 矩阵总共有 7 个自由度，所以理论上只需至少 7 组匹配点的坐标信息就可以计算出基础矩阵 $\boldsymbol{F}$。但通过 7 组匹配点计算基础矩阵的方法过于复杂，也不常用，所以这里不介绍这类方法。本节主要讨论一种更简单、更常见的基础矩阵估计方法——八点算法，它由 Longuet-Higgins 于 1981 年提出[26]，并且在 1995 年由 Hartley 进一步改进完善[27]。

假设任意一组匹配点的坐标为

$$
\boldsymbol{p}=\begin{pmatrix}u\\v\\1\end{pmatrix},\quad \boldsymbol{p}'=\begin{pmatrix}u'\\v'\\1\end{pmatrix}
$$

代入基础矩阵约束关系式，得到

$$
(u',v',1)\begin{pmatrix}\boldsymbol{F}_{11} & \boldsymbol{F}_{12} & \boldsymbol{F}_{13}\\ \boldsymbol{F}_{21} & \boldsymbol{F}_{22} & \boldsymbol{F}_{23}\\ \boldsymbol{F}_{31} & \boldsymbol{F}_{32} & \boldsymbol{F}_{33}\end{pmatrix}\begin{pmatrix}u\\v\\1\end{pmatrix}=0 \tag{13-22}
$$

将 $\boldsymbol{F}$ 矩阵中每个元素排列成列向量的形式，整理式(13-22)，得到

$$(uu',vu',u',uv',vv',v',u,v,1)\begin{pmatrix}\boldsymbol{F}_{11}\\ \boldsymbol{F}_{12}\\ \boldsymbol{F}_{13}\\ \boldsymbol{F}_{21}\\ \boldsymbol{F}_{22}\\ \boldsymbol{F}_{23}\\ \boldsymbol{F}_{31}\\ \boldsymbol{F}_{32}\\ \boldsymbol{F}_{33}\end{pmatrix}=0 \tag{13-23}$$

一组匹配点可以得到一个约束方程，假设有 n 组匹配点的坐标信息，可以得到一组如下形式的线性方程组：

$$\boldsymbol{Af}=\begin{pmatrix}u_1u_1' & u_1'v_1 & u_1' & u_1v_1' & v_1v_1' & v_1' & u_1 & v_1 & 1\\ \vdots & \vdots & \vdots & \vdots & \vdots & \vdots & \vdots & \vdots & \vdots\\ u_nu_n' & u_n'v_n & u_n' & u_nv_n' & v_nv_n' & v_n' & u_n & v_n & 1\end{pmatrix}\boldsymbol{f}=\boldsymbol{0} \tag{13-24}$$

其中列向量 $f=(\boldsymbol{F}_{11},\boldsymbol{F}_{12},\boldsymbol{F}_{13},\boldsymbol{F}_{21},\boldsymbol{F}_{22},\boldsymbol{F}_{23},\boldsymbol{F}_{31},\boldsymbol{F}_{32},\boldsymbol{F}_{33})^{\mathrm{T}}$。这是一个齐次线性方程组，在不考虑比例大小的情况下，需要至少 8 个约束方程才能进行求解(即 $n\geqslant 8$)。所以正如"八点算法"这一名称所示，该算法中选取 8 组匹配点，线性方程组可以写为

$$\begin{pmatrix}u_1u_1' & v_1u_1' & u_1' & u_1v_1' & v_1v_1' & v_1' & u_1 & v_1 & 1\\ u_2u_2' & v_2u_2' & u_2' & u_2v_2' & v_2v_2' & v_2' & u_2 & v_2 & 1\\ u_3u_3' & v_3u_3' & u_3' & u_3v_3' & v_3v_3' & v_3' & u_3 & v_3 & 1\\ u_4u_4' & v_4u_4' & u_4' & u_4v_4' & v_4v_4' & v_4' & u_4 & v_4 & 1\\ u_5u_5' & v_5u_5' & u_5' & u_5v_5' & v_5v_5' & v_5' & u_5 & v_5 & 1\\ u_6u_6' & v_6u_6' & u_6' & u_6v_6' & v_6v_6' & v_6' & u_6 & v_6 & 1\\ u_7u_7' & v_7u_7' & u_7' & u_7v_7' & v_7v_7' & v_7' & u_7 & v_7 & 1\\ u_8u_8' & v_8u_8' & u_8' & u_8v_8' & v_8v_8' & v_8' & u_8 & v_8 & 1\end{pmatrix}\begin{pmatrix}\boldsymbol{F}_{11}\\ \boldsymbol{F}_{12}\\ \boldsymbol{F}_{13}\\ \boldsymbol{F}_{21}\\ \boldsymbol{F}_{22}\\ \boldsymbol{F}_{23}\\ \boldsymbol{F}_{31}\\ \boldsymbol{F}_{32}\\ \boldsymbol{F}_{33}\end{pmatrix}=\boldsymbol{0} \tag{13-25}$$

将式(13-25)记为 $\boldsymbol{Af}=\boldsymbol{0}$，求解目标就是 $\boldsymbol{f}$，因为不考虑比例因素，所以不妨直接令 $\boldsymbol{F}_{33}=1$，于是上述齐次线性方程组可以转化为一个非齐次线性方程组：

$$\begin{pmatrix}u_1u_1' & v_1u_1' & u_1' & u_1v_1' & v_1v_1' & v_1' & u_1 & v_1\\ u_2u_2' & v_2u_2' & u_2' & u_2v_2' & v_2v_2' & v_2' & u_2 & v_2\\ u_3u_3' & v_3u_3' & u_3' & u_3v_3' & v_3v_3' & v_3' & u_3 & v_3\\ u_4u_4' & v_4u_4' & u_4' & u_4v_4' & v_4v_4' & v_4' & u_4 & v_4\\ u_5u_5' & v_5u_5' & u_5' & u_5v_5' & v_5v_5' & v_5' & u_5 & v_5\\ u_6u_6' & v_6u_6' & u_6' & u_6v_6' & v_6v_6' & v_6' & u_6 & v_6\\ u_7u_7' & v_7u_7' & u_7' & u_7v_7' & v_7v_7' & v_7' & u_7 & v_7\\ u_8u_8' & v_8u_8' & u_8' & u_8v_8' & v_8v_8' & v_8' & u_8 & v_8\end{pmatrix}\begin{pmatrix}\boldsymbol{F}_{11}\\ \boldsymbol{F}_{12}\\ \boldsymbol{F}_{13}\\ \boldsymbol{F}_{21}\\ \boldsymbol{F}_{22}\\ \boldsymbol{F}_{23}\\ \boldsymbol{F}_{31}\\ \boldsymbol{F}_{32}\end{pmatrix}=-\begin{pmatrix}1\\1\\1\\1\\1\\1\\1\\1\end{pmatrix} \tag{13-26}$$

上述方程组可以直接解出一组确定解，将结果重新排列为 3×3 的矩阵，即可得到所估计的基础矩阵。

在实际应用中，一般会使用 8 组以上的对应点，以构造更多的关系式，减少测量噪声对估计结果带来的影响。当匹配点多于 8 对时，可以采用最小二乘法进行方程组的求解。利用奇异值分解的方法求取其最小二乘解，$\boldsymbol{f}$ 为 $\boldsymbol{A}$ 矩阵最小奇异值对应的右奇异向量，且 $\|\boldsymbol{f}\|=1$，将结果 $\boldsymbol{f}$ 重新排列得到估计的基础矩阵。

需要注意的是，八点算法直接计算的解或者最小二乘解都没有考虑基础矩阵秩为 2 的约束，求出的解通常是秩为 3 的矩阵，不满足基础矩阵的性质。因此，在上述求解基础上，需要增加一个奇异性的约束。假设通过上述方法求出的矩阵记为 $\hat{\boldsymbol{F}}$，最简便的方法就是寻找一个矩阵 $\boldsymbol{F}$，使得其与 $\hat{\boldsymbol{F}}$ 在 Frobenius 范数 $\|\cdot\|_F$ 下最接近，但秩为 2。寻找矩阵 $\boldsymbol{F}$ 的过程对应如下优化过程：

$$\min_{\boldsymbol{F}} \|\boldsymbol{F}-\hat{\boldsymbol{F}}\|_F$$

并满足

$$\det(\boldsymbol{F})=0 \tag{13-27}$$

该优化问题可以通过式(13-28)进行求解：首先，对矩阵 $\hat{\boldsymbol{F}}$ 进行奇异值分解：$\hat{\boldsymbol{F}}=\boldsymbol{UDV}^{\mathrm{T}}$，获得对角矩阵 $\boldsymbol{D}=\mathrm{diag}(s_1,s_2,s_3)$，满足 $s_1\geqslant s_2\geqslant s_3$，然后，将 $\boldsymbol{D}$ 的第 3 个奇异值 s_3 直接赋 0，然后，将赋 0 后的对角矩阵 $\boldsymbol{D}$ 与分解得到的 $\boldsymbol{U}$、$\boldsymbol{V}^{\mathrm{T}}$ 相乘，即获得满足上述优化条件且 Frobenius 范数最小的基础矩阵 $\boldsymbol{F}$：

$$\mathrm{SVD}(\hat{\boldsymbol{F}})=\boldsymbol{U}\begin{pmatrix}s_1&0&0\\0&s_2&0\\0&0&s_3\end{pmatrix}\boldsymbol{V}^{\mathrm{T}}\Rightarrow\boldsymbol{F}=\boldsymbol{U}\begin{pmatrix}s_1&0&0\\0&s_2&0\\0&0&0\end{pmatrix}\boldsymbol{V}^{\mathrm{T}} \tag{13-28}$$

13.3.2　归一化八点法

八点法是计算基础矩阵的最基本方法之一，但在实际应用中，直接使用八点法获得基础矩阵，通常会导致精度较低。主要原因在于系数矩阵 $\boldsymbol{A}$ 中的元素值差异较大，这可能导致奇异值分解过程中出现数值计算问题，从而引入较大的误差。为了解决这个问题，构造 $\boldsymbol{A}$ 矩阵之前，将匹配点坐标先进行归一化，然后再进行八点法计算，最后进行去归一化，以获得最终的基础矩阵。这种方法也称为归一化八点算法。

假设任意一对匹配点 p_i、p_i'，归一化操作就是对每一组匹配点施加平移和缩放的变换，使得变换后的坐标满足两个条件：同一图像上点的重心等于图像坐标系的原点，各个像点到坐标原点的均方根距离等于$\sqrt{2}$(或者均方距离等于 2)，如图 13-7 所示。可以通过变换矩阵 $\boldsymbol{T}$、$\boldsymbol{T}'$来表示归一化过程：

$$\boldsymbol{q}_i=\boldsymbol{T}\boldsymbol{p}_i,\quad \boldsymbol{q}_i'=\boldsymbol{T}'\boldsymbol{p}_i' \tag{13-29}$$

使用归一化后的新坐标构造矩阵 $\boldsymbol{A}$，然后采用前述的八点法计算出新的矩阵 $\boldsymbol{F}_q$。然而矩阵 $\boldsymbol{F}_q$ 是相对于坐标归一化后的图像的基础矩阵，为了能在原先图像中使用，需要对 $\boldsymbol{F}_q$ 进行一次去归一化，得到最终的基础矩阵：

$$\boldsymbol{F}=\boldsymbol{T}^{\mathrm{T}}\boldsymbol{F}_q\boldsymbol{T}' \tag{13-30}$$

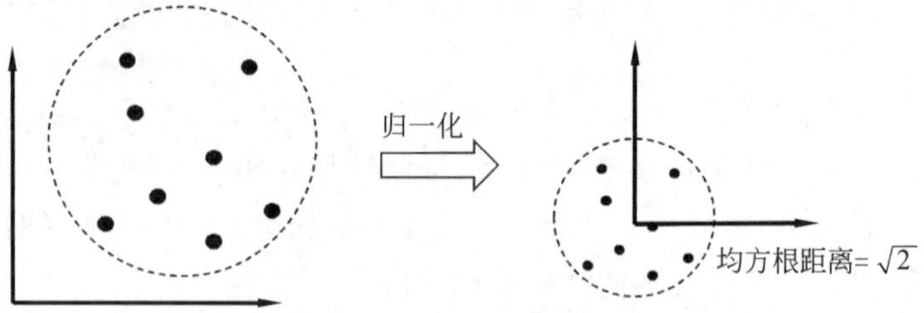

图 13-7　归一化示意图

除了八点法，基础矩阵估计还有其他方法，例如可以最小化投影点与极线之间的均方距离来估计基础矩阵：$\min\limits_{\boldsymbol{F}} \sum\limits_{i=1}^{n}[d^2(\boldsymbol{p}_i, \boldsymbol{F}^{\mathrm{T}}\boldsymbol{p}_i') + d^2(\boldsymbol{p}_i', \boldsymbol{F}\boldsymbol{p}_i)]$，然后采用非线性最小二乘方法高斯-牛顿法或列文伯格-马夸尔特法进行求解，此时，可以使用八点法或归一化八点法的计算结果作为迭代的初始解，提高迭代效率，提升基础矩阵估计的准确性。

13.4　单应矩阵

13.4.1　单应矩阵概念

单应矩阵用于描述空间平面在两个摄像机下的投影几何。

对于 13.3 节中的基础矩阵估计，如果采用的所有匹配点都在同一个平面上，将会产生退化现象，这种情况是无法求得基础矩阵的。可以用单应矩阵来描述这种三维空间中同一平面上的点在两视图上的投影点之间的关系。

如图 13-8 所示，假设第一个摄像机的内参数矩阵为 $\boldsymbol{K}$，第二个摄像机的内参数矩阵为 $\boldsymbol{K}'$，第二个摄像机相对于第一个摄像机的位置为($\boldsymbol{R}$,$\boldsymbol{t}$)。三维空间中的一点 P 在平面 Π^* 上，其在两摄像机上的投影点分别为 p、p'，$\boldsymbol{n}$ 为平面 Π^* 在第一个摄像机坐标系下的单位法向量，d 为坐标原点到平面 Π^* 的距离。

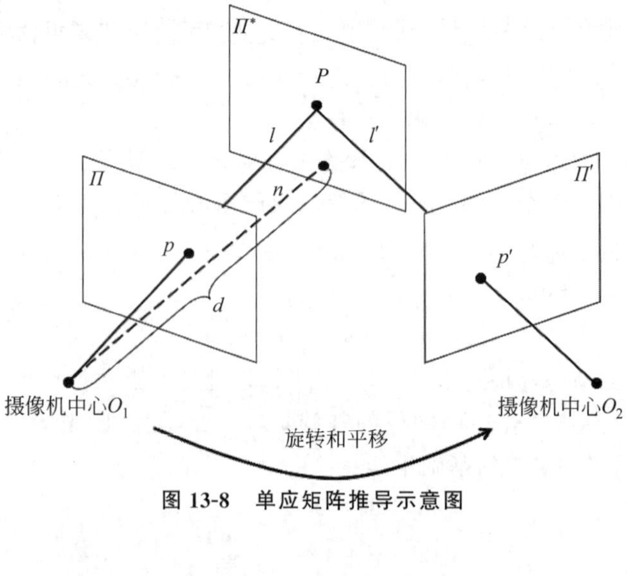

图 13-8　单应矩阵推导示意图

假设三维点 P 对应的欧氏坐标为 $\widetilde{\boldsymbol{P}}$，即 $\boldsymbol{P}=(\widetilde{\boldsymbol{P}}^{\mathrm{T}},1)^{\mathrm{T}}$，$\overrightarrow{O_1P}$ 向量在平面 Π 的法向量方向上的投影长度恒为 d，可以写出平面 Π^* 的方程为

$$\boldsymbol{n}^{\mathrm{T}}\widetilde{\boldsymbol{P}}=d \tag{13-31}$$

已知两摄像机的内参数矩阵，以第一个摄像机坐标系为世界坐标系，可以得到两摄像机的透视投影矩阵：

$$\boldsymbol{M}=\boldsymbol{K}(\boldsymbol{I}\quad \boldsymbol{0}) \tag{13-32}$$

$$\boldsymbol{M}'=\boldsymbol{K}'(\boldsymbol{R}\quad \boldsymbol{t}) \tag{13-33}$$

于是三维点 P 与两投影点之间的关系为

$$\boldsymbol{p}=\boldsymbol{M}\begin{pmatrix}\widetilde{\boldsymbol{P}}\\1\end{pmatrix}=\boldsymbol{K}\widetilde{\boldsymbol{P}} \tag{13-34}$$

$$\boldsymbol{p}'=\boldsymbol{M}'\begin{pmatrix}\widetilde{\boldsymbol{P}}\\1\end{pmatrix}=\boldsymbol{K}'(\boldsymbol{R}\quad \boldsymbol{t})\begin{pmatrix}\widetilde{\boldsymbol{P}}\\1\end{pmatrix}=\boldsymbol{K}'(\boldsymbol{R}\widetilde{\boldsymbol{P}}+\boldsymbol{t}) \tag{13-35}$$

对于平面 Π^* 的方程 $\boldsymbol{n}^{\mathrm{T}}\widetilde{\boldsymbol{P}}=d$，两边同时除以 d，得到 $\dfrac{\boldsymbol{n}^{\mathrm{T}}\widetilde{\boldsymbol{P}}}{d}=1$，令 $\boldsymbol{n}_d^{\mathrm{T}}=\dfrac{\boldsymbol{n}^{\mathrm{T}}}{d}$，将等式左边与等式 $\boldsymbol{p}'=\boldsymbol{K}'(\boldsymbol{R}\widetilde{\boldsymbol{P}}+\boldsymbol{t})$ 中的 $\boldsymbol{t}$ 相乘，得到

$$\boldsymbol{p}'=\boldsymbol{K}'(\boldsymbol{R}\widetilde{\boldsymbol{P}}+\boldsymbol{t}\boldsymbol{n}_d^{\mathrm{T}}\widetilde{\boldsymbol{P}}) \tag{13-36}$$

提出 $\widetilde{\boldsymbol{P}}$，得到

$$\boldsymbol{p}'=\boldsymbol{K}'(\boldsymbol{R}+\boldsymbol{t}\boldsymbol{n}_d^{\mathrm{T}})\widetilde{\boldsymbol{P}}=\boldsymbol{K}'(\boldsymbol{R}+\boldsymbol{t}\boldsymbol{n}_d^{\mathrm{T}})\boldsymbol{K}^{-1}\boldsymbol{p} \tag{13-37}$$

单应矩阵 $\boldsymbol{H}=\boldsymbol{K}'(\boldsymbol{R}+\boldsymbol{t}\boldsymbol{n}_d^{\mathrm{T}})\boldsymbol{K}^{-1}$，于是便得到了两投影点 p 和 p' 之间的关系：

$$\boldsymbol{p}'=\boldsymbol{H}\boldsymbol{p} \tag{13-38}$$

若已知三维点在同一平面上，就可以通过单应矩阵建立投影点之间的坐标关系。

13.4.2　单应矩阵估计

根据单应矩阵可以建立两投影点的坐标关系。同样地，已知多组匹配点的坐标信息，也可以估算出单应矩阵。将关系式 $\boldsymbol{p}'=\boldsymbol{H}\boldsymbol{p}$ 写成如下形式：

$$\begin{pmatrix}x'\\y'\\w'\end{pmatrix}=\begin{pmatrix}h_1 & h_2 & h_3\\h_4 & h_5 & h_6\\h_7 & h_8 & h_9\end{pmatrix}\begin{pmatrix}x\\y\\w\end{pmatrix} \tag{13-39}$$

对于每个点，可以列出下面两个方程：

$$u'=\frac{x'}{w'}=\frac{h_1x+h_2y+h_3w}{h_7x+h_8y+h_9w} \tag{13-40}$$

$$v'=\frac{y'}{w'}=\frac{h_4x+h_5y+h_6w}{h_7x+h_8y+h_9w} \tag{13-41}$$

为不失一般性，令 $w=1$，继续简化上面两个方程，得到

$$u'(h_7u+h_8v+h_9)=h_1u+h_2v+h_3 \tag{13-42}$$

$$v'(h_7u+h_8v+h_9)=h_4u+h_5v+h_6 \tag{13-43}$$

将其写成矩阵相乘的形式：

$$\begin{pmatrix} -u_1 & -v_1 & -1 & 0 & 0 & 0 & u_1u_1' & v_1u_1' & u_1' \\ 0 & 0 & 0 & -u_1 & -v_1 & -1 & u_1v_1' & v_1v_1' & v_1' \\ -u_2 & -v_2 & -1 & 0 & 0 & 0 & u_2u_2' & v_2u_2' & u_2' \\ 0 & 0 & 0 & -u_2 & -v_2 & -1 & u_2v_2' & v_2v_2' & v_2' \\ & \vdots & & & \vdots & & & \vdots & \end{pmatrix}\begin{pmatrix} h_1 \\ h_2 \\ h_3 \\ h_4 \\ h_5 \\ h_6 \\ h_7 \\ h_8 \\ h_9 \end{pmatrix}=\mathbf{0} \tag{13-44}$$

将式(13-44)记为 $\boldsymbol{Ah}=\mathbf{0}$,因为单应矩阵有 8 个自由度,所以至少需要 4 组对应点的坐标信息,在实际估计中会选多于 4 组的对应点来增强估算的鲁棒性。设定单应矩阵仍然有 $\|\boldsymbol{H}\|=1$ 的约束,即进行如下优化:

$$\min_{\boldsymbol{h}}\|\boldsymbol{Ah}\|$$

并满足

$$\|\boldsymbol{h}\|=1 \tag{13-45}$$

此时,可以采用奇异值分解法进行求解,$\boldsymbol{A}$ 矩阵最小奇异值的右奇异向量就是所要求解的 $\boldsymbol{h}$。最后,将 $\boldsymbol{h}$ 中的元素重新排列后即可得到单应矩阵。

最后总结一下基础矩阵和单应矩阵之间的区别。首先,从场景结构的角度来看,基础矩阵用于描述两个视图之间的对极约束,它与具体场景结构无关,仅依赖于相机的内部和外部参数,以及相机之间的旋转和平移。而单应矩阵则更适用场景中的点都位于同一个平面上,或者两个相机之间只存在旋转而没有平移的情况。其次,在约束关系方面,基础矩阵建立点和极线的对应关系,而单应矩阵建立点和点的对应。

小　　结

本章详细阐述了多视图重建的一个基本思想——三角化的概念与方法,由此引出了不同视角下同一个物体在两张图像上应满足的关系,并进行了数学描述以及相关的数学推导。

习　　题

(1) 在两个摄像机只有平移关系的情况下推导出一种三角化方法。

(2) 证明本质矩阵的一个奇异值为 0,另外两个奇异值相等。

提示:$\boldsymbol{E}$ 的奇异值是 $\boldsymbol{EE}^{\mathrm{T}}$ 的特征值。

(3) 证明本质矩阵和基础矩阵的秩都为 2。

(4) 对于三维空间中的某一点,假设两摄像机的主轴相交于该点,且像素平面坐标原点与主点重合,证明此时基础矩阵中的元素 $\boldsymbol{F}_{33}$ 为零。

(5) 假设一个摄像机拍摄一个物体及其在平面镜中的反射,分别得到两幅图像,证明该两幅图像等价于该物体的两个视图,并且基础矩阵是斜对称的。

(6) 写出归一化变换矩阵 $\boldsymbol{T}$ 的参数表达形式,并推导基础矩阵的去归一化公式(式 13-30)。

第 14 章　双目立体视觉

单目视觉仅依赖一台摄像机获取场景信息，在某些场景下可能面临深度感知上的挑战。与之相比，双目视觉是一种利用两个摄像机或视觉传感器的技术，这两个摄像机通常模拟人类的双眼，通过从不同位置拍摄的图像之间的视差（位移差异）来计算物体的深度和三维形状。本章将深入研究双目立体视觉技术，这是在移动机器人感知环境中非常有效的方法，广泛用于机器人导航、地图制作、侦察任务和摄影测量等领域。

14.1　基于平行视图的双目立体视觉

14.1.1　平行视图的基础矩阵与极几何

双目立体视觉系统通常采用两个平行摄像机，如图 14-1(a)所示，用于同时捕获三维场景的图像，形成平行视图。然后，利用视差原理计算图像中物体的深度信息，从而实现三维重建。这一过程类似人眼系统的工作原理。人眼也是一种双目立体视觉系统，人类的大脑通过同时使用两只眼睛捕获周围环境的图像，然后依靠这些图像之间的视差来还原周围环境的三维结构。

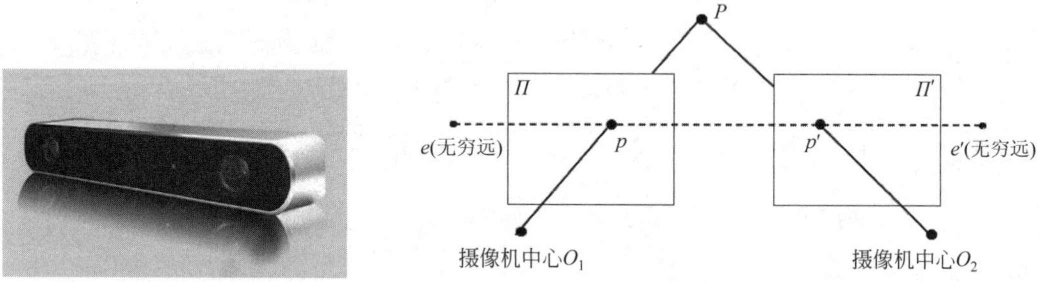

(a) 双目摄像机　　(b) 平行视图极几何关系

图 14-1　双目立体视觉设备与平行视图

平行视图系统是一种特殊的双目视觉系统，其特点在于左、右两个视图的图像平面是平行的，如图 14-1(b)所示。此外，两个摄像机的光心之间的连线（基线）也是平行于图像平面的。同时，左、右两个视图的极点均位于无穷远处，因此所有的极线都与图像坐标系的横轴平行。

1. 平行视图的基础矩阵

13.2.2 节推导了基础矩阵的表达式 $\boldsymbol{F}=\boldsymbol{K}'^{-\mathrm{T}}[\boldsymbol{t}_{\times}]\boldsymbol{R}\boldsymbol{K}^{-1}$。在平行视图中，需要推导一种

新的基础矩阵的表示形式。

首先，介绍一个关于叉乘的性质。对于任何向量 $\boldsymbol{a}$，如果矩阵 $\boldsymbol{B}$ 可逆，则在相差一个尺度的情况下，有如下等式：

$$[\boldsymbol{a}_\times]\boldsymbol{B}=\boldsymbol{B}^{-\mathrm{T}}[(\boldsymbol{B}^{-1}\boldsymbol{a})_\times] \tag{14-1}$$

接下来，令 $\boldsymbol{a}=\boldsymbol{t}$，$\boldsymbol{B}=\boldsymbol{K}'^{-1}$，式(14-1)可写为

$$[\boldsymbol{t}_\times]\boldsymbol{K}'^{-1}=\boldsymbol{K}'^{\mathrm{T}}[(\boldsymbol{K}'\boldsymbol{t})_\times] \tag{14-2}$$

然后，在等式两边同时乘以 $\boldsymbol{K}'$，可得

$$[\boldsymbol{t}_\times]=\boldsymbol{K}'^{\mathrm{T}}[(\boldsymbol{K}'\boldsymbol{t})_\times]\boldsymbol{K}' \tag{14-3}$$

更进一步，将式(14-3)代入基础矩阵 $\boldsymbol{F}$ 的表达式，并进行化简：

$$\boldsymbol{F}=\boldsymbol{K}'^{-\mathrm{T}}[\boldsymbol{t}_\times]\boldsymbol{R}\boldsymbol{K}^{-1}=\boldsymbol{K}'^{-\mathrm{T}}\boldsymbol{K}'^{\mathrm{T}}[(\boldsymbol{K}'\boldsymbol{t})_\times]\boldsymbol{K}'\boldsymbol{R}\boldsymbol{K}^{-1}=[(\boldsymbol{K}'\boldsymbol{t})_\times]\boldsymbol{K}'\boldsymbol{R}\boldsymbol{K}^{-1} \tag{14-4}$$

最后，仍然以(O_1)坐标系为世界坐标系，则极点 e'可以看成三维空间中的点 O_1 在 O_2 摄像机平面上的投影。显然，O_1 的齐次坐标为$(0\ 0\ 0\ 1)^{\mathrm{T}}$，所以极点 e'的计算公式为

$$\boldsymbol{e}'=\boldsymbol{K}'(\boldsymbol{R}\quad \boldsymbol{t})\begin{pmatrix}0\\0\\0\\1\end{pmatrix}=\boldsymbol{K}'\boldsymbol{t} \tag{14-5}$$

用 $\boldsymbol{e}'$替换上面基础矩阵表达式中的 $\boldsymbol{K}'\boldsymbol{t}$，得到

$$\boldsymbol{F}=[\boldsymbol{e}'_\times]\boldsymbol{K}'\boldsymbol{R}\boldsymbol{K}^{-1} \tag{14-6}$$

以上便是基础矩阵 $\boldsymbol{F}$ 的另一种表达形式。它反映了摄像机的内参数矩阵、两摄像机间的旋转以及极点的坐标与基础矩阵之间的关系。

在平行视图的情况下，两摄像机之间不存在旋转关系，只有图像坐标系横轴方向上的平移，所以旋转矩阵 $\boldsymbol{R}$ 和平移向量 $\boldsymbol{t}$ 可以写成下面的形式：

$$\boldsymbol{R}=\boldsymbol{I},\quad \boldsymbol{t}=\begin{pmatrix}t_x\\0\\0\end{pmatrix} \tag{14-7}$$

在平行视图系统中，一般都会选择两个一样的摄像机，所以可以认为两摄像机的内参数相同，即 $\boldsymbol{K}=\boldsymbol{K}'$。

极点位于无穷远点，$\boldsymbol{e}'$可以写成

$$\boldsymbol{e}'=\begin{pmatrix}1\\0\\0\end{pmatrix} \tag{14-8}$$

将式(14-7)和式(14-8)代入基础矩阵新的表达式(14-6)中，可以得到平行视图的基础矩阵

$$\boldsymbol{F}=[\boldsymbol{e}'_\times]\boldsymbol{K}'\boldsymbol{R}\boldsymbol{K}^{-1}=[\boldsymbol{e}'_\times]=\begin{pmatrix}0&0&0\\0&0&-1\\0&1&0\end{pmatrix} \tag{14-9}$$

2. 平行视图的极几何性质

由基础矩阵的性质可知，当已知 p'坐标和基础矩阵 $\boldsymbol{F}$ 时，可以求出对应点 p 所在的极

线，计算公式为 $\boldsymbol{l}=\boldsymbol{F}^{\mathrm{T}}\boldsymbol{p}'$。假设 p' 点的齐次坐标为 $(p'_u, p'_v, 1)^{\mathrm{T}}$，在平行视图的情况下，$p'$ 的极线 l 为

$$\boldsymbol{l}=\boldsymbol{F}^{\mathrm{T}}\boldsymbol{p}'=\begin{pmatrix}0 & 0 & 0\\ 0 & 0 & 1\\ 0 & -1 & 0\end{pmatrix}\begin{pmatrix}p'_u\\ p'_v\\ 1\end{pmatrix}=\begin{pmatrix}0\\ 1\\ -p'_v\end{pmatrix} \tag{14-10}$$

由此可以得到结论：极线是水平的，平行于图像坐标系的 u 轴。两对应点 p 和 p' 坐标间存在对极约束 $\boldsymbol{p}'^{\mathrm{T}}\boldsymbol{F}\boldsymbol{p}=0$，将平行视图的基础矩阵代入可得

$$\boldsymbol{p}'^{\mathrm{T}}\boldsymbol{F}\boldsymbol{p}=0\Rightarrow(p_u \quad p_v \quad 1)\begin{pmatrix}0 & 0 & 0\\ 0 & 0 & -1\\ 0 & 1 & 0\end{pmatrix}\begin{pmatrix}p'_u\\ p'_v\\ 1\end{pmatrix}=0\Rightarrow p_v=p'_v \tag{14-11}$$

式(14-11)表明，视图间的对应点 p 和 p' 具有相同的 v 坐标。换句话说，在平行视图系统中，对应点 p 和 p' 在同一条直线上，这条直线也称为扫描线。这意味着，如果已知 p 点坐标，只需沿着 p 点所在的扫描线寻找其对应点 p' 即可，而无须计算极线。这将极大地简化对应点的搜索过程，同时也提升了整个场景的三角化效率。

14.1.2 平行视图的三角测量与视差

视差是指在两个不同位置观察同一个物体时，该物体在不同视野中的位置变化与差异。在平行视图系统中，同一个三维点在左、右视图的投影点的纵坐标是相同的，差异主要体现在横坐标上。而这两个投影点的横坐标之间的差异称为视差。接下来分析视差与场景深度之间的关系。

由于平行视图中对应点的纵坐标相同，因此可以采用俯视图分析。在俯视的情况下，每个摄像机的成像平面都变成了一条线段，如图 14-2 所示。

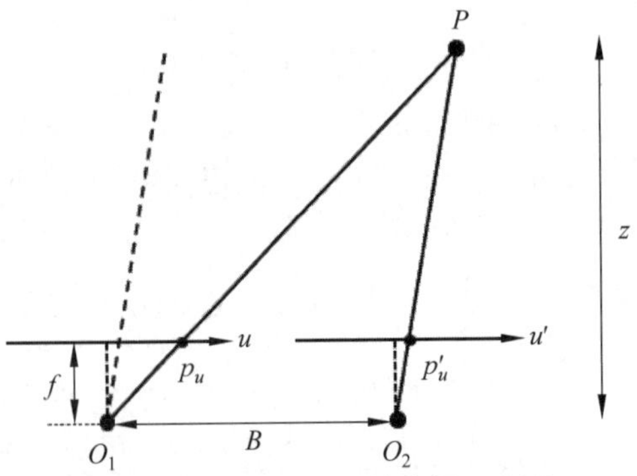

图 14-2 平行视图系统俯视示意图

令 p_u、p'_u 分别表示三维点 P 在两视图上的投影点的横坐标，O_1、O_2 分别是两摄像机的中心，它们之间的距离为 B，f 为摄像机的焦距。假设物体的深度为 z，根据相似三角形定理可得，两投影点的横坐标之差与摄像机焦距的比值等于两摄像机中心距离与物体深度的比值，即

$$\frac{p_u-p'_u}{f}=\frac{B}{z} \tag{14-12}$$

于是得到物体深度的计算公式：

$$z=\frac{B\cdot f}{p_u-p'_u} \tag{14-13}$$

从式(14-13)可以看出，只要知道摄像机的焦距、基线长度和对应点横坐标的像素差(视差)，便能求出对应三维点的深度。还可以看出，在给定 B 和 f 的情况下，视差 $p_u-p'_u$ 与深度 z 成反比。

实际上，视差与场景深度的这一关系在许多场合都有广泛的应用。例如，天文学家使用视差来测量天体距离地球的距离，包括月球、太阳以及太阳系之外的恒星。3D 电影也利用了视差与深度之间的关系来优化观影效果。放映 3D 电影时，同时在屏幕上叠加显示左、右两幅图像。如果用裸眼观看屏幕，就会看到图像重叠在一起，如图 14-3(a)所示。然而，当人们戴上 3D 偏光眼镜时，如图 14-3(b)所示，它可以分离混叠在一起的左、右视图，让左眼和右眼分别看到不同的图像。接着，大脑可以根据这两幅图像之间的视差自动还原场景的深度信息，从而产生 3D 的感觉，如图 14-3(c)所示。在屏幕上，视差越大的物体，给人们的感觉是离自己越近，反之亦然。因此，利用视差原理以及 3D 偏光眼镜，能够从平面图像中感受到场景的深度信息。

(a) 裸眼观看3D电影效果　(b) 佩戴3D偏光眼镜　(c) 3D观看效果

图 14-3　视差应用场景：3D 电影

14.2　图像校正

平行视图的极几何性质确实使得对应点搜索和三角化变得相对简单。然而，在现实中，构建理想的平行视图系统是相当困难的。因此，需要对双目系统捕获的两幅图像进行校正，通过对它们进行矩阵变换，将它们重新投影到同一个平面，并保证它们的光轴互相平行。这样，就可以得到等效的平行视图，如图 14-4 所示。这一校正过程对于后续的立体视觉处理是至关重要的。

一般情况下，两幅图像对应的摄像机内参数以及它们之间的变换矩阵通常是未知的，因此需要先估计基础矩阵。假设在两幅图像中找到了足够多的匹配点 $p_i, p'_i(i\geqslant 8)$；此时，通过归一化八点法可以估计基础矩阵 $\boldsymbol{F}$；然后，根据基础矩阵的性质计算出每组匹配点 p_i、p'_i 对应的极线 l_i、l'_i：

$$\begin{cases}\boldsymbol{l}_i=\boldsymbol{F}^{\mathrm{T}}\boldsymbol{p}'_i\\ \boldsymbol{l}'_i=\boldsymbol{F}\boldsymbol{p}_i\end{cases} \tag{14-14}$$

同一视图中的所有极线都会经过该视图中的极点，所以，根据极线的交点就可以计算出

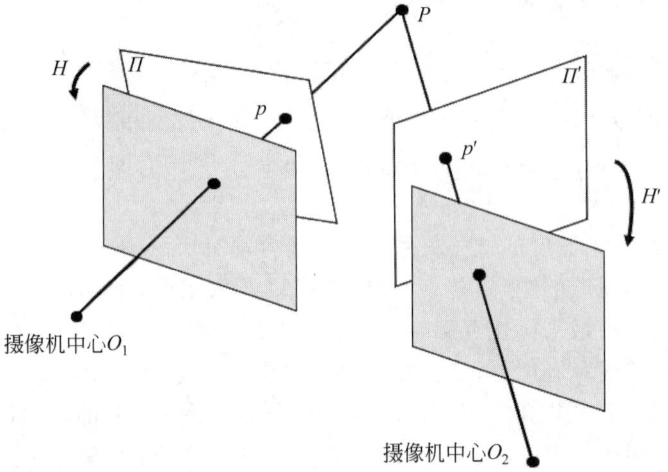

图 14-4　平行视图校正

极点 e、e'。在实际情况中，由于测量噪声的存在，算出的极线可能不会相交在同一个点上，因此，采用最小化极点与极线之间的最小二乘误差来拟合出极点。因极点在极线上，可以得到下面的公式：

$$\begin{pmatrix} \boldsymbol{l}_1^{\mathrm{T}} \\ \vdots \\ \boldsymbol{l}_n^{\mathrm{T}} \end{pmatrix} \boldsymbol{e}=0, \quad \begin{pmatrix} \boldsymbol{l'}_1^{\mathrm{T}} \\ \vdots \\ \boldsymbol{l'}_n^{\mathrm{T}} \end{pmatrix} \boldsymbol{e}'=0 \tag{14-15}$$

对于这两个超定的齐次线性方程组，采用奇异值分解的方法得到其最小二乘解，从而估计出极点 e 和 e'。

由平行视图的性质可知，当两幅图像为平行视图时，两个极点在水平方向上是无穷远点，反之同样成立。因此，可以通过寻找一组单应性矩阵 $\boldsymbol{H}$、$\boldsymbol{H}'$ 来将极点 e、e' 分别映射到无穷远处，实现平行视图的校正。

先对极点 e' 进行处理，即寻找 $\boldsymbol{H}'$，将 e' 映射到无穷远点$(f,0,0)$。首先，将第二幅图像的中心移动到$(0,0,1)$，即以图像中心作为图像坐标系的原点，该变换可以通过乘以一个平移矩阵 $\boldsymbol{T}$ 来实现：

$$\boldsymbol{T}=\begin{pmatrix} 1 & 0 & -\dfrac{\text{width}}{2} \\ 0 & 1 & -\dfrac{\text{height}}{2} \\ 0 & 0 & 1 \end{pmatrix} \tag{14-16}$$

通过平移，可以得到新的 e' 的齐次坐标，记为$(e'_1,e'_2,1)$。然后，再应用旋转操作将极点变换到水平轴上的某个点$(f,0,1)$，这里旋转矩阵 $\boldsymbol{R}$ 设置为

$$\boldsymbol{R}=\begin{pmatrix} \alpha \dfrac{e'_1}{\sqrt{e'^2_1+e'^2_2}} & \alpha \dfrac{e'_2}{\sqrt{e'^2_1+e'^2_2}} & 0 \\ -\alpha \dfrac{e'_2}{\sqrt{e'^2_1+e'^2_2}} & \alpha \dfrac{e'_1}{\sqrt{e'^2_1+e'^2_2}} & 0 \\ 0 & 0 & 1 \end{pmatrix} \tag{14-17}$$

其中，当 $e_1'>0$ 时，$\alpha=1$；反之 $\alpha=-1$。

最后，构建一个矩阵 $\boldsymbol{G}$，将 $(f,0,1)$ 映射到无穷远点 $(f,0,0)$：

$$\boldsymbol{G}=\begin{pmatrix}1 & 0 & 0\\ 0 & 1 & 0\\ -\dfrac{1}{f} & 0 & 1\end{pmatrix} \tag{14-18}$$

由于变换过程中进行了图像平移的操作，所以，最后需要将坐标系转化为原来的图像坐标系，即再经过一个 $\boldsymbol{T}^{-1}$ 的变换。因此，综合整个映射操作，单应性矩阵 $\boldsymbol{H}'$ 可定义为

$$\boldsymbol{H}'=\boldsymbol{T}^{-1}\boldsymbol{GRT} \tag{14-19}$$

最终，通过矩阵 $\boldsymbol{H}'$ 就可以直接将极点 e' 映射到无穷远点。将 $\boldsymbol{H}'$ 作用于第二幅图像，就完成了该图像的校正。

接下来，继续为第一幅图像寻找其对应的单应性矩阵 $\boldsymbol{H}$。一旦求出了 $\boldsymbol{H}'$，就可以直接通过最小化校正后的图像匹配点之间的距离来估计出矩阵 $\boldsymbol{H}$：

$$\boldsymbol{H}=\arg\min_{\boldsymbol{H}}\sum_i d(\boldsymbol{Hp}_i,\boldsymbol{H}'\boldsymbol{p}_i') \tag{14-20}$$

其中距离定义为

$$d(\boldsymbol{Hp}_i,\boldsymbol{H}'\boldsymbol{p}_i')=\|\boldsymbol{Hp}_i-\boldsymbol{H}'\boldsymbol{p}_i'\|^2 \tag{14-21}$$

这里省略了 $\boldsymbol{H}$ 的推导过程，只给出一些结论性的结果。可以证明 $\boldsymbol{H}$ 矩阵具有如下形式：

$$\boldsymbol{H}=\boldsymbol{H}_A\boldsymbol{H}'\boldsymbol{M} \tag{14-22}$$

其中

$$\boldsymbol{H}_A=\begin{pmatrix}a_1 & a_2 & a_3\\ 0 & 1 & 0\\ 0 & 0 & 1\end{pmatrix}$$

元素 a_1、a_2、a_3 组成某个向量 $\boldsymbol{a}$，后面将对该向量进行计算。

首先，需要求出 $\boldsymbol{M}$，对于任意的 3×3 反对称矩阵 $\boldsymbol{A}$，在不考虑尺度的情况下，有 $\boldsymbol{A}=\boldsymbol{A}^3$ 成立。因为矩阵 $[\boldsymbol{e}]_\times$ 是反对称的，并且基础矩阵 $\boldsymbol{F}$ 的尺度是未知的，所以有

$$\boldsymbol{F}=[\boldsymbol{e}]_\times\boldsymbol{M}=[\boldsymbol{e}]_\times[\boldsymbol{e}]_\times[\boldsymbol{e}]_\times\boldsymbol{M}=[\boldsymbol{e}]_\times[\boldsymbol{e}]_\times\boldsymbol{F} \tag{14-23}$$

可以发现 $\boldsymbol{M}=[\boldsymbol{e}]_\times\boldsymbol{F}$。注意到，如果 $\boldsymbol{M}$ 的列由 $\boldsymbol{e}$ 的任意倍数得到，那么，在不考虑尺度的情况下，$\boldsymbol{F}=[\boldsymbol{e}]_\times\boldsymbol{M}$ 仍然成立，因此矩阵 $\boldsymbol{M}$ 一般定义为

$$\boldsymbol{M}=[\boldsymbol{e}]_\times\boldsymbol{F}+\boldsymbol{ev}^{\mathrm{T}} \tag{14-24}$$

其中，向量 $\boldsymbol{v}$ 一般设置为 $\boldsymbol{v}^{\mathrm{T}}=[1\quad 1\quad 1]$。

为了求解矩阵 $\boldsymbol{H}$，需要计算向量 $\boldsymbol{a}$。因为已经知道了 $\boldsymbol{H}'$ 和 $\boldsymbol{M}$ 的值，将它们代入上面需要最小化的公式，得到

$$\arg\min_{\boldsymbol{H}_A}\sum_i\|\boldsymbol{H}_A\boldsymbol{H}'\boldsymbol{Mp}_i-\boldsymbol{H}'\boldsymbol{p}_i'\|^2 \tag{14-25}$$

令 $\hat{\boldsymbol{p}}_i=\boldsymbol{H}'\boldsymbol{Mp}_i$，$\hat{\boldsymbol{p}}_i'=\boldsymbol{H}'\boldsymbol{p}_i'$，假设 $\hat{\boldsymbol{p}}_i$ 的齐次坐标为 $(\hat{x}_i,\hat{y}_i,1)$，$\hat{\boldsymbol{p}}_i'$ 的齐次坐标为 $(\hat{x}_i',\hat{y}_i',1)$，上述最小化问题可以写为

$$\arg\min_{\boldsymbol{a}}\sum_i(a_1\hat{x}_i+a_2\hat{y}_i+a_3-\hat{x}_i')^2+(\hat{y}_i-\hat{y}_i')^2 \tag{14-26}$$

由于 $\hat{y}_i - \hat{y}'_i$ 是一个与式(14-26)最小化无关的常数值，最小化问题可以进一步简化为

$$\arg\min_{a} \sum_{i} (a_1 \hat{x}_i + a_2 \hat{y}_i + a_3 - \hat{x}'_i)^2 \tag{14-27}$$

最终，这个问题便转化成了一个线性最小二乘问题 $\boldsymbol{Wa}=\boldsymbol{b}$，其中

$$\boldsymbol{W}=\begin{pmatrix} \hat{x}_1 & \hat{y}_1 & 1 \\ \vdots & \vdots & \vdots \\ \hat{x}_n & \hat{y}_n & 1 \end{pmatrix}, \quad \boldsymbol{b}=\begin{pmatrix} \hat{x}'_1 \\ \vdots \\ \hat{x}'_n \end{pmatrix}$$

计算出 $\boldsymbol{a}$ 之后，可以计算出 $\boldsymbol{H}_A$，最后得到 $\boldsymbol{H}$。分别用矩阵 $\boldsymbol{H}$ 和 $\boldsymbol{H}'$ 对左右两幅图像进行重采样，即可将原视图转化为平行视图。

14.3 对应点搜索

14.3.1 相关匹配算法

计算深度需要考虑视差、基线长度和焦距这三个因素。基线长度和焦距通常由摄像机本身的特性决定，因此这两个参数通常是已知的。然而，视差的计算是一个较为复杂的问题。在实际应用中，通常不知道左右视图中哪两个点是对应的，因此需要解决对应点匹配的问题，也称为双目融合问题。具体来说，就是在给定一个 3D 点的情况下，需要在左右图像中找到相应的观测值。

正如前面讨论的，处理倾斜的图像平面时，可以利用极几何的约束关系将搜索范围限制在对应的极线上。经过图像校正后，得到了两个平行的视图，因此极线现在是水平的。在这种情况下，只需要沿着水平扫描线寻找对应点，就大大降低了搜索的难度。因此，对应点搜索问题就变成了在同一纵坐标下寻找匹配点的问题。这里介绍一种相关匹配算法，它通过比较像素点的灰度分布来寻找最佳匹配点，被认为是解决双目融合问题中最有效的方法之一。

如图 14-5 所示，已知一组双目平行视图，对于(a)图中的一点 p，其坐标为(p_u, p_v)，目标是寻找其在(b)图中的对应点 p'。根据平行视图的极几何性质，无须对(b)图所有像素进行搜索，而只需在(b)图纵坐标为 p_v 的一条水平线上查找即可。首先，以 p 点为中心选择一个 3×3 大小的窗口，提取窗口中的像素值，组成一个 3×3 大小的矩阵 $\boldsymbol{W}$，将矩阵 $\boldsymbol{W}$ 重新排列，得到一个表示 p 点特征的列向量 $\boldsymbol{w}$：

$$\boldsymbol{W}=\begin{pmatrix} w_{11} & w_{12} & w_{13} \\ w_{21} & w_{22} & w_{23} \\ w_{31} & w_{32} & w_{33} \end{pmatrix} \Rightarrow \boldsymbol{w}=(w_{11} \quad w_{12} \quad w_{13} \quad w_{21} \quad w_{22} \quad w_{23} \quad w_{31} \quad w_{32} \quad w_{33})^{\mathrm{T}}$$

在(b)图中，对于纵坐标为 p_v 的所有点进行上面的操作。假设其中一点为(s'_u, p_v)，以它为中心提取 3×3 窗口中的像素值构建矩阵，然后对矩阵中的元素重新排列，得到其对应的列向量 $\boldsymbol{w}'$，只需比较列向量 $\boldsymbol{w}$ 与 $\boldsymbol{w}'$ 之间的相似程度，从而在(b)图中找到与 p 点的最佳匹配点。这里将相关匹配度定义为

$$C=\boldsymbol{w}^{\mathrm{T}}\boldsymbol{w}' \tag{14-28}$$

计算所有(s'_u, p_v)处点对应的 $\boldsymbol{w}'$，找出使匹配度 C 最大时的列向量 $\boldsymbol{w}'$，其所在位置的点

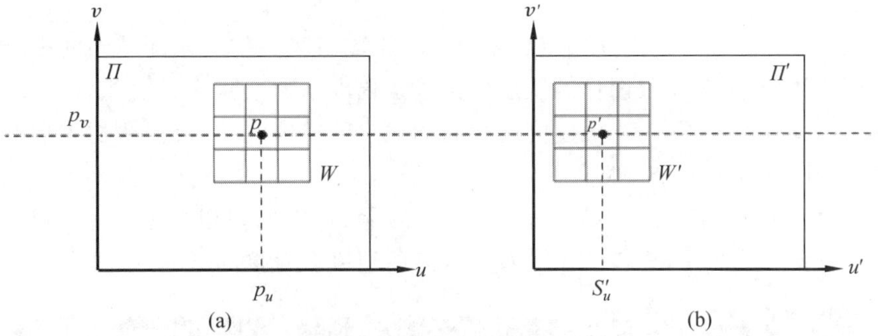

图 14-5　相关匹配示意图

即为所要寻找的匹配点。这一过程写成数学表达式如下：

$$p_u' = \arg\max_{s_u'} \boldsymbol{w}^{\mathrm{T}}\boldsymbol{w}' \tag{14-29}$$

简单来说，相关匹配算法有如下 4 个步骤。

① $\boldsymbol{p}=(p_u, p_v)$处选择一个 3×3 大小的窗口 W，将其展开成 9×1 的向量 $\boldsymbol{w}$。

② 在(b)图中沿扫描线在每个位置 s_u'处建立 3×3 窗口 W'，展开成 9×1 的 $\boldsymbol{w}'$向量。

③ 计算每个 s_u'位置处 $\boldsymbol{w}^{\mathrm{T}}\boldsymbol{w}'$的值。

④ 确定对应点的位置 $p_u' = \arg\max_{s_u'} \boldsymbol{w}^{\mathrm{T}}\boldsymbol{w}'$。

然而，在实际应用中，由于光照的影响(图 14-6)，可能会导致对应点匹配失败。这通常是由于两幅图像对应的摄像机曝光条件不同造成的。两幅图像的亮度差异越大，相关匹配度就会越低。所以，为了消除光照的影响，需要对基础的相关匹配算法进行改进。一种简单而高效的做法是在计算相关性之前对图像窗口内的灰度值进行归一化操作，以抑制光照变化带来的影响，这就是归一化相关匹配算法。

(a) 低曝光条件　　(b) 高曝光条件

图 14-6　不同曝光条件示意图

在归一化相关匹配过程中，对应点的匹配度计算采用如下公式：

$$C = \frac{(\boldsymbol{w} - \bar{\boldsymbol{w}})^{\mathrm{T}}(\boldsymbol{w}' - \bar{\boldsymbol{w}}')}{\| \boldsymbol{w} - \bar{\boldsymbol{w}} \| \, \| \boldsymbol{w}' - \bar{\boldsymbol{w}}' \|} \tag{14-30}$$

其中，$\bar{\boldsymbol{w}}$ 为 W 内的像素均值，$\bar{\boldsymbol{w}}'$为 W'内的像素均值。可以证明，最大化匹配度等同于最小化向量$\frac{(\boldsymbol{w}-\bar{\boldsymbol{w}})}{\| \boldsymbol{w}-\bar{\boldsymbol{w}} \|}$和向量$\frac{(\boldsymbol{w}'-\bar{\boldsymbol{w}}')}{\| \boldsymbol{w}'-\bar{\boldsymbol{w}}' \|}$之差的模值，也等效于最小化归一化后窗口对应像素值

之间的均方误差。

归一化相关匹配方法可以在一定程度上减小不同曝光条件对匹配结果的影响。通常情况下，曝光强度的变化会导致图像的灰度值按一定幅度增加或减小。因此，在归一化相关匹配中，去均值操作可以消除曝光强度变化引起的像素值整体波动，仅保留物体自身的结构信息。这有助于提高匹配的准确性。

在前面的例子中，窗口尺寸设定为 3×3。在实际应用中，可以根据实际情况设置不同的窗口大小。需要注意的是，窗口的尺寸对于最终的结果有直接的影响，如图 14-7 所示。

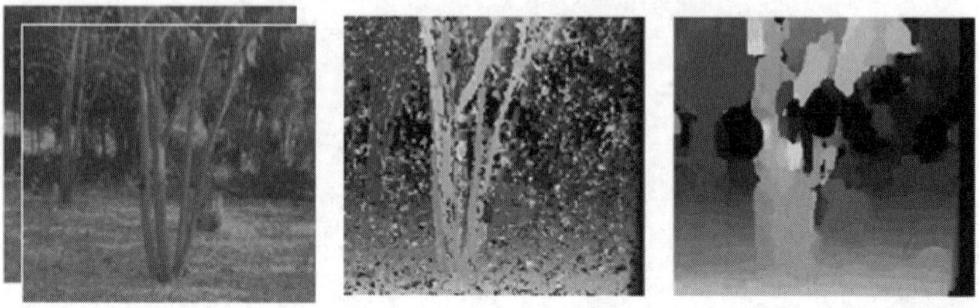

(a) 原图　(b) 窗口大小为3　(c) 窗口大小为20

图 14-7　不同窗口大小的影响结果

当窗口较小时，容易产生误匹配，视差图结果细节丰富，但含有较多噪声。当窗口较大时，视差图结果更平滑，噪声更少，但只有物体大致轮廓信息被保留，物体的一些细节信息丢失。

14.3.2　相关法存在的问题

相关方法虽然简单而有效，但在许多情况下也会出现匹配失败的情况，尤其是在面对透视缩短和遮挡等情况时。透视缩短指的是，当从侧面拍摄时，与从正面拍摄相比，物体在图像中的成像会发生明显的压缩，从而导致信息损失较大。另一方面，在实际应用中，经常会遇到部分遮挡的情况，即物体只能在特定角度或位置下才能被观察到，而在其他视角下会被遮挡。在这两种情况下，左右视图中对应点的周围信息会出现显著差异，这很容易导致匹配失败，如图 14-8 所示。

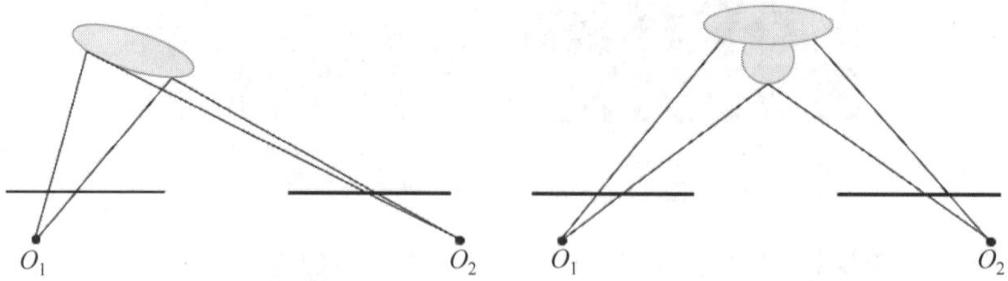

(a) 透视缩短情况　(b) 透视遮挡情况

图 14-8　透视缩短与遮挡示意图

为了减少透视缩短和遮挡的影响，希望有更小的$\frac{B}{z}$(基线深度比)比值。但是，当$\frac{B}{z}$过小时，测量值的小误差会导致深度估算的大误差。

在基线窄、深度大的情况下，相关匹配过程更少地受到透视缩短或遮挡问题影响。因此，设计系统时可以尽量选择小的基线/深度比值。但过小的基线/深度比值会让重建算法过于依赖对应点的精度。这是因为深度估计是通过 p 和 p' 点三角化来获得的。显然，当基线过窄时，两条直线接近平行，此时，较小的视差计算错误会导致较大的深度估计错误。如图 14-9 所示，(a)图中的双目立体视觉系统基线较宽，所以，即使存在较小的视差计算错误(比如用 u_e' 代替 u')，对深度的影响也不大，即估计深度与真实深度差别不大。但对于基线过窄的系统，如图 14-9(b)图所示，较小的视差计算错误(比如用 u_e' 代替 u')，就会带来较大的深度估计误差。

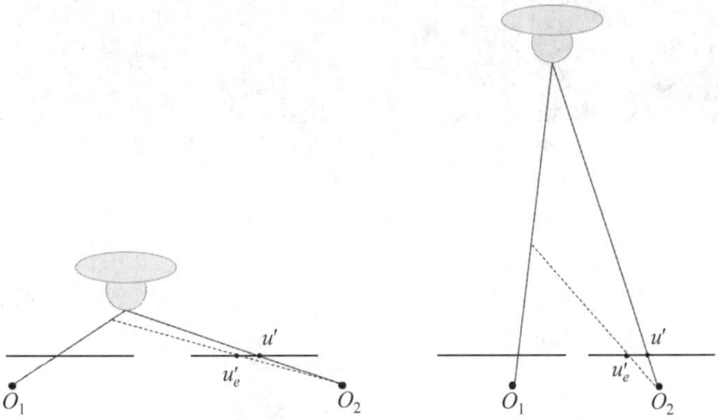

(a) 较宽基线的计算误差　　(b) 过窄基线的计算误差

图 14-9　不同基线深度比示意图

(实线交汇处为真实值，虚线与实线交汇处为估计值)

除了之前提到的问题，同质区域也可能在匹配过程中产生困难。同质区域具有均匀的灰度值分布，各区域之间的相似度非常高，这会导致在相关匹配过程中获得较为平坦的匹配响应值。在这种情况下，匹配响应的最大值本质上是随机的，因此，要找到正确的对应点非常困难，如图 14-10 所示。碗的特征和背景桌面的特征可能非常相似，它们的灰度值分布均匀，而且缺乏明显的纹理特征，使得难以在碗上找到正确的匹配点。

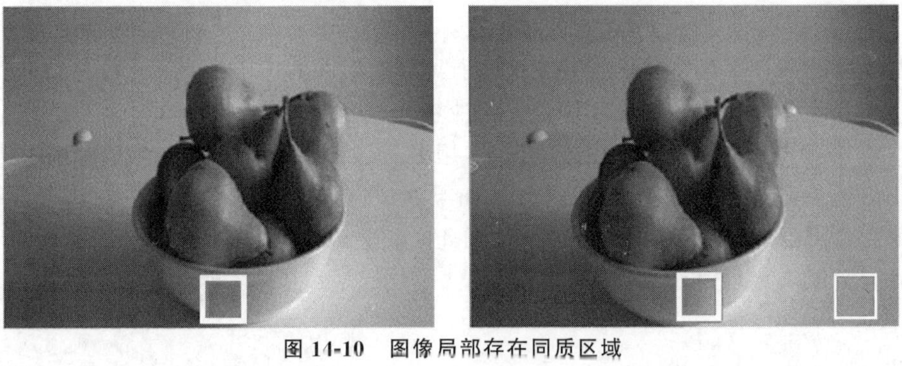

图 14-10　图像局部存在同质区域

重复模式也是影响图像匹配精度的一个重要因素。在存在重复模式的情况下，图像中有许多对应区块和目标区块相似，导致匹配响应结果具有多个峰值，难以确定最佳的匹配点。如图 14-11 所示，图中的网格特征存在较多重复，尤其是在栏杆交叉点处的图像块，其同一水平线上有多个几乎相同的图像块，这使得准确区分它们非常困难，容易导致误匹配的发生。

图 14-11　图像局部存在重复模式的图像块

对于这些对应点的匹配问题，可以引入更多的约束来解决。比如唯一性约束，一张图像中的任何点，在另一张图像中最多只有一个匹配点；顺序约束/单调性约束，左右视图中的对应点次序一致，这对于重复模式的情况很有帮助；平滑性约束，视差函数通常是平滑的(除了遮挡边界)，有助于提高系统的鲁棒性。

小　　结

双目立体视觉在导航、制图、侦察和摄影测量等各个领域都具有重要应用。通过双目立体视觉系统可以方便地估计场景中物体的深度信息。本章详细介绍了双目立体视觉系统的原理和优势，并对完成双目立体视觉所需的两个核心步骤——图像校正和对应点搜索进行了详细解释。

习　　题

(1) 在平行视图基础矩阵的推导中证明所用到的叉乘的性质(式 14-1)。

(2) 在平行视图系统中推导物体深度的计算公式。

(3) 在平行视图系统中使用视差的定义，用关于基线和深度的函数描述重建的准确性。

(4) 在进行归一化相关匹配的过程中，如果两个窗口的灰度值矩阵存在仿射变换关系 $\boldsymbol{I}'=\lambda\boldsymbol{I}+u$，其中 λ 和 μ 为常数，且 $\lambda>0$，证明此时相关函数值为最大值 1。

(5) 证明具有零均值和单位 Frobenius 范数的图像中，其相关性计算和平方差的和是等价的。

(6) 假设匹配窗口的长宽分别为 $2m+1$ 和 $2n+1$，窗口平均灰度值为 $\bar{I}$ 和 $\bar{I}'$，则

① 证明 $(\boldsymbol{w}-\bar{\boldsymbol{w}})\cdot(\boldsymbol{w}'-\bar{\boldsymbol{w}}')=\boldsymbol{w}\cdot\boldsymbol{w}'-(2m+1)(2n+1)\bar{I}\bar{I}'$。

② 证明平均灰度值 $\bar{I}$ 可以迭代计算，并估计每步计算的成本。

③ 将上述计算方法推广到相关函数计算中涉及的所有元素，并估计计算一对图像相关性的总体成本。

(7) 假设两个视图为前后平移的关系，14.2 节中的图像校正方法可以应用在这种情况下吗？

(8) 针对相关匹配可能存在的几种问题，提出一些改进思路。

第 15 章　运动恢复结构

本章主要研究多视图三维重建的方法，并且重点关注"从运动的摄像机中恢复三维结构"的问题，即运动恢复结构(Structure from Motion)问题，简称 SfM[26]。SfM 就是通过三维场景中不同位置摄像机获取的多张图像，从特征提取到匹配再到估计匹配点的三维坐标，恢复出场景的三维结构以及每张图像对应的摄像机参数。

15.1　问题概述

如果用数学语言来描述运动恢复结构的一般问题，则可以写为：

已知：n 个三维点 X_j 在 m 幅图像中的对应点的像素坐标向量 $\boldsymbol{x}_{ij}(i=1,2,\cdots,m;j=1,2,\cdots,n)$，且 $\boldsymbol{x}_{ij}=\boldsymbol{M}_i\boldsymbol{X}_j(i=1,2,\cdots,m;j=1,2,\cdots,n)$，其中 $\boldsymbol{M}_i$ 为第 i 幅图像对应的摄像机的投影矩阵。

求解：m 个摄像机投影矩阵 $\boldsymbol{M}_i(i=1,2,\cdots,m)$ 和 n 个三维点 $X_j(j=1,2,\cdots,n)$ 的坐标。

通常将各个摄像机之间的相对位姿变化称为"运动"，将三维点的坐标称为"结构"。因此，求解摄像机投影矩阵以及三维点坐标的问题也称为"运动恢复结构问题"。图 15-1 展示了运动恢复结构技术在建筑场景重建的应用。

(a) 运动恢复结构系统输入的图片　　(b) 运动恢复结构系统输出的建筑场景点云及摄像机位姿

图 15-1　建筑场景与运动恢复结构结果

根据摄像机的具体情况，运动恢复结构问题可以分为 3 类：欧氏运动恢复结构(摄像机的内部标定，即内参数已知，外参数未知)；仿射运动恢复结构(摄像机为仿射摄像机，内、外参数未知)；透视运动恢复结构(摄像机为透视摄像机，内、外参数均未知)。在真实应用中，获取摄像机内参数通常比较容易，因此本章主要讨论摄像机内参数已知情况下的结构恢复问题，也称为欧氏运动恢复结构问题。

15.2　欧氏运动恢复结构

在欧氏运动恢复结构中，假设 m 个摄像机的内参数已知，而外参数未知，此时摄像机的投影关系为

$$\boldsymbol{x}_{ij}=\boldsymbol{M}_i\boldsymbol{X}_j=\boldsymbol{K}_i(\boldsymbol{R}_i\quad \boldsymbol{t}_i)\boldsymbol{X}_j \tag{15-1}$$

假设任意的旋转矩阵 $\boldsymbol{R}$ 和平移向量 $\boldsymbol{t}$，设定可逆矩阵 $\boldsymbol{H}$：

$$\boldsymbol{H}=\lambda\begin{pmatrix}\boldsymbol{R} & \boldsymbol{t}\\ \boldsymbol{0}^{\mathrm{T}} & 1\end{pmatrix} \tag{15-2}$$

将外参数矩阵经过 $\boldsymbol{H}$ 变换，并且将三维点经过 $\boldsymbol{H}^{-1}$ 的变换，可以将投影关系式改写为

$$\boldsymbol{x}_{ij}=\boldsymbol{K}_i(\boldsymbol{R}_i\quad \boldsymbol{t}_i)\boldsymbol{X}_j=\boldsymbol{K}_i\left((\boldsymbol{R}_i\quad \boldsymbol{t}_i)\lambda\begin{pmatrix}\boldsymbol{R} & \boldsymbol{t}\\ \boldsymbol{0}^{\mathrm{T}} & 1\end{pmatrix}\right)\left(\frac{1}{\lambda}\begin{pmatrix}\boldsymbol{R}^{\mathrm{T}} & -\boldsymbol{R}^{\mathrm{T}}\boldsymbol{t}\\ \boldsymbol{0}^{\mathrm{T}} & 1\end{pmatrix}\boldsymbol{X}_j\right)=\boldsymbol{K}_i(\boldsymbol{R}_i^*\quad \boldsymbol{t}_i^*)\boldsymbol{X}_j^* \tag{15-3}$$

其中 $\boldsymbol{R}_i^*=\boldsymbol{R}_i\boldsymbol{R}$，$\boldsymbol{t}_i^*=\boldsymbol{R}_i\boldsymbol{t}+\boldsymbol{t}_i$，投影矩阵和三维点坐标经过变换后仍然满足以上投影等式。由此可知欧氏运动恢复结构存在着相似性变换的歧义，重构出的三维场景与真实场景之间存在着旋转、平移和尺度变换的关系，将这种变换关系矩阵 $\boldsymbol{H}$，称为歧义矩阵，这种重构也称为度量重构，即恢复的场景与真实场景之间仅存在相似变换的重构。

歧义矩阵 $\boldsymbol{H}$ 有 7 个未知数，摄像机外参数有 $6m$ 个未知数，需要重构的三维点坐标有 $3n$ 个未知数。由于歧义矩阵中的 7 个未知数并不需要求出，所以需要求解的总共有$(6m+3n-7)$个未知数，一个三维点可以得到两个等式约束，于是 m 个图像、n 个点总共有 $2mn$ 个约束，实际求解时就需要保证 $2mn\geqslant 6m+3n-7$。

15.2.1　两视图的欧氏运动恢复结构

接下来，从最基本的两视图的情况出发，分析并解决欧氏运动恢复结构问题。

如图 15-2 所示，以第一个摄像机坐标系为世界坐标系，根据三维点在两个二维图像上的投影关系，写出下面两等式：

$$\begin{cases}\boldsymbol{x}_{1j}=\boldsymbol{M}_1\boldsymbol{X}_j=\boldsymbol{K}_1(\boldsymbol{I}\quad \boldsymbol{0})\boldsymbol{X}_j\\ \boldsymbol{x}_{2j}=\boldsymbol{M}_2\boldsymbol{X}_j=\boldsymbol{K}_2(\boldsymbol{R}\quad \boldsymbol{t})\boldsymbol{X}_j\end{cases} \tag{15-4}$$

这里 $\boldsymbol{R}$ 和 $\boldsymbol{t}$ 未知，是第二个摄像机相对于第一个摄像机的旋转与平移。根据 13.2.2 节，可以知道基础矩阵和本质矩阵的公式为

$$\boldsymbol{F}=\boldsymbol{K}'^{-\mathrm{T}}[\boldsymbol{t}_\times]\boldsymbol{R}\boldsymbol{K}^{-1}=\boldsymbol{K}'^{-\mathrm{T}}\boldsymbol{E}\boldsymbol{K}^{-1} \tag{15-5}$$

$$\boldsymbol{E}=\boldsymbol{t}\times\boldsymbol{R}=[\boldsymbol{t}_\times]\boldsymbol{R} \tag{15-6}$$

两摄像机间的运动 $\boldsymbol{R}$、$\boldsymbol{t}$ 决定了本质矩阵 $\boldsymbol{E}$，通过本质矩阵和摄像机内参数可以计算出基础矩阵 $\boldsymbol{F}$。因此，逆向考虑，从上面两式入手，先根据基础矩阵求出本质矩阵，再将本质矩阵进行分解，可以得到 $\boldsymbol{R}$、$\boldsymbol{t}$ 参数，主要求解步骤如下：

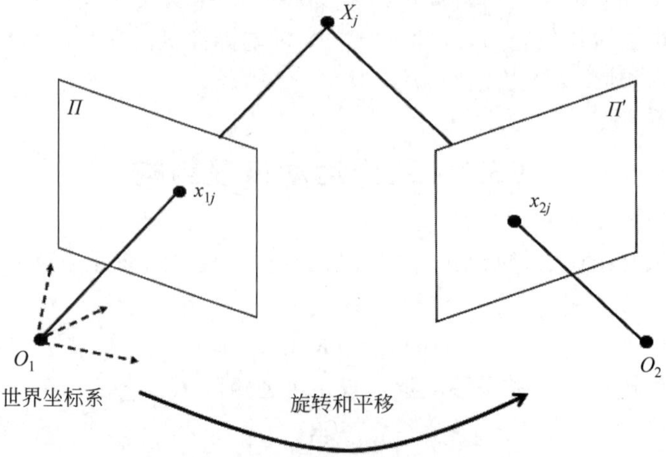

图 15-2 两视图运动恢复结构

① 估计基础矩阵 $\boldsymbol{F}$。

② 根据基础矩阵求解本质矩阵 $\boldsymbol{E}=\boldsymbol{K}_2^{\mathrm{T}}\boldsymbol{F}\boldsymbol{K}_1$。

③ 分解本质矩阵 $\boldsymbol{E}\rightarrow\boldsymbol{R}$、$\boldsymbol{t}$。

④ 三角化计算三维点坐标。

对于步骤①,可以通过 13.3.2 节中的归一化八点算法求解,然后根据基础矩阵和本质矩阵的关系直接计算出本质矩阵,完成步骤②。三角化计算三维点在 13.1 节中已经介绍,下面将具体讨论第③步,即本质矩阵的分解。

首先需要找到一个策略,把本质矩阵 $\boldsymbol{E}$ 因式分解为两个组成部分,定义两个将在分解中使用的矩阵:

$$\boldsymbol{W}=\begin{pmatrix}0 & -1 & 0\\ 1 & 0 & 0\\ 0 & 0 & 1\end{pmatrix},\quad \boldsymbol{Z}=\begin{pmatrix}0 & 1 & 0\\ -1 & 0 & 0\\ 0 & 0 & 0\end{pmatrix} \tag{15-7}$$

这里有一个重要性质,在相差一个正负号的情况下,矩阵 $\boldsymbol{Z}$ 和矩阵 $\boldsymbol{W}$ 有如下关系:

$$\boldsymbol{Z}=\mathrm{diag}(1,1,0),\quad \boldsymbol{W}=\mathrm{diag}(1,1,0)\boldsymbol{W}^{\mathrm{T}} \tag{15-8}$$

本质矩阵计算公式中的$[\boldsymbol{t}_\times]$是一个反对称矩阵,可以写成$[\boldsymbol{t}_\times]=k\boldsymbol{U}\boldsymbol{Z}\boldsymbol{U}^{\mathrm{T}}$ 的形式,其中 $\boldsymbol{U}$ 是单位正交矩阵。因为求解过程中并不需要关注符号和尺度,所以在$[\boldsymbol{t}_\times]$中可以直接忽略掉系数 k,再将 $\boldsymbol{Z}$ 代入,得到

$$[\boldsymbol{t}_\times]=\boldsymbol{U}\boldsymbol{Z}\boldsymbol{U}^{\mathrm{T}}=\boldsymbol{U}\mathrm{diag}(1,1,0)\boldsymbol{W}\boldsymbol{U}^{\mathrm{T}}=\boldsymbol{U}\mathrm{diag}(1,1,0)\boldsymbol{W}^{\mathrm{T}}\boldsymbol{U}^{\mathrm{T}} \tag{15-9}$$

这样便得到了关于$[\boldsymbol{t}_\times]$的两种表达方式。

假设先采用$[\boldsymbol{t}_\times]=\boldsymbol{U}\mathrm{diag}(1,1,0)\boldsymbol{W}\boldsymbol{U}^{\mathrm{T}}$ 这种形式,将该式代入本质矩阵计算公式,得到

$$\boldsymbol{E}=[\boldsymbol{t}_\times]\boldsymbol{R}=(\boldsymbol{U}\mathrm{diag}(1,1,0)\boldsymbol{W}\boldsymbol{U}^{\mathrm{T}})\boldsymbol{R}=\boldsymbol{U}\mathrm{diag}(1,1,0)(\boldsymbol{W}\boldsymbol{U}^{\mathrm{T}}\boldsymbol{R}) \tag{15-10}$$

如果对本质矩阵进行奇异值分解,可得如下结果:

$$\boldsymbol{E}=\boldsymbol{U}\mathrm{diag}(1,1,0)\boldsymbol{V}^{\mathrm{T}} \tag{15-11}$$

对照式(15-10)和式(15-11),可以得到

$$\boldsymbol{V}^{\mathrm{T}}=\boldsymbol{W}\boldsymbol{U}^{\mathrm{T}}\boldsymbol{R} \tag{15-12}$$

其中，$\boldsymbol{U}$ 和 $\boldsymbol{V}^{\mathrm{T}}$ 是通过奇异值分解得到的，$\boldsymbol{W}$ 是已知的，所以可以直接计算出 $\boldsymbol{R}$：

$$\boldsymbol{R}=\boldsymbol{U}\boldsymbol{W}^{\mathrm{T}}\boldsymbol{V}^{\mathrm{T}} \tag{15-13}$$

假如用另一种表达形式$[\boldsymbol{t}_{\times}]=\boldsymbol{U}\mathrm{diag}(1,1,0)\boldsymbol{W}^{\mathrm{T}}\boldsymbol{U}^{\mathrm{T}}$，以同样的步骤将该式代入 $\boldsymbol{E}=[\boldsymbol{t}_{\times}]\boldsymbol{R}$ 中，然后和奇异值分解的结果作对比，得到关于 $\boldsymbol{R}$ 的另一个解：

$$\boldsymbol{R}=\boldsymbol{U}\boldsymbol{W}\boldsymbol{V}^{\mathrm{T}} \tag{15-14}$$

所以 $\boldsymbol{R}$ 应为这两个解中的一个：

$$\boldsymbol{R}=\boldsymbol{U}\boldsymbol{W}\boldsymbol{V}^{\mathrm{T}}\ \text{或}\ \boldsymbol{U}\boldsymbol{W}^{\mathrm{T}}\boldsymbol{V}^{\mathrm{T}} \tag{15-15}$$

因此可以证明给定的分解是有效的，且没有其他分解形式。$[\boldsymbol{t}_{\times}]$的形式是由于它的左零空间与 $\boldsymbol{E}$ 的零空间相同决定的(注：在线性代数中，所有满足以下等式的向量生成的空间叫作矩阵的左零空间：$\boldsymbol{A}^{\mathrm{T}}\boldsymbol{x}=0$。对该式两边同时做转置，有 $\boldsymbol{x}^{\mathrm{T}}\boldsymbol{A}=0^{\mathrm{T}}$，因此称为左零空间)。给定酉矩阵 $\boldsymbol{U}$ 和 $\boldsymbol{V}$(注：满足 $\boldsymbol{A}\boldsymbol{A}^{\mathrm{H}}=\boldsymbol{A}^{\mathrm{H}}\boldsymbol{A}=\boldsymbol{I}$ 的矩阵 $\boldsymbol{A}$ 称为酉矩阵，其中 $\boldsymbol{A}^{\mathrm{H}}$ 表示共轭转置。换言之，当 $\boldsymbol{A}^{\mathrm{H}}=\boldsymbol{A}^{-1}$ 时，称 $\boldsymbol{A}$ 为酉矩阵)，任何旋转矩阵 $\boldsymbol{R}$ 都可以分解为 $\boldsymbol{U}\boldsymbol{X}\boldsymbol{V}^{\mathrm{T}}$，其中，$\boldsymbol{X}$ 是其他旋转矩阵。代入这些值后，在不考虑比例的情况下，可以得到 $\boldsymbol{Z}\boldsymbol{X}=\mathrm{diag}(1,1,0)$。因此，$\boldsymbol{X}$ 必须等于 $\boldsymbol{W}$ 或 $\boldsymbol{W}^{\mathrm{T}}$。

这里需要注意，本质矩阵 $\boldsymbol{E}$ 的这个因式分解只保证了矩阵 $\boldsymbol{U}\boldsymbol{W}\boldsymbol{V}^{\mathrm{T}}$ 或 $\boldsymbol{U}\boldsymbol{W}^{\mathrm{T}}\boldsymbol{V}^{\mathrm{T}}$ 是正交的，旋转矩阵还需确保行列式的值为正。为满足这一条件，还需要在两个 $\boldsymbol{R}$ 的解的前面乘上其行列式：

$$\boldsymbol{R}=(\det\boldsymbol{U}\boldsymbol{W}\boldsymbol{V}^{\mathrm{T}})\boldsymbol{U}\boldsymbol{W}\boldsymbol{V}^{\mathrm{T}}\quad\text{或}\quad(\det\boldsymbol{U}\boldsymbol{W}^{\mathrm{T}}\boldsymbol{V}^{\mathrm{T}})\boldsymbol{U}\boldsymbol{W}^{\mathrm{T}}\boldsymbol{V}^{\mathrm{T}} \tag{15-16}$$

因为旋转矩阵 $\boldsymbol{R}$ 会有两个可能解，于是平移向量 $\boldsymbol{t}$ 也可能取多个值。根据叉积的定义，两个相同向量叉乘为 0，所以将 $\boldsymbol{t}$ 和 $\boldsymbol{t}$ 叉乘，可以得到如下等式：

$$\boldsymbol{t}\times\boldsymbol{t}=[\boldsymbol{t}_{\times}]\boldsymbol{t}=\boldsymbol{U}\boldsymbol{Z}\boldsymbol{U}^{\mathrm{T}}\boldsymbol{t}=0 \tag{15-17}$$

仍然进行奇异值分解，最后计算出 $\boldsymbol{t}$：

$$\boldsymbol{t}=\pm\boldsymbol{U}\begin{pmatrix}0\\0\\1\end{pmatrix}=\pm\boldsymbol{u}_3 \tag{15-18}$$

其中 $\boldsymbol{u}_3$ 向量为矩阵 $\boldsymbol{U}$ 的第 3 列。

总结上述计算结果，$\boldsymbol{R}$ 参数有两种可能解，$\boldsymbol{t}$ 参数也有两种可能解，所以，可以得到关于 $\boldsymbol{R}$ 和 $\boldsymbol{t}$ 的 4 组可能的解：

$$\begin{cases}\boldsymbol{R}=(\det\boldsymbol{U}\boldsymbol{W}\boldsymbol{V}^{\mathrm{T}})\boldsymbol{U}\boldsymbol{W}\boldsymbol{V}^{\mathrm{T}}, & \boldsymbol{t}=\boldsymbol{u}_3\\ \boldsymbol{R}=(\det\boldsymbol{U}\boldsymbol{W}\boldsymbol{V}^{\mathrm{T}})\boldsymbol{U}\boldsymbol{W}\boldsymbol{V}^{\mathrm{T}}, & \boldsymbol{t}=-\boldsymbol{u}_3\\ \boldsymbol{R}=(\det\boldsymbol{U}\boldsymbol{W}^{\mathrm{T}}\boldsymbol{V}^{\mathrm{T}})\boldsymbol{U}\boldsymbol{W}^{\mathrm{T}}\boldsymbol{V}^{\mathrm{T}}, & \boldsymbol{t}=\boldsymbol{u}_3\\ \boldsymbol{R}=(\det\boldsymbol{U}\boldsymbol{W}^{\mathrm{T}}\boldsymbol{V}^{\mathrm{T}})\boldsymbol{U}\boldsymbol{W}^{\mathrm{T}}\boldsymbol{V}^{\mathrm{T}}, & \boldsymbol{t}=-\boldsymbol{u}_3\end{cases} \tag{15-19}$$

在这 4 组解中，只有 1 组是正确的。分别测试这 4 组解，选取二维图像上的一组点进行三角化重构，得出三维点，会出现图 15-3 中的 4 种情况。

其中，只有(a)情况重构出的三维点在两摄像机的前面是正确的，即保证三维点在两个摄像机坐标系下的 z 坐标均为正，其余 3 种情况都是错误的。由于测量噪声的存在，通常不会只对一个点三角化，而是对多数点进行三角化，选择在两个摄像机坐标系下 z 坐标均为正的个数最多的 $\boldsymbol{R}$、$\boldsymbol{t}$ 的解，得到更鲁棒的结果。

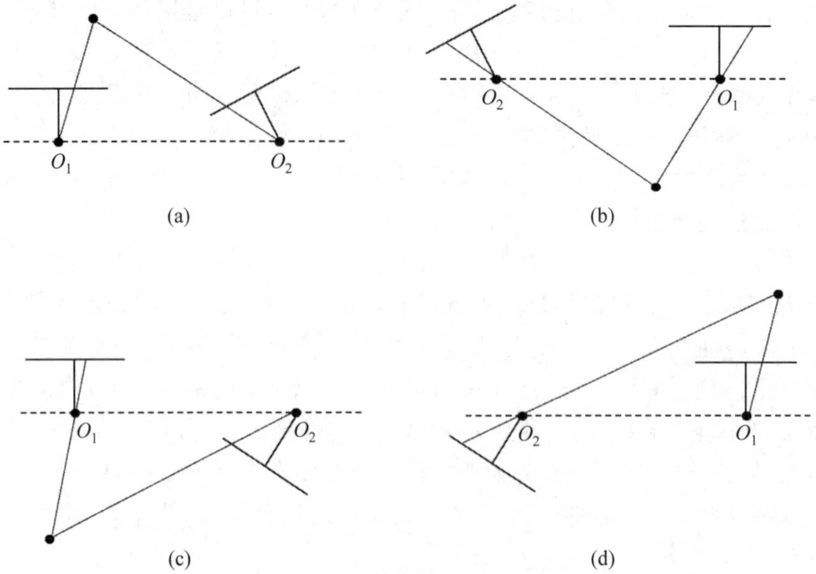

图 15-3　本质矩阵分解 4 种情况示意图

最后总结通过本质矩阵 $\boldsymbol{E}$ 分解求取 $\boldsymbol{R}$ 和 $\boldsymbol{t}$ 的方法,整体流程如下。

步骤 1：SVD 分解 $\boldsymbol{E}=\boldsymbol{U}\mathrm{diag}(1,1,0)\boldsymbol{V}^{\mathrm{T}}$。

步骤 2：分别计算 $\boldsymbol{R}$ 和 $\boldsymbol{t}$,其中,$\boldsymbol{R}=(\det\boldsymbol{UWV}^{\mathrm{T}})\boldsymbol{UWV}^{\mathrm{T}}$ 或 $(\det\boldsymbol{UW}^{\mathrm{T}}\boldsymbol{V}^{\mathrm{T}})\boldsymbol{UW}^{\mathrm{T}}\boldsymbol{V}^{\mathrm{T}}$。
$\boldsymbol{t}=\pm\boldsymbol{u}_3$

步骤 3：列出 4 种可能的组合 $\begin{cases}\boldsymbol{R}=\det(\boldsymbol{UWV}^{\mathrm{T}})\boldsymbol{UWV}^{\mathrm{T}}, & \boldsymbol{t}=\boldsymbol{u}_3\\ \boldsymbol{R}=\det(\boldsymbol{UWV}^{\mathrm{T}})\boldsymbol{UWV}^{\mathrm{T}}, & \boldsymbol{t}=-\boldsymbol{u}_3\\ \boldsymbol{R}=\det(\boldsymbol{UW}^{\mathrm{T}}\boldsymbol{V}^{\mathrm{T}})\boldsymbol{UW}^{\mathrm{T}}\boldsymbol{V}^{\mathrm{T}}, & \boldsymbol{t}=\boldsymbol{u}_3\\ \boldsymbol{R}=\det(\boldsymbol{UW}^{\mathrm{T}}\boldsymbol{V}^{\mathrm{T}})\boldsymbol{UW}^{\mathrm{T}}\boldsymbol{V}^{\mathrm{T}}, & \boldsymbol{t}=-\boldsymbol{u}_3\end{cases}$

步骤 4：通过重建单个或多个点找出正确解。

15.2.2　基于捆绑调整的欧氏运动恢复结构

捆绑调整法是一种非线性方法,主要思想就是最小化重投影误差,即最小化重建点在像素平面上的投影点与其对应观测点之间的几何距离[27],如图 15-4 所示。距离越小,说明三维点重构得越好,13.1.3 节中三角化的非线性方法中也采用了类似思想。由于捆绑调整同时考虑多个摄像机,并且它只计算每个摄像机可以看到的三维点的重投影误差,所以不受缺失值的影响,也就是不用考虑由于遮挡而导致的一些点不能被所有摄像机看到的情况。

给定 m 个摄像机的投影矩阵 $\boldsymbol{M}_i(i=1,2,\cdots,m)$ 和 n 个三维点 $X_j(j=1,2,\cdots,n)$,将重投影误差定义如下:

$$\begin{aligned}E&=\frac{1}{mn}\sum_{i,j}D(\boldsymbol{x}_{ij},\boldsymbol{M}_i\boldsymbol{X}_j)^2\\&=\frac{1}{mn}\sum_{i,j}\left[\left(u_{ij}-\frac{\boldsymbol{m}_{i1}\cdot\boldsymbol{X}_j}{\boldsymbol{m}_{i3}\cdot\boldsymbol{X}_j}\right)^2+\left(v_{ij}-\frac{\boldsymbol{m}_{i2}\cdot\boldsymbol{X}_j}{\boldsymbol{m}_{i3}\cdot\boldsymbol{X}_j}\right)^2\right]\end{aligned}\tag{15-20}$$

此时,该问题的目标就是优化式(15-20),使得重投影误差的值最小。这是一个非线性

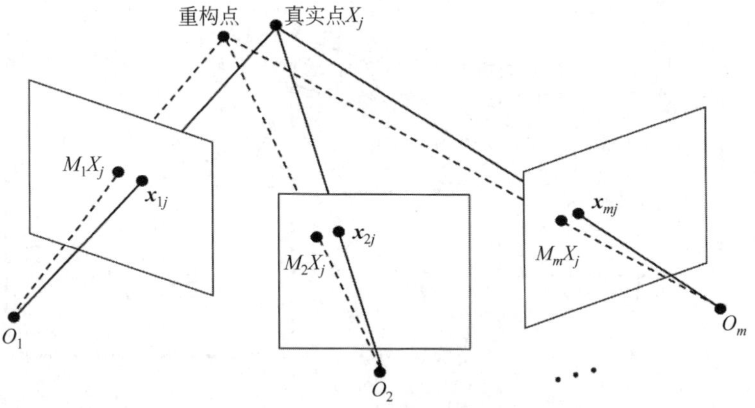

图 15-4　捆绑调整示意图

最优化问题，可以通过牛顿法或列文伯格—马夸尔特法(L-M 方法)进行求解，进而获得最优的摄像机投影矩阵和三维点坐标。

捆绑调整法具有较高的鲁棒性，可以同时处理大量视图，也能应对数据丢失等问题。但其计算量随着视图的数量及其待重建三维点个数的增加而急剧增长。另外，捆绑调整法获得的最终解是初始值的函数。因此，在实际的运动恢复结构系统中，少有直接使用捆绑调整进行优化的。通常，先用分解法或代数法进行初始的三维重建，再利用捆绑调整对重建的结果进行优化，以获得更高的重建质量。

15.3　基于增量法的欧氏运动恢复结构系统设计

本节将讨论一种较为成熟的欧氏运动恢复结构系统。首先，引入一个新的摄像机位姿估计问题 PnP 问题，并给出解决该问题的一种基本方法，即 P3P 方法；然后讨论实际中常用的增量式 SfM 框架，实现从图像到三维点云的生成。

15.3.1　PnP 问题与 P3P 方法

15.2 节中介绍的两视图欧氏运动恢复结构方法在求解摄像机的外参数时，通常假设图像间的特征点对应关系已经建立；接下来，基于特征点对应关系计算基础矩阵；然后通过基础矩阵与摄像机内参数矩阵计算出本质矩阵；最后，再对本质矩阵进行分解，得到摄像机外参数。本节将讲解一种新的摄像机外参数求解方法——P3P 方法。

介绍 P3P 方法之前，首先介绍 PnP 问题。给定空间中 n 个点的三维坐标以及其在图像平面上的投影点的像素坐标，求解该图像对应的摄像机位姿(图 15-5)，这种问题称为 PnP 问题。

PnP 问题有很多求解方法，这里介绍一种最基本的 P3P 方法[28]。P3P 方法指的是通过空间中 3 个点的三维坐标及其在图像中 3 个投影点的像素坐标计算摄像机位姿的方法。如图 15-6 所示，O 点为待求解的摄像机的中心，已知世界坐标系中三维点 A、B、C 的坐标和它们在该摄像机中的投影点 a、b、c 的坐标，并且已知摄像机的内参数，求解该摄像机的外参数。

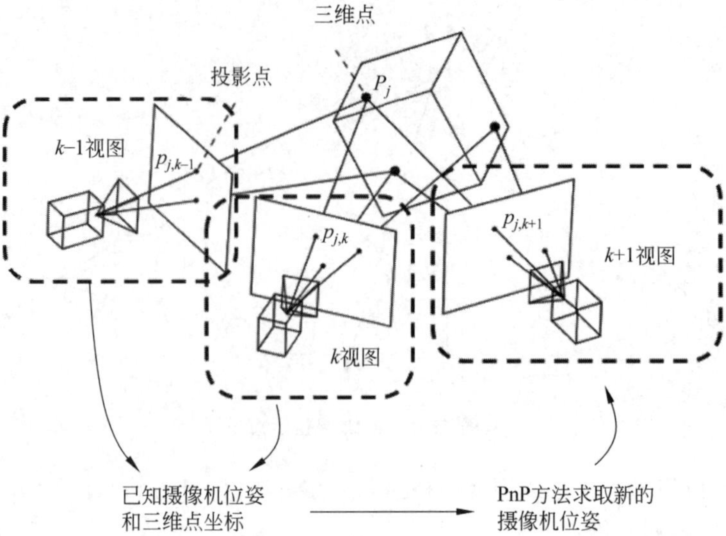

图 15-5　PnP 问题示意图

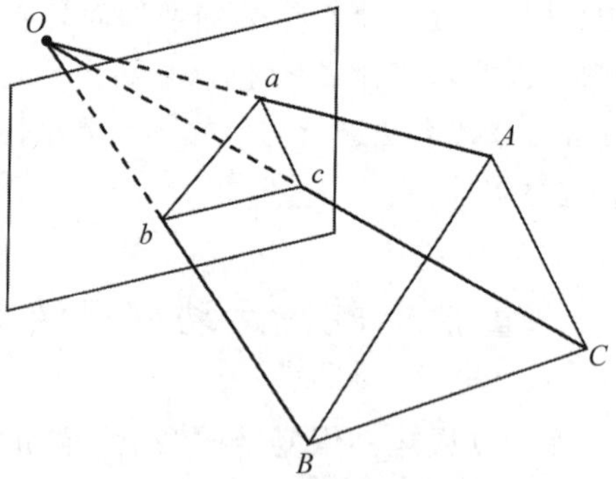

图 15-6　P3P 问题示意图

P3P 问题求解的核心思路分为两部分：第一，求解 A、B、C 三点在当前摄像机坐标系下的坐标；第二，通过 A、B、C 在当前摄像机下的坐标以及其在世界坐标系下的坐标估计摄像机相对于世界坐标系的旋转与平移，进而获得摄像机的外参数。

假设该摄像机的内参数矩阵为 $\boldsymbol{K}$，三维点 A、B、C 在摄像机坐标系下的坐标为 $\boldsymbol{A}_C$、$\boldsymbol{B}_C$、$\boldsymbol{C}_C$，则对于 A 点来说，其投影关系可以写为

$$\boldsymbol{a}=\boldsymbol{K}(\boldsymbol{I} \quad \boldsymbol{0})\boldsymbol{A}_C \tag{15-21}$$

因为 $\boldsymbol{K}$ 是可逆矩阵，所以将 $\boldsymbol{K}$ 移到左边，得到 $\boldsymbol{K}^{-1}\boldsymbol{a}=(\boldsymbol{I} \quad \boldsymbol{0})\boldsymbol{A}_C$，可以看作是 $\boldsymbol{A}_C$ 经过一个规范化摄像机投影到 $\boldsymbol{K}^{-1}\boldsymbol{a}$。由于规范化摄像机中三维点的欧氏坐标是其二维投影点的齐次坐标，于是在摄像机坐标系中 OA 方向的单位向量 $\boldsymbol{oa}$ 可以写为

$$\boldsymbol{oa}=\frac{\boldsymbol{K}^{-1}\boldsymbol{a}}{\sqrt{\|\boldsymbol{K}^{-1}\boldsymbol{a}\|}} \tag{15-22}$$

同理，OB 方向和 OC 方向的单位向量也可求出，整理如下：

$$\begin{cases} \boldsymbol{oa} = \dfrac{\boldsymbol{K}^{-1}\boldsymbol{a}}{\sqrt{\|\boldsymbol{K}^{-1}\boldsymbol{a}\|}} \\ \boldsymbol{ob} = \dfrac{\boldsymbol{K}^{-1}\boldsymbol{b}}{\sqrt{\|\boldsymbol{K}^{-1}\boldsymbol{b}\|}} \\ \boldsymbol{oc} = \dfrac{\boldsymbol{K}^{-1}\boldsymbol{c}}{\sqrt{\|\boldsymbol{K}^{-1}\boldsymbol{c}\|}} \end{cases} \tag{15-23}$$

利用向量夹角公式可以求出这三个向量两两之间的夹角，即

$$\begin{cases} \cos\langle \boldsymbol{oa}, \boldsymbol{ob} \rangle = \boldsymbol{oa} \cdot \boldsymbol{ob} \\ \cos\langle \boldsymbol{ob}, \boldsymbol{oc} \rangle = \boldsymbol{ob} \cdot \boldsymbol{oc} \\ \cos\langle \boldsymbol{oa}, \boldsymbol{oc} \rangle = \boldsymbol{oa} \cdot \boldsymbol{oc} \end{cases} \tag{15-24}$$

也就得到了$\angle AOB$、$\angle BOC$ 和$\angle AOC$ 的余弦值，分别在$\triangle AOB$、$\triangle BOC$ 和$\triangle AOC$ 中应用余弦定理，可以得到如下 3 个等式：

$$\begin{cases} OA^2 + OB^2 - 2OA \cdot OB \cdot \cos\langle \boldsymbol{oa}, \boldsymbol{ob} \rangle = AB^2 \\ OB^2 + OC^2 - 2OB \cdot OC \cdot \cos\langle \boldsymbol{ob}, \boldsymbol{oc} \rangle = BC^2 \\ OA^2 + OC^2 - 2OA \cdot OC \cdot \cos\langle \boldsymbol{oa}, \boldsymbol{oc} \rangle = AC^2 \end{cases} \tag{15-25}$$

已知三维点 A、B、C 在世界坐标系中的坐标，可以直接计算出 AB、BC、AC 的长度。上述 3 个等式便形成了一个三元二次方程组，其中 OA、OB、OC 的长度为三个未知量，该方程组的求解较为复杂，这里不再详细介绍。该方程最终可能有 4 组解，所以需要再引入一对验证点 D 来确定最终的解，如图 15-7 所示。同 A、B、C 一样，验证点 D 在世界坐标系中的坐标及其投影点的坐标均一致，可与 A、B、C 中每两点组合，总共还可以列出 3 组约束方程组，以此来确定原方程组的解。

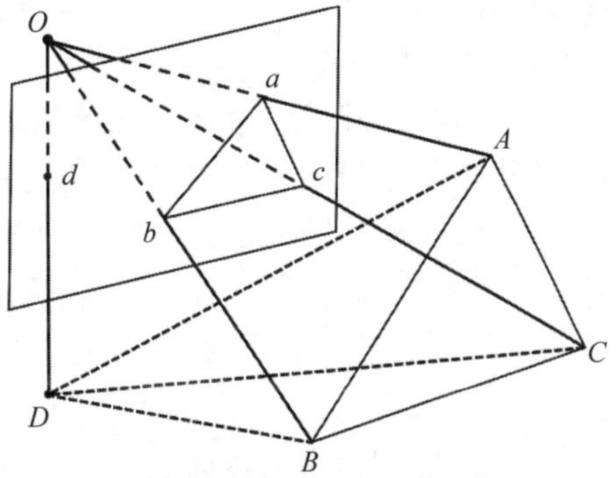

图 15-7　验证点示意图

得到线段 OA、OB、OC 的长度后，又已知它们在摄像机坐标系下的方向向量，可以直接得到 A、B、C 3 点在摄像机坐标系下的坐标 $\boldsymbol{A}_C$、$\boldsymbol{B}_C$、$\boldsymbol{C}_C$。

假设摄像机坐标系相对于世界坐标系的旋转为 $\boldsymbol{R}$，平移为 $\boldsymbol{t}$，则坐标 $\boldsymbol{A}$、$\boldsymbol{B}$、$\boldsymbol{C}$ 和坐标 $\boldsymbol{A}_C$、$\boldsymbol{B}_C$、$\boldsymbol{C}_C$ 有如下关系：

$$\begin{cases} \boldsymbol{A}_C = \begin{pmatrix} \boldsymbol{R} & \boldsymbol{t} \\ \boldsymbol{0}^{\mathrm{T}} & 1 \end{pmatrix} \boldsymbol{A} \\ \boldsymbol{B}_C = \begin{pmatrix} \boldsymbol{R} & \boldsymbol{t} \\ \boldsymbol{0}^{\mathrm{T}} & 1 \end{pmatrix} \boldsymbol{B} \\ \boldsymbol{C}_C = \begin{pmatrix} \boldsymbol{R} & \boldsymbol{t} \\ \boldsymbol{0}^{\mathrm{T}} & 1 \end{pmatrix} \boldsymbol{C} \end{cases} \tag{15-26}$$

这是一个典型的刚体变换估计问题，可以用奇异值分解的方法或其他非线性方法求解，这里不再详细讨论。

在 PnP 问题中，不需要使用极几何约束关系，并且可以在较少匹配点的情况下获得很好的估计结果。所以在多视图运动恢复结构中，通常通过已三角化求出的三维点及其在新摄像机上的投影点来求解 PnP 问题，从而得到新的摄像机位姿。

P3P 计算简单有效，但由于只利用了三组点的信息，易受噪声干扰，并且当已知点的信息多于 3 组时，就无法进行综合利用。关于求解 PnP 问题，还有很多改进算法，例如 EPnP、UPnP 等，它们利用了更多的信息，采用迭代的方式进行优化，减少了噪声的影响，提升了估计的鲁棒性。

15.3.2 增量式 SfM 系统

现代摄像机拍摄的图像通常包含 EXIF 信息，会记录摄像机品牌、拍摄日期以及摄像机的各项参数。因此，可以从 EXIF 信息中得到摄像机的内参数。所以，在实际的场景重建任务中，需要面对的大部分都是欧氏运动恢复结构问题。

本节将介绍一种工程应用中常用的增量式 SfM 方法[29]。多数主流的 SfM 系统，例如 OpenMVG 和 Colmap 等，都是基于增量法的原理实现的。一个典型的增量式 SfM 系统以多个摄像机拍摄的多张图像作为系统的输入，将重建出的三维点云和摄像机位姿作为输出。系统需要先对图像进行预处理，提取特征点，获得特征点在多个视图中的对应关系，再进行三角化重建。总体来说，整个系统的运作流程包括两大步骤：图像预处理（图像特征点检测与匹配）和运动恢复结构（增量法）。

在图像预处理阶段，直接读取图像的 EXIF 信息获得图像对应的摄像机的内参数。然后，在每张图像中提出具有代表性的特征点。SIFT 特征是增量式 SfM 方法中常用的特征。SIFT 特征提取器可以找到图像中具有尺度不变性的特征点，同时得到每个特征点对应的 128 维特征描述子。接下来，依据特征描述子的相似性建立各个图像间的特征点对应关系。假设给定两幅图像 I_1 与 I_2，可以通过如下步骤建立两幅图像之间的特征点对应关系。

① 对于 I_1 图像中的特征点 i，在 I_2 图像中找到距离其最近的特征点 j_1 以及次近特征点 j_2，并记录 j_1、j_2 与特征点 i 之间的距离 d_1、d_2。注意此处的距离指的是特征描述子之间的欧氏距离。

② 计算距离比 d_1/d_2，如果比值小于某个阈值（比如 0.6），则认为特征点 i 与特征点 j_1 是一对匹配点。

采用带阈值约束的近邻法进行特征点匹配，可以在一定程度上过滤掉不可靠的特征点对应关系。但这种方法并不能保证得到的点对应关系都是正确的，在实际应用中不可避免地存在少数错误的匹配。此时，可以采用 RANSAC 方法估计基础矩阵，以减少错误匹配带来的影响。具体来说，RANSAC 方法先从全部的特征点对中随机采样 8 组，通过归一化八点算法计算出一个基础矩阵 $\boldsymbol{F}$；然后用剩余的特征点对其进行验证，并记录满足该 $\boldsymbol{F}$ 的点对数目；重复前述步骤多次，最后取出记录点对数目最多的 $\boldsymbol{F}$ 作为最终的估计结果。

上述过程就是增量式 SfM 方法的预处理内容，该过程的流程如下所示。

预处理算法流程

输入：图像集。
输出：几何校验后的特征点匹配结果。
//计算特征点对应关系
1：　提取特征点并计算描述子。
2：　利用近邻法建立特征点对应关系。
//利用几何一致性过滤误匹配
3：　采用 RANSAC 方法估计基础矩阵。

完成图像的预处理后，开始增量式的三维场景重建。这一过程大致可以分为 3 个阶段：连通图(共视图)构建、初始点云建立以及增量式重建。

在连通图(共视图)构建阶段，用轨迹(tracks)表示多个视图中特征点之间的匹配关系。如图 15-8 所示，不同视图中观测到的同一三维点的投影点用直线连接，这条线称为轨迹，其

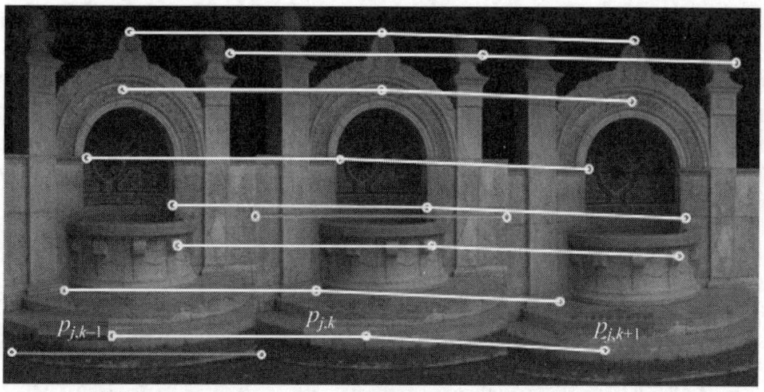

图 15-8　轨迹(tracks)示意图

长度定义为线上特征点的个数。轨迹越长，表示三维点在图像中出现的次数越多，则重建该三维点的可靠性越高。所以，可以根据轨迹长度筛选掉部分特征点对，以增加重建的鲁棒性。在 OPENMVG 中，轨迹的长度门限设置为 3，即轨迹长度低于 3 的特征对点不会进行重建。接下来，建立连通图 G 来记录图像之间的共视关系。两幅图像中特征点匹配的数目越多，它们共同看到的三维点就越多(每一对特征匹配点可以定义三维空间中的一个点)。图 15-9 展示了 6 幅图像的连通图，图中每一个节点表示一幅图像，节点间是否存在连接边，取决于它们之间的特征点匹配数目。如果匹配数目大于某个门限(例如 100，视实际情况而定)，则会在节点间建立一条边。

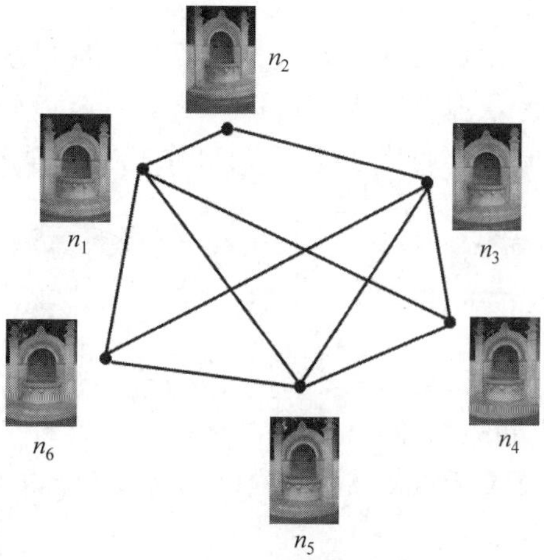

图 15-9　连通图示意图

在初始点云构建阶段，需要在连通图 G 中选取一条边 e，用两视图欧氏运动恢复结构方法重建出三维场景的初始点云(三维点)。为了减小三角化误差，同时提高初始点云的准确性，选取重建边时，尽量选择基线适中的图像对进行重

建。基线过大，易出现遮挡；基线过小，重建精度无法保障，具体计算时，可以通过两幅图中所有特征点对的射线夹角的中位数来判断（比如，不大于 60°且不小于 3°）。这里射线夹角是指一对匹配的特征点与摄像机中心连线的夹角。选出两幅图像后，首先筛选掉其中不在轨迹里的匹配点；然后，再利用已知的摄像机内参数的信息恢复出初始的点云。完成初始点云重建后，需要删除连通图 G 中连接两幅图像的边 e，表明该边已重建完成。

在增量重建阶段，需要对连通图中剩余的所有边进行重建。每次从连通图 G 中选取一条边重建，选取的依据是该边所连接的两幅图像中，轨迹数大于 3 的特征点对被重建的个数。遍历连通图 G 中所有的边，找到被重建点个数最多的边作为本次重建的对象。此时，已经知道部分特征点对应的三维点坐标，所以使用 PnP 的方法估计摄像机的位姿。然后，基于估计的摄像机位姿，对未重建的特征点对进行三角化。接下来，在连通图中删除该边。最后，通过捆绑调整（bundle adjustment）进行全局优化。在增量重建阶段，需要不断循环执行以上重建步骤，直至连通图中没有需要重建的边。

上面就是增量法求解欧氏运动恢复结构问题的全部步骤，简写成算法流程图如下。

基于增量法的欧氏运动恢复结构算法

输入：摄像机内参数、特征点和几何校验后的匹配结果。
输出：三维点云，摄像机位姿。

计算对应点的轨迹（tracks）t。
计算连通图 G（节点代表图片，边代表其之间有足够的匹配点）。
在 G 中选取一条边 e。
鲁棒估计 e 所对应的本质矩阵 $\boldsymbol{E}$。
分解本质矩阵 $\boldsymbol{E}$，得到两张图片摄像机的位姿（即外参数）。
三角化 $t\cap e$ 的点，作为初始的重建结果。
删除 G 中的边 e。
如果 G 中还有边：
    从 G 中选取边 e，满足 track$(e)\cap$｛已重建 3D 点｝最大化。
    用 PnP 方法估计摄像机位姿（外参数）。
    三角化新的 tracks。
    删除 G 中的边 e。
    执行 bundle adjustment。

增量式 SfM 通过不断增加视图的方法重建，图像信息利用率高，并且每次重建后都进行一次捆绑调整（bundle adjustment），有着较高的鲁棒性。由于重建过程中需要多次进行全局捆绑调整，增量式 SfM 系统在处理大型场景时仍较为吃力，并且也可能出现漂移问题。

小　结

欧氏运动恢复结构是从一系列图像中重建出场景的三维结构。通过欧氏结构恢复系统，可以估计出相机的外参以及场景的三维坐标，从而还原出场景的三维结构。本章详细介绍了欧氏恢复结构过程以及基于增量法的多视图欧氏恢复结构。

习　　题

(1) 证明两视图欧氏恢复结构中所用到的性质(式(15-8))。

(2) 证明在两视图欧氏恢复结构中相机运动的 4 种解中只有一种是将重建点放在两个相机的前面。

(3) 编程练习,写出下面 3 种算法的伪代码,并尝试编码实现。

① PnP 问题中的 P3P 算法。

② 使用 RANSAC 方法估计两视图间的基础矩阵。

③ 两视图欧氏恢复结构中的第 3 步本质矩阵分解方法。

参考文献

[1] Canny J. A computational approach to edge detection[J]. IEEE Transactions on Pattern Analysis and Machine Intelligence, 1986(6): 679-698.

[2] Fischler M A, Bolles R C. Random sample consensus: A paradigm for model fitting with applications to image analysis and automated cartography[J]. Communications of the ACM, 1981, 24(6): 381-395.

[3] Duda R O, Hart P E. Use of the Hough transformation to detect lines and curves in pictures[J]. Communications of the ACM, 1972, 15(1): 11-15.

[4] Leung T, Malik J. Detecting, localizing and grouping repeated scene elements from an image[C]//Computer Vision-ECCV'96, 1996: 546-555.

[5] Leung T, Malik J. Representing and recognizing the visual appearance of materials using three-dimensional textons[J]. International Journal of Computer Vision, 2001(43): 29-44.

[6] Harris C G, Stephens M. A combined corner and edge detector[C]//Alvey Vision Conference. Manchester: Alvey Vision Club, 1988, 15(50): 10-5244.

[7] Lindeberg T. Feature detection with automatic scale selection[J]. International Journal of Computer Vision, 1998(30): 79-116.

[8] Tony L. Scale-space theory in computer vision[M]. Berlin: Springer, 1994.

[9] Lowe D G. Distinctive image features from scale-invariant keypoints[J]. International Journal of Computer Vision, 2004(60): 91-110.

[10] Rublee E, Rabaud V, Konolige K, et al. ORB: An efficient alternative to SIFT or SURF[C]//2011 International Conference on Computer Vision. Piscataway: IEEE, 2011: 2564-2571.

[11] Rosten E, Drummond T. Machine learning for high-speed corner detection[C]//Berlin, Springer, Computer Vision-ECCV 2006: 430-443.

[12] Koenderink J, Pont S, van Doorn A J, et al. The visual light field[J]. Perception 36(11): 1595-1610.

[13] MacQueen J B. Some methods for classification and analysis of multivariate observations[C]//Proceedings of the 5th Berkeley Symposium on Mathematical Statistics and Probability, 1967(1): 281-297.

[14] Freund Y, Schapire R E. A decision-theoretic generalization of on-line learning and an application to boosting[J]. Journal of Computer and System Sciences, 1997, 55(1): 119-139.

[15] Papageorgiou C, Oren M, Poggio T. A general framework for object detection[C]//Sixth International Conference on Computer Vision (IEEE Cat. No. 98CH36271). Piscataway: IEEE, 1998: 555-562.

[16] Viola P, Jones M. Rapid object detection using a boosted cascade of simple features[C]//Proceedings of the 2001 IEEE Computer Society Conference on Computer Vision and Pattern Recognition, 2001: I.

[17] Dalal N, Bill T. Histograms of oriented gradients for human detection[C]//2005 IEEE Computer Society Conference on Computer Vision and Pattern Recognition (CVPR'05). Piscataway: IEEE, 2005(1): 886-893.

[18] Koffka K. Principles of gestalt psychology[M]. London: Routledge, 2010.

[19] Comaniciu D, Meer P. Mean shift: A robust approach toward feature space analysis[J]. IEEE Transactions on Pattern Analysis and Machine Intelligence, 2002, 24(5): 603-619.

[20] Shi J, Malik J. Normalized cuts and image segmentation[J]. IEEE Transactions on Pattern Analysis and Machine Intelligence, 2000, 22(8): 888-905.

[21] Gibson J J. The perception of the visual world[M]. Boston: Houghton Mifflin, 1950.

[22] Lucas B D, Kanade T. An iterative image registration technique with an application to stereo vision [C]//IJCAI'81: Proceedings of the 7th International Joint Conference on Artificial intelligence, 1981 (2): 674-679.

[23] Basar T. A new approach to linear filtering and prediction problems[J]. Control Theory: Twenty-Five Seminal Papers (1932-1981), 2001: 167-179.

[24] Faugeras O. Three-dimensional computer vision: a geometric viewpoint[M]. London: MIT Press, 1993: 126-151.

[25] Wilkinson J H, Reinsch C. Handbook for Automatic Computation: Volume II: Linear Algebra[M]. Berlin: Springer Berlin Heidelberg, 1971: 403-420.

[26] Longuet-Higgins. The Eight-Point Algorithm[J]. Nature, 1981, 293: 133-135.

[27] Hartley R. In defense of the eight-point algorithm[J]. IEEE Transactions on pattern analysis and machine intelligence, 1997, 19(6): 580-593.

[28] Ullman S. The Interpretation of Visual Motion[M]. Massachusetts: MIT Press, 1979: 133-175.

[29] Triggs B, McLauchlan P F, Hartley R I, et al. Bundle Adjustment: A Modern Synthesis[J]. Vision Algorithms: Theory and Practice(IWVA 1999), 2002: 298-372.

[30] Gao X, Hou X, Tang J, et al. Complete solution classification for the perspective-three-point problem[J]. IEEE transactions on pattern analysis and machine intelligence, 2003, 25(8): 930-943.

[31] Moulon P, Monasse P, Marlet R. Adaptive structure from motion with a contrario model estimation [C]//Computer Vision: ACCV 2012. Hong Kong: Springer, 2012: 257-270.